# 全国电力可靠性管理典型实践案例集

## 发电可靠性分册

国家能源局电力可靠性管理和工程质量监督中心 编著

中国地图出版社
·北京·

图书在版编目（CIP）数据

全国电力可靠性管理典型实践案例集. 发电可靠性分册 / 国家能源局电力可靠性管理和工程质量监督中心编. -- 北京：中国地图出版社，2023.12
ISBN 978-7-5204-3768-4

Ⅰ. ①全… Ⅱ. ①国… Ⅲ. ①电力系统－可靠性管理－案例－中国 Ⅳ. ① TM7

中国国家版本馆 CIP 数据核字 (2023) 第 230961 号

**全国电力可靠性管理典型实践案例集. 发电可靠性分册**
QUANGUO DIANLI KEKAOXING GUANLI SHIJIAN ANLIJI.
FADIAN KEKAOXING FENCE

| | | | | |
|---|---|---|---|---|
| 出版发行 | 中国地图出版社 | | | |
| 社　　址 | 北京市白纸坊西街3号 | 邮政编码 | 100054 |
| 电　　话 | 010-83543926 | 网　　址 | www.sinomaps.com |
| 印　　刷 | 河北环京美印刷有限公司 | 经　　销 | 新华书店 |
| 成品规格 | 185mm×250mm | 印　　张 | 20 |
| 字　　数 | 507千字 | | |
| 版　　次 | 2023年12月第1版 | 印　　次 | 2023年12月第1次印刷 |
| 定　　价 | 238.00元 | | |

书　　号　ISBN 978-7-5204-3768-4

如有印装质量问题，请与我社发行部联系

## 《全国电力可靠性管理典型实践案例集》编委会

**主　任：** 陈　平

**副主任：** 康国珍　　黄东辉

**委　员：** 张　丽　　毛　澍　　姜红利　　张德英　　杨　博　　左阳阳
　　　　　郭　镥　　费思源　　王　龙　　刘建辉

## 《发电可靠性分册》编写人员

**主　编：** 康国珍

**副主编：** 黄东辉　　张　丽

**参　编：** 毛　澍　　姜红利　　张德英　　杨　博　　左阳阳　　顾衍璋
　　　　　郭　镥　　费思源　　王　龙　　刘建辉

# 前 言

电力可靠性管理作为保障电力可靠供应、支撑电力安全生产、提高优质服务水平的重要基础性工作，涉及发、输、变、供、用电全过程，事关经济发展与社会稳定大局，事关人民群众的切身利益，日益受到各级政府和社会各界的高度重视和广泛关注。在保障电力系统安全稳定运行与电力可靠供应、助力电力低碳转型、优化营商环境、促进新型电力系统高质量发展等方面，电力可靠性管理工作者既担负着重大责任和使命，又面临着巨大压力和挑战。

2022年4月，国家发展和改革委员会颁布了《电力可靠性管理办法（暂行）》（国家发展和改革委员会令2022年第50号，以下简称50号令），自6月1日起施行。50号令是电力可靠性管理工作所遵循的纲领性制度，把电力可靠性管理工作从一项统计分析工作提升为涵盖电力系统全要素的支撑性工作，赋予了电力可靠性管理工作全新内涵，推动了电力可靠性管理从微观设备统计管理向宏观安全保供管理的转变，从现有的被动监督管理向主动动态管理的转变，从传统的信息管理向过程管理的转变。

为认真贯彻落实50号令，我们组织开展了电力可靠性管理典型实践案例征集工作，旨在鼓励和引导电力企业认真学习先进经验，积极推广和应用典型做法，推动电力可靠性管理高质量发展。经过企业推荐、专家评审、集中编审等一系列流程，我们从征集的众多案例中遴选出117项，最终形成了《全国电力可靠性管理典型实践案例集》（以下简称《案例集》），包括《发电可靠性管理分册》《输变电及供电可靠性管理分册》两个分册。

本书为《发电可靠性管理分册》，包括发电可靠性管理典型案例49项，分别从不同维度，总结提炼了发电可靠性管理的先进经验和典型做法，对提高发电可靠性管理人员的理论和实践能力，提升发电可靠性管理水平具有重要意义。

本书编制过程中，得到了国家能源局南方能源监管局、有关发电企业的大力支持，在此表示衷心感谢！

编 者

2023年11月

# 目 录

1 | 锅炉数字化建模及智能系统的研究与应用 ......................................................... 1
2 | 深调模式下燃煤锅炉水冷壁硫化氢气氛场在线监测与高温腐蚀预警研究 ......... 6
3 | 四部曲精密诊断管理 ........................................................................................... 10
4 | 区域协同检查工作机制在锅炉四管防磨防爆工作中的应用研究 ....................... 15
5 | 循环流化床锅炉煤泥、煤矸石资源综合利用绿色低碳发展技术开发研究与应用 ........................................................................................... 19
6 | SNCR 脱硝系统运行优化与尾部烟道设备可靠性提升的技术研究与应用 ........ 25
7 | 大规模新能源接入区域火电机组次同步振荡防控 ............................................. 30
8 | 基于大数据设备状态评估矩阵的发电设备可靠性管理体系 ............................. 37
9 | 锅炉水冷壁磨损腐蚀状态智能检测系统的研究与应用 ..................................... 44
10 | 智能化管控点巡检系统应用 ............................................................................. 52
11 | 管式换热器单根查漏装置的研发与应用 ........................................................... 56
12 | 燃煤机组深度调峰性能评估及优化关键技术研究与应用 ............................... 61
13 | 径流式湿式电除尘器实现烟尘超低排放 ........................................................... 66
14 | 新建 350MW 间接空冷机组低压缸零出力改进的研究与应用 ....................... 73
15 | 火电机组循环水全负荷经济背压自动调节技术的研究与应用 ....................... 79
16 | 超临界直流锅炉受热面防磨防漏管理质量提升 ............................................... 86
17 | 燃机进气系统防冰除湿系统改造 ....................................................................... 97
18 | 胆大心细，注重积累，才能把好设备的"脉" ............................................. 103
19 | 探索构建基于技术监督评价的可靠性管理新机制 ......................................... 109
20 | 基于动力型 EPS 的向家坝水电站巨型水轮发电机组黑启动研究 ............... 116
21 | 基于电力生产大数据的设备运行状态及故障诊断技术 ................................. 121
22 | 水电站智能巡检系统建设及应用 ..................................................................... 130
23 | 水电站水轮机调速器控制系统可靠性研究及应用 ......................................... 137
24 | 大型水轮发电机组典型集电环问题处理及研究 ............................................. 143

| 25 | 西南电网异步条件下的直调厂站 AGC 与一次调频控制性能和协调配合策略优化与应用 | 147 |
|---|---|---|
| 26 | 通道湘寿坪风电场 SVG 装置除湿通风技术改造 | 158 |
| 27 | 智能巡检管理示范应用 | 163 |
| 28 | 基于大数据平台的发电设备状态检修探索与实践 | 168 |
| 29 | 基于设备健康度的全生命周期管理 | 175 |
| 30 | 基于 FMEA 的风电机组设备可靠性故障管理研究应用实践 | 183 |
| 31 | 开展螺栓及变桨轴承失效监测，提升风电机组叶轮系统运行可靠性 | 190 |
| 32 | 机器视觉提升运维效率——无人机风光线巡检、科技创新的应用 | 197 |
| 33 | 大幅减少分布式光伏电站电网零序扰动解列的技术研究与应用 | 204 |
| 34 | 槽式光热电站导热油质量管理及设备可靠性提升技术研究 | 211 |
| 35 | 核电设备可靠性数字化管理系统（ERMs） | 218 |
| 36 | 核电企业工作控制全流程风险防控精细化管理 | 226 |
| 37 | 基于精细化的核电企业"金牌机组"建设管理实践 | 234 |
| 38 | 基于失效后果分析（COFA）的预维优化平台研发 | 240 |
| 39 | 核电企业群堆模式下的备件集约化管理案例 | 247 |
| 40 | 基于精细化管理的核电企业生产运行指标体系与评价 | 254 |
| 41 | 基于"双零"目标的华龙核电机组 DCS 可靠性优化及应用 | 261 |
| 42 | 核电机组减非停管理创新实践 | 268 |
| 43 | 维修辅助风险评估系统 | 273 |
| 44 | 基于跨职能合作的关键敏感设备可靠性提升管理 | 277 |
| 45 | 基于大数据的核电站典型关键设备（SPV）健康管理 | 283 |
| 46 | 基于 20/40 清单的设计变更管理及应用 | 288 |
| 47 | 核电厂技术监督管理体系建立及实施 | 295 |
| 48 | 首堆设备设施隐患排查全链路分析实践 | 301 |
| 49 | RCM 技术方法在 CPR1000 核电厂的创新与应用 | 305 |

# 锅炉数字化建模及智能系统的研究与应用

## 一、案例基本情况

### （一）单位基本情况

华电青岛发电有限公司（简称青岛公司）隶属中国华电集团有限公司山东公司，现有 4 台 300MW 热电联产燃煤机组、2 台 F 级（505.54MW）燃气—蒸汽联合循环热电联产燃气机组（1 台在建），是山东省第一家采用 300MW 机组供热的发电企业，也是青岛市最大的热力生产基地。

青岛公司先后荣获全国五一劳动奖状、全国文明单位、中央企业爱国主义教育基地等荣誉称号，成功入选国资委首批中央企业爱国主义教育基地、"中国美丽电厂"。

### （二）案例情况

锅炉承压部件作为锅炉的重要组成部分，是火力发电厂安全防护检查的重点。锅炉承压部件的泄漏，一直是火力发电企业安全生产面临的难题之一。采取有效措施提高锅炉承压部件防磨防爆管理的质量与有效性，关系着火力发电厂经济效益以及长远稳定发展。

锅炉数字化建模及智能系统在锅炉三维建模基础上，设计制作数据分析、智能报警、智能滚动三个模块，通过对运行、检修过程中各项数据分析汇总，为锅炉承压部件检查及缺陷处理提供依据，减轻承压部件运维工作量的同时，增加锅炉承压部件管理手段，提高锅炉承压部件的安全性和可靠性。

### （三）案例具体实践

#### 1. 总体思路

当前锅炉承压部件运维工作存在以下难点。

（1）水冷壁高温腐蚀严重，缺乏有效统计、汇总及分析工具

当前，受环保超低排放标准的制约，运行机组长期采用主燃区贫氧的运行方式，这种运行方式会造成水冷壁高温腐蚀严重，如图 1 所示，青岛公司 1 至 4 号锅炉水冷壁历年更换根数大致呈逐年增加态势。

在此背景下，青岛公司每次水冷壁检查平均需测厚 5000 余点，需要检查人员 10 余人，耗费大量人力物力。检查过程中，单根水冷壁测厚后首先在段管上使用粉笔记录壁厚，每层水冷壁测厚完

毕再手记在纸上，水冷壁整体测厚完毕后再人工录入、形成 Excel 表格，程序繁杂，易产生数据遗漏，记录错误。壁厚统计数据冗杂，不利于数据分析。迫切需要研发适用于水冷壁检查的在线数据汇总分析系统，指导机组检修及运行调整。

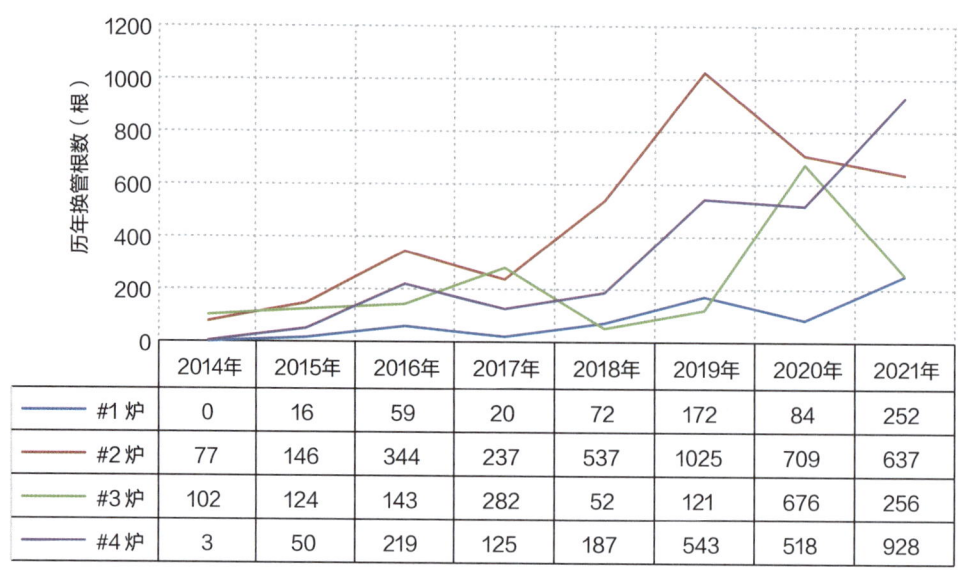

图1　青岛公司1至4号锅炉水冷壁历年换管根数

**（2）承压部件维护工作内容承接不畅**

青岛公司虽然针对当年发现问题及重点工作进行了汇总留档，但是次年往往因承压部件检查范围广、工期紧张等原因，造成部分需跟踪检查内容遗漏，承压部件正常运行可靠性随之降低，需要通过智能化技术，自动形成检查计划并及时提示，查漏补缺，避免人为失误。

**（3）承压部件运行、维护难以有效耦合**

机组运行期间可能发生超温、超压、吹灰器过载等异常，需在机组检修过程中进行针对性检查。但是，由于参数及设备异常汇总工作量大，记录易遗漏，难以实现运行、检修的深度耦合，需要通过智能化技术充当"裁判"，无间隙跟踪、记录并发出警告，进而主观优化运行操作、客观提示检修检查，充分统筹运行、检修工作，从而提升设备可靠性。

基于以上问题，该项目通过机器学习、数据分析算法，对水冷壁乃至全部锅炉承压部件壁厚特征向量进行提取分析，及时跟踪承压部件状态并进行评估反馈，为运行调整及检修维护提供决策支撑，方便运维人员缺陷判断及处理，提高锅炉承压部件安全性和可靠性。

■ **2. 主要做法**

**（1）锅炉三维建模**

基于锅炉图纸，使用建模软件构建锅炉模型，如图2所示，100%真实还原锅炉承压部件的布置。

同时标注具体标高、管段规格材质以及具体位置的检查检修记录等。

**（2）数据系统设计及应用**

**数据录入**：水冷壁等锅炉承压部件检查测厚后，直接通过手机、平板等终端设备现场直接录入测厚数据，测厚数据自动上传数据库备存，同时自动判定壁厚是否超标并提醒。这种方式可有效节省数据录入时间及精力。

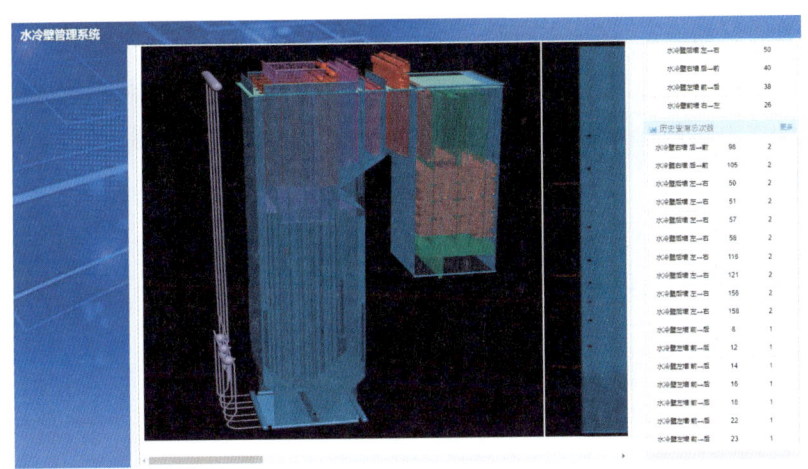

图2　锅炉3D模型图

**数据分析及应用**：建立数据分析模型库，实现数据挖掘模型化分析，发现数据背后隐藏的规律。

结合数据库历次检修测厚数据，自动筛选相同位置管段的测厚记录，一是计算减薄速率，辅助检修人员确定换管方案，同时根据减薄速率的变化，针对机组启动后及时进行运行调整；二是形成指定管段历史减薄次数、分区域水冷壁减薄数量对比，提醒检修人员针对减薄频繁、数量多的管段和区域进行重点检查。

自动筛选减薄管段，根据建模信息，抓取减薄管段周边设备如吹灰器、燃烧器等的信息，并弹窗提示，指导检查人员后续开展原因分析及措施制定。

经上述分析后，自动形成承压部件检查示意图，统一展示检查内容（检查情况、测厚记录等），针对壁厚减薄超标、频繁减薄、减薄速率加快等问题管段标红提醒，方便检修人员制定割管方案及下一步检查和调整计划。见图3。

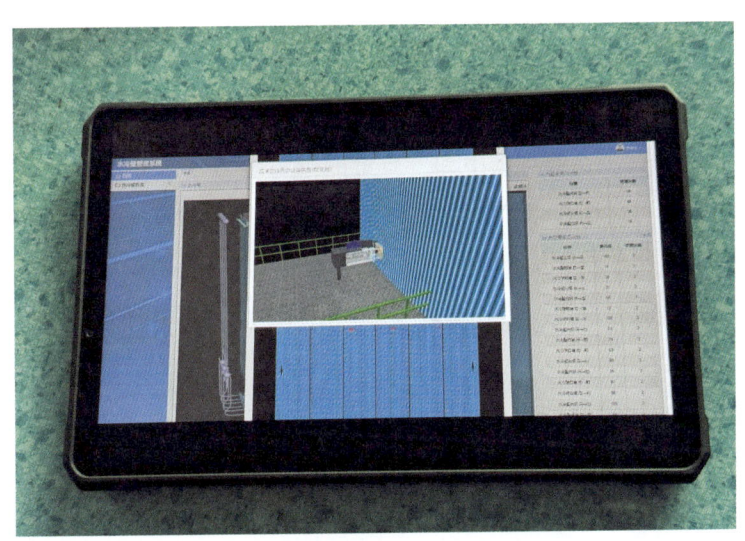

图3　承压部件检查示意图

### （3）智能系统设计及应用

**智能报警**：通过三维建模软件，进行数字化建模后，连接至SIS系统，实现数据实时跟踪记录，支持在三维模型上展示故障报警信息，如壁温超限则提示并记录，提醒运行人员及时调整，并将超温部位列入检修检查计划。

**智能滚动**：数字化建模后，系统单列承压部件滚动计划（见图4），如割管抽检、一次门前炉外小管道抽检、温度压力套管抽检等，记录已检查部位并智能提醒待检查部位。

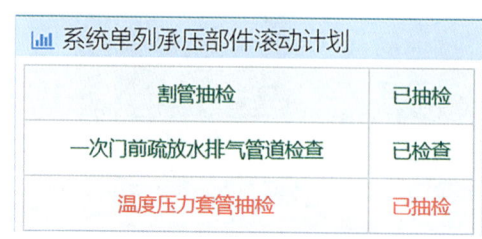

图4　系统单列承压部件滚动计划

**智能判定**：根据四管实际故障类型，提取经典故障样本，包括不同控制方式、不同工况下的运行数据，确定特征参数。通过卷积神经网络计算，得到各特征参数在不同工况下的正常值，以此作为数据分析的基准。采用合适的征兆计算方法，将各特征参数值与其正常工况标准值比较，以此进行故障状态分析。长期的模型训练可使其具有自动分类的功能，并且能够根据相关性和相似度数值进行测点关联分类，判定四管即将出现的缺陷，进而提示检修人员提前准备，及时消除设备隐患。

## 二、案例实践效果

### （一）综合效益

综合效益方面，随着"碳达峰、碳中和"政策的进一步实施，青岛公司频繁参与电网深度调峰。在此背景下，机组的可靠性显得尤为重要。项目实施后，锅炉承压部件可靠性管理水平显著提升，检修处理、运行调整有了科学的参考依据，未出现因承压部件泄漏导致非停事故。作为电力负荷保障的压舱石，为新能源发电提供了坚实的保障，用自身的高可靠性直接支撑了"碳达峰、碳中和"国家重大战略。

经济效益方面，因锅炉受热面爆管造成的非停，一般处理周期为10天。电量损失按照60%负荷率计算：330MW×60%＝198MW，一台机组每天发电量为198×24＝475万kWh，电费每天475×0.366＝185万元，若每天净利润为50万元，则停机10天损失净利润500万元；同时，每次机组启停需要用油大概40吨，燃油价格约为7000元/吨，费用约28万元；另每次机组启停用水费用约5万元。因此每减少一次锅炉爆管非停,间接创造经济价值533万元。

生产效率方面,该项目的成功应用大量节省了运行、检修人员数据记录、汇总、分析的时间及精力,有效提升了数据分析的效率,在有限检修工期内有效提高了承压部件检修的细度,促成精准、精细检修的良好局面。

## (二)行业推广前景

该项目研究成果在青岛公司已成功应用,有效提升了锅炉承压部件防磨防爆管理的质量及有效性,效果显著,项目研究成果可推广至直流锅炉、循环流化床等不同类型锅炉。同时,该系统也可拓展至火电机组转动设备、环保设备乃至整台机组的智能检修,对提升机组可靠性具有重要意义,为电力行业内火电机组运维灵活化和智能化改造起到了标杆示范作用。

(李明涛　王刚　郝宗鹏　丁鹏　安冬冬)

# 深调模式下燃煤锅炉水冷壁硫化氢气氛场在线监测与高温腐蚀预警研究

## 一、案例基本情况

### （一）单位基本情况

华电青岛发电有限公司（简称青岛公司）隶属中国华电集团有限公司山东公司，现有4台300MW热电联产燃煤机组、2台F级（505.54MW）燃气—蒸汽联合循环热电联产燃气机组（1台在建），是山东省第一家采用300MW机组供热的发电企业，也是青岛市最大的热力生产基地。

青岛公司先后荣获全国五一劳动奖状、全国文明单位、中央企业爱国主义教育基地等荣誉称号，成功入选国资委首批中央企业爱国主义教育基地、"中国美丽电厂"。

### （二）案例情况

随着"碳达峰、碳中和"政策的逐步落地，新能源得到高速发展，电网峰谷差已高达50%，火电机组参与电网调峰越来越频繁，燃煤锅炉将长期处于偏离设计工况的工作方式。同时，受环保超低排放标准的制约，运行机组长期采用主燃区长期贫氧的运行方式，主燃烧区还原性气氛增强导致产生大量硫化氢等气体，进而加剧水冷壁高温腐蚀，影响锅炉安全运行，以青岛公司2号锅炉为例，每年仅水冷壁管更换及防腐蚀喷涂费用支出高达上百万，因此，在火电机组频繁参与调峰的大背景下，如何确保锅炉运行的安全性、环保性，同时兼顾一定的经济性是未来电力行业技术升级的重要方向。虽然电厂热工仪表测量技术已有长足发展，但是一些关键参数的准确测量仍然存在较大难度，尤其是在防止水冷壁高温腐蚀的数据监控与参数调整方面，仍处于盲区，主要原因在于目前缺乏可直接用于锅炉水还原性气体的在线监测系统，尤其是硫化氢监测系统。现有的硫化氢测量仪表主要应用在天然气行业，天然气行业与电站锅炉的测量对象特点显著不同，天然气非常洁净，硫化氢浓度低，通常不超过50ppm；燃煤锅炉烟气中含有大量粉尘、水蒸气和酸性气体，且锅炉水冷壁区域硫化氢浓度超过1000ppm已是常态，现有的硫化氢测量仪表无法直接应用于电站锅炉，迫切需要研发适用于电站锅炉的硫化氢在线监测装置，指导运行调整。

### （三）案例具体实践

#### 1. 总体思路

通过研发水冷壁硫化氢在线监测装置，在线监测锅炉主燃烧区的还原性气氛，建立水冷壁高温腐蚀减薄速率模型；在尾部烟道布置 CO 在线监测装置，监测锅炉不完全燃烧热损失，通过智能算法寻优，实现飞灰含碳量在线软测量，进而获得锅炉效率实时模型，结合 SCR 脱硝装置入口的 $NO_x$ 浓度，建立锅炉燃烧健康指数模型，实时指导锅炉运行调整。

### 2. 研发难点

本项目基于可调谐半导体激光吸收光谱技术（TDLAS），通过检测激光在经过硫化氢光程池后光强的变化，反推出烟气中硫化氢的浓度。主要研发难点如下：

水冷壁高温腐蚀严重的区域同时也是炉膛结焦严重的区域，确保取样管路不堵塞是研发的首要难点；

激光在经过硫化氢光程池后，会被硫化氢吸收，光强会变弱，即光强与硫化氢浓度呈显著的负相关性，硫化氢浓度越高，吸收后的光强越弱。如何增强硫化氢的吸收信号，提高测量准确性是研发的第二大难点。

### 3. 主要做法

青岛公司将电厂高温腐蚀最严重的 2 号锅炉作为试点，研发过程采用"两步走"策略。

第一步是根据 2 号锅炉参数特征研发一套硫化氢在线监测装置样机。第二步是利用停炉机会，在水冷壁上开孔并安装烟气取样装置，具体测点布置根据 2 号锅炉高温腐蚀位置确定，通过真空泵将烟气抽出过滤后送入激光分析单元进行信号处理，经过一系列复杂算法计算，得到硫化氢浓度值，送入 DCS 系统，原理如图 1 所示。

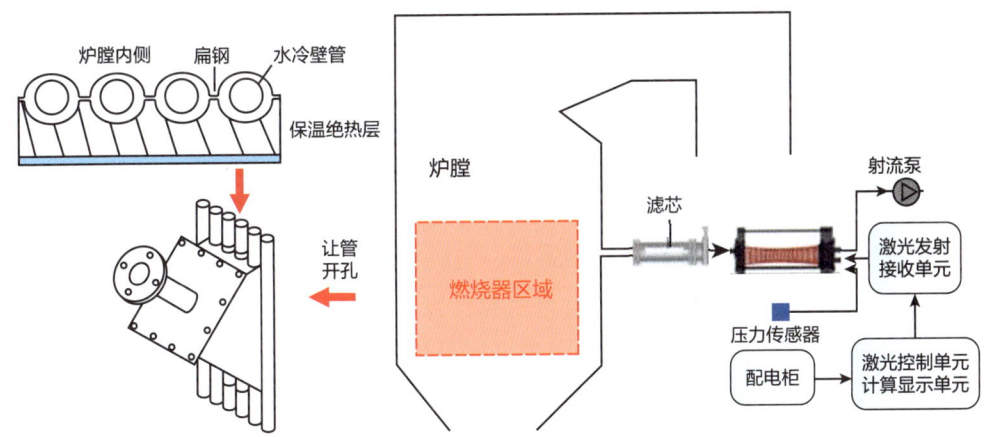

图 1　硫化氢在线监测装置研发实施示意图

调试期间，因水冷壁结焦情况较重，运行约 4 小时发现取样管（DN65）产生堵塞。

针对该问题，研发了自动捅焦装置，采用仪用压缩空气，通过外部气缸每 20 分钟带动捅焦杆动作一次，保证能顺利抽吸到炉膛内部烟气，供后续烟气处理和分析，捅焦及取样装置见图 2。

为增强硫化氢的吸收信号，提高测量准确性，采用赫里奥特池多次反射技术，精准控制激光在赫里奥特池内多次反射，相当于增加了光程池的长度，以达到提高激光吸收率的目的，从而解决了在线测量硫化氢吸收弱的问题。

图 2  捅焦及取样装置

样机研发成功后,将采用不同原理的便携式测量仪表与样机测量的结果进行比对,发现两种不同原理的仪器测量数值非常接近,测量结果高度吻合,如图 3 所示,样机研发成功。

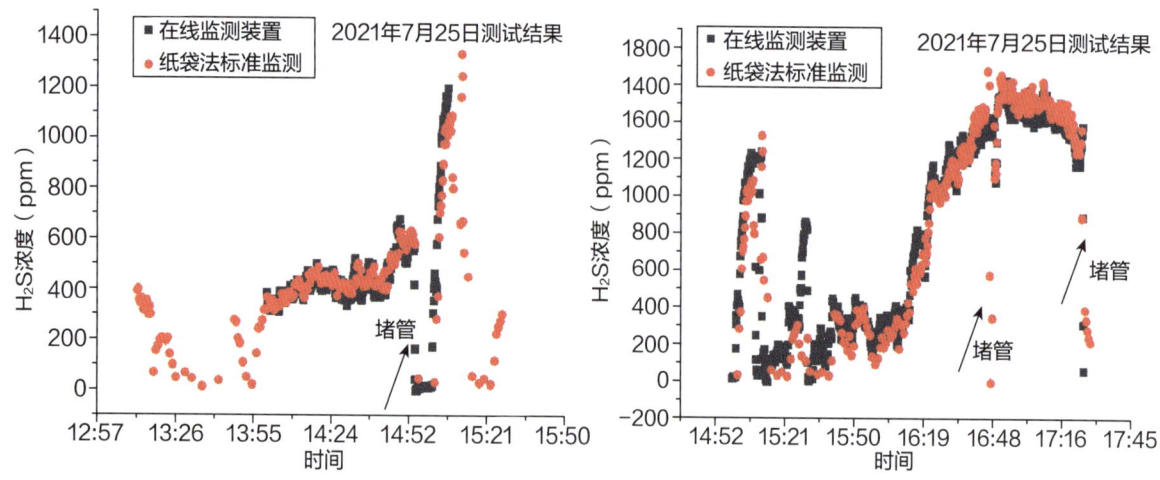

图 3  醋酸铅纸袋标准法便携式硫化氢仪器与样机在线监测装置同步测量比对结果

在锅炉主燃烧区域前、后墙,各布置 3 层测点(分别位于标高 17.9m、21m、23.6m 平台层),沿炉膛高度方向共布置 6 套硫化氢在线监测装置,实现炉膛不同区域水冷壁硫化氢浓度实时测量。同时,根据实测的硫化氢浓度,建立水冷壁高温腐蚀速率模型,实时计算各工况下水冷壁腐蚀速率,进而实现高温腐蚀预警,指导运行人员进行燃烧优化调整,从而减缓水冷壁高温腐蚀,提高锅炉运行的安全性,整个系统的主画面如图 4 所示。

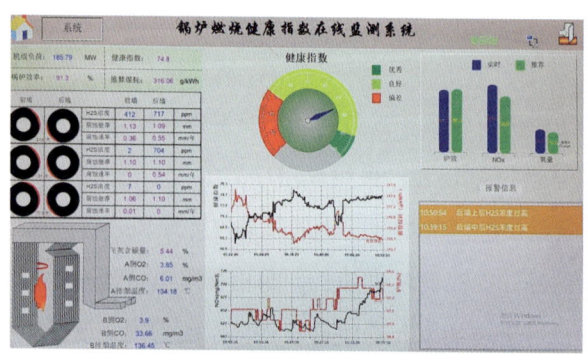

图 4  锅炉燃烧健康指数在线监测系统主画面

## 二、案例实践效果

### （一）综合效益

经济效益：因锅炉受热面爆管造成的非停，一般处理周期为10天。电量损失按照60%负荷率计算：330MW×60%=198MW，一台机组每天发电量为198×24=475万kWh，按每kWh 0.366元计算，则电费每天475×0.366=185万元，若每天净利润为50万元，则停机10天损失净利润500万元；每次机组启停需要用油约40吨，燃油价格大约为7000元/吨，费用约28万元；每次机组启停用水费用约5万元。机组每减少一次锅炉爆管非停，直接节约经济成本533万元。

另外，为了缓解炉膛主燃区高温腐蚀，进行锅炉燃烧优化调整，关闭燃尽风1至2层，减少燃尽风率，将更多风量送入主燃烧区，在降低主燃烧区域硫化氢浓度的同时，飞灰含碳量下降约3%，节约标煤耗0.5g/kWh。以2号锅炉为计算基准，按全年60%负荷率计算，年节约标煤720吨，节约燃料费89.7万元，若推广至全厂4台机组，则每年全厂可节约燃料费用358.9万元。

综合效益：项目实施后，2号锅炉可靠性管理水平显著提升，运行人员调整有了科学的参考依据，2号锅炉未出现因高温腐蚀爆管发生的停炉事故，为能源保供、冬季供热提供了坚实的保障。

### （二）行业推广前景

深调模式下燃煤锅炉水冷壁硫化氢气氛场在线监测装置的成功开发及应用，形成了一套具备华电集团自主知识产权的锅炉高温腐蚀防治关键技术。经总结凝练及推广后，可形成具有华电集团特色的锅炉高温腐蚀防治技术体系与标准规范对强化企业核心技术能力建设，引领行业技术进步都具有重要的意义。同时，对火电机组清洁化、灵活化和智能化改造具有示范意义，对于行业内燃用高硫煤的锅炉以及受到高温腐蚀困扰的锅炉提供了良好的示范效应，具有较大的推广价值。

（李明涛　王刚　郝宗鹏　丁鹏　安冬冬）

# 四部曲精密诊断管理

## 一、案例基本情况

### (一) 单位基本情况

华电国际电力股份有限公司邹县发电厂（以下简称邹县发电厂）位于山东省邹城市，是中国华电集团有限公司装机容量最大的火力发电厂，也是华北电网和山东电网的骨干电厂。现拥有4台335万千瓦（建成于1985—1989年，分别于2019、2020年办理了延寿手续）、2台635万千瓦（建成于1997年）和2台100万千瓦（建成于2006—2007年，其中8号机103万千瓦）共8台机组，总装机容量464万千瓦，是全国同时拥有30万、60万、100万千瓦3个容量等级、亚临界、超超临界2个技术等级的现代化发电企业。

该企业两次荣获"全国五一劳动奖状"，14次荣获"安康杯"竞赛优胜企业，先后荣获全国一流火力发电厂、全国首家"资源节约型，环境友好型"一流发电厂、中国华电集团有限公司先进企业、五星级发电企业等省部级及以上荣誉称号400余项。

### (二) 案例具体实践

#### 1. 总体思路

电力市场竞争的日益加剧，对发电企业设备的可靠性提出了更高的要求。准确判断设备健康情况，精准预判设备劣化趋势，预测大概剩余运行寿命，并在剩余运行寿命结束之前完成设备检修，对于提高设备的可靠性具有重要意义。而精密诊断可借助振动、红外超声、油液等技术对在运行的设备进行数据采集，通过专业人员的综合分析，实现对设备健康水平的准确判断，为设备可靠性管理提供技术支持。

邹县发电厂自2003年成立精密诊断中心以来，一直致力于精密诊断工作，经过多年的实践摸索，发现精密诊断可从五个层次逐层深入发挥作用：一是应用振动、红外、超声、油液等精密诊断技术对设备劣化倾向进行趋势预警；二是指导消除设备故障，为检修工作提供技术指导；三是进行设备可靠性分析，从根源上消除设备故障；四是为设备精益化检修提供科学依据；五是从精密诊断角度指导改进设备检修工艺。根据上述五层作用，创新总结出"定期监测、苗头预警、异常跟踪、改善提升"四部曲精密诊断管理模式。

### 2. 主要做法

借鉴"上医，医未病之病；中医，医欲病之病；下医，医已病之病"的中医理论，采用"望、闻、问、切、验"的方式开展精密诊断工作，在设备出现故障苗头时，及时发出预警，提前干预，将隐患消灭在苗头；在设备故障发生后，采用精密诊断技术分析故障原因和严重程度，对症下药提出对策措施；对暂时无法消除的设备故障建立档案，进行趋势跟踪，合理缩短诊断周期，必要时实行连续跟踪诊断，准确掌握设备劣化情况；定期对设备发生的故障类型进行统计分析，归纳总结出同类型设备的多发故障，找出根源性因素，从而对该类型设备进行有针对性的运行检修管理，消除故障根源，从根本上提升设备可靠性。

（1）**合理确定技术检测手段**。目前各发电企业采用的精密诊断技术主要有振动、红外、超声、油液、电机电流频谱等五种技术手段，各种技术手段由于特性不同，对各种类型设备的作用发挥也大不相同。以转动设备为例，振动、红外、超声、油液、电机电流频谱等技术手段都可应用于检测转动设备，多种技术手段综合诊断可准确评估设备状态。如果选择不合理，一是不能准确诊断评估设备状态，二是无效的测量和分析造成劳动量的增大。在经过现场实践充分验证的基础上，根据各种类型设备的特性，邹县发电厂生技部精密诊断中心合理配置了电机、泵、风机、磨煤机、空压机、变压器、电压互感器、电流互感器、断路器、避雷器、隔离开关等各种类型设备的技术手段，在提高诊断准确性的同时，提高了工作效率。以汽机侧部分转动设备为例，各种类型设备的检测技术见表1。

表1 汽机侧重要转机精密诊断技术矩阵表

| 设备名称 | 设计分析诊断技术 | 振动诊断技术 | 红外诊断技术 | 超声诊断技术 | 油液诊断技术 | 电机电流频谱分析 |
|---|---|---|---|---|---|---|
| 汽动给水泵 | ▲ | ▲ | ▲ |  | ▲ |  |
| 前置泵 | ▲ | ▲ | ▲ |  | ▲ | ▲ |
| 凝结水泵 | ▲ | ▲ | ▲ | ▲ |  | ▲ |
| 凝升泵 | ▲ | ▲ | ▲ |  |  |  |
| 循环水泵 | ▲ | ▲ | ▲ |  |  | ▲ |
| 真空泵 | ▲ | ▲ | ▲ |  |  |  |
| 开式泵 | ▲ | ▲ | ▲ |  |  |  |
| 闭式泵 | ▲ | ▲ | ▲ |  |  |  |
| 定子冷却水泵 | ▲ | ▲ | ▲ | ▲ |  |  |
| 转子冷却水泵 | ▲ | ▲ | ▲ | ▲ |  |  |

（2）**实施精密诊断标准化作业**。标准化是开展设备状态精密诊断的重要依据，精密诊断工作依据诊断范围、诊断周期、工作流程和诊断标准开展规范化作业，能够针对性地开展各项工作并提高工作效率。制定并实施《精密诊断管理标准》和《精密诊断标准化作业细则》，对工作流程、诊断标准、技术标准、报告标准格式要求，优化管理流程，实施精密诊断的标准化、规范化和科学化管理。确保

测量的数据真实有效，方便后续诊断分析。精密诊断工作流程如图 1 所示。

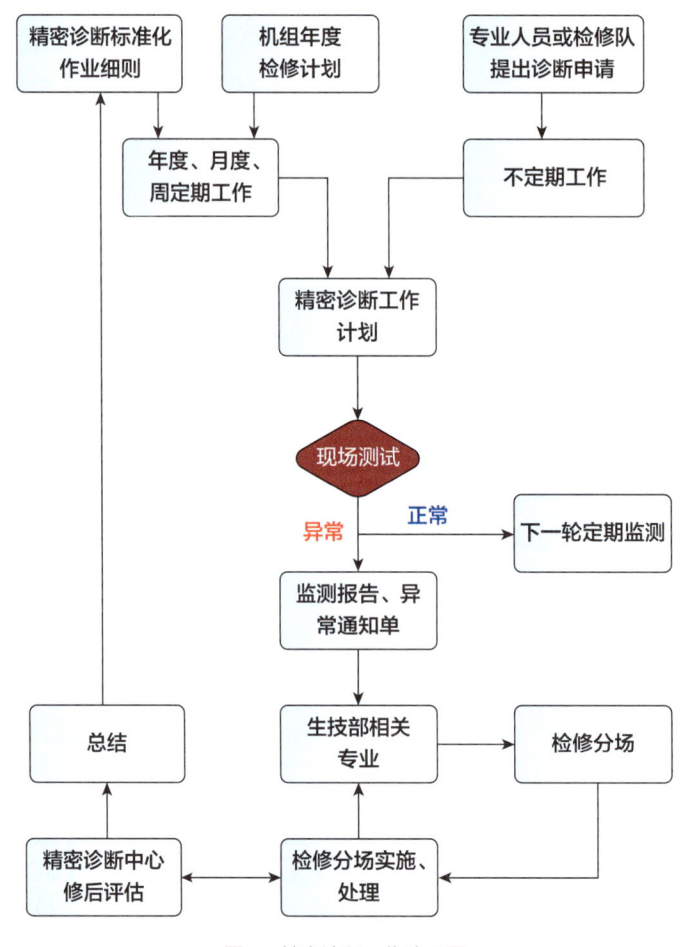

图 1　精密诊断工作流程图

（3）做好设备定期诊断和异常跟踪。认真做好设备定期诊断，对诊断中发现的设备异常情况，及时编写状态诊断报告和设备异常通知单，通知相关专业和部门，提出处理建议，做到问题早发现、早处理。对暂时无法停运消缺的设备，建立档案跟踪，提醒检修人员提前做好备品、备件的准备，同时根据故障严重程度合理缩短诊断周期甚至进行连续跟踪监测，在异常情况出现劣化倾向时及时通知检修人员，有针对性地开展检修，减少设备非计划停运。在设备发生故障时，应用精密诊断技术分析设备故障的类型、部位、严重程度，从而缩小检查范围，减少检修工作量，提高工作效率。如通过振动诊断技术可判断故障原因及故障部位，并可应用现场动平衡处理技术直接解决振动异常问题。

（4）开展机组修前设备状态总体检和修后评估。机组大、小修是消除设备隐患、提高设备长周期安全稳定运行的有效手段，"过修"会造成检修资源的浪费，"欠修"则导致设备无法长周期安全稳定运行，所以合理制订大、小修项目计划非常关键。精密诊断中心在机组大、小修前两个月进行修前设备状态精密总体检，结合定期获取的设备状态精密诊断情况，编写修前设备状态精密诊断报告，为合理安排设备检修计划提供技术支持；修后及时开展设备状态评估，检验检修效果。通过机组大、小修前设备状态精密总体检和修后评估，达到科学合理确定检修方式、检修内容、检修周期和工期，实现延长设备检修周期、缩短检修工期、降低检修成本、提高检修质量的目的。

（5）**加强设备异常全过程闭环管理**。精密诊断发现的问题能不能及时得到处理，决定了精密诊断技术对设备状态的趋势预警作用和对检修工作的技术指导作用能不能得到充分发挥。邹县发电厂以异常通知单的形式实现了闭环管理。设备异常通知单包含设备存在的问题、诊断结论、建议措施、专业处理建议、实际检修情况及修后评估情况等内容，相关专责人按照流程进行处理，实现设备异常从发现到评估的全过程闭环管理，充分发挥精密诊断作用。

（6）**做好典型案例总结积累**。总结案例经验教训，是发现事物规律的一个重要途径，也是提高工作效率的重要手段。一个完整的案例对于涉及的设备来讲就是"病历卡"，通过案例可以了解一台设备的健康状况、故障时的具体表现、对故障的诊断过程及事后的检修验证，当这台设备再次出现问题时，可参考历史数据快速找到故障"嫌疑"点，及时确定处理方案，提高设备管理水平。案例还是"教科书"，通过建立典型案例数据库，初学者可以加深对理论的领会，增强学习效果，加快人才培训。

（7）**进行共性分析，提升设备可靠性**。对同一类型设备发生的问题，定期进行统计分析，归纳总结所出现的故障类型，对频发共性问题查找根源，进行有针对性的运行检修管理，从根本上提高设备可靠性，如通过共性分析，发现了4台335MW机组D浆液循环泵减速机存在的设计问题，通过技术改造彻底解决了该设备难题。

（8）**从精密诊断角度指导改进设备检修工艺**。检修工艺是设备修后质量及长周期可靠运行的一项关键影响因素。精密诊断人员可根据设备故障诊断过程中发现的规律性问题，确定检修工艺存在的问题，反馈检修人员，改进检修工艺，从而提高设备检修质量。如邹县发电厂振动诊断人员在转动设备故障诊断过程中，发现多起电机找正工艺不规范导致的设备振动超标故障，于是对电机找正工艺进行了规范。通过规范检修工艺，解决了多家发电企业长期存在的设备振动问题。

## 二、案例实践效果

### （一）综合效益

#### 1. 提高了设备可靠性

该管理模式的实施，一是降低了设备缺陷发生率。应用精密诊断技术及时发现设备隐患，通过检修人员及时消除设备隐患，避免了设备缺陷的发生及故障的进一步扩大。二是降低了检修成本。应用精密诊断技术准确判断设备故障类型、故障部位及故障严重等级，提高了检修的针对性，缩短了检修时间，减少了检修工作量，降低了检修费用。三是解决了共性问题。针对故障多发设备，通过精密诊断共性分析解决了4台335MW机组16台排粉机电机振动故障发生率高、2台635MW机组浆液循环泵减速机温度超标等问题，从根本上提高了设备可靠性。

自该管理模式实施以来，邹县发电厂综合运用振动、红外、超声油液等精密诊断技术发现设备隐患1200多项，解决电机、泵、风机、空压机、磨煤机等疑难振动500多台次，进行现场动平衡处理180多台次，累计创造经济效益7500多万元，设备缺陷发生率明显下降，设备可靠性得到大幅提升。此外，还先后为十几家发电企业解决了多起长期困扰企业的设备振动疑难问题。

### 2. 培养出优秀专业技术人才

四部曲精密诊断管理模式为邹县发电厂培养出了多名优秀精密诊断技能人才。在2016年中国华电集团公司第27届技能大赛（火电精密点检）上，邹县发电厂两名选手分别荣获个人赛机务和电控专业第一名，并获"中央企业技术能手"称号。目前，邹县发电厂生产技术部精密诊断中心有3名"中央企业技术能手"。

四部曲精密诊断管理项目负责人享受国务院政府特殊津贴，先后获"全国五一劳动奖章""全国技术能手""中央企业技术能手""全国优秀创新工匠""中国工业创新工匠人物""山东省富民兴鲁劳动奖章""齐鲁工匠""齐鲁首席技师"等荣誉称号。2019年入选国资委中央企业"百名杰出工匠"培养支持计划。

## （二）第三方评价

四部曲精密诊断管理模式荣获多项省部级奖项。

2016年2月，荣获第五届全国电力行业设备管理创新成果奖特等奖；2017年4月，荣获中国华电集团公司职工创新创效成果一等奖；2018年1月，荣获第三届中国设备管理创新成果一等奖。

## （三）行业推广前景

截至2022年，中国华电集团有限公司已有73家发电企业实施了精密诊断，其他电力集团也有相当多的发电企业开展了精密诊断工作。精密诊断技术虽然在发电企业得到推广实施，但是邹县发电厂的四部曲精密诊断管理模式以其效果显著的作用得到各兄弟单位的广泛关注。从2016年至今，先后有湖北华电、襄阳发电厂有限公司、福建华电永安发电有限公司、华能玉环电厂、贵溪发电有限公司等50多家发电企业前来调研学习，就精密诊断管理模式进行深入探讨。实践证明，四部曲精密诊断管理是非常适合发电企业精密诊断工作的管理方式，可充分发挥精密诊断作用，降低设备缺陷发生率并提高检修针对性，有效提高发电设备可靠性，可在已开展精密诊断工作的发电企业中推广应用并推广到石油、化工等制造业。

（王宁　陈炜　高鹏　李生伟）

# 区域协同检查工作机制在锅炉四管防磨防爆工作中的应用研究

## 一、案例基本情况

### （一）单位基本情况

华电新疆发电有限公司（以下简称新疆公司）于2003年成立，是五大发电央企中最早在新疆组建的区域公司，负责华电集团在新疆地区发电资产的经营和管理。

2020年，按照国务院煤电资源区域整合的工作部署，中国华电牵头，对华能、国家能源、大唐和国家电投在疆18家煤电企业进行了整合。目前，新疆公司管控企业30家，总装机容量17880MW，其中火电装机14394MW，清洁能源装机3486MW，承担着1.77亿平方米220万用户的供热保障，是新疆区域内集"风、光、水、火、储"于一体化、多种能源协同发展的最大能源发电企业。

新疆公司先后获"全国五一劳动奖状""全国模范职工之家""全国五四红旗团委""国家技能人才培育突出贡献单位""中央企业思想政治工作先进企业"等一系列荣誉；系统2家企业荣获"全国文明单位"，10家企业荣获新疆维吾尔自治区"开发建设新疆奖状"，"华电新疆"品牌影响力大幅提升。

### （二）案例具体实践

#### 1. 总体思路

为消除四管泄漏隐患，提高设备可靠性，贯彻"预防为主""质量第一"的方针，坚持"趋势分析、超前预防、逢停必查"的原则，树立"宁可多停两天、不要多停一次"的理念，按照"广泛调研—统筹分析、综合判断—暴露问题—问题导向—制定措施—监督落实、闭环控制"的工作思路，于2021年3月正式建立锅炉四管防磨防爆协同检查工作机制，采取四个方面12项措施，开展防磨防爆协同检查工作，着力解决防磨防爆工作中的痛点难点。

#### 2. 主要做法

（1）统筹规划，高效利用区域人才资源

在不额外增加专业技术人员的情况下，统筹各企业现有人力资源，按照就近原则分区划片，成立锅炉四管防磨防爆协同检查领导小组和6个协同小组，实现区域人才资源共享。每个小组由3~4家成员单位组成，采用组长负责制，组长由各成员单位中防磨防爆工作经验较为丰富的副总工或部门主任担任，成员由经验丰富、持有相关证件的防磨防爆中层管理人员和专业技术人员组成。

**（2）坚持"企业自查"与"协同小组复查"相结合**

各成员单位是锅炉四管防磨防爆检查的责任主体，需要做好"分区域、多轮次、交叉互查"等防磨防爆检查与三级验收工作。协同小组在成员单位"查"的基础上进行全覆盖、无死角的"复查"。协同小组进驻时召开首次碰头会，听取成员单位防磨防爆自查及三级验收情况汇报，然后进行现场复查。

复查结束后，组织召开防磨防爆协同检查情况反馈会，各基层企业生产副总和新疆公司生技部相关人员参加，协同小组通报复查发现的问题，提出下一步防磨防爆工作建议，形成问题整改通知书，限期闭环整改反馈。

**（3）坚持"逢停必查"，督促基层企业强化治理**

新疆公司安排专人盯办各成员单位及协同小组"逢停必查"的落实情况。对于日常管理，协同小组负责指导本组内成员单位四管防磨防爆管理指导，督促建章立制，健全管理体系，补齐管理短板。每年至少开展两次检查。

对于故障停机，任一机组故障停机3天以上时，同一小组内其他单位各安排2名人员，与停机单位一同开展"查修分离"中的"查"，"修"由停机单位自行负责。

对于等级检修，同一工作小组内其他单位各安排3名人员，开展四管复查工作，同时监督缺陷的处理过程，确保"查"的问题得到彻底处理。

两年来，新疆公司所属各企业共开展防磨防爆协同检查98次，参与人员437人次，发现并处理问题638项。每月印发《防磨防爆专项工作简报》交流经验。

**（4）制定典型工作方案，规范防磨防爆管理**

新疆公司组织专业技术人员及电科院编制了660MW直流炉、350MW直流炉、300MW汽包炉、200MW及以下汽包炉等4类机组的《防磨防爆检查典型工作方案》，防爆检查组织机构、人员分工、安全监督、质量管控、工作要求、工作内容、奖惩细则；对防磨防爆检查项目、周期、检查方法、标准内容等进行示范。

制定了《防磨防爆协同检查小组工作手册》，明确协同检查小组工作流程，提高工作标准，提升协同检查质量。

**（5）组织形式多样的培训，提高专业技术人员水平**

利用协同检查工作机制，开展形式多样的防磨防爆专业技术培训。2021至2022年，先后组织2次金属监督线下培训，参与人员86人次，并全部合格；开展现场技术培训98次，参与人员437人次，提升了技术人员的防磨防爆现场工作水平；开展金属监督、防磨防爆检查远程集中视频培训2次，参与人员362人次。理论联系实际，提高各企业防磨防爆检查人员技能水平，夯实管理基础。

**（6）搭建沟通交流平台，促进文化与管理融合**

2020年新疆区域煤电企业整合后，来自不同集团的员工，缺乏沟通渠道，互不相识，企业之间的沟通交流主要体现在管理层，员工之间的沟通缺乏有效的载体和平台，遇到疑难杂症，无法群策群力。

防磨防爆协同检查机制的建立，为各企业搭建了交流平台，构筑了沟通桥梁，促进了企业间的互通互学与互帮互助，加深了专业技术人员之间的交流深度。

## 二、案例实践效果

### （一）综合效益

#### 1. 管理标准与文化融合水平不断提升

新疆区域煤电整合后，各企业防磨防爆管理标准不统一，部分企业防磨防爆工作质量管理体系未能有效运转，防磨防爆计划制订不合理，工艺纪律执行不严肃，原始记录不齐全，"逢停必查、查修分离"原则落实不到位，检查质量不高等问题较为突出。

借助防磨防爆协同检查机制，新疆公司制定了典型方案、管理手册，监督指导企业提升防磨防爆管理效能，各企业的防磨防爆检查范围更加精准，滚动计划制订更加合理，奖惩机制更加有效。同时各企业的沟通交流更加频繁，专业技术人员共建共享已形成常态。两年来组织交流学习73次，参与人员277人次，有效促进了各企业间的文化融合与管理融合，增进了企业文化认同，提高了新疆公司的凝聚力和向心力。

#### 2. 人员技能水平实现普遍提高

2021年新疆公司所属各火电企业岗位缺员与技能不足问题突出。21家火电企业中，有10家企业未配备金属专工，占比将近50%；防磨防爆检查人员240人，持有金属监督证件者87人，占比仅有36.2%。

通过"传、帮、带"，技术培训，互相观摩交流等方式，提升了各企业防磨防爆检查人员专业技能水平，扩大了人才规模，提高了防磨防爆管理水平和质量管控能力。2022年协同检查小组成员242人，持有金属监督证件的人员131人，占比54.1%，同比提高17.9%，10家无金属专工的单位，通过协同共享，实现了专业技术力量全覆盖，金属监督管理水平实现整体提升。见图1。

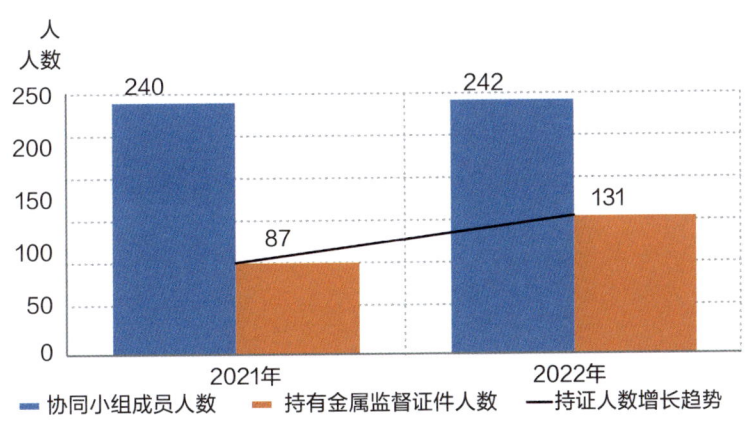

图1　2021年和2022年持有金属监督证件人员对比

#### 3. 四管泄漏问题得到明显改善

2021年，新疆公司四管泄漏造成机组非停15起，占非停总数50%，是最大的非停因素。21家火电企业中，锅炉四管"无泄漏"企业仅5家，占比23%。四管泄漏造成停运时间达到3000h，约占机组非停累计停运小时数的 71%，能源保供和冬季供暖安全风险较高。

新疆公司持续推进设备可靠性提升专项行动，设备健康水平不断提升，通过锅炉防磨防爆区域协同检查工作机制的有效运转，锅炉四管泄漏问题得到明显改善。

2022 年，四管泄漏造成的非停 7 起，同比降低 53.3%，非停占比降至 30.4%；"无泄漏"企业数达到 17 家，同比增加 240%，占比 81.0%；四管泄漏造成的机组非停 1200h，非停时间同比减少约 1800 小时，同比降低 60%，由此产生的企业提质增效收益达到 1.13 亿元。如图 2 所示。

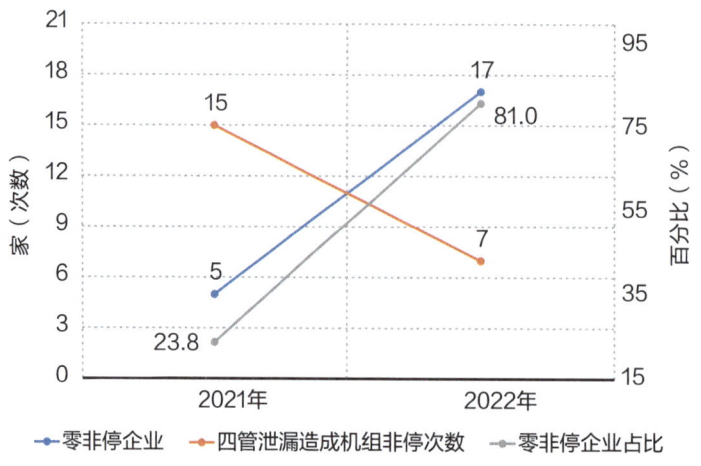

图 2  2021—2022 年四管泄漏问题对比

## （二）行业推广前景

工作机制能够充分调动现有人力资源，进行内部技术挖潜，促进区域内人员交流，最终实现技术水平共同提升的目标，且不产生额外生产成本，同时打造了一支稳定精干、技术过硬的区域协同检查队伍。目前，该工作机制正在进行区域电气协同试验、化学和热控技术监督试验试点，已初步取得成效。此工作机制对于火电机组数量较多、占比较大的区域公司具有较大的推广价值和较好的推广前景。

（田亚　陆刚　郭彦财　高国栋）

# 循环流化床锅炉煤泥、煤矸石资源综合利用绿色低碳发展技术开发研究与应用

## 一、案例基本情况

### （一）单位基本情况

国投盘江发电有限公司（以下简称国投盘江公司）由国投电力控股股份有限公司和贵州盘江精煤股份有限公司分别以55%、45%比例出资组建，2009年2月在贵州省六盘水市注册成立，注册资本金5.16亿元。国投盘江公司围绕国家西部大开发和"西电东送"战略，按照国家"优先发展煤炭资源综合利用项目、节能环保项目和循环经济项目"的产业政策，开发建设和运营管理盘北低热值煤电厂2×300MW项目。1号机组于2013年7月11日投产发电，2号机组于2014年12月17日投产发电。

### （二）案例情况

国投盘江公司自投产以来，始终坚持发展绿色循环经济产业、做优做强低热值煤发电事业，以实际行动践行"绿水青山就是金山银山"的发展理念，着力打造煤泥、煤矸石资源综合利用示范项目。拟通过消纳贵州省六盘水市区域煤炭加工企业产生的煤泥、煤矸石，为贵州省六盘水区域煤炭企业提高精煤产量，减少煤矸石、煤泥堆积占地，减轻二次污染危害，增加有效土地利用面积、企业可持续发展等作出贡献。因此，国投盘江公司自2014年以来持续与清华大学、上海锅炉厂有限公司等单位开展煤泥大比例掺烧创新研究与煤矸石综合利用技术研究改造。

同时，因煤泥输送方式为煤泥泵送系统经由锅炉炉顶送入炉膛，煤泥含水、含灰分较高，大比例掺烧后会增加炉膛出口烟气量及超高烟气流速，风速提高到32m/s，烟气量增加约200t/h，使分离器及炉内过渡区浇注料磨损加剧，灰分较高使水冷壁贴壁流物料增加，炉内水冷壁受热面磨损速度也随之提高。历年检查发现，炉膛水冷壁前墙及两侧墙浇注料过渡区以上3米内区域、后墙过渡区以上4米内区域、四角过渡区以上5米内区域磨损速度极快，运行15个月水冷壁管最大磨损为1.2mm，平均磨损在0.7~1mm。炉膛出口烟窗四周水冷壁1米内区域平均磨损0.4~0.6mm。尾部烟道第一层中隔墙、后包墙局部区域平均磨损0.4~0.6mm，磨损较为严重，设备可靠性低，无法保证机组设备长周期安全运行。

综上，国投盘江公司在持续开展煤泥大比例掺烧创新研究与煤矸石综合利用技术研究改造的同时，急需解决锅炉水冷壁受热面防磨等问题，提高锅炉设备可靠性，以确保机组设备安全、经济、

稳定、长周期运行。

### （三）案例具体实践

国投盘江公司锅炉是上海锅炉厂有限公司设计、制造的1036t/h亚临界、中间再热的循环流化床（CFB）锅炉产品，炉膛采用全膜式水冷壁结构。

循环流化床锅炉燃烧技术具有燃料适应性强、适于燃烧低热值劣质燃料、污染物控制成本低、负荷调节能力强等优点，是规模化高效利用低热值劣质燃料如矸石、煤泥等的最佳方式。20世纪90年代，国内外在中小容量的CFB锅炉热电机组上进行煤泥掺烧工业探索，煤泥掺烧比例低，对高效、低污染性能要求不高。随着节能及污染物控制要求的日趋严格，CFB锅炉机组容量参数不断提高，因此，开发大型CFB锅炉大比例煤泥燃烧技术的需求在我国、特别是在作为"江南煤都"的贵州六盘水市更加迫切。

#### 1. 总体思路

开发大型CFB锅炉大比例煤泥掺烧技术，需要突破两个技术瓶颈：一是大流量高黏度煤泥稳定、连续、低能耗地给入炉膛；二是实现炉膛内高效清洁稳定燃烧。核心难点如下。

（1）**超细煤泥的物料平衡及可靠燃尽难**。煤泥粒度细，超出了对传统CFB气固流态的认知范围，采用传统理论及方法进行大比例掺烧无法实现超细煤泥的物料平衡及解决燃尽问题。煤泥粒度细，远低于传统CFB锅炉燃料粒度级配，使系统物料平衡发生变化，即气固浓度分布、飞灰底渣比、颗粒停留时间的变化，进而影响传热和燃烧。

（2）**煤泥给料方式可靠性低**。对煤泥团在气固流态化下的运动、爆裂及燃烧行为规律的研究尚处于空白，明确煤泥的最佳给料方式及给料尺寸等关键设计，是大比例掺烧提高燃烧效率和流化稳定的保证。

（3）**煤泥给料沿程阻力大，输送可靠性低**。煤泥属于典型的高固多相黏稠物料，在管道中输送特性属于非牛顿流体。大比例煤泥掺烧需解决沿程阻力大、能耗高、管路振动等"卡脖子"问题。

（4）**锅炉水冷壁受热面磨损严重，锅炉可靠性低**。因煤泥含水较高，大比例掺烧后增加了炉膛出口烟气量，提高了烟气流速，风速提高到32m/s，烟气量增加约200t/h，分离器及炉内过渡区浇注料的磨损加剧，且煤泥灰分较高，致使水冷壁贴壁流物料增加，炉内水冷壁受热面磨损速度也随之提高。

#### 2. 主要做法

针对开发大型CFB锅炉大比例煤泥掺烧可靠性及锅炉水冷壁磨损加剧存在的核心技术难题，国投盘江公司通过研究实验，逐一解题，并探索出了适用于CFB锅炉循环流化床大比例煤泥掺烧的技术路线。

针对超细煤泥的物料平衡及可靠燃尽难的问题，通过对不同的煤泥给入位置及给入形式（煤泥团或煤泥浆）的研究分析，并经过应用实验，案例采取炉膛顶部煤泥团给入方式，解决了业内普遍认为的煤泥爆裂停留时间不足导致飞灰含碳高及煤泥团自由落体高速冲击密相区的流化安全问题，探索出了水分对煤泥团爆裂影响的规律、炉膛内气固两相流对煤泥团下落的曳力悬浮缓冲效应；量化了不同尺寸的煤泥团对密相区的冲击速度，见图 1；煤泥团下落 10s 内，表面干壳不爆裂的结论纠正了业界的错误认知，提出了煤泥给料位置及几何结构设计方法。

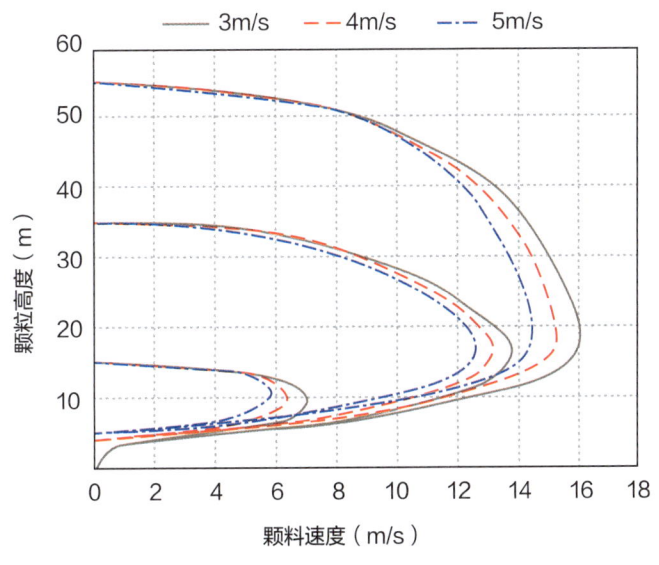

图 1　不同流态下煤泥团的下落行为

通过对 CFB 锅炉炉膛内气固流态的因素进行研究，发现 CFB 锅炉是"一进二出一循环"开口系物料平衡体系，决定炉膛内气固流态的是流化速度（横轴）、循环流率（纵轴），见图 2，同时还存在第三轴（粒度）。通过实验发现，在燃烧过程中随着煤泥掺烧量的增加，炉膛上部物料浓度增大、颗粒团聚倾向增强时，通过调整匹配煤矸石粒度，可优化炉膛内流态并使流化床压降；利用气固两相的曳力悬浮效应，延缓煤泥团的下落速度，消除对密相区的速度冲击，加快颗粒内循环，极大延长未燃颗粒的停留时间，最终达到提高燃烧效率的目的。通过实践探索，CFB 锅炉大比例掺烧煤泥的方法，以满足超细颗粒物料平衡需求的分离回料系统设计为新理念，开发出了基于炉内气固流态和物料平衡优化的大比例煤泥掺烧技术。

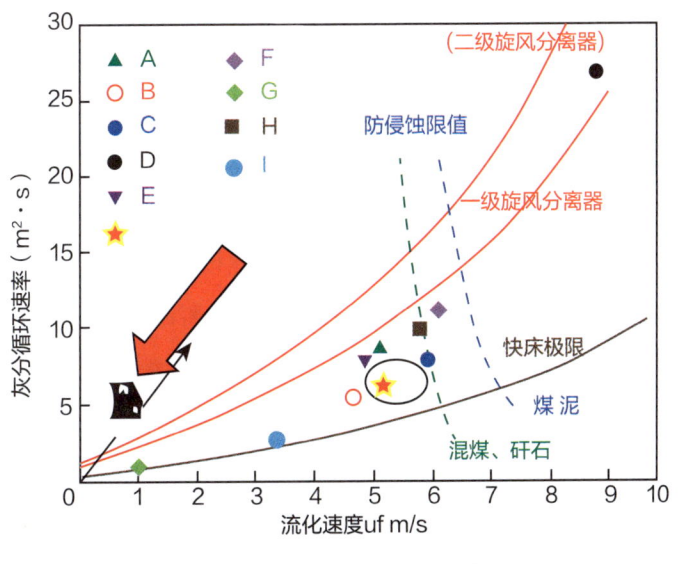

图 2　第三代气固流态重构技术

针对煤泥给料方式可靠性低、沿程阻力大的问题，结合大型 CFB 锅炉大比例煤泥掺烧的工业需求在实验室研究了煤泥的流变特性、管道输送阻力特性、膏体状固液两相流的流动特性；创立了基于管道输送与洁净储运的煤泥燃烧发电处置新工艺，实现了物料破碎搅拌成浆、贮存、高压泵送、分流换向、多功能给料以及管道减阻、减振、密封、清洗等功能；研制了煤泥"预处理—输送—处置"一体化管道输送与洁净储运的成套装备，见图3。

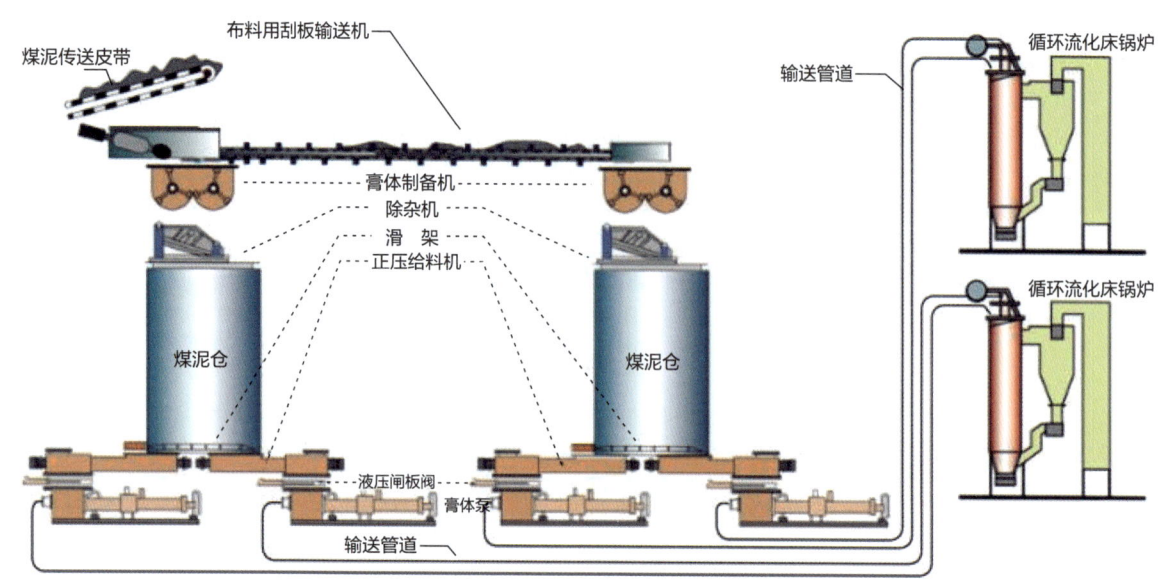

图3 一体化管道输送与洁净储运成套装备

通过对膏体泵增容，集成两机互切增容、高频颤振煤泥筛分机除杂和管路除颤等技术，实现单机 318t/h 最大煤泥输送能力；优化多点给入位置和煤泥水分 30% 左右、直径 250mm 等关键参数，在国投盘江公司 300MW 亚临界 CFB 锅炉 150～300MW 负荷均能实现掺烧比例超过 90%；在 229MW 负荷下实现 100% 纯烧煤泥。该技术锅炉容量、掺烧比例、纯烧煤泥最高负荷等指标，均大大超过国内外同类机组的运行水平。能耗、固含率输送距离都明显优于国外同类产品，从而打破了国外技术的市场垄断局面。

针对能耗高的问题，在项目研究开发过程中，重点开发高效分离器、高通量低能耗返料阀等关键部件，以达到满足超细燃料燃尽、实现大比例煤泥掺烧的目标，并将其作为项目的技术核心。

通过研究确定，传统旋风筒除尘器分离理论并不适合大型 CFB 锅炉上的大口径旋风筒，影响分离器分离的特性关键在于分离粒径（d50）的大小。因此该项目突破传统分离器、返料阀的理论认知，通过自主产权设计方法，开发了专利技术高效旋风分离器，保证了飞灰粒径从传统 CFB 的 50μm 减小到 20μm，甚至以下。

同时对关键核心部件回料阀进行优化改造，使其内部颗粒流动属于顺重力逆压差黏性滑移流，理想流化形态靠近移动床而非鼓泡床，实现了气固滑移速度小于颗粒的最小流化速度，既能产生最大的压差，又能避免在流化风向上流动形成反窜，从而减少了对旋风分离器下部锥段已经分离的细小颗粒的卷吸和夹带逃逸。

针对锅炉水冷壁受热面磨损严重、锅炉可靠性低的问题，国投盘江公司通过与清华大学、上海锅炉厂有限公司等单位开展技术研究，在机组投产以来煤泥掺烧实践经验的基础上，结合上海锅炉厂对锅炉大比例掺烧煤泥后烟气量、烟风速、锅炉受热面磨损的计算值，通过技术研究对 CFB 锅炉受热面及浇注料使用位置进行改进：在炉膛水冷壁四周过渡区以上 3 米内区域磨损严重的部位采用合金熔滴熔敷防磨；在水冷壁前墙、两侧墙浇注料过渡区 4 米内、后墙过渡区浇注料以上 3～7 米内、炉膛出口烟窗四周 1 米内、尾部烟道第 1 层中隔墙及后包墙 5 米内区域采用超音速电弧喷涂防磨；在炉内水冷壁过渡区浇注料 3 米区域内，将原刚玉耐磨浇注料改为碳化硅耐磨浇注料，在四个拐角浇注料以上 5 米区域内使用碳化硅浇注料进行敷设，提高了锅炉受热面抗磨损能力，延长了锅炉受热面管及浇注料的使用寿命，确保了锅炉长周期稳定运行，避免了受热面管磨损而导致的爆管及泄漏事故。

## 二、案例实践效果

### （一）综合效益

国投盘江公司 2×300MW 循环流化床发电机组自 2014 年投产以来，逐步解决了煤泥、煤矸石综合利用锅炉设备的可靠性问题，锅炉煤泥掺烧比例由原设计的 30% 提高到目前的 70%～80%，煤矸石掺烧比例超 30%，发电日均利用煤泥量达 6000 吨，煤泥年消耗量约 200 万吨，日均利用煤矸石接近 3000 吨，年消耗煤矸石约 85 万吨。机组发电满负荷 300MW 工况下，煤泥、煤矸石掺烧比例可达 93.4%；230MW 负荷时，锅炉可实现 100% 纯烧煤泥。自投产以来，累计消纳煤泥、煤矸石量逾 2100 万吨，年度最佳掺烧煤泥量达 181.91 万吨、煤矸石 114.35 万吨，低热值煤掺烧率达 91.03%，锅炉设备可靠性大幅度提高，最长连续运行周期超 200 天。

除带来巨大的经济效益外，社会效益也十分显著。以贵州盘南矿区为例，该矿区现有洗煤厂 24 家，在建洗煤厂 8 家，拟建、改扩建洗煤厂 35 家，预计至 2025 年，盘南矿区煤泥及煤矸石产生量分别为 437.39 万吨、670.94 万吨，急需能够大比例掺烧煤泥的 CFB 机组将当地产生的煤泥和煤矸石进行消化，以避免产生新的环境问题。煤泥、煤矸石的资源化清洁利用，实现了将煤泥、煤矸石等低热值煤变废为宝，解决了洗煤厂煤泥处置难、周边煤矿矸石堆放成山的环保问题，彻底改善了项目所在地区原来四季多雨带来的煤泥流淌、环境严重污染、生态遭到破坏的被动局面，生态环境大为改善，经济、社会、环保和生态效益显著。

锅炉水冷壁受热面防磨防爆技术改进后，提高了锅炉受热面及浇注料抗磨能力，避免锅炉发生受热面管爆管及泄漏事故，按国内相同类型 CFB 锅炉每年发生 1～2 次爆管及泄漏导致的被迫停机事件，每次停机处理 5～7 天，按照机组负荷率 65% 计算，每年可有效减小爆管及泄漏事件带来的经济损失约合 720 万元。

## （二）第三方评价

在循环流化床大比例煤泥、煤矸石资源综合利用锅炉设备可靠性的探索实践过程中，该项目共获得授权发明专利 3 项，授权实用新型专利 12 项，形成中华人民共和国电力行业标准 1 个；2020 年参与的"循环流化床锅炉大比例煤泥掺烧技术"科技成果通过了中国机械工业联合会组织的成果鉴定，以顾大钊院士为首的鉴定委员会认为"该项目在大型循环流化床锅炉大比例煤泥掺烧技术方面达到国际领先水平"；2020 年参与的"基于流态重构的循环流化床大比例煤泥掺烧技术与应用"荣获中国锅炉与锅炉水处理协会第二届（2020 年度）锅炉科学技术一等奖；2021 年参与的"300MW 循环流化床锅炉大比例煤泥直燃关键技术研究与工程应用"荣获中国电力企业联合会颁发的电力科技创新一等奖；2022 年参与的"循环流化床大比例煤泥掺烧技术与应用"荣获中国循环经济协会颁发的科技进步二等奖。

## （三）行业推广前景

国投盘江公司大比例煤泥、煤矸石资源综合利用锅炉设备可靠性实践案例的成功运用，为低热值煤综合利用循环流化床发电机组可靠性管理提供了成功经验，促进了本地区煤炭工业的健康发展和经济的可持续发展，延长了煤炭生产的产业链，进一步释放了当地煤炭工业产能，保障了常规火电企业的电煤需求，达到了节约能源、美化环境的目的，实现了社会效益、环境效益和企业效益的多赢，为贵州省经济发展作出了应有的贡献。大比例煤泥、煤矸石掺烧是国投盘江公司打造节能环保、综合利用和循环经济项目的良好实践，为大规模解决煤矸石、煤泥污染环境问题和后续同类项目的开发建设走出了一条成功的路子，以实际行动践行了"绿水青山就是金山银山"的发展理念。

（段丽萍　刘霞　黄建滔　廖卫东　董波平）

# SNCR 脱硝系统运行优化与尾部烟道设备可靠性提升的技术研究与应用

## 一、案例基本情况

### （一）单位基本情况

国投盘江发电有限公司（以下简称国投盘江公司）由国投电力控股股份有限公司和贵州盘江精煤股份有限公司分别以 55%、45% 比例出资组建，2009 年 2 月在贵州省六盘水市注册成立，注册资本金 5.16 亿元。国投盘江公司围绕国家西部大开发和"西电东送"战略，按照国家"优先发展煤炭资源综合利用项目、节能环保项目和循环经济项目"的产业政策，开发建设和运营管理盘北低热值煤电厂 2×300MW 项目。1 号机组于 2013 年 7 月 11 日投产发电，2 号机组于 2014 年 12 月 17 日投产发电。

### （二）案例情况

为深入贯彻落实国家"双碳"发展目标，落实"绿水青山就是金山银山"的发展理念，清洁高效利用地方低热值煤炭资源，降低循环流化床燃煤锅炉运行中 $NO_x$ 的排放浓度和锅炉脱硝尿素单耗，提高 $NO_x$ 反应效率，降低锅炉烟道氨逃逸率，减少因氨逃逸率大导致锅炉尾部烟道设备除尘器布袋糊袋损坏和烟气换热器（GGH）蓄热元件堵塞、腐蚀损坏影响机组带负荷能力及环保排放指标超标等事件发生，提高锅炉尾部烟道后续设备运行可靠性，国投盘江公司开展了降低 300MW 循环流化床锅炉脱硝尿素单耗、降低运行耗材成本、提高锅炉尾部烟道设备运行可靠性的研究与应用。

国投盘江公司循环流化床机组选择性非催化还原（SNCR）脱硝系统按入口氮氧化物（$NO_x$）浓度 $300mg/m^3$、处理 100% 烟气量及最终 $NO_x$ 排放浓度低于 $100mg/m^3$ 进行设计。锅炉脱硝装置在性能考核试验时的 $NO_x$ 脱除率不小于 70%，氨逃逸率不大于 10ppm。

在实际运行过程中，机组负荷在 280MW 下、锅炉空预器入口 $NO_x$ 浓度为 $43mg/m^3$ 时，实测空预器入口平均氨逃逸浓度为 25.4ppm，氨逃逸峰值为 63.4ppm；机组负荷 210MW 及 140MW 下、空预器入口 $NO_x$ 浓度分别为 $37mg/m^3$、$46mg/m^3$ 时，实测空预器入口平均氨逃逸浓度分别为 10.5ppm、31.2ppm，氨逃逸峰值分别为 20.6ppm、34.3ppm，大幅超过设计值，见下表 1。

表1 不同负荷下的氨逃逸率

| 机组负荷（MW） | 280 | 210 | 140 | 氨逃逸平均值 |
|---|---|---|---|---|
| 氨逃逸平均浓度（ppm） | 24.5 | 10.5 | 31.2 | 22.07 |
| 氨逃逸峰值（ppm） | 63.4 | 20.6 | 34.3 | 39.43 |

从上表得出，锅炉在不同负荷段时的氨逃逸率平均浓度和逃逸峰值均大于设计值10ppm。

在机组连续运行7个月后，机组除尘器袋场差压较正常值上升约1kPa，同时在锅炉引风机轮毂及电除尘内部出现结晶物，经检测主要成分为硫酸氢铵。分析主要原因为低负荷时脱硝效率低，氨逃逸率大。除尘器布袋糊袋的不可逆性造成除尘器差压居高不下（最高可达3kPa以上），导致除尘器布袋糊袋及袋笼腐蚀频繁破损、除尘效率降低，粉尘排放浓度偏高，为机组环保控制带来风险。逃逸的氨进入尾部烟道，导致GGH蓄热元件堵塞、腐蚀损坏，降低GGH的使用寿命。同时除尘器布袋糊袋严重，风道阻力增大，导致锅炉引风机耗电量上升及频繁失速事件发生，设备运行可靠性低，严重影响机组带负荷能力。

## （三）案例具体实践

### 1. 总体思路

针对低负荷时脱硝效率低、$NO_x$控制难、氨逃逸率大的问题，国投盘江公司开展了相关研究及实践应用。分析得出$NO_x$控制的难点有两点：其一，低负荷期间，负荷150MW时，分离器入口温度在800℃左右，负荷120MW时，分离器入口温度在770℃左右，因分离器入口温度低于SNCR最佳反应窗口温度（850～1000℃），脱硝效率大幅下降，尿素耗量及氨逃逸率均上升；其二，高负荷期间，在满负荷情况下平均床温达950℃，局部温度超过990℃，通过对运行数据进行分析，当平均床温高于920℃时，炉内$NO_x$生成明显增加，尿素溶液耗量明显上升，同时局部高温后，脱硝反应过程中，$NH_3$易转化为NO。

循环流化床锅炉$NO_x$生成机理为在锅炉燃料燃烧过程中产生的$NO_x$主要是一氧化氮（NO）和二氧化氮（$NO_2$），此外还有氧化二氮（$N_2O$），在生成的氮氧化物中，NO占90%以上，$NO_2$占5%～10%，$N_2O$只占1%左右。燃烧形成的$NO_x$生成途径主要为燃料型、热力型和快速型3种。其中快速型$NO_x$生成量很少，可以忽略不计。因国投盘江公司循环流化床锅炉正常运行中平均床温在750～950℃，温度远低于1350℃，几乎没有热力型$NO_x$，因此燃料型$NO_x$是锅炉产生$NO_x$的主要途径，其含量可超过95%。燃料型$NO_x$的生成是燃料中的含氮化合物在燃烧过程中发生氧化反应而生成的$NO_x$。

国投盘江公司循环流化床机组脱硝系统采用SNCR脱硝系统，还原剂为尿素，两台炉共用一套脱硝还原剂制备系统。脱硝工程采用SNCR工艺，尿素溶液作为脱硝剂，保证锅炉出口$NO_x$（以$NO_2$计）的排放浓度符合火电厂大气污染物排放标准。尿素脱硝系统基本原理为在没有催化剂的情况下，向旋风分离器入口喷入还原剂尿素溶液，还原剂"有选择性"地与烟气中的$NO_x$发生反应并生成无毒、无污染的$N_2$和$H_2O$。

### 2. 主要做法

一是控制炉内 $NO_x$ 的生成；二是科学合理调配使用脱硝还原剂尿素溶液；三是优化脱硝系统，提高脱硝效率，降低氨逃逸率。根据国投盘江公司实际运行情况及对 $NO_x$ 生成影响因素的分析，制定了尿素溶液活性比对、精准调整尿素溶液浓度及 SNCR 脱硝系统优化等措施，具体如下。

（1）创新尿素溶液活性比对。每日对尿素溶液进行取样化验 pH 值、电导率，实时掌握尿素溶液活性，以保证较高的脱硝效率。当发现有异常变化时，及时进行原因分析，并采取调换库存点使用、增减尿素溶液浓度等调整措施。

（2）规范完善脱硝尿素管理办法。从尿素的接卸、化验、配置、使用等方面规范尿素的使用。尿素到厂后，对配制尿素溶液 2.5%、5%、10% 浓度的数据进行分析。库存尿素存储期每超过 1 个月或对尿素活性存疑时，需对库存尿素进行外送化验，并与之前的化验结果进行对比分析。如对比分析后数据存在较大差异，及时调整库存量及采购时间，避免尿素长期储存。根据现场标注的尿素到厂时间，优先使用存储时间较长的尿素，避免尿素长时间堆放。

（3）优化尿素溶液配置工艺。根据机组负荷情况，配制相应浓度的尿素溶液。将尿素溶液浓度由设计值的 10% 降至 2.5% 及 5%，以提高尿素喷枪雾化效果。正常情况下，尿素溶液储罐 A 配制 2.5% 浓度的溶液作为日常运行使用，储罐 B 配制 5% 浓度的溶液作为备用。

（4）优化运行调整方式。正常运行中，优先通过燃烧调整控制 $NO_x$ 的生成量，尿素溶液作为辅助调节手段，避免氨逃逸率过大；制定锅炉燃烧调整措施，规定各负荷段锅炉主要参数（床温，床压，一、二次风量，氧量，煤泥掺烧量等）的控制范围，机组各负荷段严格按照规定控制床压、氧量，一、二次风量等参数。在低负荷时，锅炉应适当减少一次风量，降低床压，适当减少煤泥掺烧量，尽量提高分离器入口温度，使其保持在 840℃以上，以保证低负荷时的脱硝效率；高负荷时控制床温低于 920℃，降低炉膛出口 $NO_x$ 的排放浓度。

（5）合理安排脱硝系统定检方式。尿素喷枪定检周期调整为每周两次（周一、周四各一次），尿素输送泵滤网每周定期清理两次（周一、周四各一次），发现问题及时处理。根据定检情况分析讨论，对尿素喷枪定检周期进行调整，确保脱硝系统的稳定运行。

通过以上措施的执行，机组脱硝效率提升，氨逃逸率降低，尾部烟道后续设备运行可靠性提升，除尘器布袋运行周期延长。

## 二、案例实践效果

### （一）综合效益

#### 1. 降低环保风险，提高锅炉效率

在脱硝系统运行优化前，国投盘江公司除尘器的布袋上附着有大量结晶物，这些结晶物会大大

缩短布袋的使用寿命，使布袋在运行中频繁损坏，带来环保风险，增加锅炉尾部烟道的系统阻力，降低锅炉效率。在采取脱硝系统运行优化后，除尘器布袋结晶物附着现象得到较大改善，提高了布袋的使用寿命和可靠性，降低了环保风险，同时还降低了锅炉尾部烟道系统的阻力，提高了锅炉效率。

### 2. 降低尿素单耗及成本

通过脱硝系统运行优化措施的执行，在控制 $NO_x$ 排放浓度达标的同时，除设备可靠性得到提升外，尿素单耗及成本均有明显下降。据统计，2021 年发电量 290970.6 万 kWh，同比上升 34015.8 万 kWh，每万 kWh 尿素耗量同比下降 3.29kg/ 万 kWh，尿素耗量同比下降 740.8 吨。每万 kWh 尿素成本同比下降 6.2 元，尿素成本下降约 180.6 万元。如图 1～图 4 所示：

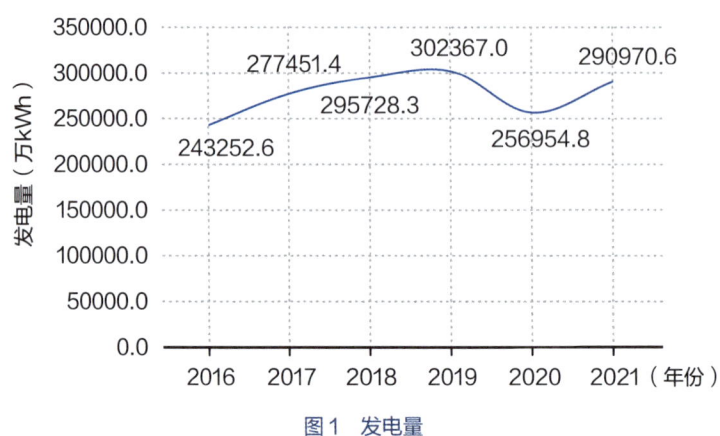

图 1　发电量

图 2　尿素耗量

图 3　尿素单耗

图 4　尿素成本

### 3. 国内同类型机组技术对比

选取国内 300MW 亚临界循环流化床机组 2021 年脱硝尿素耗量进行对比分析如表 2。

表 2　脱硝尿素耗量对比

| 名称 | 发电量（万 kWh） | 尿素耗量（t） | 每万 kWh 电尿素耗量（kg/ 万 kWh） | 每万 kWh 电尿素成本（元） |
| --- | --- | --- | --- | --- |
| 国投盘江公司 | 290970 | 891 | 3.1 | 6.5 |
| 江苏某电厂 | 270000 | 3200 | 11.9 | 23.7 |
| 福建某电厂 | 330000 | 2820 | 8.55 | 17.1 |
| 广东某电厂 | 670000 | 6850 | 10.2 | 20.45 |

因地区存在差异，各地机组负荷率、燃用煤种、排放指标及炉型均有所区别，对比性会存在一些偏差，但总体来说，国投盘江公司通过创新尿素浓度控制、尿素活性控制等手段，从规范尿素管理、配制、锅炉燃烧调整及脱硝设施维护等方面不断摸索，总结经验，$NO_x$ 排放得到有效控制，脱硝效率提升，脱硝尿素单耗及成本控制在较低水平，减少了氨逃逸，提升了锅炉烟道后续设备可靠性，提高了生产效率。

## （二）第三方评价

本项目获贵州省六盘水市科学技术协会、六盘水市科学技术局、六盘水市总工会共同认证，于 2022 年获得"科创凉都"科技创新大赛二等奖。

## （三）行业推广前景

目前循环流化床机组脱硝基本上采用 SNCR 脱硝系统或 SNCR+SCR，还原剂为尿素。煤粉炉采用 SCR，还原剂为液氨，因液氨属于危险化学品，属有毒物质，具有腐蚀性，在运输、储存及使用均存在较大风险。随着尿素脱硝技术的日趋成熟，越来越多的电厂将 SCR 脱硝还原剂从液氨改为尿素，因此通过化验尿素溶液的 pH 值及电导率，及时掌握尿素溶液活性并持续保持，在规范尿素管理、配制、锅炉燃烧调整及脱硝设施维护等方面不断摸索，有助于提高脱硝效率，降低氨逃逸，减少布袋糊袋破损，降低锅炉尾部烟道阻力，提高尾部烟道后续设备运行的可靠性，同时可有效降低脱硝尿素单耗。

（钟华　黄凤启　樊家亮　王福林　孔文斌）

# 大规模新能源接入区域火电机组次同步振荡防控

## 一、案例基本情况

### （一）单位基本情况

国网能源哈密煤电有限公司花园电厂（以下简称花园电厂）是"疆电东送"哈密—郑州±800kV特高压直流配套电源点，电厂设计安装4×660MW空冷发电机组，三大主机采用国产设备。工程于2013年3月12日开工建设，4台机组分别于2014年12月19日，2015年1月13日、5月29日、7月24日投入生产运营。工程静态投资89.51亿元，动态投资94.28亿元，2018年被评为中国电力优质工程，2023年花园电厂1、2号机组获中电联2022年度机组能效水平600MW超临界空冷机组4A级称号，3号机组获中电联2022年度机组能效水平600MW超临界空冷机组4A级称号，目前国网能源新疆区域装机容量最大的电厂。

### （二）案例具体实践

#### 1. 总体思路

根据"碳达峰、碳中和"目标，新能源机组将进一步大规模发展。新能源机组并网易带来次/超同步振荡的问题，严重时会和并网近区火电机组发生耦合作用，发生火电机组轴系扭振，威胁火电机组的安全稳定运行。本项目通过构建新型次/超同步条件下火电机组的主动防御体系，解决花园电厂因新能源机组并网带来的机组轴系安全问题。本项目的实施，是国内解决类似场景下火电机组扭振问题的首次尝试，有着重要的实际参考意义。

新疆哈密地区电力系统中，既有特高压直流输电整流站，通过±800kV天中直流线路输送至郑州，又有大规模新能源基地，是风、光、火打捆的电源输出基地。花园电厂4×660MW机组通过2回500kV交流线路送至天山换流站，麻黄沟西风汇444MW、麻黄沟东风汇643.5MW通过两级750kV联变与天山换流站相连。

2015年，花园电厂2号、1号、3号机组轴系扭振保护（TSR）相继动作跳闸，扭振幅值达到0.5rad/s（疲劳累计跳闸定值0.188rad/s），共损失功率128万千瓦。机组跳闸后，国调中心紧急将天中直流功率由450万千瓦降至300万千瓦。事后事故分析表明，造成该次同步振荡的原因为大量新能源汇集在电网中引入了大量的次同步谐波，该谐波频率与发电机轴系的自然振荡频率互补时，电气—机械扭振互作用现象发生，即次同步振荡（SSO）。该次同步振荡是由于大量新能源汇集引入的次同步谐波造成的，形成机理与传统电力系统不一致。

新能源接入系统引起的次同步振荡问题是一个新的稳定性问题。2015年之前，行业内对新能源产生的机理，特别是直驱风机大规模并网与火电机组产生耦合次同步振荡的机理及相应的抑制措施研究甚少，因此本项目重点对花园电厂主动防控措施方案及相关技术进行研究，最终提供经济性好、可靠性高、技术先进的工程实施方案及应用。

本项目针对天中特高压直流送端"风火打捆"电网大型汽轮发电机组因新能源并网引起的新型次同步振荡问题，在理论层面开展了新能源机组大规模接入建模、机理、特性以及轴系评估方法等方面的研究工作，并基于理论分析的结果，开展了抑制方案、控制策略和参数研究，以及分层次保护控制的工程化技术研究工作，将研究的结果在花园电厂进行实际应用。

### 2. 主要做法

本项目主要的技术内容包括以下几个方面。

#### （1）花园电厂次同步振荡机理研究

新疆北部风电场及SVG无功补偿设备经过逐级升压连接到750kV交流电网，而神华国能花园电厂4台火电机组经出口变压器连接到500kV交流电网，在天山站进一步升压到750kV主网，天山站同时也是天中特高压直流工程的起点。基于实际电网进行合理化等值，得到拓扑网络模型如图1所示。

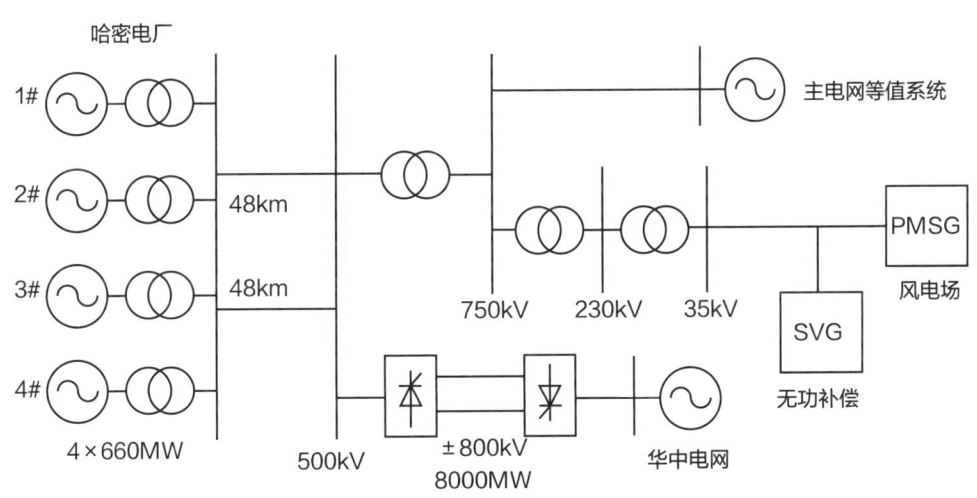

图1　等值电网模型

对模型中各个系统进行建模，主要采用三种方法对次同步振荡问题的机理进行分析和解释：采用电磁暂态仿真方法分析直驱风机在次同步频率范围内的视在阻抗特征，探讨次同步振荡的阻抗特性机理；采用时域仿真法进行详细的时域仿真计算；建立小信号分析模型，采用特征值法分析次同步振荡的特征模式与参与因子。

通过上述三种方法的分析，主要形成以下相关研究结果。

采用电磁暂态仿真方法分析了直驱风机与交流电网的相互作用，证明直驱风机在振荡频率上表现为"具有小值负电阻的容性阻抗"，与交流系统（等值为电抗L）形成L-C-r二阶负阻尼振荡电路，进而导致发散的次同步振荡，直到直驱风机控制系统达到限幅而维持在等幅振荡形态，从而解释了直驱风机次同步振荡的机理。

时域仿真法的结果显示，转速中出现了频率为30.5Hz左右的分量，输出电流中出现了扭振互补频率（19.5Hz）的分量。次同步振荡频率（30.5Hz）与轴系模态2的扭振频率（30.76Hz）接近，此时轴系和电气系统发生扭振相互作用，导致出现不稳定的次同步振荡现象。

特征值法分析结果显示，在20～40Hz频率范围内存在一对弱阻尼的特征根，在一定工况下该对特征根的特征值实部为正，表示系统SSO不稳定，且参与因子的计算结果说明该SSO模式主要与网侧变换器控制参数、线路电感和直流环节有关。

（2）花园电厂次同步振荡影响因素分析

本项目通过对影响因素进行逐一分析，得到这些影响因素对次同步振荡发展趋势的影响如下。

不同的运行工况会对次同步振荡的频率和火电机组稳态扭振的幅值造成影响。同一负载水平时，随着机组台数的增加，扭振频率不断增大，稳态扭振幅值也不断增大；机组台数较少时，次同步振荡主要受到机组阻尼的影响，频率改变的影响相对较小；机组台数较多时，次同步振荡主要受到频率改变的影响。

交流电网等效的连接电抗越大，即系统强度越弱，次同步振荡频率越低，阻尼越弱，系统发生不稳定次同步振荡的风险越高。

随着风机出力的增加，次同步振荡的频率轻微增加，阻尼增强；当并网风机台数增加时，振荡频率降低，阻尼变弱。

随着锁相环比例增益的增加，SSO模式频率基本不变，但SSO阻尼变差，系统发生不稳定SSO的风险增加。

在总体负载水平较低时，直流系统对次同步振荡特性影响很小，当总体负载水平继续增高到2400MW时，直流系统会对次同步振荡的频率和扭振的幅值产生较大的影响。

SVG采用恒电压控制比恒无功控制更容易激发危险的次同步振荡；恒电压控制模式下，比例/积分增益越大，振荡频率越高，阻尼越弱。

（3）大范围时变特征条件下机组轴系的安全评估

新能源次同步振荡机理涉及多变流器间及其与大电网之间的动态相互作用，火电机组轴系的响应不像火电机组与串补线路发生谐振时趋势具有明显的一致性。本研究通过有限元法对机组轴系进行建模，分析应力集中，得到轴系的薄弱环节位置及应力集中系数；然后对薄弱环节位置的静强度进行校核，对薄弱环节位置的疲劳强度应用名义应力法进行计算并经局部应力应变分析法修正；最后计算出薄弱环节的疲劳极限，拓展疲劳寿命曲线，满足了哈密实际问题的分析需要。

（4）同型机组的扭振保护分层次动作

扭振保护的动作主要依据机组轴系的疲劳损耗实时计算看是否达到定值，同型机组具有相同的扭振特性，设置为同样的跳闸定值时，在发生轴系扭振时通常会同时或相继切机，多台机组切机会对电网侧产生较大的冲击。而且切除一台机组后，由于运行方式的改变，网侧振荡的频率会发生变化，机组的扭振信号的趋势和幅值都可能发生变化，无须切除机组就能达到振荡平息的目标，见图2。

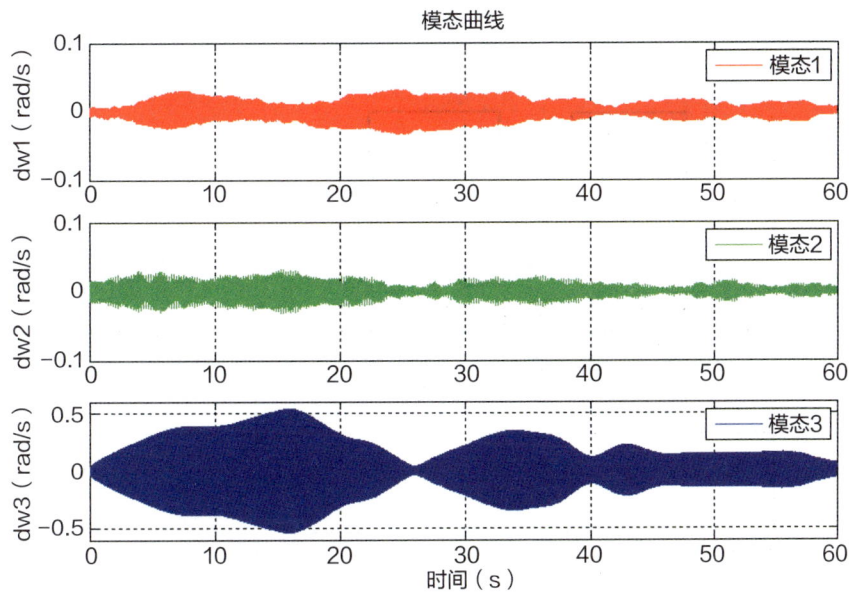

图 2　花园电厂实际振荡过程

在本项目中，设计方案考虑现场实际的情况：SSO 发生时避免多台机组切机，为其他机组留出次同步振荡减弱后的响应时间；保证带公用系统机组的稳定运行；建议 TSR 装置采用差异化定值切机策略。建议第一台机组 TSR 装置设置为 1% 跳闸，第二台、第三台机组设置为 2% 跳闸，带公用系统机组设置为 3% 跳闸。定值的设计综合了仿真情况下对严重工况数据的回放分析，在保证机组安全的前提下实现合理化设定。此外，为了避免调整机组跳闸定值后对机组产生较大的损害，建议在机组疲劳累计总值达到 20% 时进行探伤检查。

（5）适合于新能源次同步振荡特性的机组扭振抑制方案设计

次同步振荡是电力系统稳定性的一个侧面，因为 SSO 控制的终极目标是确保 SSO 稳定性以及机组和电网的安全性：保证各 SSO 模式在各种机网方式和扰动下的收敛性，该目标一般是通过提高各 SSO 模式的阻尼来实现的，因此是一个阻尼控制问题。防止暂态扭矩放大现象，降低故障或操作可能引发的冲击性扭矩、电流和电压，防范因 SSO 暂态过程导致的冲击性损伤也是 SSO 控制的重要目标之一。减少机组轴系因 SSO 而累积的疲劳损伤。

花园电厂主要矛盾集中在持续小幅值振荡造成轴系疲劳累积的问题，而暂态扭矩问题并不是主要问题时，则可将控制的重点放在如何有效减少机组轴系的疲劳损伤方面。本项目针对花园电厂的具体问题设计了一次二次联合的抑制方案。

在设计控制策略时，充分发挥二次设备的抑制能力，降低一次设备的容量需要，提高设备的经济性，整体的控制基于以下两方面考虑。

振荡的多元性：就风电与交流电网相互作用引发的次同步振荡而言，振荡频率可能发生变化，可能从第三模态（约 30Hz）变化到第二模态（约 26Hz）。另外，直流工程可能会引起低频模态的振荡，在线路串补、发生故障等情况下，电厂的火电机组也可能会受到影响，产生不同模态的次同步振荡。

容量的有限性：补偿装置的容量是有限的，如果增益太高，就会导致补偿信号经常限幅，波形发生畸变，产生不利于电网和机组的谐波。本项目设计充分发挥 SEDC 的抑制能力，STATCOM 作为补充，对各模态的增益和占用容量进行实时调度和分配，详见图3。

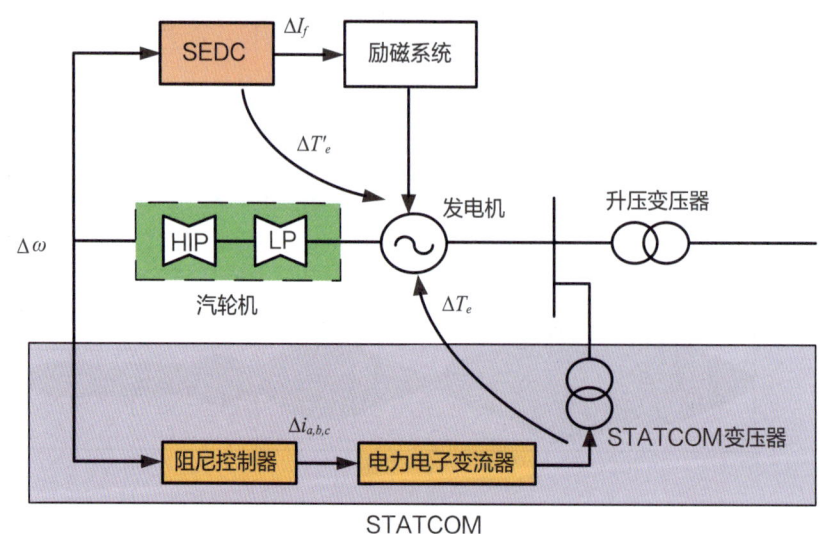

图3 SEDC+STATCOM 联合抑制方案

（6）工程抑制方案设计

考虑花园电厂的具体实际情况，STATCOM 采用经变压器分散接入发电机机端的方案进行。一次设备布置主要是指 STATCOM 变流器和变压器的布置，根据电力电子变流器的应用需求，需修建 STATCOM 一次设备的专用设备间，拟定布置于每台机组的主厂房外平台下。STATCOM 变压器高压侧分支封闭母线从发电机主回路封闭母线上"T"接，低压侧通过电缆与 10kV 开关柜连接。在 STATCOM 设备间布置的设备有：1台10kV 真空断路器柜、1台启动柜、3相干式空心电抗器、3列链式逆变器柜及1台 STATCOM 就地控制柜。在 STATCOM 设备间户外布置的设备为阻尼变压器。

工程抑制方案的确定主要基于以下三方面进行考虑。一是从抑制能力上，次同步振荡发生时，机组既和电网之间发生机网相互作用，同时，机组之间也发生频率相近的振荡模式，主要的振荡问题是机网之间的振荡，按照机组分散补偿方式对两种振荡模式都能够提供阻尼抑制效果，有利于两种振荡模式下的扭振信号快速平息。二是从抑制措施的完备性上，分散补偿方式下，每台 STATCOM 分别以接入的机组为控制对象进行控制，任何一台机组的 STATCOM 都能够对其他运行机组的振荡问题起到正阻尼的效果。如果一台机组的 STATCOM 失效，最差的情况是该台机组面临次同步振荡切机的风险，而不会影响其他机组正常运行。三是从对系统的影响上分析，设备的安装对厂用系统、电网、常规保护等方面影响可控，不会产生不利于电厂安全运行的因素。

（7）次同步振荡大数据聚合分析方法

新能源发生次同步振荡呈现多发性、时变性等特点，针对花园电厂一次典型的振荡，机组侧和电网侧数据都要进行详细的分析，才能分析清楚振荡的整个过程，分析的重点主要包含以下几个方面：一是次同步振荡发生时的电网的频率、幅值信息；二是次同步振荡发生时机组轴系的扭振频率和幅值信息；三是次同步振荡发生时刻前后机端电气量相当长一段时间的振荡趋势；四是次同步振荡发生时刻前后机组轴系相当长一段时间的振荡趋势；五是与运行工况的一些关联性分析（例如风电场的总出力、火电机组的运行方式等）；六是正常运行未发生明显振荡时的相关特征信息分析。依托新能源侧、火电机组侧次同步监测装置以及 PMU 装置记录的长时间循环录波数据，首先采用"流式计算＋特征学习"方式，结合微弱振荡检测技术和基于不确定性度量的信息熵理论从中自适应捕捉不同运行方式下的振荡频率、幅值特征。分析结果如图 4 所示。

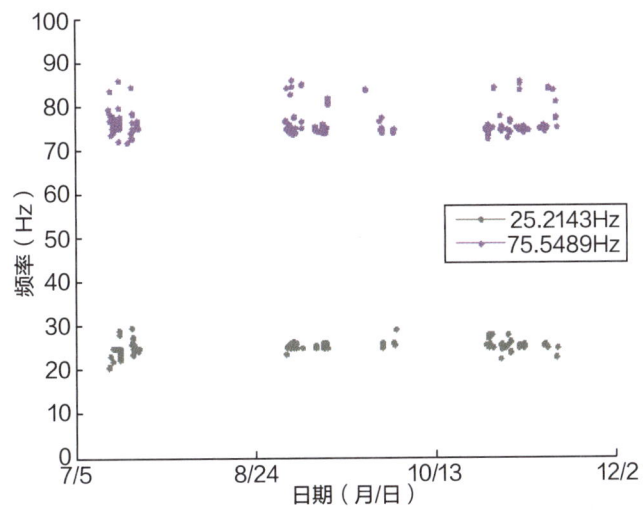

图 4　机组机端电气量频率—时间分布图

（8）试验验证

持续激励，投入 STATCOM 抑制后的效果如图 5 所示。在激励持续存在的情况下，投入 GTSDC 抑制后，模态转速由 0.15rad/s 快速降低到 0.04rad/s 左右。

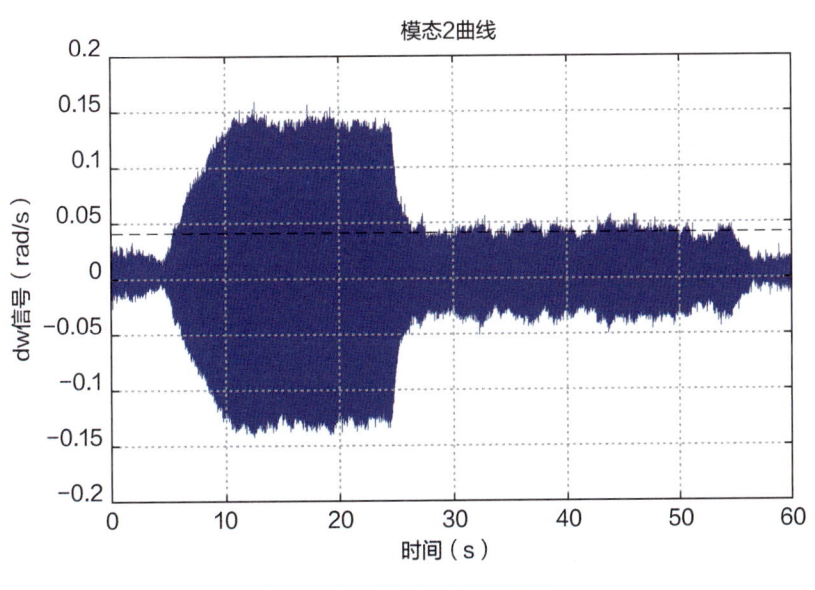

图 5　STATCOM 抑制效果图

## 二、案例实践效果

### （一）综合效益

SEDC+STATCOM 联合抑制措施投入后，避免了花园电厂 4 台机组因为新能源机组大规模并网再次发生振荡切机的事件。花园电厂在 SEDC+STATCOM 联合抑制措施投运之前，平均每个月会发生十几次机组扭振的现象，甚至引起机组轴系产生疲劳累积；投运之后，由于抑制措施的实施，在系统扰动情况下机组扭振信号快速收敛，远离机组产生疲劳累积的起始值，保障了机组的安全稳定运行。自 2016 年 9 月抑制措施陆续投运以来，花园电厂机组扭振问题已经彻底解决。

### （二）第三方评价

2016 年 12 月，"大型汽轮发电机组次同步谐振/振荡的控制与保护技术、装备及应用"项目荣获国家科学技术进步二等奖。2018 年 11 月，"大型风电基地次/超同步振荡防控技术及应用"项目荣获北京市科技进步二等奖。2019 年，科技成果"新能源次同步振荡保护与广域监测技术研究及产品研制"通过中国电机工程学会鉴定，鉴定结论：整体技术处于国际领先水平。

### （三）行业推广前景

本项目的研究成果适合于新能源大规模接入的火电侧次同步振荡/谐振解决方案，已经在锡盟能源基地外送项目、陕北煤电基地府谷电厂、晋东南特高压外送高河电厂等次同步振荡抑制工程中得到进一步推广应用。近期，华东地区海上风电经如东柔直外送系统经评估存在次/超同步振荡风险，要求近端火电、核电厂考虑 SEDC+STATCOM 作为终极振荡解决方案。

新能源机组的陆续并网给火电、核电机组的安全带来了新的挑战，SEDC+STATCOM 适应性的技术创新和工程实施有望获得更多工程应用，该技术有力保障了新能源大规模接入近区火电机组的安全，有力支撑了特高压送出系统的安全稳定运行。

（杨志文　刘月正　邹淞宇　姬忠卫　张若君）

# 基于大数据设备状态评估矩阵的发电设备可靠性管理体系

## 一、案例基本情况

### （一）单位基本情况

国家能源费县发电有限公司（以下简称费县公司）位于临沂市费县城西北方向，西临兖石铁路及327国道，交通便利。费县公司两台650MW超临界机组2004年12月26日开工建设，分别于2006年12月、2007年8月并网发电并投入商业运营。公司注册资本金8.88亿元，分别由国家能源集团山东电力有限公司、临沂投资发展集团有限公司、山东城资国有资产运营（集团）有限公司持股。费县公司先后获国家能源集团"岗位建功先进集体"、国家能源集团"先进基层党组织""全国用户满意单位""全国电力行业安全文化优秀工程"等荣誉称号；2022年获得国家能源集团"安全生产标准化一级企业"。

### （二）案例情况

随着计算机、大数据、物联网、可视化、云计算与服务等技术的发展，发电设备监测、分析、诊断工具手段日渐成熟，这些都为开展"基于大数据设备状态评估矩阵的发电设备可靠性管理体系"建设提供了非常好的条件，同时为开展以安全性为中心的设备状态检修提供了可能。

费县公司以前的检修模式以传统的计划检修为主，为了向精准化检修迈进，从2015年开始规划以各种精密点检仪器与在线监控系统相结合的"基于大数据设备状态评估矩阵的发电设备可靠性管理体系"的建设。该体系的建设以"云大物移"等技术为基础，对汽轮机、发电机、锅炉六大风机和各类辅机的在线数据、离线数据、历史数据进行分析，形成了大数据专家自动诊断知识库，并通过设备状态评估矩阵，为费县公司设备可靠性管理提供科学依据。

### （三）案例具体实践

#### 1. 总体思路

本案例以"上医治未病"为理念，以提高设备可靠性为目标，以"一码二级三可视"为贯穿，以设备全寿命周期管理为核心，以数据驱动，从跨组织、业务、应用的视角对数据进行组织和管理，包括对整个数据生命周期中数据的处理、存储、转换、整合、分布制定相应的策略、模型、流程，建立"以状态驱动工作模式为主，以计划驱动工作模式为辅的管理模式"，利用汽轮机、发电机、锅炉六大风机和各类辅机的在线监控数据与精密点检离线检测数据进行汇聚整合，经过大数据分析、专家知识库、人工智能诊断，形成以可靠性、安全性、可用性、经济性和环保性五个维度的状态检修评价体系，达到故障部位确定、故障原因确定、故障严重等级确定、故障解决方案确定、故障消缺成本确定，合理优化设备检修项目、级别、周期、策略、费用。

### 2. 主要做法

（1）总体建设框架

基于大数据设备状态评估矩阵的发电设备可靠性管理体系，如图1所示。

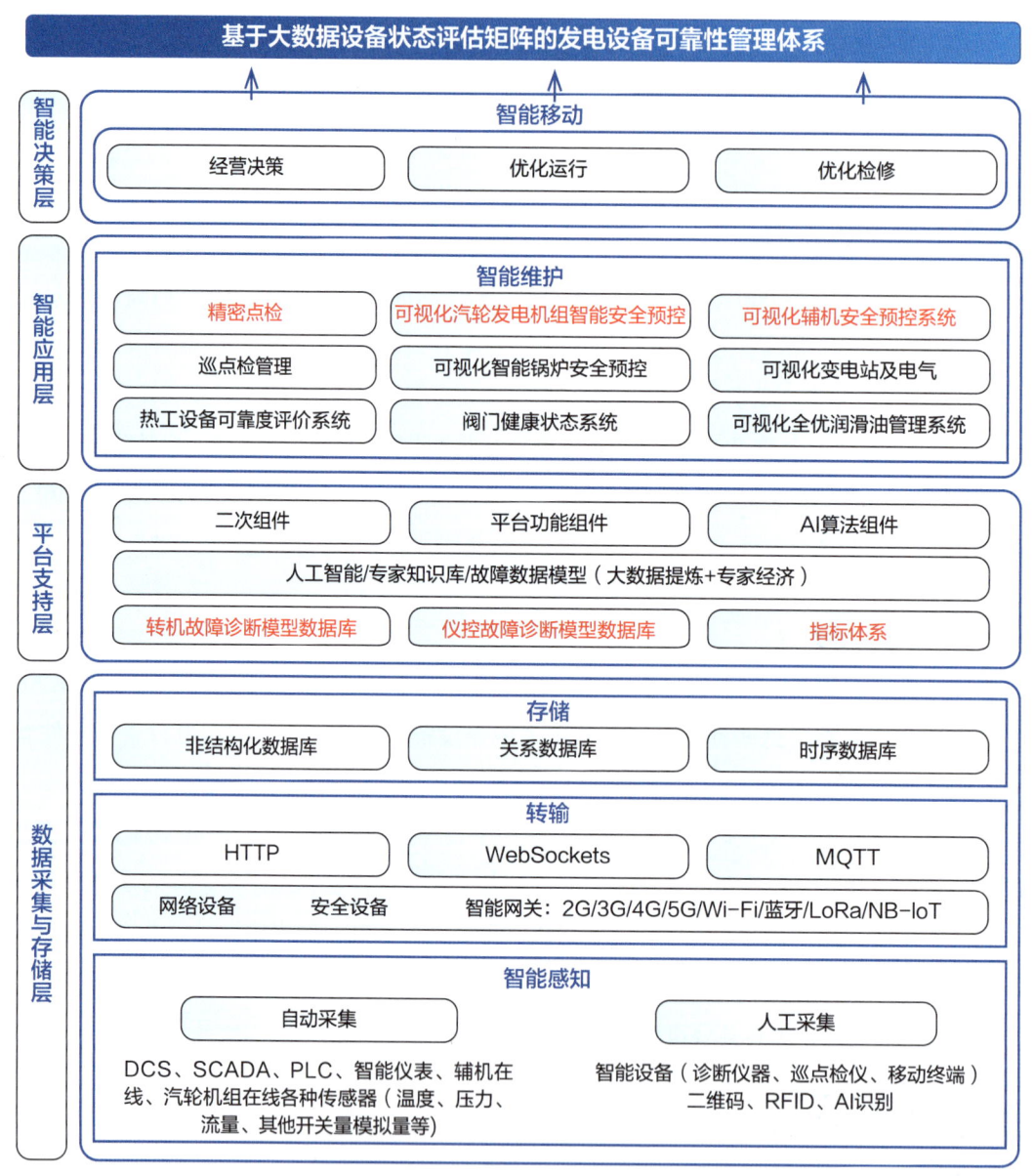

图1 基于大数据设备状态评估矩阵的发电设备可靠性管理体系

数据采集与存储层：一是获取现有系统设备数据，二是通过在线传感器、DCS、PLC、精密点检仪器等对设备的运行数据进行实时采集，处理形成结构性管理数据。通过 Wi-Fi、5G、蓝牙等传输方式，在保障网络安全的前提下，对数据进行分类存储。

平台支持层：通过采用设备已有的压力、流量、电流、电压及与运行相关的运行参数，结合精密点检、在线监测数据，使用基于 GBoost、随机森林、GBDT、LSTM 等算法的大数据分析，结合专家经验形成各个专业知识库，建立五个维度的评价体系。

智能应用层：根据各个模块的逻辑关系，结合各个不同的"监测子系统＋应用系统"，在评估层与诊断层的大数据多源融合策略下，对各个系统的控制逻辑进行人工 AI 优化调控。

智能决策层：结合下属各层数据自动推送的三维可视化的经营决策、优化运行、优化检修等。

（2）技术实施路线

该管理体系总体按照数据采集、大数据分析、建立专业知识库、五维度评估、五定五优化、三维可视化的技术路线建设。其中，数据采集解决数据获取的问题，大数据分析解决数据清洗、提炼分析和预测预警的问题，专业知识库解决数据诊断及五个维度评估标准数据的问题，五维度评估解决决策体系评估建立的问题，五定五优化解决决策输出的问题，三维可视化解决全寿命周期的可视化问题。

数据采集

在原有物料编码及 KKS 编码的基础上，实现不同系统中的分散数据互通，对管理体系内各监测模块系统从"机组—区域—系统—设备—部件"进行统一的编码，实现了与原有系统对接、各模块系统数据融合。

数据整合，通过收集已有系统（SIS、ERP 等）中的结构性与非结构性数据（包含文本型数据）构建数据资源池。

设备的设计数据、检验数据、日常试验数据、事故处理数据、检修数据采用现场资料收集，进行融合、关联，跟踪分析趋势变化。

在建设体系内形成了精密点检系统、可视化汽轮发电机组智能安全预控系统、可视化辅机在线智能管控系统，在满足获取汽轮机、发电机、锅炉六大风机和各类辅机的精密点检数据、在线监测数据的同时，也保证了重要设备的安全可靠运行。

监测系统的简要技术功能如下。

精密点检系统：精密诊断是整个系统的核心，集成整合了各种不同技术手段得到的检测数据，使技术人员能够借助可视化分析界面和诊断知识库，对设备健康状态进行全面诊断评价。

对重要辅机设备建立振动分析、电流频谱分析、红外分析、超声分析等诊断模型。一方面通过模型规则自动分析检测数据，对设备状态进行评级；另一方面也提供可视化的专业图谱分析，同时整合巡检、点检结果，供在线诊断，形成准确的设备状态检测结果。将设备状态分为正常、不明显、轻微、较严重、严重五个等级，结合设备对机组安全经济运行的重要性，作为保养和失效改善的管理决策的科学依据。

综合诊断：以蛛网图的形式直观呈现技术矩阵中定义的振动分析、电流频谱分析、红外分析、超声分析、油液分析等多种专业检测诊断结果，最终形成设备健康状态评价结论。

振动分析：由于转动设备振源（轴承故障、联轴器、齿轮啮合、不平衡等）产生振动，振动传感器负责接收信号，产生时域波形信号；数据采集器将采集的信号变为反映振动水平的数据（振动频谱）；管理系统负责振动数据处理和分析、当前值显示、随时间变化趋势、频谱分析、波段报警、瀑布图等。

电流频谱分析：电流频谱分析与振动检测集成，主要用于交流电机的事故诊断，包括绕组绝缘老化、气隙偏心、转子断条、转子弯曲、端部环开裂、焊缝劣化、大的动载荷、相位损失等。

红外分析：红外热成像分析技术原理是利用自然界中的任何物质，当温度高于绝对零摄氏度时，都将有一部分能量以波动方式向外发射红外辐射，根据物体辐射能量的大小与其温度的 4 次方成正比这一定律，通过检测被测物体的辐射系数，就可以测定被测物体的温度，当被测物体温度超过正常范围时，即可诊断该设备处于某种异常状态。主要特点是可以显示目标物体的形状和温度分布状况，可以实现在线非接触检测，定量测温不受电磁场干扰。

超声分析：利用金属材料或构件自身及其缺陷的声音特性对超声传播的影响，检测金属或构件内部缺陷，具有检验构件厚度大、灵敏度高的特点。适用于汽轮机汽缸、调速汽门、主汽门、管道法兰的高温紧固螺栓等长期在高温应力条件下使用的部件，这些部件容易产生裂纹，利用超声波探伤可以实现不解体检验，叶片的根部和工作面裂纹检验，联箱、管道的焊缝质量检验等。

可视化汽轮发电机组智能安全预控系统：通过对汽轮发电机组轴系各种动静间隙的实时计算，在计算机屏幕上，以透视的眼光观看汽缸内高速转动的各转子运行状态；高精度显示各转子的动态间隙变化，包括各轴颈处的油膜厚度、盘车状态下的大轴顶起高度、各轴封间隙、各隔板汽封间隙等，根据间隙的变化和机组的振动水平确定密封和机组状态，并以不同的颜色显示。从监测画面上可以直观地判断机组常见的不平衡、不对中、油膜涡动、汽流激振、部件脱落、松动和碰摩等故障，具有形象生动、易于理解和准确可靠的特点。

可视化辅机在线智能管控系统：通过设置、采集、自动分析处理机械设备的振动数据，自动给出分析诊断结果，报告机械设备的运转状态，提供维护检修建议，将设备故障落实到元器件级。产生的结论及过程量数据供平台统一汇聚进行大数据分析，支撑业务决策推送。在满足辅机设备可靠度的同时也解决了重要辅机设备的数据获取问题。

**大数据分析**

采集得到的数据包含有效数据和无效数据，针对有效数据的提取采用了大数据清洗、提炼的方法进行分类、标注、使用。

使用人工智能模型，通过采用设备已有的压力、流量、电流、电压与运行相关的运行参数及手动收集的检修、监测、试验离线数据，结合精密点检、汽轮机安全预控、辅机安全预控等在线监测数据，使用基于 GBoost、随机森林、GBDT、LSTM 等算法的大数据分析，形成针对设备的固定模型，达到对目标数据的预测预警及故障分类的目的。

预测预警方法流程，如图 2 所示。

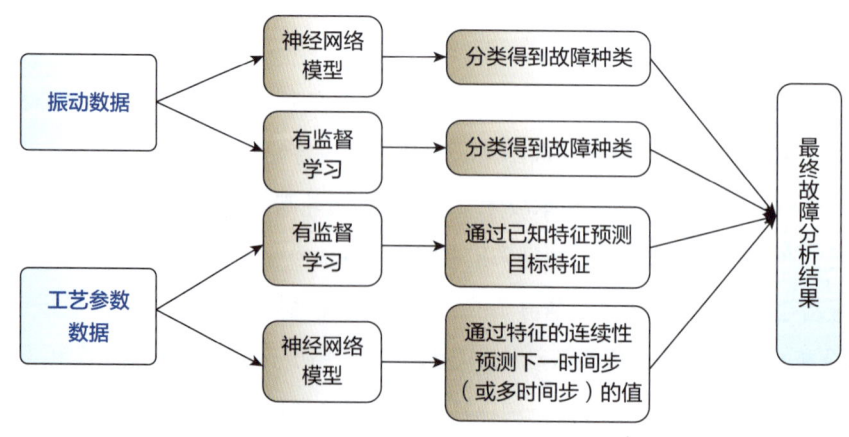

图 2　预测预警方法流程图

### 专业知识库

在在线数据、离线数据、工艺参数、监测软件数据及大数据分析的前提下，采用与各专家经验相结合的方法，形成各主要设备的知识库，用于解决数据使用和建立评估维度标准的问题。通过模拟人工数据分析和诊断流程，独立完成对相关数据进行特征参数提取的过程，并通过可组态逻辑完成推理诊断，实现设备状态识别，输出诊断结果。

### 五维度评估

结合各指标（安全指标、生产指标、运营指标、燃料指标）标准及汽轮发电机知识库、转机知识库等，对系统设备进行五个维度的评估。即以设备的健康状态为评价依据的可靠性、以设备风险状态为评价依据的安全性、以设备的寿命状态为评价依据的可用性、以设备的能效指标为评价依据的经济性、以设备的排放指标为评价依据的环保性。

### 五定五优化

实现五个确定：故障部位确定、故障原因确定、故障等级确定、处理方案确定、工时费用确定；五大优化：优化检修周期、优化检修项目、优化检修级别、优化检修费用、优化检修策略。

### 三维可视化

"基于大数据设备状态评估矩阵的发电设备可靠性管理体系"推出的经营决策、优化运行、优化检修等全寿命周期的设备管理以三维可视化进行展现，使生产管理人员全面了解电厂设备的运行状况。

## 二、案例实践效果

### （一）综合效益

系统上线以来，为设备可靠性提升提供了可靠的数据支持，检修人员可以实时跟踪故障劣化趋势，并根据系统给出的检修建议完成消缺。通过状态监测提前发现各类重要设备故障78处，消除重大缺陷46条，有效避免机组非计划降出力，避免机组非停4次，经测算挽回经济损失645.7万元。整体提升了设备可靠性，避免了突发恶性设备故障导致的机组非停。

根据机组检修前状态监测情况分析，调整检修项目计划，避免设备"过修"，有效降低了检修费用。对比同等级机组检修费平均值节支约300万元。成功对机组实施降级检修2次。截至目前，各检修级别调整或取消的机组均运行正常，各项经济性能指标良好。

#### ■ 案例：1号脱硫系统 G 浆液循环泵减速机轴承磨损

测量频谱分析：1号脱硫系统 G 浆液循环泵减速机轴承解调频谱中出现了幅值较高的轴承内圈 BPI 故障频率，并伴有丰富谐频，DW 冲击值较高，判断出减速机轴承磨损。如图3、图4所示。

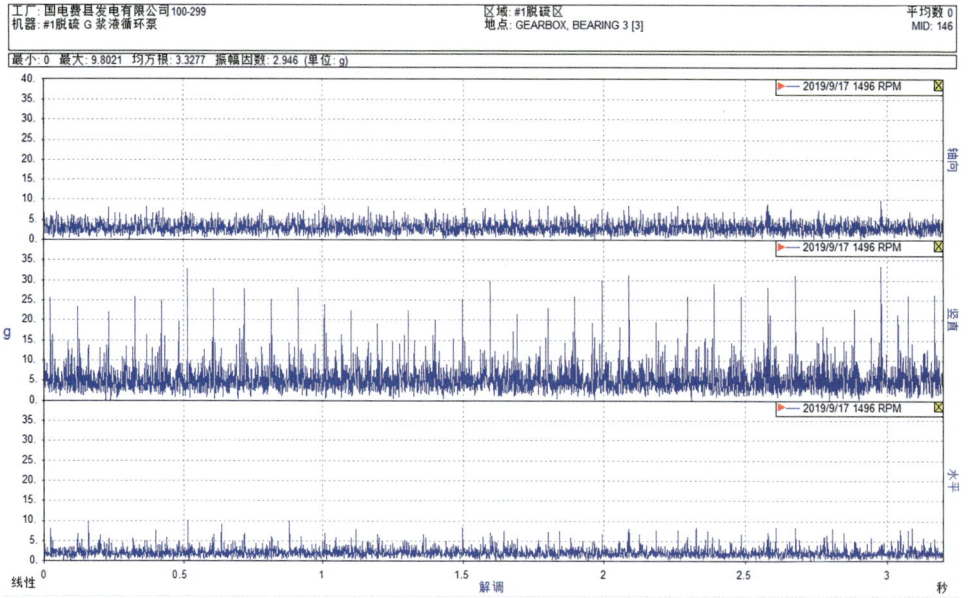

图 3　1号脱硫 G 浆液循环泵减速机轴承解调频谱

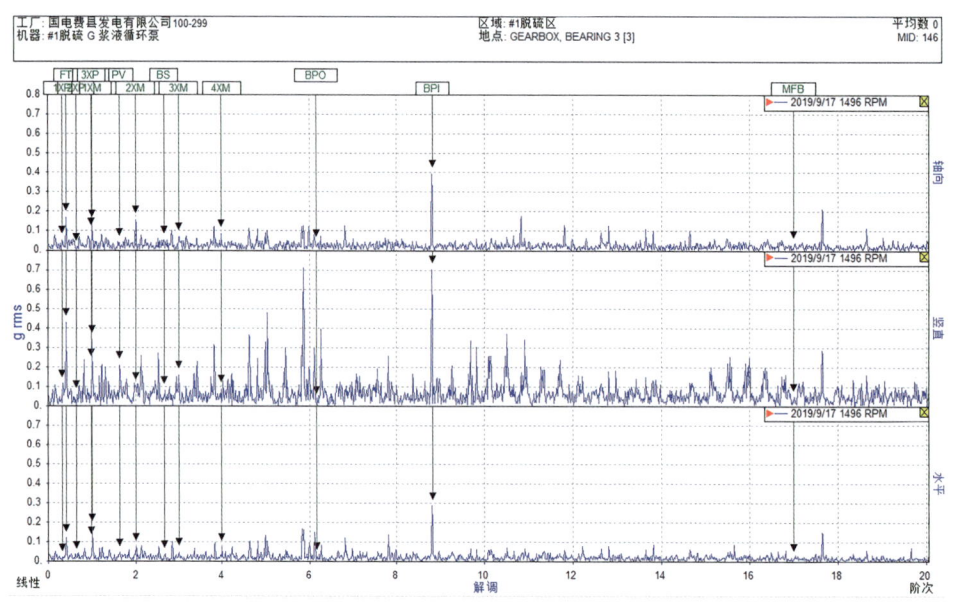

图 4　1号脱硫 G 浆液循环泵减速机轴承解调波形图

检修验证：减速机解体，拆下轴承外圈和滚珠后发现轴承内圈表面出现剥落，磨损严重如图 5 所示。

图 5　1号脱硫 G 浆液循环泵减速机轴承内圈磨损情况

## （二）第三方评价

费县公司"基于大数据设备状态评估矩阵的发电设备可靠性管理体系"应用效果显著，具备以下特点。

一是充分运用大数据技术，对设备状态进行实时监测和分析，为决策提供有力支持，提高了设备的运行效率，降低了故障率。

二是建立了一套完善的设备状态评估矩阵，涵盖设备的设计、制造、安装、运行和维护等。为设备可靠性改进提供了依据。

三是在规范开展发电设备维护保养和技术监督的基础上，充分发挥设备点检和精密诊断作用，可有效开展设备劣化趋势分析和能效状态评估。

四是结合区域机组运行特点，统筹兼顾成本因素，合理确定设备维修方式、周期，实行集定期检修、状态检修、事后检修、改进性检修于一体的发电机组检修优化模式。

五是积极引进和应用新技术、新方法，不断提高设备可靠性。加快建设以市场为导向的发电设备管理机制，有助于公司在竞争激烈的市场环境中保持领先地位。

## （三）行业推广前景

该管理体系的最大特点是利用大数据技术提升设备状态评估的准确性，将状态评估矩阵的适用范围扩大到系统级、机组级，为电厂设备状态检修决策提供数据支持。

该体系可以完成的设备分析诊断工作主要有：轴弯曲、滑动轴承问题、滚动轴承问题、不平衡、不对中、齿轮问题、各种松动问题、润滑问题、共振、刚性、轴电流、转子条问题、气蚀问题、叶片损坏、软脚、控制系统问题、管路问题、电气设备发热问题、局部放电问题、绝缘问题等，以及综合分析后发现设备的设计问题、组装问题、加工问题、制造问题等。

该体系通过对设备故障的及时发现和处理，有效减少机组紧急抢修事件，延长机组检修周期，逐步实现电厂主设备和重要辅机设备真正的状态检修，全面提高设备可靠性，大幅降低设备运行检修维护费用。

该体系能够不断提升设备健康管理水平，有效降低机组非停，具有广泛推广应用价值，为电厂设备可靠性管理开辟了一条全新的途径。

（张灿新　任乾超　魏玉华　李宁　孔令云）

# 锅炉水冷壁磨损腐蚀状态智能检测系统的研究与应用

## 一、案例基本情况

### （一）单位基本情况

国能重庆电厂有限公司（以下简称重庆电厂）现总装机容量为1920MW（由国能恒泰重庆发电有限公司2×300MW和国能重庆电厂2×660MW两家重组合并），厂址位于重庆市万盛经开区关坝镇，距重庆市区约145千米。电厂运行2台300MW国产亚临界燃煤发电机组，配套锅炉为东方锅炉厂设计制造的DG-1025/18.2-Ⅱ4型亚临界压力、中间一次再热、自然循环汽包炉，采用四角切圆燃烧方式，机组分别于2006年12月26日和2007年5月21日投产发电。电厂运行2台660MW超超临界燃煤发电机组，配套锅炉为东方锅炉厂设计制造的超超临界参数变压运行直流炉DG-1939/29.3-Ⅱ13型单炉膛、一次再热、平衡通风、带启动循环泵内置式启动系统、露天布置、固态排渣、全钢构架、全悬吊结构、对冲燃烧方式Ⅱ型锅炉，机组分别于2022年12月30日和2023年5月30日投产发电。

重庆电厂自成立以来，坚持技术创新、体制创新、管理创新，在电力技术进步、电厂建设和管理方式等方面起到了示范带头作用，重视创新团队建设以及人才培养，已经建设了一支高素质、专业化、开放型的研发团队，并与高校、科研院所开展长期合作和发展战略，不断加大新技术的开发力度，以期适应新的要求。

### （二）案例具体实践

#### 1. 总体思路

本项目以锅炉水冷壁为研究对象，采用深度融合、高度集成的开发思路，基于机器人、激光导航、计算机视觉、图像处理等前沿技术，研发锅炉水冷壁磨损腐蚀状态智能检测系统，致力于解决困扰火电行业已久的无法有效检测锅炉水冷壁磨损状态的问题。通过锅炉水冷壁磨损腐蚀状态智能检测系统的研发及应用，逐步建立水冷壁寿命评估预警机制，实现对锅炉管道磨损状态的有效检测，延长水冷壁的使用寿命，提升锅炉运行维护安全生产管理水平，大幅降低水冷壁爆管概率；及时准确提供调整优化建议，指导运行人员及时调整，避免出现因水冷壁爆管造成的非停事故。

根据业务需求与现场既有条件，进行系统功能与系统构架设计，完成系统各平台接口及整体集成方案设计。在此基础上进行具体功能模块开发，包含以下框架。

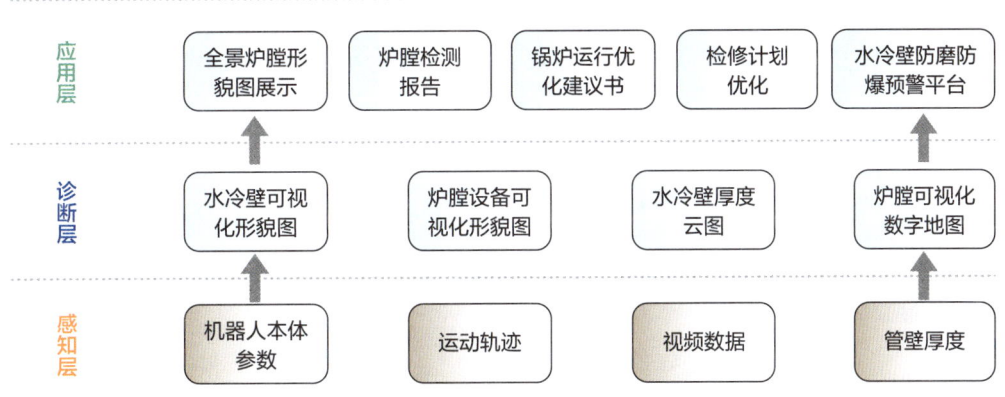

图1　锅炉水冷壁磨损腐蚀状态智能检测系统框架

## 2. 主要做法

### （1）爬壁检测机器人系统

可实现在水冷壁竖直金属壁面上转弯、上下行走等，可搭载一定负载，本体重量不大于50kg，可搭载负荷行走速度0.1m/s，越障能力10mm；机器人搭载景深摄像头、激光扫描仪、雷达等，可进行管壁图像采集、电子地图绘制、导航避障等，采用无线回传数据图像；自动拍摄高清照片，并记录每张照片的拍摄位置以及方位角；可记录运行轨迹，准确定位自身及缺陷位置；可平稳快速完成测绘检测工作，自动记录三维点云信息，供下一步建模使用；采集水冷壁高温腐蚀、磨损等可视化图像信息。

### （2）锅炉水冷壁磨损腐蚀状态智能检测系统

基于数据库、深层网络等识别水冷壁管壁缺陷及区域。可精确直观检查炉膛内炉管和设备三维形貌，智能标注缺陷位置和区域，准确掌握缺陷异常信息、位置、区域等。

建立相关缺陷检修信息台账，方便用户及时掌握锅炉燃烧运行状态。根据锅炉停运情况，进行炉膛图像、壁厚等数据采集检测，并更新系统数据。每次系统数据更新后，生成检测评估报告，包括水冷壁寿命评估、预警，燃烧调整建议，水冷壁检修建议（如喷涂，换管），优化吹灰方式。

### （3）爬壁检测机器人功能设计

运控模式：采用半自动模式作业。半自动模式下机器人可在人工辅助下进出炉膛并开展遥控作业，机器人会基于遥控指令对四轮进行转速自动控制。炉外控制站不仅可以操纵爬壁机器人和云台相机进行运动，还能实时显示检测图像和爬壁机器人的姿态以及定位，并且可通过功能按键来实现灰渣清扫组件以及图像采集的开启和关闭，同时还能通过鼠标键盘载入自定义程序，实现作业运行。

壁面监测建图：爬壁机器人前后的监测摄像头可以在行走过程中全方位实时监测水冷壁面的情况，并记录每张照片的拍摄位置以及方位角。基于管壁图像采集，开展电子图绘制，采用无线回传数据图像。

壁面清扫功能：爬壁机器人的前端可搭载清扫机构，在机器人前进过程中可超前清扫待经过壁面，通过专用机构排出渣灰，为机器人行走和检测提供更适应的壁面环境。

越/避障功能：爬壁机器人的主体采用了前后叉臂悬架系统，由上、下臂及弹簧减振器组成，该结构可提升机器人横向刚度和车轮与壁面的角度保持能力，增强机器人的运动能力和操控性。机器人另搭载了测量较高障碍的模块，可驱使机器人以绕行的模式避障。

转向能力：转向系统源于车辆转向原理，采用梯形差速转向思路，在水冷壁这种特殊的壁面环境下，可保障底盘的运动能力，同时避免了追求更高转向能力所带来的不稳定因素。

高清视频功能：爬壁机器人配备高清视频摄像机，智能补光和全方位云台配合，能实时提供现场高清、流畅图像，供后台软件进行机器人视角下的环境建模与分析。

定位与标记：提供基站式定位系统，保障机器人在单壁面行走时的定位精度不高于10cm。在已知周围环境尺寸的情况下，基于环境建模，可准确标记特定观测位置，进而智能标注缺陷位置和区域，供准确掌握缺陷异常信息、位置、区域等。

三维建模：记录每张照片的拍摄位置和方位角，记录三维点云信息。根据三维点云信息重建三维模型。

安装拆除：基于人孔，采用人工辅助方式进出锅炉，无须在炉膛内搭设脚手架。

掉电救援以及应急处理：在进行爬壁作业清扫时，为了防止设备掉电、电池故障、电机故障以及爬壁机器人中控系统故障，产生设备吸附于水冷壁上无法工作无法拆除等问题，可通过机器人自带的弹性挂钩组件，将机器人拖拽至水冷壁人孔进行拆卸。为了保证拖拽过程中阻力最小，爬壁机器人动力模块均安装有常开型电磁离合器，无论是在失电状态还是因为控制系统故障，都能通过断电或者一定时间的设备自耗电，使得离合器处于常开状态，从而保证救援机器人能够拉动故障机的系统运动。

（4）爬壁检测机器人及软件

爬壁机器人由本体和上位机两大部分组成，本体由机械结构、控制电路、传感器等组成，上位机由电脑界面和操作手柄组成，本体和上位机通过Wi-Fi进行通信。

机器人系统框图如图2所示，操作控制手柄产生动作指令，通过Wi-Fi发送给爬壁机器人，经过控制器解算后，将控制指令传到电机驱动器，电机驱动器驱动电机旋转，控制机器人移动。角度传感器用于解算爬壁机器人轮子姿态，便于控制。激光测距仪配合视觉用于定位。网络摄像头采集的图像通过Wi-Fi发送到上位机，进行实时显示。上位机可以对摄像头的拍摄角度、焦距等进行调节。

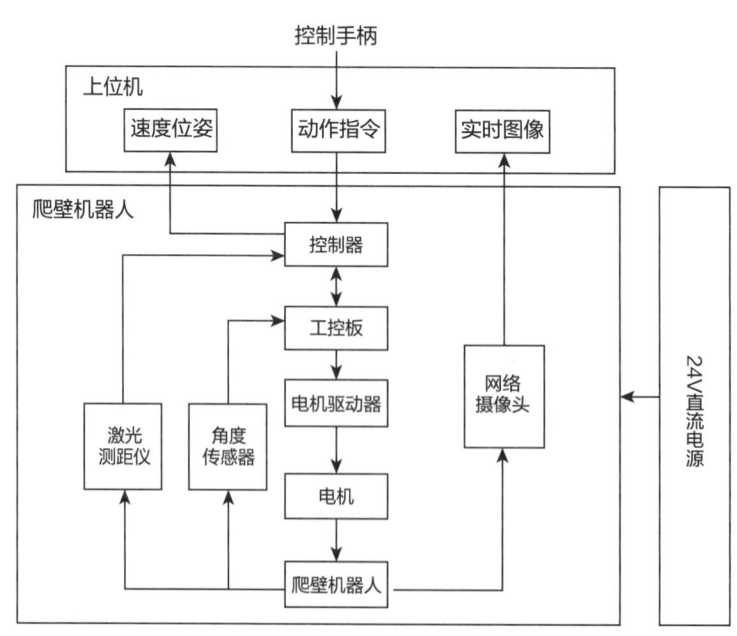

图2 机器人系统框图

车架的主体结构大部分由铝型材和 Q235 碳钢组成，均用 304 不锈钢螺栓进行连接，如图 3 所示。为了提高爬壁机器人的运动灵活性，前轮选取直径 165mm 的小轮，便于转向；后轮选用直径 200mm 的大轮，增强动力。因前后轮子尺寸不同，故车架分为两段式，中间通过轴径 15mm 的不锈钢转轴进行连接。

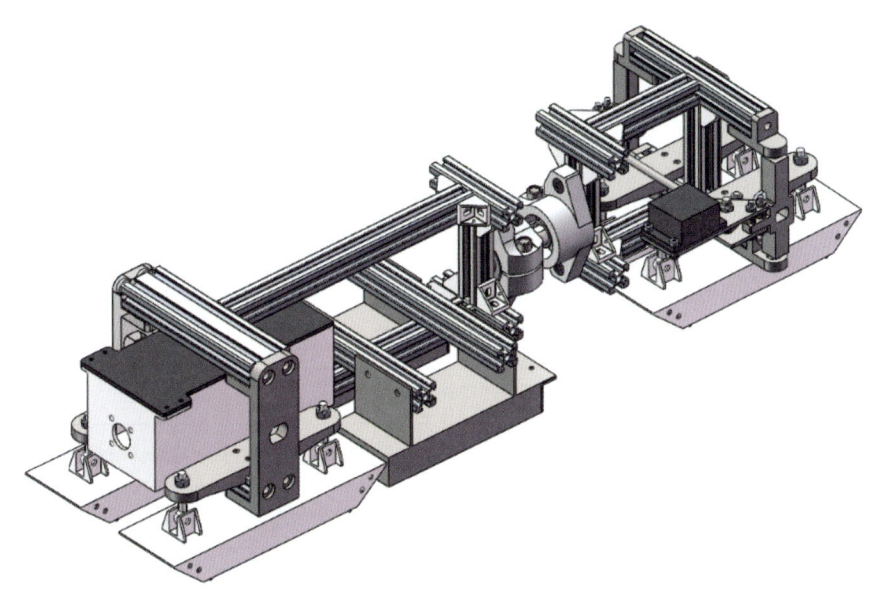

图 3 爬壁机器人车架

前轮车架铝型材均使用欧标 2020 型号。主销材料使用 Q235，与上下车架通过最大轴径 8mm 的阶梯轴连接，从而达到转向要求。右轮主销上安装有角度传感器，用于实时测量反馈前轮转向角度，配合车体角度完成爬壁机器人的姿态解算。转向拉杆与左右主销形成梯形机构约束，使得转向时近似满足阿克曼几何条件，从而达到近似纯滚动转向的目的。下方型材车架安装有两块钢板，用于连接固定磁吸附机构。

为了增强后轮车架的稳定性和强度，用于连接后轮主销的铝型材使用了欧标 2040 铝型材，其余均使用 2020 铝型材以在保证强度的前提下减轻重量。由于后轮没有转向功能，故其左右主销直接通过不锈钢螺栓与上下型材架连接。

后轮车架与前轮车架一样，均有两块钢板用于连接固定磁力吸附机构。车架中间部分有两根横置的 2020 铝型材，用于连接固定中部的吸附机构。与前轮车架不同的是，后轮车架还需要安装控制箱，其尾部的电控箱用于机器人底盘运动控制，前述两根横置铝型材中间用于安装电机驱动器，整个车架上方安装主控制器和网络摄像头。

中间连接轴：该结构由两个 SHF35 轴承座、四个 6202 深沟球轴承、两个 CSB202 带顶丝轴承、一个 $\phi 15mm \times 72mm$ 不锈钢轴组成。该连接部分固定在前后车架各自的型材竖梁上。

连接轴有两种作用，一是起到连接前后车架的作用，前后车架根据不同的运动要求设计了不同的结构，通过此部分连接到一起，以增强机器人的整体刚性；二是增强爬壁机器人的越障能力。因为中间转轴的存在，前轮在遇到障碍时可以相对后轮车架发生转动，在前进动力的驱使下越过障碍，从而提高爬壁机器人的越障能力。

吸附机构：该结构由磁钢块、磁钢箱和调节螺栓组成。磁钢块按 Halbach 排列放置于磁钢箱内，通过调节螺栓上螺母的位置达到调节磁钢箱高度的目的，以便控制吸附时的气隙变化，使爬壁机器人稳定吸附。

电机驱动器：电机驱动器具体型号为 ZLAC8030L。电机驱动器通过 RS485 总线接收来自工控板的运动指令，并驱动电机运转，另外将每个电机的实际转速反馈给工控板，以便进行相关控制和辅助定位。电机驱动器参数见表 1。

表 1  电机驱动器参数

| 参数 | 内容 | 参数 | 内容 |
| --- | --- | --- | --- |
| 型号 | ZLAC8030L | 使用场合 | 避免粉尘，油雾及腐蚀性气体 |
| 外径尺寸 | 149.6mm×97mm×30.8mm（长·宽·高） | 工作环境温度 | 0～50℃ |
| 工作电压 | 24～48VDC | 最高环境湿度 | 90%Rh（无结露） |
| 输出电流 | 均值 30A，峰值 60A | 存储温度 | −10～70℃ |
| 控制方式 | RS485 | 振动 | 10～55Hz/0.15mm |

轮毂电机：前轮型号为 ZLLG65ASM500 双轴，后轮型号为 ZLLG65ASM800 双轴。轮毂电机的特点就是电机内置于轮子里面，从而节省了爬壁机器人的内部空间。为了增加轮子与钢管壁面的接触面积，防止轮子陷进钢管之间的缝隙中，还在每个轮子的外部添加了一个副轮，用于增大接触面积，防止轮子下陷，同时还增大了与壁面的摩擦力。大小轮毂电机参数见表 2。

表 2  轮毂电机参数

| 参数 | 小轮毂电机 | 大轮毂电机 |
| --- | --- | --- |
| 型号 | ZLLG65ASM500 | ZLLG65ASM800 |
| 外径尺寸 | 165mm±2mm | 200±2mm |
| 重量 | 4.85kg | 4.85kg |
| 额定电压 | 48VDC | 48VDC |
| 额定输出功率 | 500W | 800W |
| 额定转矩 | 10N·m | 20N·m |
| 瞬间最大转矩 | 30N·m | 600N·m |
| 额定转速 | 260RPM | 150RPM |
| 额定最高转速 | 360RPM | 180RPM |

续表

| 参数 | 小轮毂电机 | 大轮毂电机 |
|---|---|---|
| 额定相电流 | 7A | 8.5A |
| 瞬间最大电流 | 21A | 25A |
| 轮胎形式 | 聚氨酯 | 聚氨酯 |
| 刹车方式 | 电刹车 | 电刹车 |
| 防护等级 | IP65 | IP65 |
| 建议负载 | 小于200kg（双轮） | 小于300kg（双轮） |

角度传感器：型号为HWT605。爬壁机器人整体共安装有两个角度传感器，其中一个安装在右前轮主销上，用于测量前轮转角；另一个安装在机体尾部的电控箱内，用于测量机体的旋转角度。得到这两个角度后就可以计算出轮子与机体的相对转角，从而达到对爬壁机器人转向运动的控制。除此之外，选用的角度传感器可以测量欧拉角，在前述运动控制中只使用了偏航角，获取的其他角度（横滚角和俯仰角）还可以用于辅助定位。角度传感器的具体性能参数如表3所示。

表3 角度传感器性能参数

| 参数 | 内容 | 参数 | 内容 |
|---|---|---|---|
| 型号 | HWT605 | 量程 | X、Z±180°，Y±90° |
| 外形尺寸 | 55mm×36.8mm×24mm（长·宽·高） | 角度精度 | X、Y静态0.05°，动态0.1° |
| 通信方式 | RS485 | 波特率 | 2400~921600bps |
| 产品电压 | 5~36V | 通信协议 | ModBusRTU |
| 产品电流 | <40mA | | |

图像传输：巡检过程中系统将拍摄的炉内照片发送至前端设备储存，图片中含有拍摄时间、拍摄坐标等信息。相关照片视频上传至前端设备后，再将照片上传至工作站，由工作站通过三维合成软件拼接生成三维的炉内画面。所生成的炉内三维画面就是本系统最终巡检结果。电厂相关工作人员通过生成的三维画面判断炉内水冷壁管状态，从而达到巡检、检测、存档等目的。

激光测距仪：安装在爬壁机器人顶部后方，用于测量机器人与水冷壁的距离，辅助机器人在水冷壁面爬行时的定位。

通信：考虑到锅炉的特殊结构和机器人的运动状态，采用大功率无线基站桥接的方式，搭建数据通信载体，实现数据传输，即"控制终端→无线基站→机器人"。

网络摄像头：所选网络摄像头具有云台功能，水平旋转0°~350°，垂直旋转0°~90°，支持光学变焦，具备拍照、录像功能。该网络摄像头安装在爬壁机器人的正上方，用于观察机器人四周水冷壁的情况。获取的图片和视频用于水冷壁内环境建模，方便后续定位和检测。

## 二、案例实践效果

### （一）综合效益

#### 1. 经济效益

本项目运用新技术、新方案，建立锅炉水冷壁磨损腐蚀状态智能检测系统和定期水冷壁检测诊断机制，可缩短锅炉水冷壁检测周期，提高水冷壁磨损腐蚀检测效果，提供运行调整意见和检修建议，更好做好水冷壁设备管理工作，保障锅炉安全稳定运行。

据统计，锅炉水冷壁爆管后，处理缺陷最快需 5 天时间，直接经济损失上百万元（包括燃油、高温水、蒸汽、原煤、厂用电等），其间，机组电量损失（按 300MW 机组带 60% 负荷率计算）2160 万 kWh。

使用本系统可及时发现水冷壁磨损腐蚀缺陷。如避免一次因水冷壁磨损腐蚀造成的锅炉爆管停运，就可以避免经济损失上百万元，多发电 2160 万 kWh，即可收回项目投资。

全面升级锅炉水冷壁检测方式，大幅提高检测的覆盖范围、检测内容，可有效缩短搭设炉膛脚手架的时间、降低因在炉膛内搭架子施工给人身带来的安全隐患和职业健康影响。

#### 2. 社会效益

符合国家工业智能化理念，是对"中国制造 2025"强国战略的积极响应。提升发电智能化水平，提升设备管理水平，降低因水冷壁磨损腐蚀引发的安全事故，进而提高全厂安全稳定运行水平，助力实现"碳中和"。

### （二）第三方评价

2022 年 7 月 7 日，国家能源集团重庆电力有限公司组织 5 位专家对重庆电厂承担的"锅炉水冷壁磨损腐蚀状态智能检测系统的研究和应用"科技项目进行了验收。验收组听取了项目组的技术报告和总结报告，审查了有关资料，经过质询和讨论，形成如下结论。

一是项目组提供的资料完整，内容翔实，符合验收要求。

二是研发出来的水冷壁爬壁机器人，能够在水冷壁竖直金属壁面上转弯、上下行走，可搭载一定负载，自身重量 48kg，行走速度 0.1m/s，越障能力 10mm；机器人搭载景深摄像头、激光测距仪、雷达等，可进行管壁图像采集，电子地图绘制导航避障等；自动拍摄高清照片，采用无线回传数据图像，并记录每张照片的拍摄位置以及方位角，可 3D 建模，记录运行轨迹，准确定位缺陷位置。

三是锅炉水冷壁磨损腐蚀状态智能检测系统可精确直观检查炉膛内水冷壁管和设备三维形貌，标注缺陷位置和区域，快速准确掌握水冷壁缺陷异常信息、位置、区域等。

四是该项目实施后，能够为水冷壁检修优化及寿命评估、燃烧调整、吹灰优化提供可靠依据。

综上所述，验收组认为：项目组完成了本项目计划所要求的研究内容，达到了预期目标，同意通过验收。

建议：该项目研究对火电厂水冷壁检查具有极大的实用价值，建议继续加大投入，在目前的基础上进一步研究，提升智能化水平。

## （三）行业推广前景

通过锅炉水冷壁磨损腐蚀检查平台的研发及应用，逐步建立水冷壁寿命评估预警机制，实现对锅炉管道磨损状态的有效检测，延长水冷壁的使用寿命，提升锅炉运行维护安全生产管理水平，大幅降低水冷壁爆管概率；及时准确提供调整优化建议，指导运行人员及时调整，避免出现因水冷壁爆管造成的非停事故。

采用机器人技术是替代电厂内人工检测的趋势，将爬壁机器人应用于水冷壁的检查工作中，可以提高检测效率、降低安全风险和成本、改善工作条件，具有巨大的市场潜力和实用价值。该技术成果申报的"水冷壁检测爬壁机器人及其越障吸附系统"已经获得国家知识产权局实用新型专利授权，专利号：ZL 2022 2 1830329.7。

（何韬　杨晓衡　李海波　王映磊　殷建华）

# 智能化管控点巡检系统应用

## 一、案例基本情况

### （一）单位基本情况

国能孟津热电有限公司（以下简称孟津公司）位于河南省洛阳市孟津区东北11千米的白鹤镇，地处河南省西部，北依黄河，南临焦枝铁路，2008年4月28日成立，由华阳投资（香港）有限公司独资经营；2011年4月21日起，中国神华能源股份有限公司与华占地面积约700亩。

孟津公司先后获河南省电力行业节能减排先进单位、河南省节水型企业、国家能源集团脱贫攻坚先进集体、国家能源集团企业文化示范基地等荣誉。截至2022年年底，双机6台次获全国可靠性"金牌"或"可靠性标杆"机组荣誉称号。

公司始终把设备的可靠性管理作为设备管理方面的重点工作来抓，通过健全组织机构、完善可靠性管理制度、开展可靠性网络活动，为机组的长周期安全稳定运行提供了有力保障。公司利用信息化手段，开发了智能化管控点巡检系统应用等系统，提高了设备点巡检水平和移动操作水平，设备管理水平和可靠性管理不断得到提高。

### （二）案例情况

公司智能化管控点巡检系统于2017年5月开发，2017年9月正式投入使用，总投资约112万元。智能移动点巡检系统基于工业4.0软件平台，通过专业仪器仪表与智能设备相结合，将与生产相关的人员、设备等产生的离线和在线数据有效地收集起来，通过专业软件平台汇总管理，实现点巡检信息化管理，同时对巡检人员、巡检任务、图像视频、盯防考核进行严格、科学的统计、分析，最大化地协调和帮助企业管理者对巡检活动现场、巡检人员的统筹掌握，从而有效保障巡检工作的顺利展开，为避免隐患、发现隐患、处理隐患提供了科学、准确、可靠的数据依据，克服了巡检人员填写纸质巡检表存在设备巡检数据连续性、全面性欠缺，设备状态信息缺乏有效的描述方式与流转途径、设备状态信息获取不足、设备信息积累和共享、无法实现点检缺乏规范化指导及科学化管理、点检人员就地签到管理手段不足等弊端，实现了全区域、全设备、全流程的巡点检信息化，实现了巡点检标准的统一化、巡点检执行的规范化、巡点检结果的可视化、巡点检数据的积累化，达到点巡检标准的全覆盖，提升了值班员使用便利性。通过设备状态的趋势化等功能，有效保证了机组的安全稳定运行。该系统2019年获得中国电力企业设备管理创新优秀成果奖。

## （三）案例具体实践

### 1. 总体思路

依托公司"管理制度化、制度表单化、表单信息化"的"三化"管理特色，因地制宜，开发实施智能运行点巡检系统。系统构架紧贴公司管理实际，以"技防"来替代"人治"，以"全面"来替代"局部"。系统具备点检计划管理、任务管理、异常处理，同时可实现设备点检结果定制化查阅、设备参数的对比分析、人员点检到位的查询、点检结果的量化统计等功能，从而有效地保障巡检工作的顺利展开，为避免隐患、发现隐患、处理隐患提供科学、准确、可靠的数据依据，提升电厂运行管理水平。

### 2. 主要做法

将与生产相关的人员、设备等产生的离线和在线数据有效收集，通过专业软件平台汇总管理，实现点巡检信息化管理，同时对巡检人员、巡检任务、图像视频、盯防考核进行严格、科学的统计分析，最大化地协调和帮助企业管理者统筹掌握巡检活动现场、巡检人员，方便各级技术人员和企业管理人员准确了解设备状况。

编制设备树和检测项，编制各巡点检任务。

下载巡点检任务到智能终端中。

按照巡点检路线，手持智能终端和巡点检仪到达工作现场，进行标识卡对码后，根据智能终端提示，检测并记录设备状态参数。

巡点检工作完成后，智能终端通过 Wi-Fi 或 USB 与系统平台通信，将巡点检数据上传到系统平台。

管理人员或巡点检人员通过系统生成巡点检报告和设备缺陷记录。

对上传数据进行数据分析，并生成趋势图等。

设备点检规范化：规范及管制点检周期，确保设备点检及时、规范。

设备点检内容标准化：针对不同设备制定点检标准，标准全面，包括观察项、测量项、记录项等，并与专用仪器配合使用，规范巡检内容。

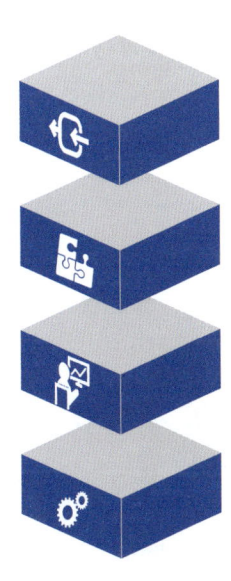

图1　系统软件功能

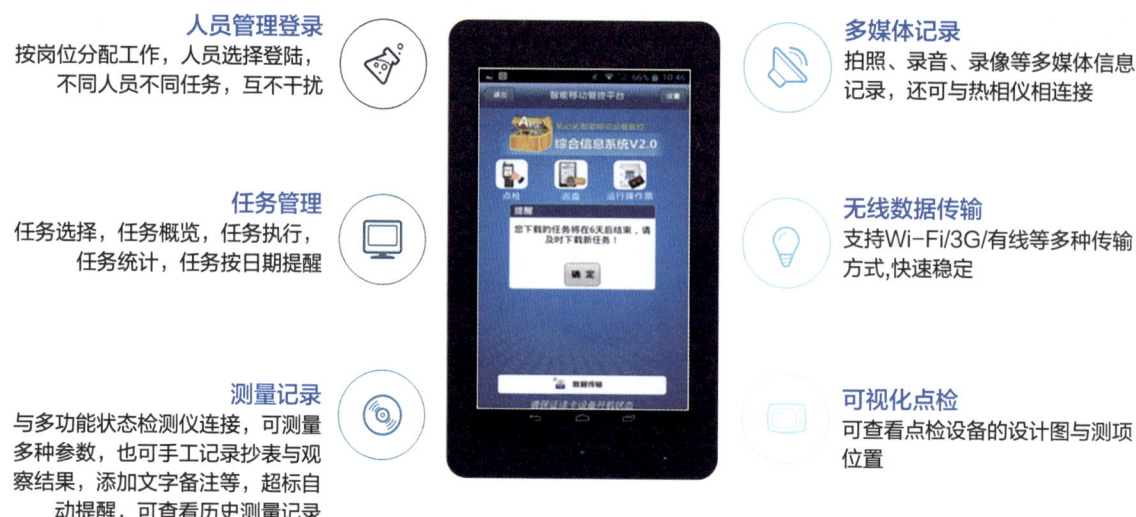

图 2  移动智能终端功能

点检过程高效化：手持终端集报表、拍照、录音、录像、无线上传于一体，实现无纸化巡检，节省 50% 的人力成本。

点检结果信息化：设备状况信息准确，可视化留存异常情况，共享设备状况信息。

异常跟踪系统化：自动实现点检结果的统计，跟踪异常处理过程，督促相关人员及时处理。

设备状况统计分析：系统实现设备状况查询，对比设备参数，记录各项异常状况次数及时间，并进行归类分析，按需实现点检数据的周报、月报、年报。

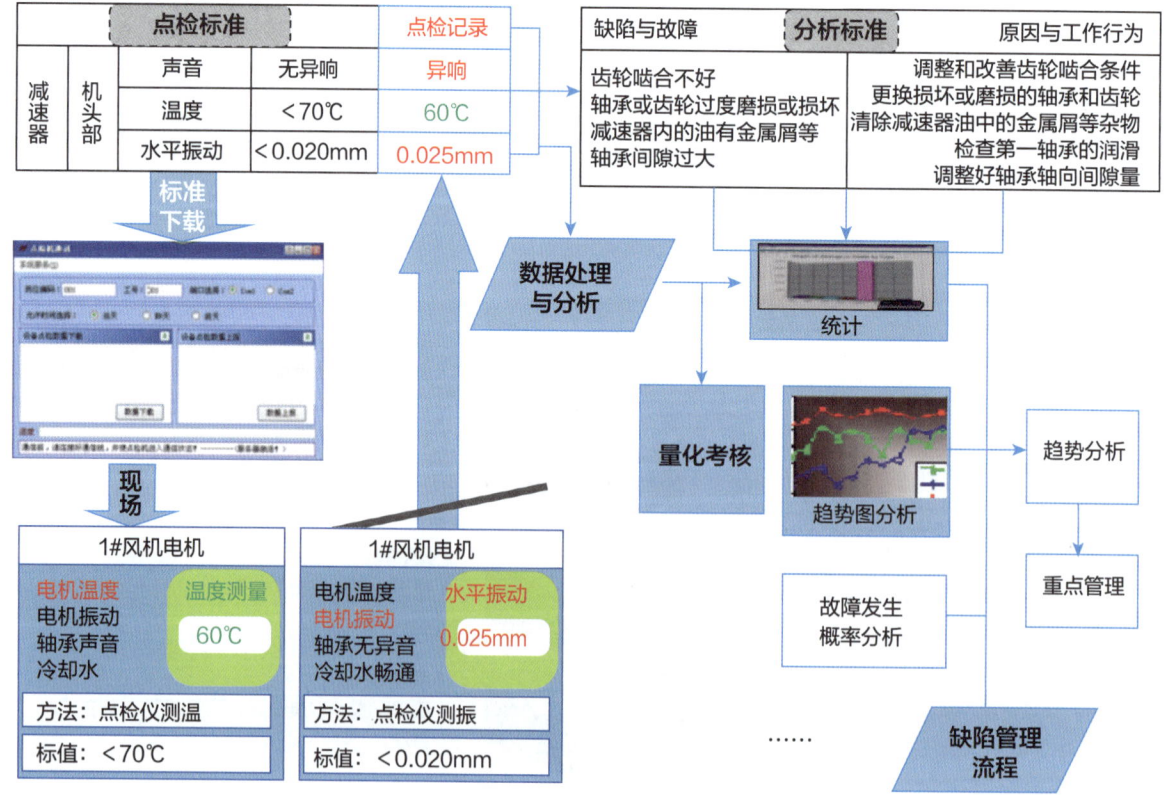

图 3  设备点检过程示意图

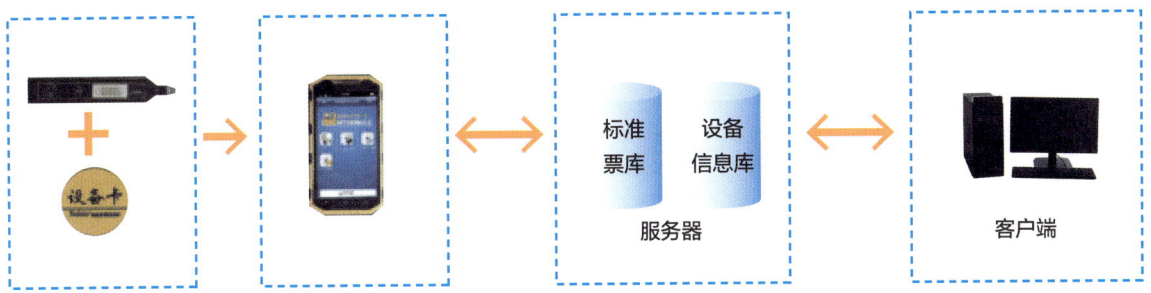

图 4　系统构成示意图

工作任务直观化：公示巡检任务、点巡检结果，统计个人工作任务，为班组绩效管理（巡点检）提供数据支撑，量化统计指标。

巡点检覆盖全面化：具备班组人员巡点检功能及管理人员巡查功能，实现管理人员管巡检，管理人员被管理。

系统资源节约化：点巡检系统与移动操作票系统共用同一平台，移动终端实现公用，在节约建设成本的同时，提高运行人员使用的便利性。

## 二、案例实践效果

### （一）综合效益

孟津公司利用点巡检系统实现了公司内全区域、全设备、全流程的巡点巡检信息化，实现点检标准的全覆盖、运行报表无纸化管理。借助该系统实现了巡点检标准统一化、执行规范化、结果的可视化、数据的积累化，设备状态趋势化等功能。规范巡点检的执行，缺陷早发现、早处理，设备维修次数减少，维修周期延长，企业效益增加值提升。该系统结构简单、功能齐全，提升工作效率95%。系统使用之后，有效保证了巡检的规范化和有效性，运行及时发现多起设备异常，为公司连续6年无非停、连续7年四管无泄漏的安全生产成绩提供了坚实的保障和支撑。

### （二）第三方评价

2019年获得中国电力企业设备管理创新优秀成果奖。

### （三）行业推广前景

智能点巡检管理系统彻底改变了传统巡检工作管理的不可控制性，堵住了巡检管理工作中的各种漏洞，把巡检管理工作纳入了规范化、科学化的轨道，具有一定的推广价值。

（马洪涛　王树怀　李伟　张涛涛　韩涛）

# 管式换热器单根查漏装置的研发与应用

## 一、案例基本情况

### （一）单位基本情况

国家能源集团焦作电厂有限公司（以下简称焦作电厂）前身英商福公司始建于1905年（清光绪三十一年），是中国历史上第一批电厂，也是中国历史最悠久的电厂之一。焦作电厂现厂址位于河南省焦作市修武县郇封镇葛庄村北部，装备2台660MW超超临界凝汽式燃煤发电机组，2013年4月25日正式开工建设，2015年5月26日、6月30日先后投产运营，项目总投资47.4亿元。2016年机组完成超低排放改造，各项污染物排放指标均优于国家标准，接近燃气机组水平。2018年被评为中国电力优质工程，2019年被评为国家优质工程。除发电业务以外，焦作电厂依托老厂整套退役220MW发电机组以及人员、设备、土地等优势资源，建立了业内最大的电力检修实训基地，开拓了新能源开发、区域综合能源动力多联供、老厂区综合开发利用、安全质量监理、磨辊堆焊、设备清洗等新业务，企业由原来的仅靠发电业务单一支撑转变为多板块复合型企业，实现了高质量发展。

### （二）案例情况

管式换热器是汽轮发电机及高压电动机上的常见冷却设备，该设备运行中易遭受腐蚀、振动等原因导致泄漏，严重威胁电机运行安全。发生泄漏后一般需进行整体水压或气密查漏，若漏点从外部无法发现，则需要逐根查找泄漏的换热管，并从该换热管两端打入塞子以隔离漏点。单根换热管常规查漏方式主要有水压检查、气密检查及无损探伤等查漏方式，主要存在需要人员多，劳动强度大，装置笨重，需要水源、电源，查漏效率低下、准确性差、成本较高等问题。

当前无损探伤查漏等方法在国内外日趋普及，目前管式换热器单根查漏的装置及方法正朝着轻量化、集成化和自动化方向发展。

#### 1. 项目研究的预期目标

本项目拟研发一种全新的管式换热器单根查漏的装置和方法，将显著提高作业效率、降低工作成本。

（1）项目的主要研究内容

研发真空查漏装置，将各部件等整合为一个整体，部件与装置主机之间采用软管连接，降低查漏作业劳动强度。

研究管式换热器单根换热管透明帽式真空查漏技术，降低查漏作业的复杂性和劳动强度。

提出查漏装置工作前进行真空自检的操作方法，排除装置自身严密性对查漏结果的影响。

（2）项目拟解决的关键技术问题

整体水压查漏只能发现位于换热器表层朝外的管道泄漏，难以发现内部泄漏点。水压单根查漏需制作专用夹具，装置相对笨重，需要水源及多人（4～6人）配合方能进行查漏作业，查漏效率较低，对于结构特殊或较大换热器无法制作夹具。

气密查漏法降压不明显，漏点肉眼难以判别，需涂刷皂液或整体浸水或注入示踪气体后用专用仪器查漏，操作复杂，对于大型换热器查漏难度更大。示踪气体查漏，操作方式类似于气密查漏，但对于周围空气扩散条件不好的换热器，或需要进入水室内部进行就地查漏的大型换热器，示踪气体易在漏点周边大量积聚，造成查漏仪器误报警，严重影响查漏效果。

涡流探伤查漏仅适合于规则形状的管式换热器，且需要对各单根换热管进行全管程检测，对于异型或内径较小的换热管难以进行探伤查漏，同时费用较高，对换热管两端胀口（或焊缝）处的漏点查漏精度不足。

真空枪单根换热管查漏法需将2个真空枪枪头前端的抽真空嘴同时插入待检测换热管内，需3～4人同时操作，手动拉动枪内活塞抽真空。该方法虽较单根水压、气密法提高了效率，但设备仍相对笨重，且由于活塞与气缸以及抽真空嘴与换热管口的配合气密性有限，对检漏结果影响较大，同时无法判断单根换热管口外部的泄漏点。

## （三）案例具体实践

### 1. 总体思路

管口处泄漏一般可通过补胀或补焊工艺进行处理，而换热管管体任意部位发生泄漏，其处理方式一般均为堵管，故对于管体只需判定有无泄漏，无须确认漏点具体位置，全管程检测并非最高效的单根查漏方式。考虑常规正压查漏及无损探伤查漏方式存在的问题，拟采用真空方式进行单根换热管查漏。

因管式换热器的换热管和管板多为不同金属加工制作，管板管口处一般采用铆胀（或焊接）工艺连接，换热管的振动及热胀冷缩可能导致管板—管口连接松动，同时管口长期浸泡在冷却水中，会因电化学反应发生腐蚀，进而造成泄漏，故换热管管口往往是查漏的重点部位。

综上，决定对管式换热器单根换热管采用效率相对较高的真空查漏方式，即对管式换热器单根换热管人为制造密闭及负压环境，通过考察能否保持管内真空度，作为换热管（直线和管口部分）有无泄漏的依据。

（1）选择最佳方案

经过反复试验，确定真空查漏装置构成，即拟采用真空帽式查漏方式，在换热管内制造真空，根据真空保持情况判断换热管是否泄漏。确定研发方向后，按照由易到难的攻关思路，使用对比法和排除法逐步进行试验。

（2）确定最佳方案

经比对，最终确定采用充电集成真空帽式查漏方案，主要包括真空帽、抽气帽、（充电式）真空泵、气压表、真空阀、真空破坏阀和连接软管等几部分，装置原理如图1所示。

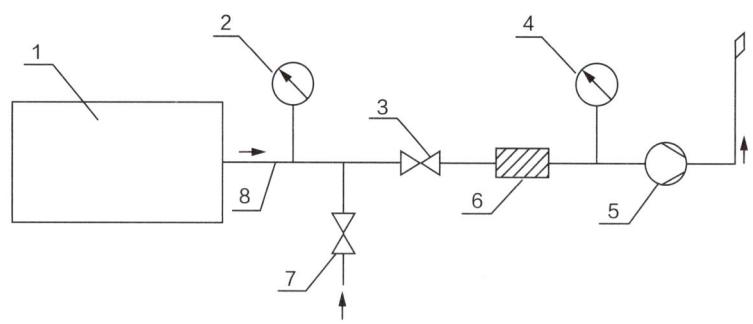

1.换热管（含抽气帽和真空帽）；2.检漏真空压力表；3.真空阀；
4.真空泵真空压力表；5.真空泵；6.空气滤网；7.真空破坏阀；8.连接软管

图1 充电集成真空帽式查漏方案装置原理图

### 2. 主要做法

**（1）充电无油真空泵组选型**

通过在网络销售平台对销量、评价较好的几种真空泵组的性能、价格等进行对比，经比选发现，部分厂商生产的真空泵只能插电使用，性能上不能满足目标要求。因此选择某厂家生产的 DP-01 型充电隔膜式无油真空泵组作为装置的动力源。

**（2）真空泵组测试**

小组对采购到的无油真空泵组进行实际测试，其最大真空度为 0.085MPa，最大连续抽气流量为 10L/min，抽气流量可调，蓄电池能够维持连续工作 4h 以上，对于换热器单根换热管查漏这种非连续运行方式，使用时间更长，完全满足目标要求。

**（3）选定真空阀、真空压力表等装置内部附件**

对采购到的不锈钢真空球阀、真空压力表及软管进行组装实际测试，其最大真空度为 0.08MPa 时，各部件气密性良好，气压能保持稳定，满足目标要求。

**（4）主机箱体制作**

根据真空泵组、真空阀、真空压力表等的尺寸及操作、显示装置位置，设计主机机箱结构，并利用 CAD 软件绘制设计图。根据设计图，制作不同厚度的 PMMA 板材，按照设计图对各部位板材进行组装，并安装真空泵组及相关附件。

**（5）装置外箱及验证模型研制**

根据装置主机及附件尺寸，设计铝合金外箱及其海绵内胆结构、尺寸，并利用 CAD 软件绘制设计图，发专业厂商订制生产。

根据常规换热管截面尺寸、结构设计单根换热管查漏验证模型。使用透明 PMMA 材料自行制作单根换热管查漏验证模型，制作时，专门保留不同漏量的泄漏点，以备单根查漏验证。使用装置对模型进行单根查漏，确定模型和装置的有效性，并对模型的漏点大小进行调整。

经使用模型验证，装置对单根换热管查漏准确性达到 100%。漏点大小可通过真空压降速率直观判断。

**（6）耦合剂选型**

小组成员通过对多种黏性起泡洗涤剂进行对比试验，发现凡士林、超声耦合剂和泡泡水在性能上均不能满足目标要求，而洗衣液在各方面都能满足目标需求，因此选择洗衣液作为装置的气泡耦合剂。

通过对各种拟选气泡耦合剂进行对比测试以及在验证模型及实际冷却器上使用，确定某品牌双用型洗衣液的耦合密封性能、起泡性能均满足目标要求，性价比良好。

### （7）系统总装测试

连接装置主机内软管，连接主机和抽气帽之间的软管，各处软管连接部位涂以耦合密封胶。

主机充电后，对系统进行整体测试（自检），以考核装置自身的气密性及抽真空能力。在真空帽与抽气帽结合面上涂抹黏性起泡耦合剂后，将两者相对扣合，开启真空泵，真空表指示达到 –600mmHg（–0.08MPa）时，达到真空查漏真空度要求，分别关闭真空阀和真空泵，2～3秒后装置内气压趋于稳定，30秒内不再下降，即完成系统整体测试（自检）。

### （8）确定单根查漏作业工法

查漏前须对装置充电并进行自检，以考核装置自身的气密性及抽真空能力。在真空帽与抽气帽结合面上涂抹黏性起泡耦合剂后，将两者相对扣合，开启真空泵，真空表指示达到 –600mmHg（–0.08MPa）以下时，关闭真空阀，装置内气体稳定10秒后开始计时，持续观察30秒，确认系统真空表指示无变化后即完成系统自检工作。清理待查漏管式换热器的管板表面，并涂以黏性起泡耦合剂。

将抽气帽、真空帽结合面涂耦合剂后，扣在待测换热管两端管口（管板开口）上，抽气帽通过软管和真空阀、滤网连接至真空泵。开启真空阀后打开充电式真空泵，待表压降至 –600mmHg（–0.08MPa）以下时，关闭真空阀和真空泵，待被测换热管内气压稳定后，开始计时，持续观察10秒（根据实测，氢气冷却器单根换热管内部气压一般可在3～5秒内达到稳定状态，考虑可靠性裕量，以10秒作为单根换热管内部气压稳定时长）。若系统真空表指示无变化，即可判定该换热管无漏点；反之，若真空无法保持，则证明该换热管存在泄漏。

打开真空破坏阀（其间注意扶持真空帽和抽气帽，以防掉落摔坏），摘除真空帽和抽气帽，按照相同方法进行其余换热管查漏。

适用类型：解体后可外露管板，且管板无影响耦合的硬垢（或锈蚀）的固定管板换热器和U形管板换热器单根换热管（空/水、氢/水、空/空、油/水等，不含套管式冷却器）的检漏工作。

## 二、案例实践效果

2021年4月，焦作电厂1号汽轮发电机C氢气冷却器泄漏。进行氢气冷却器整体水压试验，水压无法保持，外部无可见漏点。同年5月3日，小组成员使用该装置进行了现场试验。试验由2人共同进行（其中1人配合放置真空帽），仅用了6h就准确查到泄漏的换热管，较传统单根水压试验效率提高了10倍以上。对泄漏的换热管进行内窥镜及着色探伤复核，确认其内部存在裂纹，查漏结果准确无误。

经实践验证，该装置各项指标均优于设计值，现场使用效果良好。

## （一）综合效益

### 1. 经济效益

全厂 28 台空（氢）/水冷却器每年平均发生泄漏 4 台次。之前使用水压法进行单根查漏法，每次处理平均需 6 人，工作 3 日；使用本研发成果的查漏装置每次需 2 人，工作 0.75 日（按 1 天计算）。

经过测算，本项目预计每年节约人工费 3.2 万元，处理冷却器泄漏期间平均影响 25% 机组出力，使用后每年挽回发电量损失 16.0388 万元，合计每年创造经济效益 19.24 万元。装置 2021 年 5 月投入使用至今，累计创造经济效益 46.5 万元。

### 2. 社会效益

该成果有效解决了常规单根换热管查漏方式存在的效率低、准确性差、劳动强度大等问题，对提高电厂设备检修水平，提升火力发电企业保供能力具有积极作用，对使用同类型换热器的其他工业企业也有重要启示作用。

## （二）第三方评价

2022 年 4 月 27 日，该装置通过焦作市质量技术监督检验测试中心检验。2022 年 4 月 29 日，成果通过权威机构专家评价（鉴定），确认达到国内领先水平。2021 年 9 月—2023 年 10 月，先后在 5 家单位使用本项目研发的装置及方法进行了管式换热器单根换热管查漏，取得良好效果。

## （三）行业推广前景

该成果应用成效显著，符合行业需求，建议在行业内全面推广。其推广应用必将带来换热器查漏技术领域的一场革命。

### 1. 推广思路和预期目标

通过成果的应用研究，努力探索项目成果在行业内部的推广机制，实现成果转化。

### 2. 实施步骤

准备阶段：完成相关专利和软件著作权等知识产权保护，总结相关技术经验，在相关科技期刊上发表论文，与业内同行进行技术交流。

建标阶段：制定相关标准，使相关技术、工法有据可依，同时掌握核心技术话语权。

转化阶段：以现有设计为基础，进行小规模工业化生产，在系统内兄弟单位推广实施。

普及阶段：对产品进行优化升级，转让相关技术，实现批量生产，以相关标准为依托，在行业内全面推广相关技术，为企业创造价值。

（王卫云　李志刚　王云峰　李金强　薛明超）

# 燃煤机组深度调峰性能评估及优化关键技术研究与应用

## 一、案例基本情况

### （一）单位基本情况

北京京能电力股份有限公司（以下简称京能电力）2002年在上海证券交易所上市（股票代码：600578），是北京能源集团有限责任公司旗下的首都第一家电力上市公司，其历史可以追溯到具有百年历史的石景山发电厂。

京能电力自上市以来，企业规模不断发展，业务范围涵盖火力发电、热电联产、煤电联营、售电经营、新能源发电、综合能源服务等。目前，京能电力控制运营装机容量1871万kW，共20家运营电厂，4个在建火电项目，14家新能源公司，2家售电公司，4家综合能源业务公司，参控股电厂分布在河北、内蒙古、山西、河南、江西、湖北、宁夏等9个省区，其中5家发电企业点对网直供京津唐电网，肩负着为首都北京保电供热的重任。

内蒙古岱海发电有限责任公司（以下简称岱海发电）位于内蒙古自治区乌兰察布市凉城县境内岱海湖南岸，是国家实施"西部大开发"和"西电东送"战略的重点工程之一，由京能电力和内蒙古蒙电华能热电股份有限公司分别按51%、49%的比例合资建设。

岱海发电目前总装机容量为258万kW，其中，一期两台60万kW湿冷燃煤机组分别于2005年10月19日、2006年1月21日竣工投产，并分别于2013年、2015年经国家发展改革委、内蒙古自治区经信委批准，发电出力增容均至63万kW；二期两台60万kW空冷燃煤机组于2010年12月28日投入商业运营。3号机组于2018年11月19日经内蒙古自治区经信委批准，发电出力增容至66万kW；4号机组于2021年4月20日经国家能源局华北监管局批准，发电出力增容至66万kW。

### （二）案例背景

随着风电、光伏等新能源的迅猛发展，新能源消纳对电力系统的调节能力提出了新的要求。受资源禀赋限制，抽水蓄能、燃气发电、储能装置均不具备大规模建设条件，因此，实施大规模火电灵活性改造成为提高电力系统电源端调节能力的现实选择。一方面，火电机组通过实施灵活性改造，可逐步实现由常规调峰调频电源向能够提供灵活可调电量、深度调峰能力、热能供应的综合性能源载体的转变；另一方面，新能源的大规模接入势必影响传统网架结构，电网在当前及未来一定时期内仍需要火电机组发挥"压舱石"的作用，并对火电机组响应电网调度提出新的更高要求。

灵活性改造是提升燃煤火电机组调峰性能的重要手段。但国内针对灵活性改造尚无技术规范和统一路径可循，针对深度调峰运行的相关标准体系尚未建立，存在机组改造后深度调峰运行安全性下降和对电网支撑能力降低的隐患。

在此背景下，基于电力行业技术发展的外部环境变化和追求科技进步的内在创新动力，京能电力联合华北电力科学研究院有限责任公司在岱海发电开展了以"燃煤机组深度调峰性能评估及优化关键技术研究与应用"为主题的研究工作。燃煤机组深度调峰运行面临低负荷稳燃、脱硝安全投入、辅机适应性降低等限制性问题，需要开展有针对性的设备改造和优化评估；同时主辅设备运行区间偏离原设计最佳工况，接近设备性能临界区，需要对改造后的系统开展深度调峰区间的安全边界再识别和整体优化工作。对燃煤机组深度调峰性能评估及优化等关键技术进行研究并开展工程应用，从电源端深度挖掘火电机组调峰潜力，探索火电灵活性提升的有效途径，建立深度调峰性能评估技术体系，使火电机组能更好适应未来高比例新能源条件下网源协调、安全运行的要求。

## （三）案例具体实践

### 1. 总体思路

本案例首先从安全、环保、经济和涉网性能等方面对燃煤火电机组完成深度调峰主要问题进行识别，提出深度调峰性能提升技术路线，在此基础上建立一套火电机组深度调峰性能诊断测试方法和评估技术框架。同时结合多变量数值模拟、燃烧安全边界动态识别、自适应负荷调整等综合优化技术，开展超低负荷工况下稳燃、脱硝系统和空预器冷端安全、低负荷运行多目标综合优化等关键技术研究，解决了超低负荷工况下锅炉稳燃、主辅系统适应性等安全性瓶颈问题，实现了100%Pe～20%Pe区间AGC调峰运行。最后对50%Pe～20%Pe区间机组涉网性能开展研究，提出燃煤机组深度调峰涉网性能指标，填补了燃煤机组深度调峰相关控制性能指标和涉网指标的空白。

案例成果可广泛应用于全国范围的火电机组灵活性改造、深度调峰性能评估及优化技术领域、网源协调技术领域，所有技术成果均为自主化开发并具有完全自主知识产权，可根据机组的实际情况进行有针对性的评估和优化应用，保证了技术的可持续能力。在项目建立的一套燃煤火电机组灵活性改造诊断评估技术、深度调峰性能优化技术和涉网性能指标体系，在提升机组调峰运行安全水平的同时，大大增强了发电企业参与辅助服务市场的竞争力，也为电网提升新能源消纳能力、规范深度调峰机组性能指标、确保网源协调、安全作出了有益尝试和贡献。

### 2. 主要做法

#### （1）案例成果的主要技术创新点

基于机组安全性、经济性、调峰调频性能、环保性能等约束条件，提出了燃煤机组深度调峰诊断、评估的技术框架，运用层次分析法（AHP法）建立了机组调峰性能评价体系，实施了深度调峰多目标综合优化，大大提升了机组灵活发电能力。

采用数值模拟，定性分析和预测了20%负荷锅炉燃烧工况，实现了低负荷稳燃方式的优化选择和风险预估，根据模拟结果增设C层等离子系统，增强了深度调峰磨煤机投运灵活性，突破了机组超低负荷深度调峰运行的稳燃技术瓶颈。

采用烟水复合余热利用技术，提升了空预器冷端温度环境水平，降低了常态化深度调峰运行的腐蚀和堵塞风险，保障了深度调峰时空预器系统的安全。

对机炉特性及主要控制系统（给水、燃烧、脱硝）进行精确建模和优化，针对给水系统深度调峰工况下的弱稳定性，首次采用基于机器学习的算法，实现了汽包水位测量的全局性优化控制，大幅提升了机组深度调峰控制的安全性和稳定性。

提出了深度调峰工况下机组自适应负荷速率调整技术和包括协调前馈控制器优化在内的AGC整体优化技术，在国内首次实现了20%Pe～100%Pe的深度调峰AGC功能，具备了一次调频能力。提出了机组深度调峰AGC和一次调频相关涉网性能指标，被能源监管部门采纳。

（2）主要技术性能指标及与国内外同类技术比较

相对而言，欧美等发达国家侧重于系统性提升机组调峰灵活性以及对调峰经济性的市场化分析，在深度调峰性能方面侧重于强调机组调峰深度和调峰安全性。考虑到国内外在电力市场机制、能源税法政策、网源结构等多方面的巨大差异，本案例聚焦于提升燃煤机组多节维度（安全、经济、环保、灵活）运行优化技术和相关方案评价体系的研究，探究火电机组在纯凝工况下的深度调峰能力，并强调开展深度调峰机组并网安全支撑可靠性的研究和应用。本案例成果可有效保障燃煤机组在深度调峰工况下的长期安全稳定运行，并大幅提升燃煤机组深度调峰运行性能和涉网性能。具体表现在以下方面。

国内外对深度调峰的研究多集中于灵活性改造方案的比选、深度调峰负荷目标如何实现等内容，较少对机组深度调峰的综合技术性能进行深入研究。对调峰性能的优化更多关注设备性能本身，较少结合机组内外部特性开展对最优调峰性能的评估及优化研究。本案例基于多维约束条件，研究燃煤机组深度调峰诊断、评估的技术框架，运用层次分析法（AHP法）建立了机组调峰性能评价体系，对火电机组开展深度调峰多目标综合评估及优化，以实现机组最优调峰目标。

国内外对于深度调峰安全性的研究集中于对机组安全性的影响，而对于机组在深度调峰运行涉网性能变化对电网安全影响的关注较少。本案例首次开展了深度调峰机组并网安全支撑可靠性的研究，从保证高占比新能源电力系统的网源协调安全角度提出了合理的深度调峰运行范围内的AGC、一次调频等涉网性能指标。

国内外对于深度调峰的研究偏重于机组主辅机设备适应性能，对于机组的涉网性能提升方面研究较少。本案例在国内首次实现了火电机组20%Pe～100%Pe范围的长期AGC运行，且实现了20%Pe～100%Pe范围的一次调频功能且具备进相能力，突破了火电机组常规在50%Pe～100%Pe范围实现AGC、一次调频和进相运行的技术瓶颈，大大提升了深度调峰运行机组对电网调峰调频能力的支撑作用。

本案例应用在燃煤机组50%Pe以上负荷的AGC变负荷速率不低于2%Pe/min，50%Pe～40%Pe负荷的AGC变负荷速率不低于1.2%Pe/min，40%Pe～30%Pe负荷的AGC变负荷速率不低0.8%Pe/min，30%Pe以下负荷的AGC变负荷速率不低于0.5%Pe/min，相对于相应标准中要求的常规燃煤机组50%Pe以上负荷的AGC变负荷速率1.5%Pe/min、50%Pe以下负荷不具备AGC能力的要求，机组负荷响应能力有了本质提升。机组的过程控制指标亦大幅提升，在各种变负荷工况下，主汽压静态偏差≤±1.5%$P_0$MPa左右，优于行业标准±2%$P_0$MPa的要求；主汽压动态偏差≤2%$P_0$MPa左右，优于行业标准±3%$P_0$MPa的要求。

本案例应用的岱海3号机组和岱海4号机组，其锅炉可以达到20%THA负荷的稳燃能力，SCR脱硝装置实现20%～100%负荷范围内稳定运行，上述机组调峰深度已由常规的50%额定容量提升至机组 80% 额定容量，可以对标国际先进燃煤机组的调峰能力水平。

（3）对促进行业科技进步的作用和意义

本案例针对大型燃煤火电机组灵活性改造所涉及的诸多课题，开展了深度调峰性能评估及优化关键技术研究，建立了全系统深度调峰优化提升及试验评估体系，实现了 AGC 方式下机组深度调峰至 20% 负荷，对国内外同类型机组开展灵活性改造具有较强的示范作用；对深度调峰工况下机组涉网性能的研究、为机组更好参与电网深度调峰、建立深度调峰相关技术规范作出了有益探索。

在国家能源转型升级、新能源发电大比例快速增加的新形势下，火电机组灵活性改造已经成为我国高比例新能源系统协调、健康、安全发展的关键。本案例研究能有效促进我国火电机组灵活性提升工程开展，指导同类型机组实施设备改造和性能优化，提升机组调峰深度、调节性能和调峰安全性，帮助火电企业完成从提供电量的主体性电源向提供灵活可调电量、调峰调频能力优良的综合性电源的转变，为促进电力行业转型升级发展和技术进步作出贡献。

本案例针对燃煤机组深度调峰运行所面临的经济性、安全性、环保性等方面的技术难题，在最小技术出力评估、超低负荷稳燃、多目标综合优化、负荷响应能力提升等方面开展了研究，主要技术创新点包括以下方面。

运用层次分析法（AHP法）建立了机组调峰性能评价体系，依据机组安全性、经济性、调峰调频性能、环保性能等约束条件，提出了燃煤机组深度调峰多目标优化技术方案。

采用数值模拟，定性分析和预测了 20% 负荷锅炉燃烧工况，实现了低负荷稳燃方式的优化选择和风险预估，根据模拟结果增设一层等离子系统，增强了深度调峰磨煤机投运的灵活性，突破了机组超低负荷深度调峰运行的稳燃技术瓶颈。

对机炉特性及主要控制系统（给水、燃烧、脱硝）进行精细化建模和优化，针对给水系统深度调峰工况下的弱稳定性，首次采用基于机器学习的算法，实现了汽包水位测量的全局性优化控制，提升了机组调峰运行的安全性和稳定性。

提出了深度调峰工况下机组自适应负荷速率调整技术和包括协调前馈控制器优化在内的 AGC 整体优化技术，在国内首次实现了 20%Pe～40%Pe 的深度调峰 AGC 功能和一次调频能力。提出了机组深度调峰 AGC 和一次调频相关涉网性能指标。

## 二、案例实践效果

### （一）综合效益

随着电网经济补偿政策的制定落实，火电机组深度调峰可能很快成为常态化的电网辅助服务。通过研究提前布局，抢占电力辅助服务市场，可以为企业带来可观的经济效益。通过探索采用锅炉燃煤掺配、机组调峰负荷分配、运行调整方式优化等手段，保证了深度调峰过程中机组的安全、环保、经济运行。火力发电机组深度调峰技术研究为我国电网最大限度接纳风力发电等可再生能源、节能减排提供了借鉴，必将助力"双碳"目标实现。

## （二）第三方评价

本案例建立的深度调峰性能评估体系和优化技术具有较好的可复制性和可操作性。研究成果目前已经直接应用到了工程实践中，取得了良好的效果。自研究成果推广应用以来，已成功完成了13台机组的工程应用，涵盖了300MW到1000MW各种容量、不同类型机组（包括300MW和600MW亚临界、强制循环、四角切圆燃烧、空冷机组，630MW亚临界、自然循环、旋流对冲燃烧、空冷机组和1000MW超超临界、旋流对冲燃烧、间冷机组等），涉及京能电力、国华电力、陕西榆能等发电集团的机组总容量为9380MW，通过优化可提升机组调峰能力共计1699MW。在帮助电厂取得良好深度调峰补偿收益的同时，兼顾了新能源消纳、电网运行和电厂安全环保生产的共同需求。本案例在13台机组上的成功应用，大幅提升了机组调峰调频能力，保障了机组深度调峰运行的安全性，为发电企业带来了显著的经济效益。

本案例获得了中国设备管理协会设备管理与技术创新成果一等奖、中国电力科学进步二等奖、京能集团"2021年度科技创新三等奖"等荣誉。

## （三）行业推广前景

本案例在燃煤机组深度调峰研究方面起到了示范作用，在行业内部具有一定的推广价值，在锅炉稳燃、环保指标控制方面的研究具有一定的普遍适应性。本案例成果在京能电力、国华电力、陕西榆能等不同容量、多种炉型的13台机组上的成功应用，大幅提升了机组调峰调频能力，保障了机组深度调峰运行的安全性，为发电企业带来了显著的经济效益。可深度挖掘火电机组的调峰能力，为更多地接纳可再生能源创造条件。

（于沛东　李智华　展宗波　姜伟　王俊俊）

# 径流式湿式电除尘器实现烟尘超低排放

## 一、案例基本情况

### （一）单位基本情况

京能秦皇岛热电有限公司（以下简称京秦热电）成立于 2016 年 1 月 11 日，由北京能源集团有限责任公司旗下的北京京能电力股份有限公司全资设立。厂址位于秦皇岛市经济技术开发区（西区）京能路 1 号。一期工程为 2×350MW 国产、燃煤、超临界、一次中间再热、抽凝式、间接空冷机组，配两台 1266t/h 超临界中间再热直流煤粉炉，同步建设湿法烟气脱硫装置、SCR 脱硝装置和高效除尘装置，锅炉燃煤的烟气采用"烟塔合一"的方式排放。总排口烟尘按照超低标准值的一半设计，即 $P_M \leq 2.5\text{mg/Nm}^3$。1、2 号机组分别于 2019 年 12 月 27 日、2020 年 4 月 24 日完成 168 小时试运，并网发电。锅炉出口烟气设计参数见表 1。

表 1　锅炉出口烟气设计参数

| 序号 | 项目名称 | 单位 | 设计煤种 | 校核煤种 |
|---|---|---|---|---|
| 1 | 每台除尘器入口湿烟气量 | m³/s | 243.32 | 238.25 |
| 2 | 每台除尘器入口干烟气量 | m³/s | 221.14 | 217.74 |
| 3 | 每台除尘器入口干烟气温度 | ℃ | 124.1 | 132 |
| 4 | 每台除尘器入口含尘量（干烟气） | g/Nm³ | 32.09 | 60.91 |
| 5 | 烟气中水蒸气体积百分比 | % | 9.25 | 8.73 |
| 6 | 除尘器入口烟气露点温度 | ℃ | 88.47 | 75.66 |
| 7 | 除尘器入口烟气 $NO_x$ 含量 | mg/Nm³ | ≤ 250 | ≤ 250 |
| 8 | 除尘器入口烟气 $SO_2$ 含量（6%$O_2$） | mg/Nm³ | 1293 | 925 |

### （二）案例情况

根据目前国内外除尘设备的总体技术水平和新建及改造的机组除尘设备选型经验，本着在既保证达标排放，又使各除尘单元有足够裕度的原则，在粉尘超低排放技术路线选定时，统筹考虑布袋除尘器、脱硫、脱硫除雾器、径流式湿式电除尘器设备除尘性能，在降低设备整体造价的同时，实现烟尘排放技术指标更优、能耗更低。本案例研究了以径流式湿式电除尘器为核心的除尘技术路线在不同工况下的运行效果，总结出了烟尘排放最优控制方案。另外湿式电除尘器与玻璃钢烟道、湿式电除尘器与脱硫的联合优化设计，在减少新建机组占地面积的同时，又实现了更优的排放指标，即总排口粉尘 ≤ 2.5mg/Nm³。

## （三）案例具体实践

### 1. 总体思路

目前湿法脱硫出口烟尘总量（固态颗粒物）通常按净烟气含尘量和湿法脱硫后烟气中液滴携带石膏量之和考虑。烟气在湿法脱硫塔中的洗涤脱除率可超50%，石膏颗粒物按除雾器出口液滴的含固率（约为20%）近似计算取值。设置三级屋脊式除雾器可实现出口烟气液滴含量20mg/Nm³时，石膏量约为4mg/Nm³。因此，在现有的技术条件下，如需满足烟囱出口烟尘含量不高于2.5mg/Nm³的排放要求，仍需对湿法脱硫后烟气进行除尘治理，如增加脱硫后湿式除尘器设备。

综上所述，各级设备除尘效率和出口浓度指标控制如下：

电袋除尘器效率不低于99.98%，出口烟尘浓度不高于13mg/Nm³。

脱硫装置入口烟尘浓度按18mg/Nm³考虑，烟尘洗涤效率50%，出口液滴浓度20mg/Nm³、含固率20%，脱硫装置出口烟尘排放浓度不高于8mg/Nm³。

湿式除尘器入口烟尘按12.5mg/Nm³考虑，除尘效率不低于80%，出口烟尘排放浓度不高于2.5mg/Nm³。

### 2. 主要做法

#### （1）电袋除尘设备及脱硫系统设备选型及优化

京秦热电设计燃煤灰分为21.8%、校核煤种为36.79%，同时由于京秦热电距离煤矿较远，煤源中合同煤与市场煤各占50%，随着市场变化，电厂燃烧的煤种与煤质波动较大，需要在确保燃用煤质条件下，烟尘能够实现超低排放。对于京秦热电煤质波动大、灰分较高、荷电性能差、灰硫比较小的烟气条件，依据行业标准《燃煤电厂超净电袋复合除尘器》（DL/T 1493—2016），经过认真比选，在保证较低的除尘阻力又兼顾除尘效率的前提下，最终选择了两电、两袋的除尘形式，并留有适当的处理裕度。选取静电预除尘器比集尘面积：＞35m²/（m³/s），电袋除尘器过滤风速：正常运行时＜1m/min（最大烟气量），滤料选用50%PPS加50%PTFE混纺滤料。电袋除尘器出口设计含尘量小于13mg/Nm³。项目投产后经性能试验测试，两台机组出口实际含尘量均值分别为6.3mg/Nm³与7.2mg/Nm³。

脱硫系统设计采用单塔单循环石灰石—石膏湿法脱硫工艺，设有"五层喷淋＋一层湍流装置＋三级高效屋脊式"除雾器，保证脱硫效率不低于98%。同时在脱硫入口含尘量为18mg/Nm³的情况下，出口烟尘浓度不高于8mg/Nm³。

脱硫吸收塔设三级高效屋脊式除雾器，以除去原烟气中粉尘和脱硫喷淋层出口液滴中夹带的石膏颗粒。它布置于吸收塔上部最后一个喷淋层与烟气出口之间。每个除雾器都配有安装在底部的冲洗管并带有喷嘴，水从喷嘴强力喷向除雾器各元件的底部，以达到清洗的目的。系统不设GGH装置，不设置增压风机，不设置烟气旁路。经性能试验测试，脱硫入口含尘量为7.96 mg/Nm³时，除雾器出口含尘量实测为 4.57mg/Nm³（标准状态、干基、6% $O_2$）。

**（2）通过对前端设备除尘效率的控制实现湿式除尘的选型优化**

湿式除尘器入口粉尘设计值按 12.5mg/Nm³ 计算，效率不低于 80%，出口粉尘排放浓度不高于 2.5mg/Nm³。由于实际情况限制了湿式电除尘器入口粉尘含量，湿式除尘一级电场即可实现出口粉尘小于 2.5mg/Nm³，因此降低了工程整体造价。

几种不同形式的湿式除尘器的选型优化方案如下。

按照极板形式分，湿式电除尘技术可分为蜂窝式、板式、径流式等。其中，在相同比除尘面积条件下，板式重量最大，径流式最小。除尘效果均能保证烟尘排放浓度 < 2.5mg/Nm³。以京秦热电烟气参数作为基础数据，根据不同的湿式电除尘器形式，将同容量设备进行了对比分析，具体参数见表 2。

**表 2 湿式除尘器技术综合对比表**

| 序号 | 极板形式 | 板式 | 径流式 | 管式 |
|---|---|---|---|---|
| 1 | 除尘器本体重量（t） | 350 | 320 | 510 |
| 2 | 所能适应烟尘入口浓度（mg/Nm³） | < 12.5 | < 12.5 | < 12.5 |
| 3 | 除尘器出口烟尘浓度（mg/Nm³） | < 2.49 | < 2 | < 2.5 |
| 4 | 设计除尘效率（%） | 80 | 84 | 80 |
| 5 | $SO_3$ 脱除效率（%） | 75 | 85 | 75 |
| 6 | 平均电耗（kW/H） | ≤ 312 | ≤ 100 | ≤ 250 |
| 7 | 本体阻力（Pa） | ≤ 200 | ≤ 200 | ≤ 280 |
| 8 | 设计使用寿命（年） | 30 | 30 | 30 |
| 9 | 除尘器正常使用温度（℃） | ≤ 80 | ≤ 80 | ≤ 80 |
| 10 | 气流均布系数 | < 0.2 | < 0.13 | < 0.13 |
| 11 | 比集尘面积 [m²/(m³/s)] | 13.11 | 13 | 13 |
| 12 | 阳极材质 | 2205 | 2205 双相不锈钢 | 导电玻璃钢 |
| 13 | 极板有效高度（m） | 13 | 15 | 14.9 |
| 14 | 截面积（m²） | 159 | 182 | 143 |
| 15 | 电场内烟气流速（m/s） | 2.64 | 2.56 | 3 |
| 16 | 运行维护 | 大 | 小 | 大 |
| 17 | 水冲洗方式 | 连续 | 间断 | 间断 |
| 18 | 初投资（万元） | 1500 | 1500 | 1600 |

通过对比，得出结论如下。

烟尘排放浓度：三种方案均能满足烟尘排放 < 2.5mg/Nm³ 的要求。

年运行维护量：径流式除尘器最小。

$SO_3$ 脱除效率：径流式除尘器最高。

年运行电耗：径流式除尘器最低。

结合现场实际情况，此项目最终选择径流式除尘器。

湿式除尘器设备的优化如下。

径流式湿式电除尘器冲洗装置优化。径流式电除尘技术的基本原理是将收尘阳极板垂直于气流方向布置，使电场力的方向与引风力的方向相同，粉尘颗粒在引风力与电场力的共同作用下，在新型阳极板上被捕集。

从吸收塔出来的净烟气含饱和水蒸气，容易产生冷凝水，烟气主要成分为雾滴、细微颗粒物、$SO_2$、$SO_3$ 等。在收尘过程中，含尘烟气通过进气口和气流分布系统输送到径流式除尘器电场中，含尘烟气经过湿法脱硫塔后，湿度较大，在电场区中，粉尘和水蒸气（雾滴）更容易凝结到一起，因而荷电粉尘在其电场力的作用下更容易被捕获落在新型阳极板上。当极板对粉尘完成一定量的捕集后，高压冲洗喷嘴开始对阳极板进行清洁冲洗，冲洗完的灰水落入灰斗，排放至脱硫塔。

为了改善湿式电除尘器的冲洗效果，缩短冲洗时间（由1小时缩短至30分钟），通过冲洗试验对冲洗水系统进行优化。

试验结果：阳极板清洗结果存在一定差异，阴极线均能清洗干净。

由试验得出，喷嘴倾斜一定角度，清洗效果较好，冲洗压力在 0.4MPa 至 0.5MPa 之间效果较好，压力太小，入口侧清洗不干净，压力太大，飞溅水量太多。清洗水量越大，清洗效果越好，在节水的前提下，选用合适的喷嘴以确保冲洗效果详见表3。结合设备实际运行情况，优化清洗频率为3天一次；总清洗时间为 5min；耗水量：0.25t/h；清洗压力 0.4～0.5MPa。

表3 不同角度喷嘴效果

| 项目 | 清洗角度 0° | 清洗角度 15° | 清洗角度 30° | 清洗角度 45° |
| --- | --- | --- | --- | --- |
| 清洗压力 0.3MPa 喷嘴 6540（15.8L/min） | 飞溅水量较少 耗水量小 清洗不干净 | 飞溅水量较少 耗水量小 清洗不干净 | 飞溅水量少 耗水量小 清洗不干净 出口侧比入口侧好 | 飞溅水量少 耗水量小 清洗不干净 出口侧比入口侧好 |
| 清洗压力 0.5MPa 喷嘴 6560（31L/min） | 飞溅水量多 耗水量大 两侧清洗较干净 | 飞溅水量多 耗水量大 两侧清洗较干净 | 飞溅水量较少 耗水量大 两侧清洗干净 | 飞溅水量较少 耗水量大 两侧清洗干净 |

说明：冲洗3排极板，清洗时间 2min

结合工程应用实际，根据实际冲洗需求，设计了2层均流板冲洗水，阴阳极前后各4层冲洗水。冲洗管在两根阴极线正中间，每层冲洗水布置喷嘴50个，阴阳极冲洗管安装保证喷嘴倾斜5°，其余3层喷嘴倾斜30°布置，喷嘴距离阳极板 500～520mm，冲洗扇面与阴极线横杆平行，且躲开横杆。均流板冲洗管喷嘴倾斜75°布置。将喷嘴由1600个/台调整为500个/台，冲洗水量保持不变。

径流式湿式电除尘器流场模拟，提高运行效率。

一是湿式电除尘器各部阻力核算。脱硫塔出口至烟囱入口段主要设备为径流式湿式电除尘器。烟气在径流式湿式电除尘器内依次经过安装于进口烟箱内的两层均布板和除尘器本体内的两层三维多孔结构阳极板，最后经出口烟箱流出径流式湿式电除尘器，经光滑的水平烟道流入烟囱。

计算过程中考虑到三维多孔结构阳极板的尺寸与径流式湿式电除尘器整体尺寸相差较多，特引入内多孔介质模型，将径流式湿式电除尘器内的所有阳极板均设置为多孔介质，并通过局部计算三维多孔阳极板模型的压差，来对多孔介质模型进行合理的设置。

为了研究多孔结构阳极板对烟气流场所产生的影响，对烟气流过单层阳极时的流场进行了流场模拟。三维多孔阳极板由直径为2mm的金属丝编织成单层丝网，接着将8块单层丝网通过一定的组合方式重叠排列得到多孔阳极板。运用专业软件对模型进行非结构化网格划分，得到了流速为2.56m/s（径流式湿式电除尘器除尘区域设计流速）的烟气流过单层阳极板时的流场模拟及压力分布示意图。烟气流过阳极板时烟气扰流经过多孔结构，阳极板内最大流速接近入口速度（2.56m/s）的2倍。烟气流过单层阳极板时压力有一定的下降，总压降约30Pa。

径流式湿式电除尘器相比于烟道结构较为复杂，为了满足计算精确度，同时兼顾计算机运算性能，选用对称计算模型。由于阳极板和均流板厚度相比除尘器尺寸相差较大且结构较为规则，径流式湿式电除尘器整体结构采用结构化六面体网格。烟气流入径流式湿式电除尘器之后，随着流通面积的增大，流速不断减小，在除尘区内平均流速达到最小（2.56m/s），在均布板处压力变化较大，阳极板处压力也有比较明显的变化，设备整体阻力小于200Pa。

二是湿式电除尘器内部均流板位置及脱硫出口烟道直径优化。计算条件：烟气温度51℃，湿烟气量1283555Nm³/h，入口氧气体积分数5%，水蒸气体积分数11.4%，二氧化碳体积分数13%，$N_2$体积分数70.6%。

相同条件下分别模拟脱硫塔出口直径6m和直径7m的流场仿真，脱硫塔出口直径6m条件下，径流式电除尘器内部旋流较多，对电除尘器的除尘效果影响较大；7m条件下流线相对均匀，且旋流较少。6m直径条件下区域内最大流速34m/s，7m直径条件下最大流速34.5m/s，7m直径条件更优。对比两次模拟图，6m直径条件下径流式电除尘电场收尘位置最高流速达到7.5m/s，且流速在2~3m/s，区域较小，对除尘不利；7m条件下，最高流速4.2m/s，且大部分区域流速分布在2~3m/s，得出脱硫塔出口直径定为7m为优。

三是湿式电除尘器与脱硫出口烟道、湿式电除尘器出口玻璃钢烟道、挡板门支撑优化。统筹考虑湿式除尘器设备支架周边设备荷载，优化钢架设计，与出口玻璃钢烟道支架合并，增加的荷载均由湿式电除尘器钢结构承担，经由湿式电除尘器统筹进行设计；统筹考虑湿式电除尘器入口烟道与脱硫出口烟道膨胀节、湿式电除尘器出口挡板门、湿式电除尘器出口膨胀节，荷载统一由湿式电除尘器设备本体钢结构承担，未单独设置支架；统筹考虑脱硫与湿式电除尘爬梯，未单独设置脱硫由0m上至10m标高的爬梯。在保证设备安全的前提下，此方案使得现场空间得到充分利用，并减少一个独立的钢结构支座，联合设计较原有方案减少约128吨钢材用量。

四是湿式电除尘器设备系统优化、运行方式优化。湿式电除尘器原设置2台6kV干式变压器，所有负荷由PC段供电，配置通信管理机。由于湿式电除尘器负荷较少，将湿式电除尘电源由原来的单独6kV干式变压器供电改为脱硫PC段供电，取消原变压器、PC柜及通信管理机，减少2台6kV断路器和300米6kV电缆，在脱硫PC段每段增加2面柜子，供湿式电除尘器负荷，脱硫变压器容量由1600kVA增加到2000kVA，湿式电除尘器通信并入脱硫通信管理机。湿电与脱硫电源合并后，在不影响供电安全的前提下，降低了设备初始投资。

（3）以径流式除尘器为核心的烟尘深度处理技术应用情况

经性能试验测试，湿式电除尘器入口折算烟尘排放浓度为 6.03mg/m³，出口折算烟尘排放浓度为 1.32mg/m³，符合性能保证值除尘器出口 ≤ 2.5mg/m³（标准状态、干基、6% $O_2$）的要求。

湿式电除尘器入口折算液滴浓度为 10.2mg/m³，出口折算液滴浓度为 1.4mg/m³（标准状态、干基、6% $O_2$）。

湿式电除尘器入口折算 $SO_3$ 浓度为 3.04mg/m³，出口折算 $SO_3$ 浓度为 0.32mg/m³（标准状态、干基、6% $O_2$）。

本案例以湿式电除尘器为核心设备，以电袋除尘器、单台脱硫吸收塔、五层喷淋、湍流装置、三级高效屋脊式除雾器为辅助手段，来实现烟尘排放值是国家超低排放指标的一半的目标。除尘技术路线对火电厂除尘设备选型有参考和借鉴意义。

## 二、案例实践效果

### （一）综合效益

#### 1. 社会效益

本案例实现了烟尘平均排放浓度 1.32mg/Nm³，满足除尘器出口烟尘浓度 ≤ 2.5mg/Nm³ 的性能保证值要求，实现了烟尘控制目标，烟尘排放量较环保要求限值每年降低 11 吨。

京秦热电 1 号机组径流式湿式除尘器工程与主体工程同步建设实施，于 2019 年 12 月投入使用。机组运行期间，各系统运行稳定可靠，满足生产及环保要求，顺利通过超低排放环保验收。该案例的成功应用，既合理控制了基建项目除尘设施投资，减少了设备占地面积，又实现了更优的排放指标。该技术为国内外燃煤火电新建项目机组首次应用，除尘技术路线对火电厂除尘设备选型有参考和借鉴意义。

#### 2. 经济效益

（1）湿式电除尘器系统的优化运行取得节能降耗成果

基于边界元理论开展了流场分布的理论模拟计算和设计，揭示了气流的分布形态，优化了集尘板的布设，增大了集尘面积，提高了除尘效率。验证了以径流式湿式电除尘器为核心的除尘技术在不同工况下的运行效能。研发了径流式湿式电除尘器固定式在线冲洗技术，提高了冲洗效率，能保障湿式电除尘器的运行阻力长期 ≤ 200Pa。减少了固定式冲洗设施的转动部件配置，提高了除尘器运行可靠性，比同等条件下其他形式的湿式电除尘器减少水耗 5.8t/h。以锅炉利用小时数 5365 小时计，则电耗一项每年较管式湿式电除尘器减少 80.475 万度，较板式湿式电除尘器减少 118.03 万 kWh。

### （2）350MW 热电联产机组径流式电除尘器与脱硫装置、烟道联合设计，降低基建初投资

在锅炉烟气一体化协调深度处理技术上开展了以径流式湿式电除尘器为核心的五项联合设计，如：湿式电除尘器与玻璃钢烟道、湿式电除尘器与脱硫的联合优化设计，减少了新建机组的占地面积；湿式电除尘器与脱硫配电系统联合设计，在不影响供电安全的前提下，降低了设备初始投资；湿除冲洗水泵由原来的 4 台泵优化为 3 台泵；对热风系统进行优化，将每台机组原有的 4 台风机减少到 2 台；湿式电除尘器钢支架与出口玻璃钢烟道支架联合设计，较原有方案减少约 128 吨钢材用量；脱硫除雾器与湿式电除尘器联合设计，采用实施除尘器"一级电场 + 脱硫"增加第三级除雾器。以上 6 项以径流式湿式电除尘器为核心开展的联合设计共降低基建初投资 435.23 万元。

## （二）第三方评价

2020 年 8 月，中国环境科学学会组织专家委员会对本案例进行了鉴定，评价本案例基于燃煤电厂除尘设备的总体技术水平和近期新建及改造的大容量机组除尘设备选型经验，通过技术突破，推动了径流式湿式电除尘器在新建燃煤电厂中的应用。

主要创新点如下：

创新集尘板的结构设计，优化了径流式湿式电除尘器的集尘板布置，使径流式电除尘器内颗粒物的运动方向与气流方向完全一致，这种设计有利于颗粒物的捕集，减少了钢材消耗，大幅提高了单位体积内的收尘面积。

首次在径流式湿式电除尘器中应用 2205 双相不锈钢作为阳极板材料，大大降低了腐蚀风险，延长了湿式电除尘器的使用寿命。

研发了径流式湿式电除尘器固定式在线高压冲洗技术，降低了清洗频次，节省了冲洗水用量，提高了冲洗效率。

该成果已在多个改造工程中得到应用，并在新建的燃煤电厂 350MW 热电联产工程中成功应用，与常规除尘技术相比，具有投资省、效率高、占地小、排放低且稳定等特点，环境、经济与社会效益显著。

鉴定委员会认为，该成果达到国际领先水平，一致同意通过鉴定。

## （三）行业推广前景

京秦热电径流式湿式电除尘工程与主体工程同步设计、同步建设，该案例的成功应用，既合理控制了基建项目除尘设施投资，减少了设备占地面积，又实现了更优的排放指标。以优化后的径流式湿式电除尘器为核心，配合其他除尘手段，经过第三方测试，湿式电除尘器折算烟尘排放浓度降为超低排放标准的一半以下，两台 350MW 火电机组年排放粉尘量降低约 11 吨。该技术为国内外燃煤火电新建项目机组首次应用，除尘技术路线对火电厂除尘设备选型有参考和借鉴意义，有望成为烟气一体化深度处理的设计典范，同时该烟尘超低排放深度处理技术同样适合在改造项目上推广应用。

（董彬　鲁凤鹏　李树明　李长远　石宝云）

# 新建 350MW 间接空冷机组低压缸零出力改进的研究与应用

## 一、案例基本情况

### （一）单位基本情况

京能秦皇岛热电有限公司（以下简称京秦热电）成立于 2016 年 1 月 11 日，由北京能源集团有限责任公司旗下的北京京能电力股份有限公司全资设立。厂址位于秦皇岛市经济技术开发区（西区）京能路 1 号。

一期工程为 2×350MW 国产、燃煤、超临界、一次中间再热、抽凝式、间接空冷机组，配两台 1266t/h 超临界中间再热直流煤粉炉，同步建设湿法烟气脱硫装置、SCR 脱硝装置和高效除尘装置，锅炉燃煤的烟气采用"烟塔合一"的方式排放。总排口烟尘按照超低标准值的一半设计，即 $P_M \leq 2.5mg/Nm^3$。1、2 号机组分别于 2019 年 12 月 27 日、2020 年 4 月 24 日完成 168 小时试运，并网发电。

### （二）案例情况

为降低弃风、弃光率，京津唐电网加强了对火电机组深度调峰工作的奖惩力度。2017 年 1 月 13 日，华北能源监管局下发通知（华北监能市场［2017］18 号文），对《京津唐电网并网发电厂调峰辅助服务补偿实施细则（试行）》及《华北区域并网发电厂辅助服务管理实施细则（试行）》的部分条款进行了修订，自 2017 年 1 月 15 日实施，将供热月份（11 月至次年 3 月）"调峰贡献"调整为由"低谷负荷率"计算得出，非供热月份不变，提高了补偿标准。通过实施火电低压缸零出力灵活性优化改造，实现供热期热电解耦，降低机组供热供电煤耗，进而减少污染物和碳排放量，可以使火电厂更好地适应未来的形势，具备参与电力市场竞争的基本条件。

本案例采用汽轮机低压缸零出力供热技术，其核心是仅保留少量冷却蒸汽进入低压缸，实现低压转子"零"出力运行，以使更多的蒸汽进入供热系统，提高机组供热能力，降低供热期机组负荷的出力下限，满足调峰需求，同时减少汽轮机组冷源损失。该技术的运行方式能够实现供热机组在抽汽凝汽与汽轮机低压缸零出力供热工况之间不停机灵活切换，实现热电解耦。本案例为在国内新建 350MW 间接空冷供热汽轮机上进行低压缸零出力改进的首次研究与应用。

## （三）案例具体实践

### 1. 总体思路

案例遵循可靠性的原则，汽轮机设备技术指标均有足够裕度，低压缸零出力供热即仅保留少量冷却蒸汽进入低压缸，其余蒸汽全部从中排供热，这样机组蒸汽梯级利用率更高。低压缸转子主要作用为传递高中压缸的扭矩，实现低压缸"零"出力运行。锅炉、发电机及回热系统原则上不改动。优化后，机组有较强的调峰能力和适应 AGC 状态运行的能力，相关控制系统纳入现有 DCS 系统。本案例在 350MW 汽轮机原型机的基础上，通过理论计算、数模动态分析、实验测试、性能试验等方法来实现汽轮机在中低负荷至满负荷区间的高效运行，降低热耗，节能减排，提高经济性。

### 2. 主要做法

**（1）首先以增加供热抽汽量为目的，进行以下几项研究**

优化调节级喷嘴型式及数量。

合理分配各级焓降和各级速比关系。

优化叶片型线，降低型线损失。

优化叶珊型式，降低二次流的损失。

**（2）技术方案**

探索 350MW 间接空冷机组低压缸零出力改进技术路线，即在具备快速升降负荷能力的同时，增加深度调峰幅度，以快速响应电网调度的需要，通过实施火电低压缸零出力灵活性优化改造，实现供热期热电解耦。

**（3）设计原则**

切除低压缸运行的目标是最大限度增加机组的对外供热量，在节能减排的同时增强深度调峰能力。本案例在相同主蒸汽流量的条件下，采暖抽汽量可增加 100t/h，折算为供热负荷则增加约 70MW，电负荷调峰能力约增大 54MW，采暖工况发电煤耗约降低 36g/kWh。

切除低压缸运行相对于别的供热改造来说优势是明显的，但是切除低压缸运行自身引发的问题也是不可忽视的。切除低压缸区运行对汽轮的影响如图 1 所示。这些问题必须通过实施通流及系统上的改造或在设计新机组时统筹考虑解决方案，才能保证机组安全稳定运行。

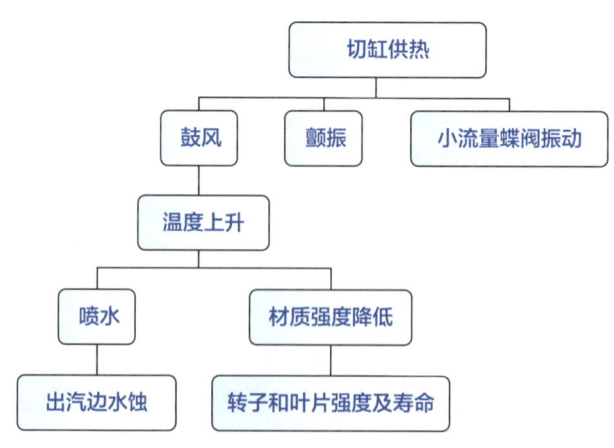

图 1　切除低压缸运行对汽轮机的影响

### 动叶出汽边水蚀

切除低压缸运行时，由于喷水长期投入，在小流量情况下流道中下部会形成回流漩涡，易导致叶片动应力增加，湿气侵蚀叶片中下部出汽边，不利于叶片安全运行。

为应对叶片水蚀问题，需要对末级叶片的出汽边进行防水蚀涂层处理。由于末级叶片叶根回流区的出汽边沿很薄，且受力较大，综合现有的末级叶片防水蚀技术（如激光熔覆司太立、微弧等离子堆焊司太立、钎焊司太立、高频淬火等），选择在末级叶片的回流区域热喷涂一层耐冲蚀的碳化钨（WC）涂层。优点为涂层与叶片之间是物理结合无热影响区，涂层结合力可高达80MPa；叶片无变形；表面经过抛磨或喷丸，粗糙度可低至Ra2.5um，且涂层的抗水蚀能力优于一般的表面淬火处理。

### 长叶片颤振风险

汽轮机末级叶片是影响汽轮机组安全运行的关键部件。在机组切除低压缸运行时，通流内部的温度场、流场紊乱，小容积流量工况下，末级叶片进口大负攻角引起大尺度分离诱导产生自激振动，导致动应力水平突增，发生颤振。如图2所示。

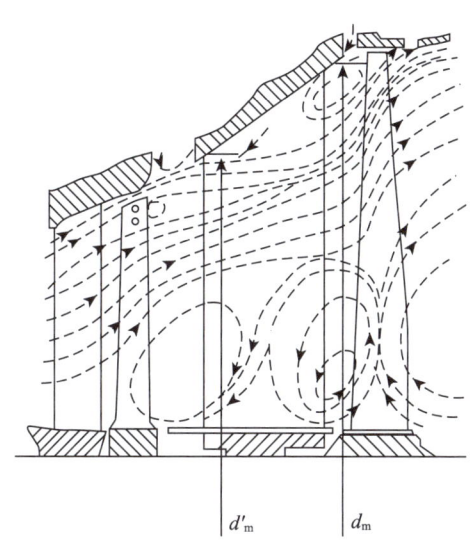

图2 小容积流量下的流场示意图

采用较高的静强度裕量叶片，同时确保足够低的动强度设计，保证汽轮机末级叶片在可能发生的各种极限工况下的叶片安全性。本案例采用的770mm末级叶片，采用了具有高阻尼、低响应特点的自带围带成圈叶片结构设计方案，通过在额定转速下叶顶的扭转恢复实现了叶片与叶片之间的制约机制，形成整圈连接结构，增加了机械阻尼，在小容积流量下，其动应力较常规自由末级叶片减小5~8倍，大幅降低了动应力；另一方面，在不影响叶片气动性能的前提下，结合全三维CFD设计分析，适当提高末级叶片根部反动度，延缓回流漩涡的形成，更利于叶片部分在负荷工况下的安全性，气动特性和阻尼特性优良。同时为确保机组的运行安全，对各相应的温度测点、压力测点进行优化校准，增加相应的逻辑保护系统。

### 转子强度风险

切除低压缸运行，末级叶片鼓风后，低压末级根部级间温度可能达到较高值，致使低压末级转子轮缘应力安全系数降低，不能保证长期安全运行。低负荷工况下喷水回流造成的转子轮缘水蚀降低了末级叶片根部轮缘的强度，安全性进一步降低。如图3所示。

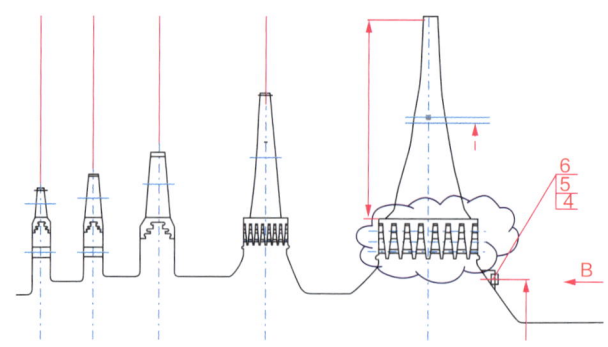

图3 转子强度风险示意图

增设一套真空泵组，与原抽空气管道母管相连。真空泵组可有效降低抽空气设备极限抽吸压力，保证抽空气设备的抽吸能力，避免汽轮机真空系统内空气聚积引起的鼓风危害。

**连通管蝶阀小流量的振动加剧**

切除低压缸过程中，蝶阀小开度时，通过连通管的流量很小，会导致发生蝶阀和管道振动。

新增加的低压缸通流部分冷却蒸汽系统管路（包括管路所需阀门，相关压力、温度测点以及支吊架）等设备布局要合理，要统筹考虑关联设备，需采用成熟、可靠的技术优化设计。增加中低压连通管冷却小旁路，接入点为中低压连通管上供热蝶阀前的适当位置，冷却蒸汽管路上设置调节阀和流量孔板。更换供热蝶阀，使蝶阀全关时开度为0。在供热时，蝶阀全关，利用旁路切换至低压缸小流量运行，同时确保连通管在纯凝及切缸工况下对汽缸的推力和力矩满足要求。如图4所示。

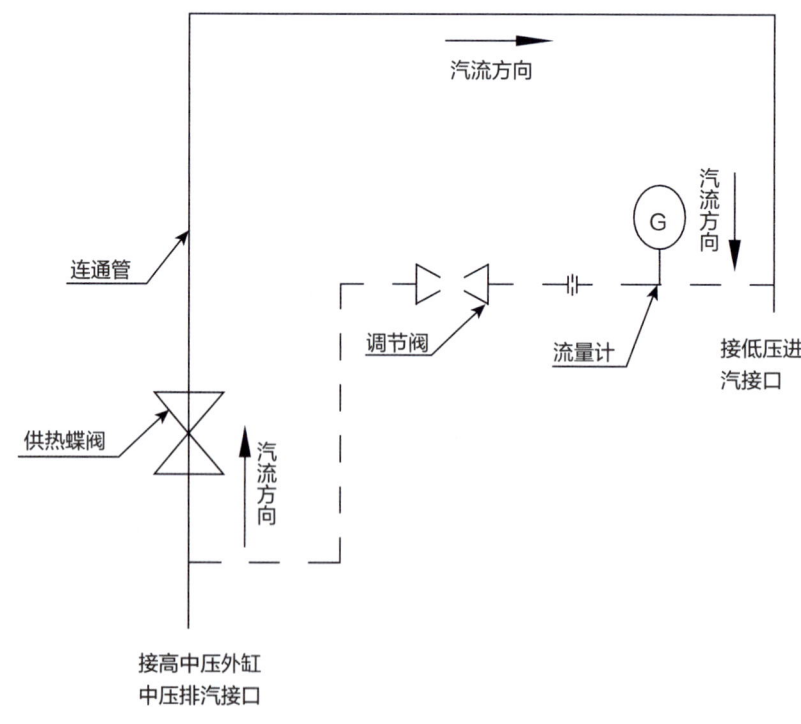

图4 冷却小旁路布置示意图

**辅助系统需要配套进行优化**

切除低压缸运行后，系统可能长期处于低负荷工况下运行，疏水阀的控制逻辑、汽封系统的密封状态、凝汽器的运行方式、供热调节控制逻辑等，都需要结合机组的实际情况进行评估并进行优化。

**在线切除及投入低压缸操作存在一定风险**

进行控制系统及安保系统改进，优化控制逻辑，将相关压力温度测点接入相关 DCS 系统，并进行安全监测。

## 二、案例实践效果

### （一）综合效益

#### 1. 社会效益分析

供热汽轮机组灵活性改造是适应国家政策和电力市场形势的需要。国家能源局于 2016 年 10 月发布的《关于推进高效智能电力系统建设的实施意见（征求意见稿）》和《燃煤电厂提升灵活性改造行动计划（2016—2020 年）（征求意见稿）》提出："十三五"期间"三北"地区热电改造比例达到 50%，并优先提升 30 万千瓦级煤电机组的灵活性改造工作。在新建 350MW 间接空冷汽轮机组实施汽轮机低压缸零出力技术，可实现机组热电解耦，在同样供热能力下起到节能减排的作用，以每年供热季平均负荷率 70% 计算，350MW 单机切缸运行 600 小时，每年可节约用煤约 8820 吨，折合碳排放约 15358.36 吨，可为同型号机组的灵活性改进工作起到示范作用。

#### 2. 经济效益分析

进行改造后，按照秦皇岛供暖法定时间 5 个月计算，一个供热期深度调峰收益约 225 万元。因参与调峰，将影响部分电量，按冀北电网低谷负荷时段为 5 小时，利润电价为 0.04 元 /kWh 计算，影响收益约 162.6 万元。采暖工况发电煤耗降低约 36g/kWh，标煤价按 680 元 / 吨计算，节省燃料费用约 451.2 万元。

综上，进行汽轮机低压缸零出力优化改进后，每年综合影响收益 513.6 万元。

### （二）第三方评价

2022 年 4 月 20 日，北京能源集团有限责任公司对"新建 350MW 间接空冷机组低压缸零出力改进的研究与应用"项目进行了验收评价。与会专家组成员听取了项目组的工作报告、技术报告，并进行了现场参观，经讨论，形成意见如下。

项目通过对新建 350MW 间接空冷机组低压缸零出力改进的研究与应用，在实现热电解耦、额定采暖抽汽量的情况下，供电负荷从 300MW 降低至 250MW。在相同主蒸汽流量的条件下，低压缸零出力运行后，采暖抽汽量增加 80~90t/h。

项目实现了供热机组在抽汽凝汽与汽轮机低压缸零出力供热工况之间不停机灵活切换，在新建 350MW 及以上级别间接空冷汽轮机组汽轮机低压缸零出力改进方面尚属国内首台套。

### （三）行业推广前景

京秦热电新建 350MW 间接空冷机组低压缸零出力改进的研究与应用项目与主体工程同步建设，该项目的成功应用，实现了供热机组热电解耦，降低了热耗，增加了供热收益，降低了火电污染物和碳排放总量。该技术为国内燃煤火电新建间接空冷项目机组首次应用，对新建火电间冷机组低压缸零出力应用具有参考和借鉴意义，同样适合在改造项目上推广应用。

（赵峰　薛常海　李树明　王庆　刘海军）

# 火电机组循环水全负荷经济背压自动调节技术的研究与应用

## 一、案例基本情况

### (一) 单位基本情况

河北涿州京源热电有限责任公司成立于 2013 年 5 月，注册资本为 74180 万元，是北京能源集团有限责任公司煤电平台北京京能电力股份有限公司的下属企业，是北京能源集团落实京津冀协同发展战略、惠及京冀两地民生的示范窗口单位。该公司主营业务包括电力、热力生产和供应（热电联产项目），粉煤灰综合利用的技术开发、技术服务、技术转让，热电项目建设及投资管理、电力工程咨询及服务等。

该公司结合国家产业政策及行业发展需求，始终坚持科技创新引领公司发展，开创性地建设绿色城市燃煤热电联产机组，采用多项先进成熟的技术，实现了 $SO_2$、$NO_x$ 和烟尘超低排放，部分指标实际值优于燃气电厂排放标准。工程项目不设灰场，煤炭燃烧后产生的粉煤灰被制成新型建材销售；不设外排口，不向外排放一滴水，生产废水通过脱硫废水处理系统全部回收利用，是北方地区第一个实现废水零排放的热电企业。公司发电能力达 70 万 kW，并向涿州一城三镇和北京房山城区供热，供热能力 780MW，供热面积 1800 万平方米。

该公司是经国家认定的高新技术企业，是电力安全生产标准化一级企业，获得中国能源研究会能源创新二等奖、电力创新二等奖、全国国企管理创新成果二等奖、北京市第三十四届企业管理现代化创新成果一等奖及二等奖、第三十五届北京市企业管理现代化创新成果二等奖；2020 年、2022 年，该公司 1 号机组在大机组竞赛中获得 AAA 级金牌机组；2021 年，该公司获得中国安装工程优质奖（中国安装之星），同年获得涿州市政府质量奖，经河北省应急管理与安全生产协会授予 2021 年度应急管理与安全生产先进单位及 2021 年度安全管理标准化示范班组。截至 2022 年年底，该公司获得授权知识产权 66 件，其中发明专利 11 件、实用新型专利 33 件、登记计算机软件著作权 17 件。

该公司秉承"以人为本、追求卓越"的核心价值观，以"传递光明、温暖生活"为使命，以"五精"管理理念为抓手，创新驱动，打造智慧热电企业，扎根燕赵大地，积极响应国家"双碳"要求，始终为保障民生供电供热，为京津冀协同发展而不懈努力！

### (二) 案例情况

火电机组冷端系统作为电厂最重要的系统之一，其运行性能直接影响电厂运行的经济性。冷端损失是火电机组占比最大的能量损失，机组背压是影响冷端损失最重要的因素之一。长久以来火电行业一直存在最佳背压的理论，即在用来冷却蒸汽的循环水电耗（或是直接间冷的风机电耗）与机组背压间存在一个最经济的平衡点。研究冷端系统，主要是研究冷端系统各种设备的运行特性和相互关系，分析冷端系统对整个发电机组的影响，并优化其运行方式，使冷端系统处于经济、安全、高效的运行状态。

汽轮机冷端系统和相关影响因素的关系十分复杂，并存在不确定性，因此对循环冷却水系统优化运行的研究难度很大。受到影响背压因素多、测控手段有限以及传统理念的束缚，循环水多为工频或高低速运行，不能实现循环水流量连续调节，没有方法对循环水进行自动控制，也就无法实现机组实时在最佳背压点运行。国内外同类技术的研究多为针对模型、理论的研究，以及针对多台泵运行方式寻优控制的研究，鲜有面向机组全工况最佳背压连续控制的研究，更没有将其最优控制系统实时纳入DCS参与机组控制的研究。

该项目在实现循环水泵变频运行的基础上，通过对机组最佳经济背压的寻优，根据不同工况凝汽器热负荷、主机循环水温度及背压对机组功率的影响，利用DCS控制系统进行自动实时调控，实现机组在优化的经济背压下运行，有效降低了机组综合煤耗及循环泵耗电率，提高了火电厂发电机组生产的经济效益，降低了碳、硫化物、氮氧化物等的排放，实现了火力发电低能耗低污染技术的创新发展，填补了国内火电机组全工况最佳背压连续控制领域的空白，属于完全自主创新技术。该成果是基于公司2×350MW超临界间接空冷燃煤供热火电机组，自主研发的新型控制调节系统，其主要创新点如下：

攻克了机组工况寻优的方法。利用自研寻优计算软件，按照不可控边界工艺过程特性及数据的离散程度设定稳态阈值，筛选历史数据得到稳态工况数据，以各工况最佳综合功率为寻优目标，对各工况点的模型最优频率值进行验证及修正，确定机组实时的最佳循泵频率。

研发了机组最佳经济背压控制策略。将寻优计算结果简化、提炼为"凝汽器循环水进水温度—机组凝汽器热负荷—主机循环水泵频率"的三维对应关系，通过固定变量、降维转换，在机组DCS中实现对凝汽器循环水流量的自动实时调整；在发电厂DCS控制系统中，编写与不同循环水温度、不同机组负荷对应的循环泵频率的自适应控制算法，并对相关影响因素进行在线修正。

解决了火电机组工、变频循环水泵并联运行、安全联锁方案，变频循环水泵最低频率设置和最小流量下间接空冷防冻方案。消除了以往因循环水流量不能实现连续调节造成流量控制离散、无法实时控制机组在最佳背压下运行的难题，实现了机组运行全工况最佳背压连续控制，达到国际先进水平。

该项目获得发明专利4件、实用新型专利3件、登记计算机软件著作权3件，有效提高了火电机组冷端性能和机组经济性，符合国家发展改革委、国家能源局关于煤电机组"节能降碳改造"的要求。

## （三）案例具体实践

### 1. 总体思路

在实现循环水泵变频运行的基础上，依据汽轮机最佳背压机理，建立各运算环节数学模型，对各模型运算结果与运行实际历史数据对比、修正。

通过机组冷端调整试验验证，得到不同凝汽器热负荷、凝汽器循环水入口温度对应的经济背压，以及与经济背压相匹配的循环水流量。

利用汽轮机发电机组 DCS 控制系统对变频循环水泵频率进行自动实时调控，实现机组在经济背压下自动运行。变频循环水泵根据机组工况变化、环境温度变化，不断自动调整频率，来改变循环水流量，使汽轮发电机组维持经济背压运行。

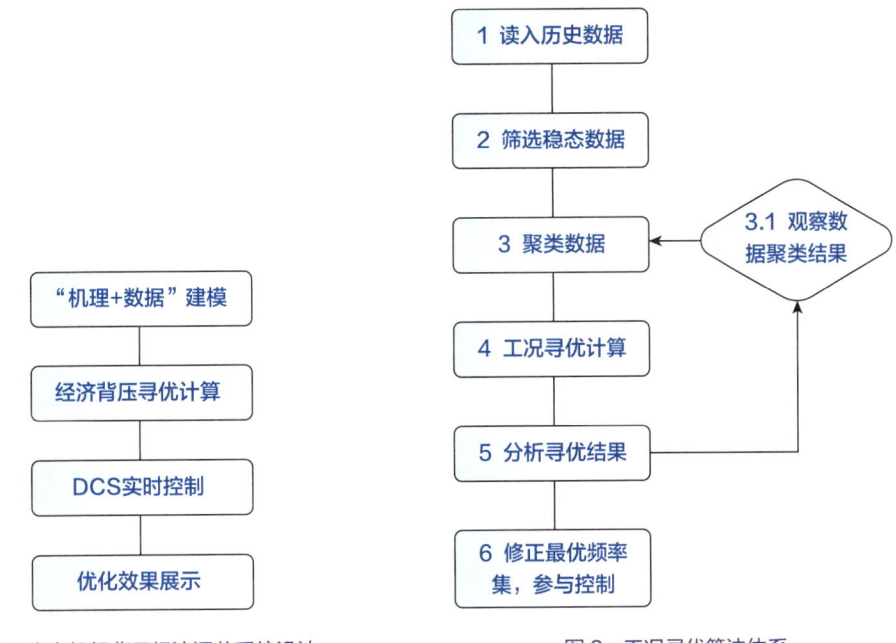

图1　火电机组背压经济调节系统设计　　　　图2　工况寻优算法体系

## 2. 主要做法

（1）机组冷端机理分析，模型辨识

根据汽轮机冷端的冷却条件变化和机组不同工况下热力设计特性，初步计算出汽轮机全工况的冷端运行模型，根据不同工况点背压对功率影响率推导出经济背压对应的最佳循环水流量。在充分考虑系统运行中各项安全边界条件的基础上，通过 DCS 实现机组经济背压的自动控制功能。

通过机理推导、数据拟合建立了如下系统模型：机组凝汽器热负荷、机组循环水量、机组凝汽器入口温度——机组背压的"三入一出"的模型；机组循环水泵频率—机组循环水流量—循环水泵电耗的"单入单出"模型，其中机组循环水流量为中间变量；机组背压—负荷变化率的"单入单出"模型。

凝汽器热负荷：正常运行中凝汽器热负荷主要受机组负荷的影响，除低压缸排汽外，还有给水泵汽轮机排汽、轴封溢流及其他疏水的热量。在不同背压下凝汽器热负荷有所变化，因此需要进行背压对凝汽器热负荷的修正。

通过背压变化后机组电功率的微增量与使背压变化而主机循环水泵功耗的变化对比，确定当前工况下的经济背压及与之相匹配的循环水流量、循环水泵总频率，将总频率进行合理分配到单泵频率指令，实现自动调整的目的，如图3所示。

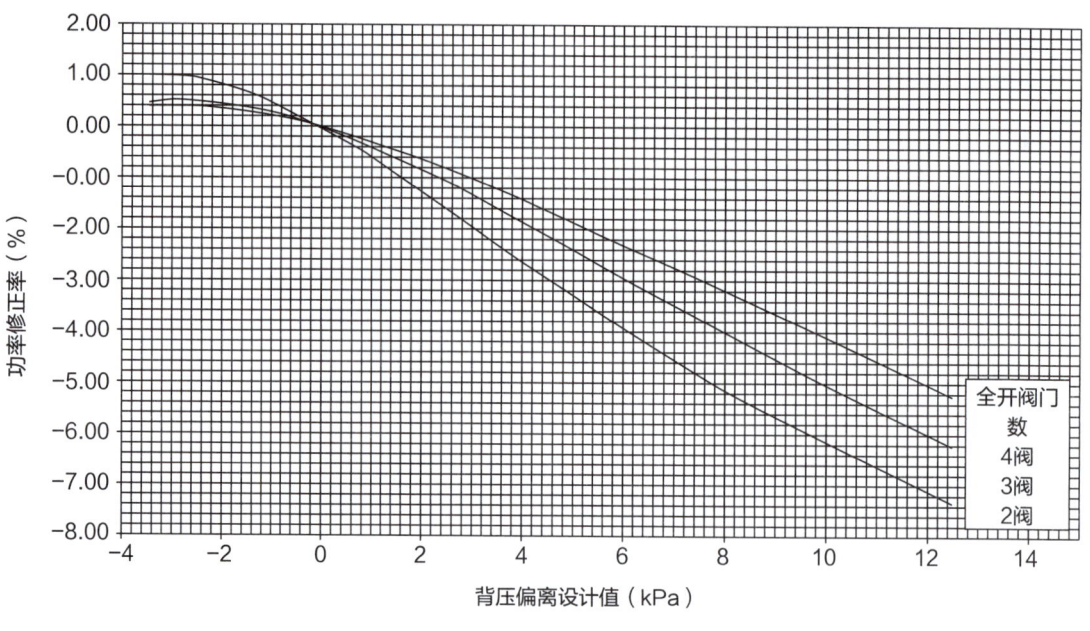

图3 背压对功率的修正曲线

（2）全负荷最优综合频率寻优计算

以背压变化后机组电功率的微增量与背压变化对应的主机循环水泵功耗的变化的差值最大为寻优目标，确定火力发电机组实时的最佳循环水流量。通过团队自己研发的"火电机组冷端寻优计算软件"可得出循环水进水温度在20~50℃、机组负荷在160~350MW内所对应的最佳循环水泵总频率，经计算可建立凝汽器循环水进水温度—机组凝汽器热负荷—主机循环水泵频率的三维对应关系，其中凝汽器循环水进水温度、机组凝汽器热负荷覆盖机组运行的全工况。计算两泵模式下循环水泵最优总频率如图4所示。

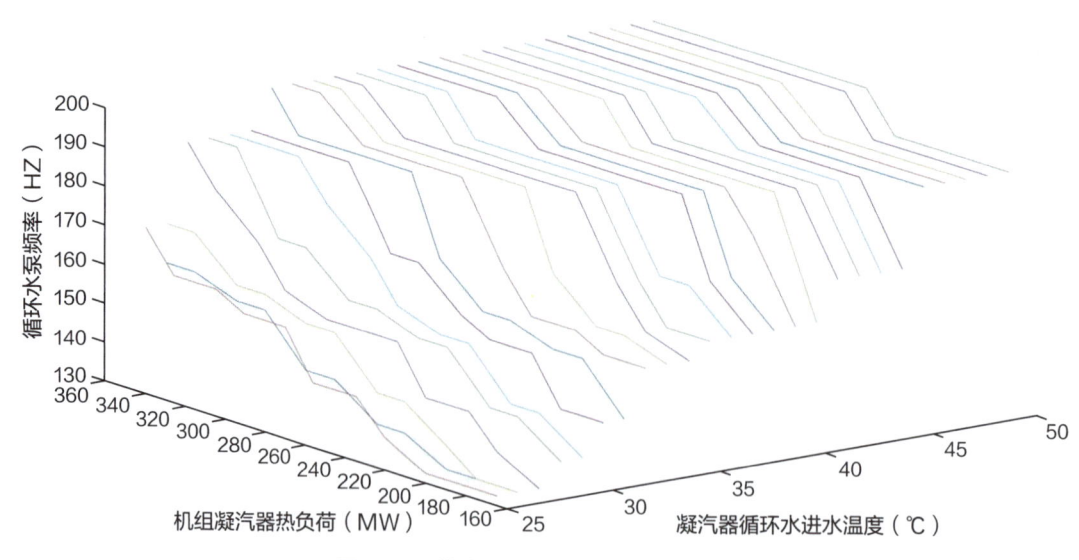

图4 两泵模式下循环水泵最优总频率示例图

（3）开发、投运控制系统

依据图4计算的最优总频率，在DCS中开发主机循环水控制系统，实现对循环水泵频率的实时控制和凝汽器循环水流量的连续最优调节，使机组维持在最佳经济背压下运行。分别按照以下四部分实现。

将凝汽器循环水进水温度按照不同的温度区间，划分为不同的温度点。将温度划分为26个温度点，区间为25~50℃，每隔1℃划分1个温度点。通过固定凝汽器循环水进水温度变量，将上述三维曲线转换为易于实现的机组凝汽器热负荷—主机循环水泵频率二维曲线。

单台变频水泵自动指令的生成。根据机组循环水系统的配置及其运行方式，将循环水泵频率的自动方案分为：两泵模式（两台变频水泵运行）和三泵模式（两台变频水泵+一台工频水泵运行）两种模式，根据运行工况在两种模式之间实现切换。两泵模式下单台泵最优频率为（两泵模式下最优总频率）/2的频率值，三泵模式下单台变频泵最优频率为（三泵模式下最优总频率−100）/2的频率值。

系统设置第三台泵的启停提示，当第三台泵实际启停之后，完成两泵模式、三泵模式最优频率回路的切换。循环水泵变频器执行最优频率时，循环水泵变频器操作端需要投自动，执行两泵或三泵模式。所有变频器的自动需同投同退，且运行中投自动的变频器所接收的自动指令相同（保证每台泵出力相同）。

系统设置手自动无扰切换功能；循泵自动操作端设置手动偏置频率功能；在逻辑中设置频率安全下限，即经论证得出的32.5Hz安全下限频率；设定速率环节，防止温度或负荷变化导致最优频率的阶跃变化。

（4）项目效益后评价

通过全数据量回归的方式，对比分析项目投运前后机组背压、循泵耗电率、机组负荷、环境温度的变化，综合分析项目效益，效益评价模型分为供热季和非供热季两种模式。

供热季：以投运前后的平均负荷、平均背压和平均循泵耗电率等统计数据为基础，通过分析冬季背压的两个主要影响因素（机组负荷和循环水量），计算投运前后的项目效益效果。

供热期凝汽器热负荷大幅度下降，受防冻液和循环水流量的影响，背压的变化依然存在，可同样按部分负荷背压功率修正曲线进行煤耗的折算，供热期负荷率需将低压缸进汽压力折算为机组纯凝电负荷计算。

非供热季：以投运前后全量数据为基础，重点分析机组背压的两个主要影响因素、环境温度，通过大数据的计算方法对比分析投运前后对比期内平均背压、平均循环水泵电流、平均负荷率和平均环境温度的变化，并由此评价项目效益效果。

同时，考虑到背压功率修正曲线随负荷率明显变化的特点，采用部分负荷背压功率修正曲线进行效益评价更为准确。部分负荷背压功率修正曲线可向制造厂咨询，或参照相似电厂曲线，具体的背压功率修正系数可选取与实际负荷率接近的曲线，且修正差值可从曲线负荷率和实际负荷率比率折算得到。

（5）总结和推广

火电机组背压经济调节系统挖掘了冷端节能潜力、实现了机组节能降耗。本项目通过主机循环水泵变频改造后的精细化控制，实现主机循环水泵最优频率的自动调节功能，使机组实时维持最佳经济背压运行。本项目在全国首次实现基于循环水温度、凝汽器热负荷自动控制汽轮发电机组在经济背压运行，可以广泛应用于间接空冷或湿冷等发电机组。

研发了机组最佳经济背压控制策略,并通过火力发电机组 DCS 控制单元控制循环水泵的频率,实现对凝汽器循环水流量进行连续调节,使机组维持在最佳经济背压下运行。首次解决了 DCS 中最佳背压计算、多台主机循环水泵运行方式和流量精细控制等问题,特别是将复杂的控制策略进行分解,编制成 DCS 控制策略,为国内外首创。

经济效益和社会效益明显。研制出一套以背压经济调节为核心的燃煤火电机组循环水控制系统。其经济、安全及节能环保效益明显,提高了机组运行的经济性及可靠性,减轻了运行和管理人员的工作强度,为智能化发展提供了基础,具有广泛的推广应用价值,可为燃煤电厂背压经济调节提供借鉴。相关技术在京能集团内蒙古京能双欣发电有限公司、内蒙古京宁热电有限责任公司、内蒙古京能盛乐热电有限公司和京能秦皇岛热电有限公司得到推广应用。

## 二、案例实践效果

### (一)综合效益

综合考虑机组背压、机组负荷、环境温度、循环水泵耗电率等关键因素,提出了针对系统机理复杂、多变量耦合的冷端系统优化后效果的科学评价方法,该方法可科学评价机组冷端优化前后的系统收益。水电机组循环水全负荷经济背压自动调节技术可降低间接空冷机组煤耗约 1.2g/kWh,节能降碳效果显著。

在我国,火电约占全国电源结构的 59%,对清洁能源的需求量在逐步增加,但由于火电机组的稳定性和灵活性,火电在未来长时间内依然是主要发电来源。随着"碳达峰、碳中和"目标的提出,节能减排技术在火电行业的应用将更加受到重视。火电机组背压经济调节系统针对多变量、强耦合、大迟延、非线性的工业过程提出了一种高效可靠的控制方法,是数字孪生技术在传统工业场景的典型应用。该成果的运用能够有效减少碳排放,减少 $SO_2$、$NO_x$、烟尘排放,符合"双碳"目标下清洁高效、先进节能发展煤电的要求,具有巨大的转化潜力和应用价值。机组经济背压自动调节系统如果理念得到认同,并得到推广,将产生极大的示范效果。

### (二)第三方评价

2023 年 1 月 15 日,保定市生产力促进中心组织了对项目成果的鉴定,鉴定意见如下:"项目针对 350MT 机组冷端系统循环水多为工频或高低速运行,不能实现循环水流量连续调节,无法实现机组实时在最佳背压点运行、冷端能量损失大等问题,深入研究了面向机组全工况最佳背压连续控制及最优值实时纳入 DCS 参与机组控制技术,成功研发出火电机组背压经济调节系统。该项目技术创新集成度高,已形成推广应用能力,经济和社会效益明显,应用前景广阔,达到国际先进水平。"

### 1. 科技查新

2022 年 11 月 25 日，河北省科学技术研究院针对该项目的查新结论为：除本课题委托单位的专利和推广应用单位人员发表的论文外，以上技术内容在国内外文献中未见相同报道。

### 2. 本项目拥有 10 件知识产权

授权国家发明专利 4 件、实用新型专利 3 件、登记计算机软件著作权 3 件。

## （三）行业推广前景

本技术适用于间冷和湿冷机组，由于其技术体系完整、控制手段成熟可靠、投资回收期短，其"数据驱动"的特点便于复制，具有较强的产业化能力，若全面推广于全国的间冷和湿冷机组，初步推算每年将节约几十亿的厂用电费用，拉动总计几十亿元的变频、水泵装置和控制系统的投资，并将成为数字孪生及工业大数据的典范，带动产业互联网的发展，是实现"碳达峰、碳中和"的重要措施，也可为国内外火电机组节能降耗技术的创新性发展提供借鉴意义。

（王斌　曹欢　刘绍杰）

# 超临界直流锅炉受热面防磨防漏管理质量提升

## 一、案例基本情况

### （一）单位基本情况

福建省鸿山热电有限责任公司是一家从事发电供热及灰渣综合利用的大型发电企业，成立于 2007 年 4 月，隶属福建省能源石化集团有限责任公司，2011 年 1 月全面建成投产。公司拥有 2 台 600MW 超临界机组，配套锅炉是由哈尔滨锅炉厂有限责任公司生产的超临界参数变压运行直流锅炉，单炉膛、一次再热、平衡通风、露天布置、固态排渣、全钢构架、全悬吊结构 Ⅱ 型锅炉，锅炉型号为：HG-1962/25.4-YM3。

### （二）案例具体实践

本案例主要围绕发电机组可靠性的管理提升，立足锅炉受热面防磨防漏质量提升的案例，结合基础管理工作，从多方面进行质量管控，取得了良好效果，机组可靠性明显提高。

锅炉受热面主要是指水冷壁、过热器、再热器、省煤器等部位的金属管件，这些部件承担着锅炉汽水系统工质转换完成能量传递的作用。其内部承受工质巨大压力和化学因素作用，外部处于高温、腐蚀、烟气飞灰磨损、吹灰器吹损的恶劣环境中，同时还承受膨胀应力及复杂外力作用，因此锅炉受热面极易发生泄漏问题。

据统计，近年来我国电厂因锅炉设备导致的机组非计划停运占比为 48.9%，而其中由于受热面泄漏原因导致的占锅炉总非停事件次数的 60.5%。锅炉受热面泄漏事件多，不仅对机组稳定运行构成严重威胁，影响发电指标的完成和经济效益，其消缺所需时间还直接影响到电网的正常调度。预防锅炉受热面泄漏已成为各火力发电厂的一项重要任务和研究方向，虽然各电厂已制定了一系列防范措施，但是锅炉受热面泄漏事件仍然十分普遍。

其中具体实践可分为四个部分，分别是机组防磨防漏检查前期准备、机组防磨防漏检查消缺管理、机组防磨防漏分析与总结和机组防磨防漏可靠性提升管理。

#### 1. 机组防磨防漏检查前期准备

受热面检查消缺工作和其他设备很大的一点区别在于：大部分设备在日常运行时是处于"看得见，摸得着"的状态，而锅炉受热面由于处在炉膛内部，机组运行状态中仅仅能通过零星的管子壁温测点检测，只有在锅炉停运冷却后才能进入检查。但是机组检修时间十分有限，为此，防磨防漏检查前期的准备工作就显得尤为重要。只有通过周密的部署和计划，才能在有限的检修时间内做到防磨防漏检查消缺工作的最优化、最大化。

**专业检查队伍收集**。防磨防漏检查队伍的专业素质直接影响着受热面防磨防漏检查的质量，然而不同单位的情况大相径庭，甚至同一单位不同人员的水平和责任心也是参差不齐。为此，通过同行业之间的交流以及历年队伍检查情况的跟踪，对行业内单位和人员的专业情况进行收集，以便能找到一支专业技能水平高、责任心强的防磨防漏检查队伍。

**四管泄漏资料收集归纳**。他山之石，可以攻玉。在受热面防磨防漏检查方面，经验是最好的老师，在机组运行期间，通过多个渠道收集各种受热面泄漏的真实资料，从泄漏的原因入手有针对性地进行检查与处理，避免可能存在的泄漏风险。

**检查方案编制**。检查方案是指导防磨防漏检查的作业指导书，方案编制是否正确完善直接影响着防磨防爆检查的质量。由于每年检修可能是由不同人员组成的防磨防爆队伍对受热面进行的检查，因此检查前需及时与对方取得联系，保持，向其介绍锅炉布局、受热面相关参数、历年缺陷情况、锅炉运行特点，结合检查队伍多年的经验对检查方案进行编制。

**专项检查的准备和规划**。除常规检查外，根据锅炉在一个检修周期内的运行状态和其他电厂容易出现问题的区域进行专项检查，对锅炉启动后长周期稳定的运行显得十分重要。针对机组防非停措施、锅炉壁温超温管件、水冷壁鳍片裂纹检查、屏式过热及末级过热的管子表面过热情况检查、高温过热器及高温再热器氧化皮检测、其他历年缺陷集中区域进行专项检查做好准备和规划。此外，两台炉依先后顺序进行停炉检查。若先停的一台炉检查出现问题，则对另一台炉将进行此类问题的全面专项检查。

**受热面检修防非停梳理**。机组防非停工作近年来在大家的共同努力下取得了良好的效果，针对受热面的防非停工作，利用检修期间对受热面进行全面检查并处理尤显重要。结合机组检修防非停措施进行梳理，四管防磨防漏检查有针对性，能够确保受热面长周期安全、稳定的运行。检修将防非停措施执行责任到人，专人监督跟踪，对防磨防漏检查有较好的促进作用。

### 2. 机组防磨防漏检查消缺管理

防磨防漏工作不但需要前期精心的准备，在实施过程中采取有效的措施强化管理同样重要。由于受热面防磨防爆需要配合的单位多，涉及检修队伍、防磨防漏检查队伍、监理队伍、金属监督队伍等多家单位，如何让多家单位劲往一处使，让众多人员有序分工、高效配合十分重要，具体管理措施如下。

**检查前的经验交流**。防磨防漏检查前，锅炉专业组织专业点检、机组维护监理、安全监理、防磨防漏检查队伍召开防磨防爆检查前的工作布置及经验交流。通过交流，防磨防漏检查队伍对锅炉整体运行情况能较快速地进行了解，并根据各自在其他电厂检查发现的问题进行经验分享，对后续开展受热面防磨防漏检查有较为重要的指导意义。

**防磨防爆检查每日"碰头会"**。为及时消化和掌握每日受热面防磨防漏检查情况，在锅炉现场区域开展检查方、检修方、监理方、业主方四方防磨防爆检查每日"碰头会"，时间控制在20分钟左右。通过简短的碰头会，检修人员及监督人员能及时掌握受热面防磨防漏检查最新情况，对需要检修人员配合才能开展进一步检查的工作在碰头会上及时协调，并根据检查情况对主要缺陷进行讨论和分析，并给出合理的处理意见，避免检修方盲目处理或错误处理缺陷，从而使检修消缺更加高效、全面、准确地开展。

**点检和监理双跟踪**。为更好地跟踪防磨防漏检查情况，督促检查人员对重点部位、检查困难部位进行检查，以及对管壁测厚数据准确性进行跟踪，点检及监理联合对受热面防磨防漏进行双跟踪，从而确保检查更加全面和准确。

**四方检查，取长补短**。受热面防磨防漏检查共有 2 支检查队伍，检修派出 1 支检查队伍，通过招标投入 1 支检查队伍。加上电厂常驻维护队伍，以及点检自身，采用四方交叉检查。即分布在不同受热面区域进行检查，而后再换位置检查，从而达到多重检查的效果。各队伍根据自己多年的检查经验开展检查，取长补短，多维度将受热面缺陷发现出来。

**奖惩分明，用心检查**。为更好地督促检查单位开展受热面防磨防漏检查，结合各自检查队伍的检查情况有依据地进行奖励或者考核，奖惩分明，有效地调动了检查人员的主动性和积极性。

**管材焊材，层层监管**。为防止管材及焊材用错，检修期间要求检修单位安排专人对管材及焊材进行管理，对领用的焊材及使用和回收情况制作台账进行跟踪，焊条烘干也通过台账记录进行管理跟踪，在焊接前对管材和焊材进行光谱确认，并将确认的材质标记在管材上，点检及监理在焊口焊接跟踪时第一时间检查焊材及新管与旧管是否匹配，焊后再对管材进行复查核对，通过多层监管，确保材质正确使用。

**消缺闭环，多层跟踪**。为了及时有效地开展防磨防漏的消缺闭环工作，锅炉专业充分调动现有资源，借助 2 家防磨防漏检查队伍和维护监理的技术力量，通过开展跟踪前技术交底，对检查出来的缺陷及消缺过程新产生的缺陷及时进行跟踪与指导，并形成消缺跟踪整改单，及时检查，多层跟踪，对受热面消缺质量的把控提供有力保障。

**区域分工，择优奖励**。为更好地调动检修人员更加用心地开展受热面防磨防漏消缺工作，检修消缺对受热面各区域进行分组，确定相应责任人，在开工前告知消缺奖励机制。对用心消缺且负责任的带头人申请奖励，使其消缺积极性明显提高，管件割伤、电弧拉伤、鳍片焊接裂纹等缺陷明显减少，防磨护瓦及管屏固定装置的工艺控制明显提高，有效地调动了检修消缺人员的主动性和积极性。

**重要环节，强化跟踪**。防磨防漏检查涉及的受热面管及其附件很多，范围很广，无法仅靠少数几个人就能够把运行一年的受热面的检查和消缺工作全部拿下。检查和消缺的人员技术水平参差不齐、责任心差异也很大，通过简单的工作安排很难能把防磨防漏工作做细做精，因此需要借助不同技术力量、多方位、多维度进行检查、检修和跟踪。针对重要缺陷的检查与处理、重要检修工艺的实施、重要部位的跟踪与验收、焊材和管材的使用都不能采取简单的安排和等待反馈，项目负责人应熟练掌握所属区域的重要环节，对重要环节的跟踪绝不能缺席。如水冷壁焊接后的鳍片裂纹检查，应从检修自查、抽查、监理及防磨防爆人员督查、再次核查进行跟踪把控，项目负责人要起到主导作用，绝不能缺席。

**逐一内窥，严防异物**。换管过程和氧化皮清理等需要割管的工作，由于切开管口到焊接恢复期间涉及清理、磨口等多项作业，极有可能存在异物掉落在管内的潜在风险。一旦发生这种情况，在启机过程中极有可能使管内介质流速不足甚至无法流通，冷却不足最后导致管子短期过热爆管。因此，要求每根管在焊接恢复前，必须由点检亲自进行100%内窥镜检查。一方面确保每根管道内干净无异物，同时也能对管口打磨质量和是否存在割管过程中误伤周边管子的情况进行彻底检查，并在内窥镜检查后的管子上做上标记并做好封堵。焊工人员只能在点检亲自确认并做好标记后的管子上焊接，虽说这会占用大量检修时间，但是确实能够避免此类问题导致的受热面泄漏事件。

### 3. 机组防磨防漏管理分析与总结

水冷壁区域：通过近几年防磨防漏检查发现，水冷壁主要缺陷为高温腐蚀（集中在左墙、右墙、前墙）、吹灰器吹损、冷灰斗砸伤、中间集箱宽鳍片碳化开裂、吹灰孔及观火孔周边宽鳍片碳化开裂、鳍片裂纹、机械损伤、鼓包等。

水冷壁检修工作的示意图（如图1和图2）以及近年来换管数量趋势图，全方位立体还原了近几年2台炉水冷壁的检查情况，更有利于分析总结目前水冷壁的运行工况和趋势，为今后的检修和技改提供了方向和思路。

锅炉水冷壁受热面左右侧墙换管的主要原因为受热面高温腐蚀和吹灰器吹损减薄，水冷壁壁厚逐年减薄并逐渐临近换管临界值，由趋势图（图3和图4所示）可以直观看出，换管量有逐年增大的趋势，需采取相应的防护措施，以减缓换管量逐年增多的趋势，2022年与2021年相比，换管量降低主要为在左右墙高温腐蚀区域做了防腐喷涂及左右两侧各加装了3层贴壁风，这些措施起到了阶段性的防护效果。但随着喷涂层脱落及贴壁风喷口远端防护作用减弱，加上吹灰器周边管道吹损后失去喷涂层防护，高温腐蚀减薄逐年累积，仍会存在高温腐蚀减薄需要换管的部位，因此今后仍需做好燃烧调整、壁面气体监测及防护喷涂工作，以避免高温腐蚀减薄超标大幅度增加。

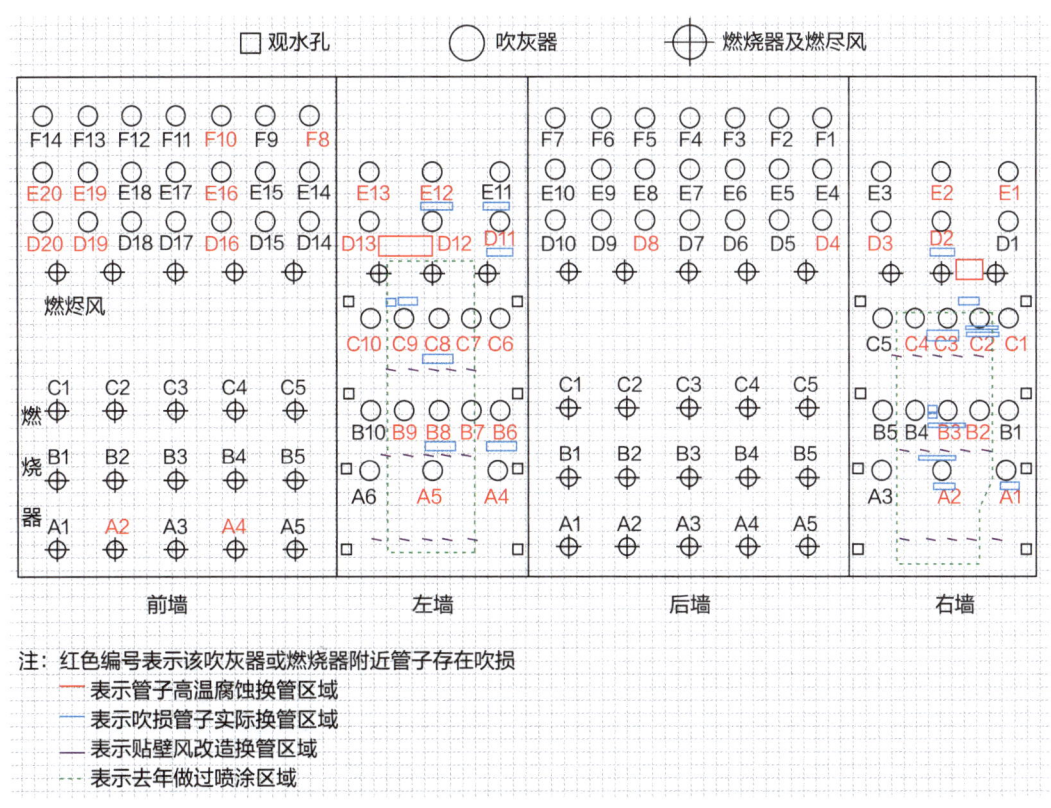

图1　2022年1号锅炉水冷壁高温腐蚀及吹损减薄超标换管区域示意图

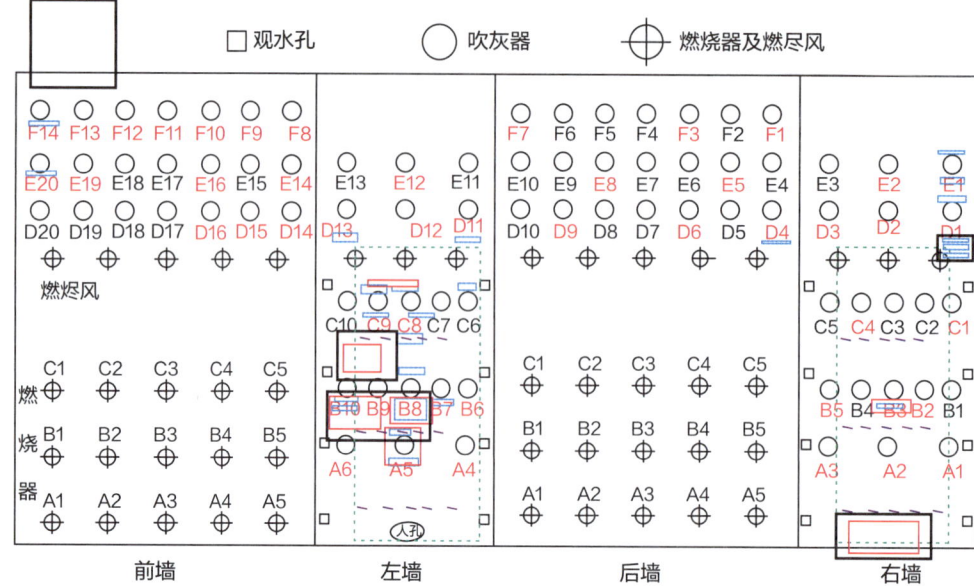

图 2　2022 年 2 号锅炉水冷壁高温腐蚀及吹损减薄超标换管区域示意图

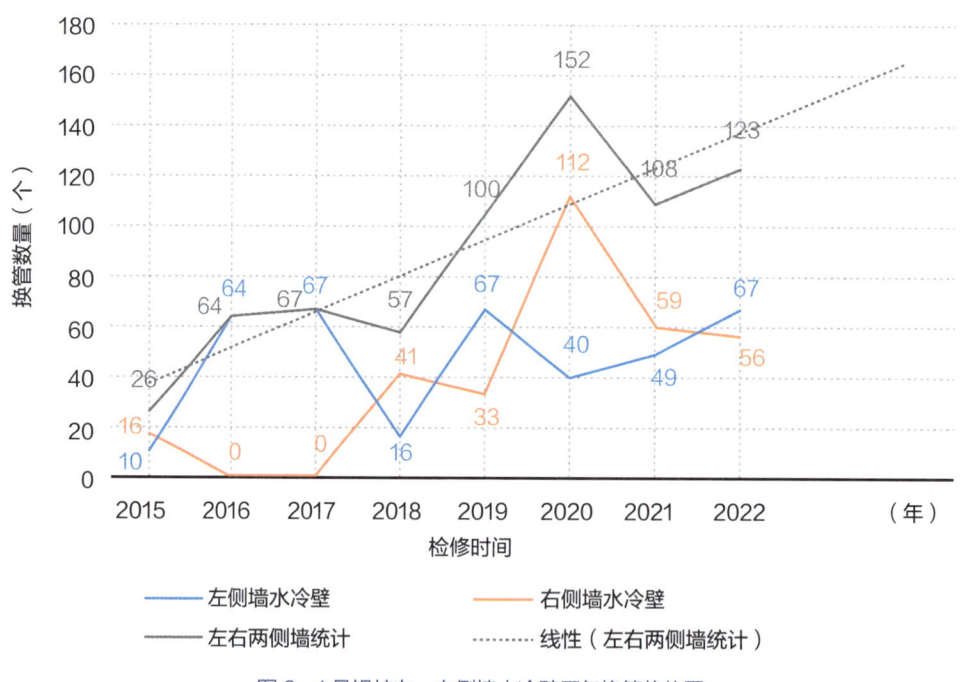

图 3　1 号锅炉左、右侧墙水冷壁历年换管趋势图

近年来水冷壁高温治理措施：一是左、右侧墙各加装 3 层贴壁风；二是高温腐蚀严重区域喷涂防护；三是高温腐蚀换管长度拉长，即换管时将有腐蚀但仍未超标的同一根管件延长后一起换新；四是加装及修复水冷壁壁面气体测量管，在运行中进行监测，及时发现还原性气体分布并及时调整。

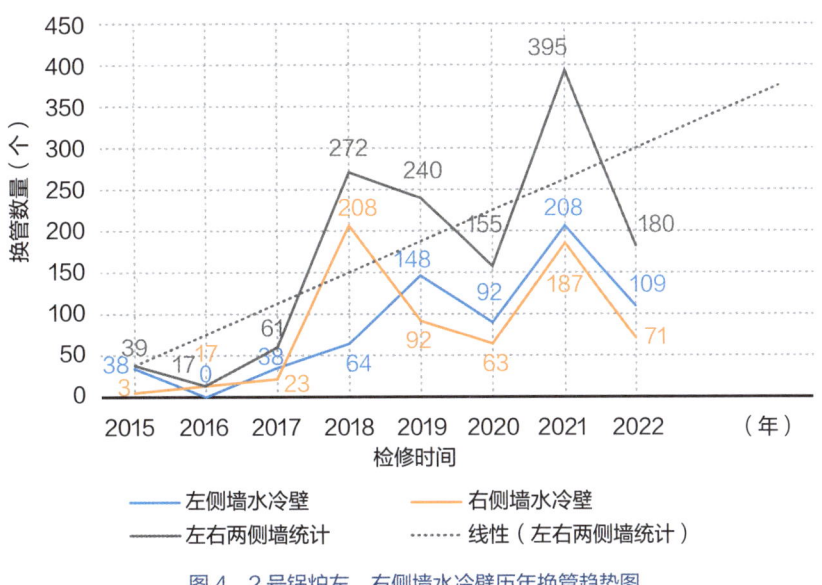

图4  2号锅炉左、右侧墙水冷壁历年换管趋势图

屏式过热器区域：屏式过热器区域（见图5）历年管子换管的主要原因为管子间碰磨减薄超标和蒸汽吹灰器吹损减薄超标。针对管子间碰磨减薄超标问题采取的主要防护措施是加装管屏固定装置，针对蒸汽吹灰器吹损减薄超标采取的主要防护措施是加装防磨护瓦及进行吹灰压力调整。

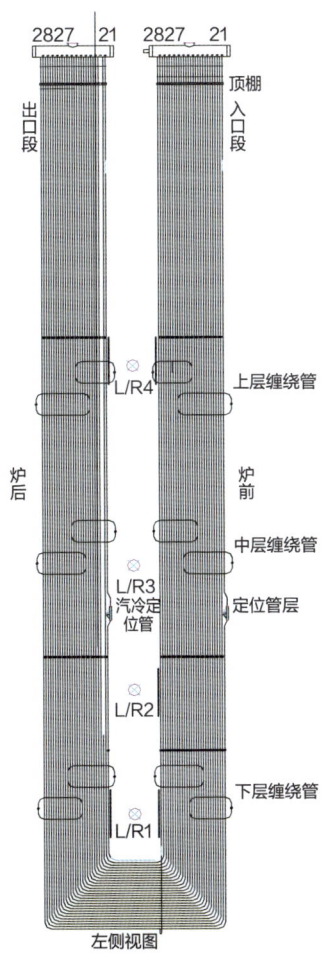

图5  屏式过热器区域左侧视图

近年来,屏式过热器管屏碰磨减薄及吹灰器吹损减薄导致换管数量明显减少,这得益于对管屏固定装置和防磨护瓦检修时的安装工艺和材料的有效把控,安装标准从以前的"松松垮垮"规范到后续"紧紧抱住"的标准化要求,并在容易碰磨和吹损的部位加装防磨护瓦防护;焊材从之前的A302提升到更耐高温的A402,防磨护瓦材质也提升到了更耐高温的310S,并跟进焊接质量,从而使管屏碰磨和吹损的区域得到了有效控制。

末级过热器区域:末级过热器区域(见图6)历年管子换管及割管的主要原因为管子间碰磨减薄超标、蒸汽吹灰器吹损减薄超标及氧化皮脱落堆积超标。针对管子间碰磨减薄超标问题采取的主要防护措施是加装管屏固定装置;针对蒸汽吹灰器吹损减薄超标采取的主要防护措施是加装防磨防瓦及进行吹灰压力调整;针对氧化皮脱落堆积超标问题采取的方法是逢停必查,超必清零。

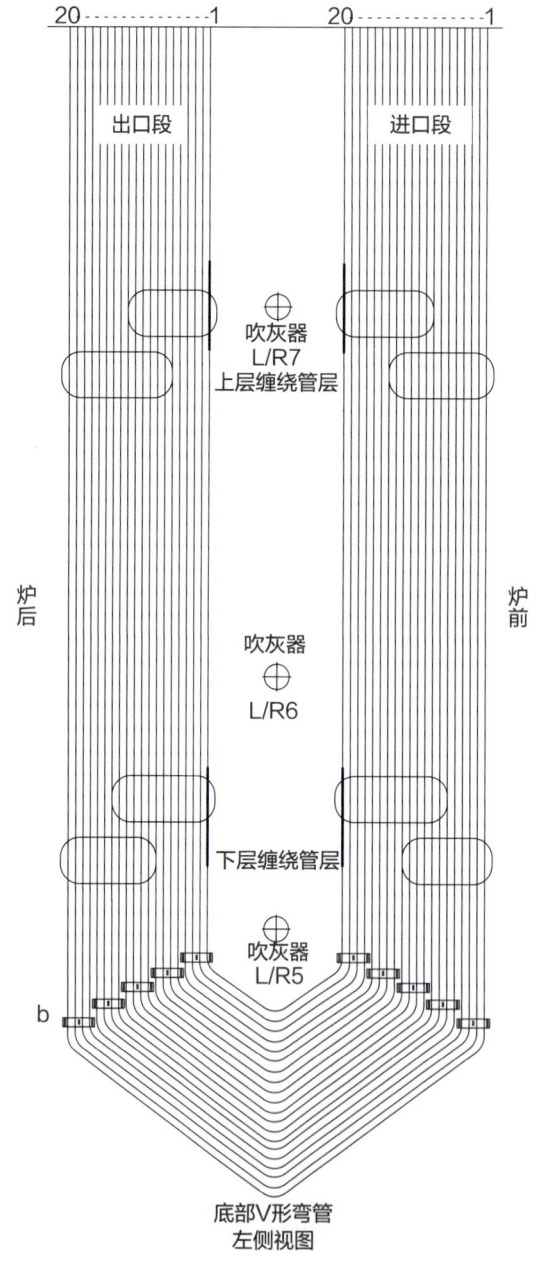

图6 末级过热器区域左侧视图

近年来，末级过热器管屏碰磨减薄及吹灰器吹损减薄导致换管数量明显减少，这得益于对管屏固定装置和防磨护瓦检修时的安装工艺和材料的有效把控，方法与屏式过热器区域一样。此外，末级过热器区域管子个别换管部位出现在末级过热器缠绕管处管与管之间的定位钢筋块、末级过热器底部管屏固定套板滑脱后在底部前弯及后弯的碰磨，由于这两种附件与管碰磨的磨损速率较快，在每次检修防磨防爆检查时应重点检查，对存在顶管碰磨的部位及时修复处理。

从本次末级过热器防磨防漏检查测厚数据及对近年来吹灰器的吹损情况跟踪发现，末级过热器下层区域管子存在明显吹损现象，近年来有增加的趋势。吹损部位除了直管外，还存在于缠绕管弯和异种钢接头焊缝处，由于缠绕管弯每年得在弯头部位测氧化皮，异种钢接头得定期做金属监督检测，不方便对该部位加装防磨护瓦，同时由于末级过热器底部V形弯管清理氧化皮多次割管，管子逐渐变短，造成很多管子出列不整齐，从而导致较多管子吹损减薄，目前采取的措施是减少该区域的吹灰频次。

高温再热器区域：高温再热器区域历年管子换管及割管的主要原因为蒸汽吹灰器吹损减薄超标及氧化皮脱落堆积超标。针对蒸汽吹灰器吹损减薄超标采取的主要防护措施是加装防磨护瓦及进行吹灰压力调整；针对氧化皮脱落堆积超标问题采取的方法是逢停必查，超必清零。

从历年检查及换管情况看，两台机组高温再热器区域近年来吹损换管量非常少，但在一次防磨防爆检查时发现隐蔽缺陷，即位于吹灰通道区域防磨护瓦与梳形板结合部位的管子吹损严重，该部位应引起足够重视，以免遗漏重要缺陷。此外，换管还由清理氧化皮割伤太深、管子变形、碰撞伤等因素造成。该区域除了常规检查外，还应重点关注梳形板顶管问题，发现有该类缺陷应及时消除。

尾部受热面区域：尾部受热面区域历年管子换管的主要原因为蒸汽吹灰器吹损。针对蒸汽吹灰器吹损减薄超标采取的主要防护措施是加装防磨护瓦防护，即对吹灰器通道区域的管子加装防磨护瓦。然而由于尾部受热面空间狭窄，吹灰器与管子间距小，管屏与悬吊管结合部位防护困难，部分区域防磨护瓦无法完全防护到位，存在防护盲区，在近年来的防磨防漏检查仍发现有较多吹灰器吹损减薄的问题。

为此，对吹灰器进行优化调整，对管子吹损较为明显的部位采取降低吹灰频次和降低吹灰压力的方法进行优化，同时加装声波吹灰器进行辅助吹灰。通过积极采取整改措施，近年来吹损导致换管的情况得到了有效控制，尾部受热面运行可靠性得到了明显提高。

### 4. 机组防磨防漏可靠性提升管理

根据受热面"防非停"管控措施和金属技术监督要求，结合收集的"四管"泄漏案例，锅炉专业组围绕受热面可靠性的提升，积极调研了解，主动出击，采取了一系列技术升级和改造措施，受热面可靠性明显提升，具体如下。

#### （1）水冷壁高温腐蚀治理

改造原因：在历年四管防磨防爆检查时发现锅炉水冷壁受热面高温腐蚀较为严重，特别是左、右墙水冷壁从3楼至燃尽风区域，并逐渐延伸至中间集箱下方，从而导致了大量管壁减薄超标。水冷壁高温腐蚀不仅给水冷壁检修带来了较大的工作量，而且影响机组长周期安全稳定的运行。结合燃烧调整试验的实际情况，经专家论证，在原来改造的基础上增加左右、侧墙贴壁风口，可以提升贴壁风保护的效果。

改造方法：在左右侧墙燃尽风下方增加3层贴壁风口，每层布置5个喷口，共30个喷口。贴壁风喷口处将原来直管替换成两根弯管形成进风口；风源取自热二次风总风道，取风位置为风门前，共引出6个贴壁风风道，为两侧墙贴壁风供风；贴壁风系统设计有风道、风门、膨胀节及支吊架装置。

高温腐蚀区域喷涂防护。喷涂防护原因：在历年四管防磨防爆检查时发现锅炉水冷壁受热面部分区域高温腐蚀较为严重，特别是左、右侧墙靠炉前区域、左侧墙靠炉墙角区域、右侧墙靠炉前角区域、前墙部分燃烧器周边区域。近年来，通过对部分高温腐蚀区域的受热面进行热喷涂防护，有效缓解了由受热面大面积高温腐蚀减薄超标而导致的换管情况。

喷涂防护措施：首先采用喷砂技术（喷砂材料：金刚砂）对防护区域受热面表面进行清理，金属光泽度 Sd=2.5。待喷砂验收合格后再进行喷涂工序。喷涂二至三遍，厚度为 0.4~0.6mm，磨损点的厚度为 0.6~0.8mm。涂层结构致密，密度、厚度均匀，涂层与管子结合强度大于40MPa。表面封孔剂采用陶瓷复合材料，且采用喷涂办法进行封孔。

积极采取燃烧优化调整。燃烧优化调整目的：为寻找锅炉运行差异原因，寻找锅炉存在的问题，对2台炉锅炉进行全面系统的诊断对比试验，分析2台锅炉差异，从而找出运行、检修或改造的措施。

积极跟踪检查情况，对发现的问题进行分析讨论，并采取相应的措施进行优化调整，锅炉运行稳定性得到了进一步提升。

**（2）水冷壁上集箱分段改造**

改造原因：水冷壁左右侧墙、水冷壁前墙上集箱为一根长集箱。前水冷壁上集箱总长度为：22356.5mm，筒身结构为：Φ273mm×65mm，材质为：SA-335P12。两侧水冷壁上集箱长度均为：15479mm，筒身结构为：Φ273mm×65mm，材质为：SA-335P12。锅炉在启停和快速变负荷时，集箱沿膨胀中心向两端的膨胀量较大，经过几个周期后造成锅炉水冷壁上集箱与管接头角焊缝被拉裂。通过对使用哈锅原引进英巴技术的锅炉电厂的调研发现，许多电厂在运行3至5年后，水冷壁上集箱管接头的角焊缝均存在裂纹现象，甚至在运行期间发生泄漏，这给锅炉的安全运行带来了极大的隐患。目前锅炉前水冷壁上集箱和两侧水冷壁上集箱也存在上述问题。为保证机组安全运行，应对锅炉前水冷壁和两侧水冷壁上集箱进行改造。

改造方法：对锅炉水冷壁左、右侧墙，前墙水冷壁上集箱进行膨胀结构优化，将长集箱进行分段改造，并对所有集箱管座进行全面检查，对发现裂纹的管座进行处理，从而提高了水冷壁受热面运行的稳定性。

**（3）水冷壁中间集箱宽鳍片密封改造**

改造原因：水冷壁受热面由螺旋水冷壁和垂直水冷壁两大部分组成，水冷壁螺旋段和垂直段之间布置有中间集箱，在历年检修及防磨防爆检查时发现，水冷壁中间集箱区域宽鳍片存在大面积的碳化裂纹，该裂纹随着机组工况变化可能延伸到管子，若未能及时发现并消除，裂纹可能穿透管壁造成高压管道蒸汽泄漏，导致机组被迫停运，造成较大的经济损失。为此经过分析调研，积极探索解决该问题的办法。

改造方法：通过对水冷壁中间集箱宽鳍片的防磨防爆检查，对存在的宽鳍片碳化裂纹逐一打磨消除后，对穿孔部位进行修复，待验收合格后在宽鳍片内侧加装防高温辐射装置，通过减少鳍片接受高温火焰的辐射热来避免鳍片超温出现大面积碳化裂纹，从而提高水冷壁运行稳定性。

### （4）高温再热器倒 U 形弯改造

改造原因：高温再热器炉内前部管屏吊挂为倒 U 形管圈布置，管子之间设计吊挂板材质为 1Cr18Ni9Ti，管子材质为 SA-213T91，两种材质焊接在一起，在锅炉长期运行后，存在焊缝脱焊、大面积焊缝裂纹和管子母材被拉裂现象，严重影响机组安全稳定的运行。

改造方法：对锅炉高温再热器前部管屏吊挂进行整体更换，把管屏吊挂整体移至炉顶棚上部。倒 U 形管外数第 1～8 圈原为定位筋焊接连接方式，现更改为连环抱箍连接方式，再与炉外吊挂耳板焊接固定；倒 U 形管外数第 9、10 圈由于结构问题，无法改为抱箍连接，故两侧定位筋焊接连接方式不变。将吊杆下部截短 1.53m，并加工螺纹重新利用，同时将吊挂耳板、吊挂钢板、吊挂板上移 1.53m。通过改造，消除了原吊挂板与管子母材间存在的大面积焊缝裂纹及管材裂纹，并通过优化管屏吊挂方式，消除了管屏在吊挂部位出现疲劳裂纹的风险，有效提高了高温再热器运行的稳定性。

### （5）高温再热器和末级过热器出口异种钢移位改造

改造原因：由于高温再热器和末级过热器出口异种钢在距离顶棚管约 30mm 左右的位置设计有 TP347 和 T91 的异种钢焊口，在锅炉运行中，异种钢焊口所处位置靠近顶棚管的炉膛内侧，不仅受到炉内高温烟气的影响，还受到管屏的摆动产生的弯曲应力影响，这些会引起异种钢焊缝提前失效而发生爆管泄漏。根据技术分析及调研了解，将该异种钢焊口移到大包内，可有效解决该问题。

改造方法：先将原异种钢焊口移位至大包内，再将原异种钢两侧管材割除，更换为新的异种钢管件，异种钢焊口在大包内，异种钢下部为 TP347 管材，异种钢上部为 T91 管材，异种钢焊缝由工厂完成，现场两焊口为同种钢焊接，在与顶棚管密封鳍片结合处用套管与穿墙管焊接。通过改造，可有效降低原异种钢焊缝失效的可能性，提高受热面运行的稳定性。

## 二、案例实践效果

### （一）综合效益

近 5 年来，公司实现了 1 号机组锅炉受热面连续 5 年零泄漏，2 号机组锅炉受热面连续 3 年零泄漏的好成绩，不仅提高了机组运行的安全稳定性，也有效提高了机组的经济效益。

如 1 台 600MW 的机组按满负荷发电计算，每停运 1 天则少发 1440 万 kWh 的电，1kWh 电按盈利 0.09 元（存在波动时取平均值）计算，则每停运一天将亏损 129.6 万元，如爆管 1 次按停运 6 天计算，则停运 1 次少发电导致的亏损将达到 777.6 万元，再加上机组启停的电费、加热蒸汽、水等损失，爆管被迫停炉每次将亏损 800 万元以上。按每年每台炉爆管 1 次计算，近 5 年来，由于受热面防磨防漏质量提升，可减少损失 6400 万元以上。

### （二）第三方评价

由于本案例在受热面防磨防爆管理上实用性强、管控措施详细高效，在受热面治理方面取得了较好的应用效果，得到了公司领导的高度肯定，同时也得到了机组检修单位、检修监理单位及防磨防爆检查单位的高度好评。

### （三）行业推广前景

锅炉受热面防磨防漏管理的质量直接影响着锅炉受热面检修的整体质量，管理质量的提升对减少锅炉非计划停运，保障锅炉正常运行的可靠性，提高企业安全性和经济效益尤为重要。本案例基于我公司锅炉受热面多年来的防磨防漏管理实践，锅炉专业组通过不断地总结梳理，从机组防磨防漏前期准备、消缺管理、分析与总结、可靠性提升管理各方面开展工作，形成了一套自己的管理模式，积累了宝贵的经验，为同类型电厂开展锅炉受热面防磨防漏管理提供经验借鉴，具有较强的推广价值。

（李文举　陈俊彬　周荣　郭伟康　陈少毅）

# 燃机进气系统防冰除湿系统改造

## 一、案例基本情况

### （一）单位基本情况

北京京丰燃气发电有限责任公司（以下简称京丰公司）是北京能源集团有限责任公司所属北京京能清洁能源电力股份有限公司的全资子公司，以发电、采暖供热为主营业务，现运行一套M701F3型燃气机组。京丰公司多年来实现了安全供热"零非停、零限热"的目标，燃机充分发挥了启动速度快、调峰性能好的优势，树立了企业履职尽责、服务社会的良好形象。

### （二）案例具体实践

#### 1. 案例背景

京丰公司1号燃机主要由进气系统、压气机、燃烧器、透平、排气段等部分构成（如图1所示）。来自外界的空气通过进气过滤系统、进气室和进气缸后被吸入压气机。

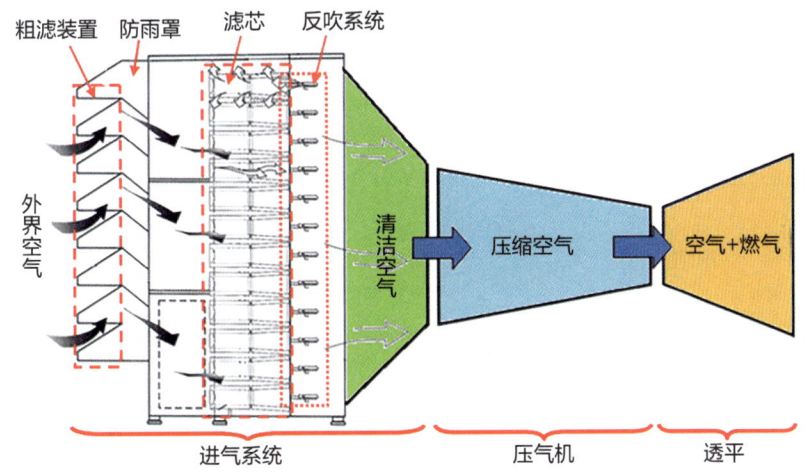

图1 燃机空气流向

进气系统是燃机必不可少的辅助系统之一，作为外界空气进入燃机的唯一一道防线，对燃机及整个电厂的安全运行起着举足轻重的作用。作为燃机的重要组成部分，进气过滤器由于其材质特性等原因，在空气湿度变化较大时会产生滤网压差升高，即湿堵现象。北京地区在秋冬季受雨雪天气以及雾霾的影响，空气湿度变化较大，导致湿堵现象频发，对北京地区燃机电厂的安全稳定运行造成了较大影响。当空气相对湿度大于90%时，滤网压差急剧上升，造成燃机不能平稳安全运行。尤其在冬季供热时期，该现象频繁发生，大大影响了燃机的运行安全性和经济性。京丰公司在2013年4月—2014年10月使用一套某进口品牌过滤器，该过滤器初始压差为240Pa（200MW时），根据负荷的不同，在400~650Pa区间运行，遇到恶劣天气时精滤压差接近报警值。

为了解决上述湿堵问题，京丰公司拟采用进气加热的技术手段抽取燃机压气机排气，将其喷入燃机进气系统防雨罩前的冷空气中，从而提高燃机入口空气的温度，提高其相对湿度，防止进气过滤器出现湿堵现象。

### 2. 原理说明

本案例总体思路是结合京丰公司设备情况确定加热热源为压气机末端抽气。将压气机末级排气引向过滤器前，同时防止过滤器及IGV结冰。

在IGV处，空气析出的水若仅以液态进入压气机中，对燃机影响较小，但若凝成冰晶，会对压气机叶片造成较大的点蚀，影响机组安全。

从过滤器除湿角度出发，过滤器空气湿度在85%以上时，阻力增加幅度较大，所以只需要保证过滤器后的相对湿度低于85%即可。经过试验，空气流经过滤器时会有0.6℃的温降，可以使相对湿度增加5%，所以，只需将加热后的空气相对湿度控制在小于80%即可满足过滤器的除湿要求。通过CFD仿真建模优化喷嘴布局、数量，通过燃机燃烧调整试验，确认燃机在不同负荷工况下允许最大抽气量，同时对IGV开度进行补正，确保燃机空燃比始终处于安全裕度内，确保整套机组运行安全。

### 3. 性能试验情况

按照可能发生的工况选择了4个负荷点：50%、75%、90%、100%，分别进行每个负荷点下最大允许抽气量的性能试验。燃机进气加热温升在燃机100%负荷条件下达到7.89℃，进气防冰除湿系统加热效率在99%以上，能够达到设计要求。图2统计的是4个负荷点的温升情况。（环境温度15.7~16.16℃）

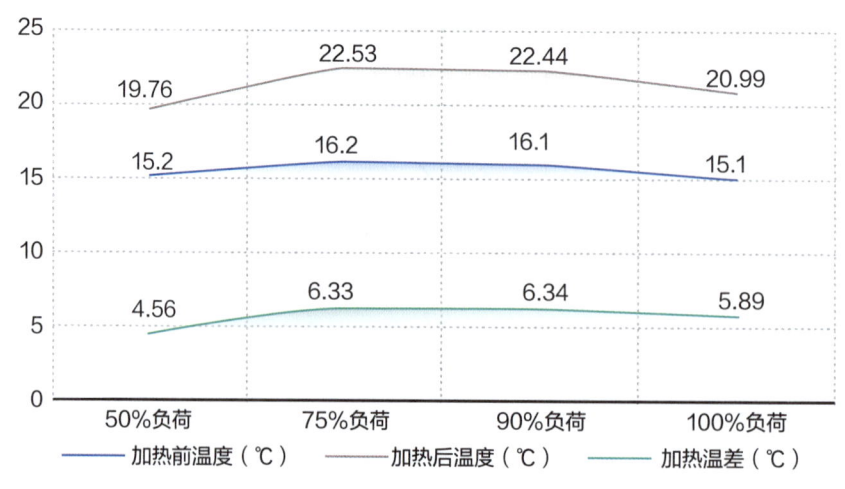

图2　4个负荷点的温升情况

图 3 统计的是 4 个负荷点下的湿度下降情况，由图可看出，无论在哪个负荷点均可以将湿度控制在 10.43%～11.8%。

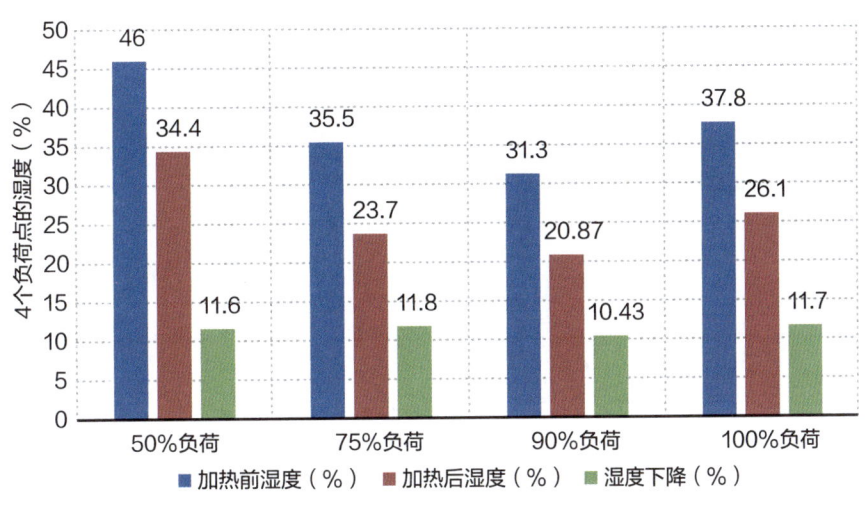

图3　4 个负荷点的湿度下降情况

### 4. 创新点及专利授权情况

（1）创新点

国内首次在 F 级重型燃机进气装置成功实施防冰堵湿堵改造，提高了进气装置精滤前的空气温度，有效降低了进气湿度；将热空气喷嘴置于防雨罩内，既便于维护检修，又降低了系统投运噪声；优化了防冰系统投运的控制逻辑，通过燃烧调整试验，对燃机 IGV 控制曲线进行优化，使机组在不同负荷工况下，燃机空燃比始终处于安全裕度内，确保整套机组运行安全。

（2）专利授权情况

本案例已授权两项实用新型专利，分别是"一种内置式燃气轮机进气系统防冰除湿装置"（申请号：ZL 2016 2 0776225.0）和"一种外置式燃气轮机进气系统防冰除湿装置"（申请号：ZL 2016 2 0776223.1）。

## 二、案例实践效果

### （一）综合效益

#### 1. 案例实践情况

（1）冬季案例。京丰公司查阅冬夏两季的两次恶劣天气，由于防冰除湿装置的投入，空气过滤器压差明显下降，成功避免了过滤器湿堵现象的发生。以 2016 年 11 月 20 日投用为例：10 时起，过滤器压差开始上升。14时40分空气湿度达到90.56%，防冰除湿装置在投入热备用状态后过滤器压差就开始迅速下降，50分钟之内由0.57kPa下降至0.42kPa；当A调节阀开启至15.1%（允许全开为37%）时，压差下降至0.2kPa以下，防冰除湿装置关闭后压差稳定在0.30kPa左右，投用效果明显。投运效果见图4。

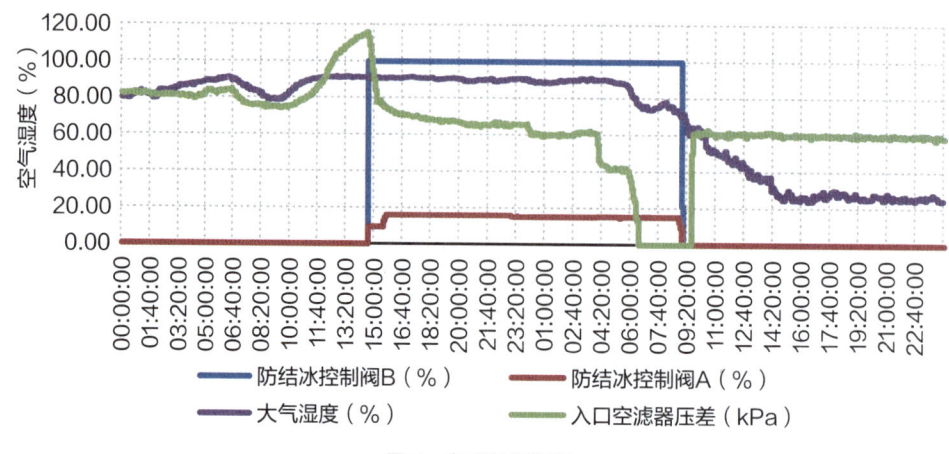

图4　冬季投运案例

（2）夏季案例。2017年7月4日阵雨，过滤器压差持续走高，8时15分，空气湿度达到97.55%，防冰除湿装置投用。热备用状态下，20分钟之内由1.36kPa下降至1.2kPa。当A调节阀开启至11%（允许全开为37%）后，压差下降至0.67kPa以下，防冰除湿装置关闭。防冰除湿装置的投用明显控制了过滤器压差的上升趋势，有效保证了燃机的安全运行。投运效果见图5。

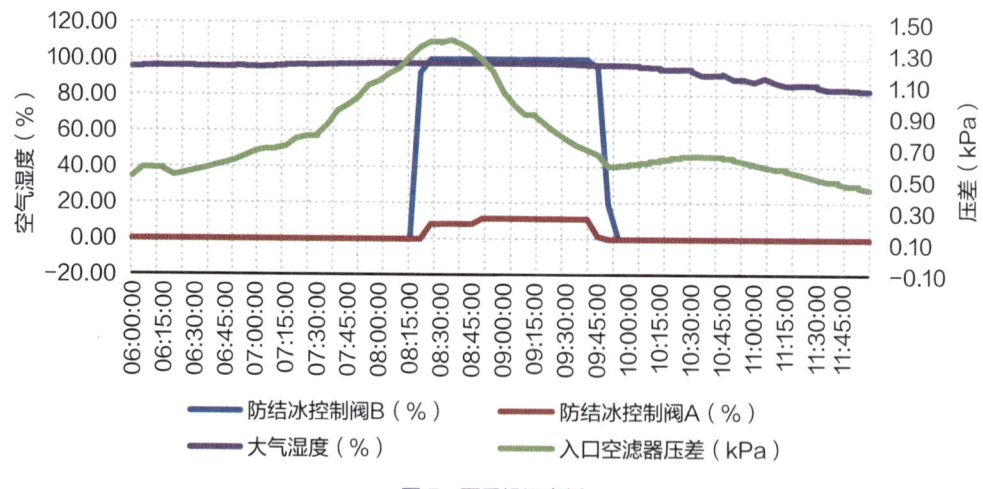

图5　夏季投运案例

### 2. 效果归纳

通过上述实际使用案例可证明，进气系统防冰除湿装置的投入，从根本上解决了燃机进气系统因低温、高湿环境所产生的冰堵、湿堵导致空滤器压差升高的问题，保证了进气系统100%的可靠性。

### 3. 经济效益

资料显示，压气机入口过滤器差压每增加100Pa，机组热耗率增加2kJ/kWh。按每降低100Pa

计算，核算减少燃气成本 1342 元。京丰公司空滤器运行平均压差为 0.4kPa，压差报警压差为 1.5kPa，则每投入 24 小时防冰除湿装置产生直接经济效益约 1.5 万元。

查历史数据，当燃机空滤器压差增大导致燃机负荷降低 10MW 时，燃机热网抽汽量下降约 10t/h，则每 24 小时损失供热量约 648GJ，因压差升高造成供热经济损失约 5.63 万元。

2016 年至 2020 年京丰公司防冰除湿装置总计投入时间约为 106 天，产生直接经济效益约 755.78 万元。

### 4. 社会效益

本案例首先应用于京丰燃机进气系统，使其能够在极端天气下安全稳定运行，保证冬季供暖任务的顺利完成。同时，在高湿度、低气温天气条件下，本案例能够有效降低燃机进气压损，减小压气机耗功，提高燃气机组的运行经济性，从而减少温室气体及 $NO_x$ 排放。

京丰公司作为单台机组运行电厂，担负着所在地区的采暖供热任务，是地区冬季供热的唯一热源点，冬季运行中机组达到 360MW 以上才能基本满足地区供热的需求。该系统投入使用以来，消除了燃机进气系统空滤器压差急剧升高的现象，避免了机组跳机或降负荷运行，确保了地区供热需求的连续性及稳定性。

## （二）第三方评价

京丰公司委托中国科学技术信息研究所完成成果查新，具体内容如下。

### 1. 查新项目的科学技术要点

（1）**所属领域**。9F 级燃气轮机进气装置改造。

（2）**背景**。华北地区 9F 级燃机在秋冬季雨雪天气下常出现空气滤芯湿堵、冰堵现象，导致燃机进气系统过滤器压差急剧上升，对安全稳定运行产生较大影响，而国内在役的 9F 级燃机在设计之初无应对此种现象的有效技术措施。

（3）**解决问题**。解决了燃机进气系统冰堵、湿堵导致的空滤器压差升高问题。采取对燃机进气系统进行改造，充分利用燃机进气罩内部空间，以燃机压气机排气为气源，气源在通过截止阀、调节阀等设备及加热气源管引至燃机进气罩壳内的进气滤芯、滤袋前，经矩阵布置的喷嘴喷出，通过热工表计监测，达到加热、干燥燃机压气机进气的作用，实现防冰除湿功能，避免进气滤芯因结冰、过度潮湿造成压差骤增。改造后通过对防冰除湿系统投运工况下的燃机进行逻辑修正及燃烧调整，实现在防冰除湿系统运行下燃机安全运行。

（4）**达到的效果**。多年实践证明，加装防冰除湿装置能很好地解决冰堵、湿堵问题，确保湿度大、雨雪天气时燃机进气系统压差可控，机组连续安全稳定运行，效果显著。

### 2. 查新点与查新要求

燃机防冰除湿装置包括加热气源管、喷嘴、截止阀、调节阀、热工表计，以燃机压气机排气作为防冰除湿系统气源，在原有进气罩壳内的精滤和粗滤前矩阵式布置喷嘴，气源从喷嘴中喷出，用于加热并干燥燃机压气机进气，改造后对燃机在防冰除湿系统运行的工况下进行逻辑修正和燃烧调整，设定不同负荷下的机组正常运行时的燃空比及控制逻辑。查找国内是否有以上查新点技术特征的公开文献报道。

### 3. 文献检索范围及检索策略

检索国内中文科技期刊数据库（PSTP）、中国科技成果数据库（CSTAD）、中国专利数据库（PATENT）、中国学术会议论文数据库CACP）、中国学位论文数据库（CDDB）、万方数字化期刊数据库、中文科技报告等有关中文数据库20个，其中年份最长的"中国学术期刊（网络版）（知网版）"从1915年至2021年。

检索部分互联网资源，如：佰腾科技专利检索平台（http：//www.baiten.cn）、百度搜索引擎（http：//www.baidu.com）。

### 4. 查新结论

该查新项目为9F级燃机进气装置防冰除湿技术研究及应用。根据该项目查新点所述的技术特征，经对上述数据库中的国内公开文献进行检索，结果表明如下。

所查相关文献中，文献1~2是该委托单位发表的相关文献，分别刊载了一种内置式燃气轮机进气系统防冰除湿装置和一种外置式燃气轮机进气系统防冰除湿装置，与该查新点提及的燃机构造部分相似，但均未提及采用燃机压气机处理排气或进气过程，也未明确提及在精滤及粗滤前矩阵式布置喷嘴，与查新点所述技术特征不完全相同。

文献3~7均涉及燃气轮机的防冰除湿装置。上述4篇文献中提及的装置组成结构与查新点所述相似，但均未明确提及使用燃机压气机排气或进气操作、在精滤及粗滤前矩阵式布置喷嘴或综合调整保证机组正常运行，与查新点所述技术特征不完全相同。文献7报道了M701F3燃气机组压气机进气高效过滤器的应用研究，得出压气机进气滤网压差变化对燃气轮机机组性能的影响规律，但该文并未提及燃机的组成构造或防冰除湿效果，与查新点所述技术特征不同。

综上，在以上国内文献检索中，本次检索已见该委托单位发表的文献与查新点所述技术特征部分相同，但未见有与该项目查新点所述技术特征完全相同的国内公开文献报道。

## （三）行业推广前景

此案例是国内首次对在运F级燃机防冰除湿装置的研究应用工作，在实施过程中获得了多家兄弟电厂及燃机OEM厂商的关注。北京、天津等曾出现同样问题的多家电厂也到京丰公司进行现场调研，曾有4家电厂联络设计施工单位洽商改造合作，天津2家电厂的4台机组已借鉴此技术完成改造。本案例顺利实施并通过实践验证，已将此工作形成产业化项目，为燃机发电企业安全运行提供保障。

（郭赞　冷刘喜　任默　南补连　张燕滨）

# 胆大心细，注重积累，才能把好设备的"脉"

## 一、案例基本情况

### （一）单位基本情况

珠海深能洪湾电力有限公司（以下简称洪湾电厂）成立于1991年，位于广东省珠海市横琴自贸区，由深圳市能源集团有限公司控股。

2004年，洪湾电厂引进GE公司生产的S109E燃气发电机组配套国产锅炉、汽轮机进行"以大代小"技术改造工程，2005年11月实现2台18万千瓦燃气—蒸汽联合循环机组发电。洪湾电厂是广东电网燃气调峰机组重要的黑启动电源点，现有的9E机组是广东省唯一一家成功实施黑启动的机组。目前洪湾电厂正在扩建2×400MW级（F级改进型）"一拖一"分轴燃气—蒸汽联合循环热电联产机组，计划2024年投产。

### （二）案例情况

2021年5月26日，洪湾电厂6号燃机正常启动至空载满速，程序自动合上励磁开关投励后，发电机机端电压未建立，22秒后出现"励磁时间过长"报警，同时励磁开关跳闸，投励失败。

洪湾电厂6号发电机为英国BRUSH原装发电机，型号为BDAX9-450ERH，额定容量为141MVA，励磁机型号为BX20.18，励磁调节器为MICROREC K4.1，发电机保护为P343，控制系统为GE公司MARK Ⅵ e。

由于各种原因，原厂家英国BRUSH未能提供发电机结构图，不能提供技术支持，因此现场维修人员面临以下问题。

无法快速准确地找到故障点并正确决断机组是否停运。

英国BRUSH的发电机无电刷滑环，维修人员不知道如何做动态RSO试验。

若做完发电机转子动态RSO试验，在专家给出的初步结论为正常的情况下，如何进行下部决断。

故障判明后，发电机转子需要返厂检修，无法确定是送英国BRUSH原厂，还是在国内找一家发电机厂进行维修。

## (三)案例具体实践

### 1. 总体思路

本案例遇到进口设备无技术支持的通病,这类问题更需要我们专业技术人员打破常规,敢于创新,不固守现有的思路和方法,不迷信国外技术垄断优势,结合实际,利用现有技术力量,创造性地发散思维,同样可以达到解决问题的目的。

(1)胆大心细,注重知识积累

设备出现故障后,第一要务就是要快速准确地找到故障点。像本次这么复杂的系统出现故障,如何才能把好"脉",关键在检修人员平时对设备状态的了解。作为一名检修人员,不一定要有多少高深的理论知识,但一定要知道设备正常时的每一个参数、每一种状态。

可以把本次故障设备分为四部分:励磁调节器、励磁机、发电机转子、发电机定子及PT。首先必须判断故障部位,缩小故障范围。

"投励同时测量整流桥后直流电压约12V,就地测量励磁机定子绕组进线端子直流电压也是12V",这说明励磁调节器是好的,因为平时做空载试验时也是这个值。

"投励同时测量整流桥后直流电压约12V,机端二次电压(两组绕组)约800mV",空载满速时,在不投励的情况下,正常机端二次电压(两组绕组)应该有3V左右,故障时只有800mV左右。可以判断发电机转子在3000r/min时存在开路和或转子短路故障,接下来的工作只是验证的问题。

发电机转子在3000r/min时,通过测量直流电阻或交流阻抗来判断发电机转子是否存在开路,此方法简单可行。

但如何找到转子开路或短路的具体位置"点",目前比较有效率的办法是RSO试验,把故障时的RSO试验曲线与正常时的RSO曲线进行对比,通过比较转子正、负极两条检测曲线从正峰值开始的下降曲线是否完全重合,是否符合转子绕组对地分布电容减小的特征,从而判断出了转子开路的具体位置在发电机转子极间连接线的中点处。

(2)对症下药,妙手回春

发电机转子线圈维修绝对是"大手术",更何况我们的机组是英国原装进口设备。

首先,要选对"医院",上海电气电站设备有限公司发电机厂(以下简称上海发电机厂)隶属于上海电气集团股份有限公司电站集团。企业融合了上海发电机厂40多年汽轮发电机制造的成熟经验与西门子公司的先进技术与管理经验,在汽轮发电机行业处于领先地位,代表着国内先进的技术和工艺。

其次,确定"手术"方案,由于该转子每个磁极是7个线圈,开路故障点刚好在转子表层,拨开护环后,采用新工艺、新方法,拆除断裂的两极极间连接线,重新配做后更换,既可减少修复过程对原有线圈的伤害,也可大大缩短抢修工期和抢修费用。

最后,由于转子绕组开路的直接原因是端部线圈圆角无支撑,采取了优化最外侧端面垫块结构、加装弹簧板的措施,弹簧板的作用为配合圆角线圈吸收运行过程中转子线圈的轴向膨胀量,防止频繁的调峰运行工况导致圆角线圈出现蠕变现象,最终造成圆角线圈断裂的后果,通过优化该结构可有效提升机组的调峰能力。

（3）发电机转子线圈开路故障判断和处理流程

具体流程见图1。

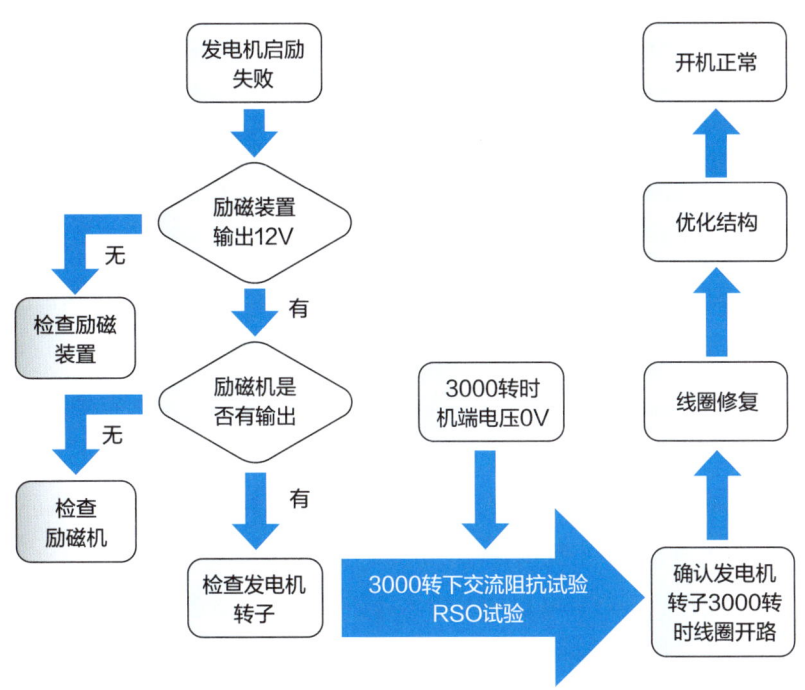

图1 发电机转子线圈开路故障判断和处理流程

## 2. 主要做法

（1）沉着冷静，准确判断

起励失败是发电机启动过程中常见故障之一，导致起励失败的因素有很多，但多数情况是由于励磁装置本身的故障引起的。首先应当检查调节器在起励前是否处于正常的准备开机状态，如交、直流刀闸、灭磁开关、PT 刀闸、起励电源开关等是否均合上；然后再检查是否有起励电源，PT 保险是否熔断，PT 回路的接线是否松动，等等。如果这些都正常，就需要切换一个通道起励。如果能够正常起励，那么就说明是调节器通道内的原因；如果无法正常起励，则应当检查起励回路、脉冲公共回路、可控硅整流器、励磁定子和转子回路是否有接地或者短路等。

现场通过检查燃机控制系统、发电机保护、励磁变、励磁开关、励磁通道、熔断器、整流桥等设备，均未发现异常，通过切换通道，手动投励、手动投强励等均重复上述操作。投励同时，测量整流桥后和励磁机定子绕组进线端子直流电压，若是 12V，机端二次电压（两组绕组）为 800mV，可以初步排除励磁通道、电压测量回路故障。

根据以上检查结果，怀疑故障存在于励磁机或发电机转子部分，建议机组停机检修。

（2）严谨认真，仔细排查

2021 年 5 月 26 日 20 时，燃机停机至零转速后，项目负责人组织电气专业人员连夜打开励磁机后端盖检查励磁机内部情况，主要是励磁机旋转部分、整流二极管、熔断器、散热器、转子接地检测装置、引线等。

电气检修人员对励磁机定子绕组、电枢绕组、发电机转子绕组测量绝缘、直阻等进行检测，与历史数据对比未见异常。检查熔断器均正常，检查二极管，发现 5 号二极管疑似反向击穿，测量反向电压约 54V 时导通，更换新二极管，剩余 11 个二极管未见异常。再次检查确认无异常后恢复励磁机后端盖，投盘车，准备启机空载满速投励试验。

2021 年 5 月 27 日 2 时，运行当值启动燃机到空载满速，手动投励后现象与之前对比无任何变化，仍然无法建立机端电压，各测量点数据也与之前无变化。停机，再检查发电机定子，机端封闭母线，变压器低压侧，PT 一、二次侧，机端出口电容，避雷器等各个元件，均未发现任何异常。电气检修人员感觉现有手段和技术无法有效排查故障。

（3）逐一排查，柳暗花明

为尽快找到故障点，项目负责人着手联系广东电科院专家及技术监督单位。

2021 年 5 月 27 日 12 时，广东电科院励磁专家到厂，对励磁控制系统做小电流试验，验证励磁控制系统输出和调节均正常。

2021 年 5 月 27 日 17 时，广东电科院发电机专家到厂，了解情况后做发电机静态 RSO（转子匝间绝缘重复脉冲）和转子静态交流阻抗试验，与历史曲线和数据对比无异常。

2021 年 5 月 27 日晚上做励磁机电枢绕组输出验证试验，小负载（3V 小灯泡和保险丝）验证。盘车转速下灯泡亮、保险丝烧断，证明励磁机电枢绕组以及二极管有电压电流输出。

转子静态试验未发现问题，结合之前机组动态工况下的现象，决定做动态试验，因 BRUSH 发电机他励无电刷滑环，需另行加工配件创造试验条件。

2021 年 5 月 28 日 9 时，加工人员进厂测量尺寸，18 时加工件到厂安装，21 时安装并接线固定完成。

分别做盘车和高盘转速下 RSO、交流阻抗试验，均未发现异常。启机空载满速下做 RSO 试验，由于高转速下临时滑环固定部分有松脱现象，为保证人身安全，试验中止，停机重新固定后再继续试验。

2021 年 5 月 29 日 17 时，再次启动至空载满速做 RSO 试验和交流阻抗试验，在 3000r/min 下试验，结论验证转子有开路缺陷。

（4）转子维修，困难重重

初步查明故障情况后，洪湾电厂立即研究讨论维修方案。2021 年 5 月 31 日，公司召开 6 号发电机故障分析会，由于事发突然、情况特殊、时间紧迫，会议决定委托上海发电机厂对转子进行维修；委托深圳合力机电有限公司（以下简称深圳合力）抽穿发电机转子，并按照规范要求对发电机定子、转子做相关试验、检查、修复处理。2021 年 6 月 1—5 日，现场开始施工，做转子抽前相关试验。2021 年 6 月 5 日，抽出转子并打包装车，同日发往上海发电机厂。

2021 年 6 月 8 日 22 时，发电机转子抵达上海发电机厂。

2021 年 6 月 9 日 8 时 20 分，现场工作人员开始为加热风扇做准备。因发电机转子厂家无图纸，技术人员对发电机护环及风扇具体情况不了解，项目负责人遂同上海电气的工程师们拆除护环上的定位螺栓敲开槽契，用孔探仪检查护环下的情况。采用多种方式加热风扇轮，因风扇是采用 98% 的铝加锰及其他元素整体铸造而成的，铝的导磁性比较差，故温度上升较慢，风轮温度上升至 135℃，不再上升，中频加热器由于长时间运行保护跳闸，给中频加热器加大冷却，跳闸情况依然如此。经过厂家技术人员反复研究讨论提出定制两个大铁环，固定在风轮两侧，紧挨风轮，用中频加热器加热铁环，铁传热至风轮。

2021年6月11日21时30分，铁环加工件送至厂区，技术人员马上安装风轮两侧大轴用铜片包裹，加工件套在大轴上紧靠风扇环，加工件与铜片间用1cm树脂条隔开，中频加热器绕两圈在加工件上，22时安装完毕后开始加热，23时成功拆下风扇环。

2021年6月12日8时，采用中频加热的方式开始加热护环，13时50分护环温度上升至400℃，成功拆下护环。发现转子线圈端部第七个线圈，左侧过桥线（从励磁端看）圆角处断裂下垂，右侧过桥线圆角处有明显断开点，到此终于看到了故障点，并与RSO试验结果一致。

修复过程主要围绕以下三点进行复装工序。

拆除断裂的两极极间连接线，重新配做后更换。

修复端部线圈表面破损的绕包绝缘，并清理可见位置的线圈表面及各回用的部件，提升转子的清洁度。

优化最外侧端面垫块结构，加装弹簧板，弹簧板的作用为配合圆角线圈吸收运行过程中转子线圈的轴向膨胀量，防止频繁的调峰运行工况导致圆角线圈出现蠕变现象，最终造成圆角线圈断裂现象，通过优化该结构可有效提升机组的调峰能力。

上海发电机厂专家分析线圈开路的原因为端部线圈圆角无支撑，机组运行过程中靠线圈圆角吸收转子线圈的轴向膨胀量，因此，当机组长期处于调峰运行或者频繁启停工况时，线圈圆角随应力变化，温度升高会增加蠕变速度导致极间连接线的圆角线圈出现塑性变形，最终导致圆角区域出现断裂。

转子修复后，按要求进行相关试验，各项试验均合格，满足出厂条件后于2021年6月23日晚上装箱发车运回电厂。

## 二、案例实践效果

### （一）综合效益

本次故障抢修项目负责人带领团队，在洪湾电厂领导的大力支持下，在广东电科院专家的协助和施工单位的配合下，从2021年5月26日6号发电机发生故障，到2021年6月30日6号发电机修复回装完成，并网带满负荷运行正常，总的维修工期为35天，总维修费用约为80万元。对比返回英国BRUSH原厂的维修工期及维修费用均大幅减少。他们以最快的速度、最少的成本、最高的质量圆满地完成了此次机组的抢修任务。

### （二）第三方评价

由于本案例的特殊性，加上故障查找和故障处理的难度具有一定代表性，本案例获得广东省技术监督单位的高度评价，在2021年广东省绝缘技术监督大会上，项目负责人代表洪湾电厂把本案例处理的经验进行了分享。

本案例获得深圳能源集团股份有限公司领导的高度好评，并获得该集团公司举办的"持证上岗 案入匠心"生产一线案例大赛一等奖。

### （三）行业推广前景

本案例转子开路故障实属罕见，行业内发生的概率极低，具体表现在以下几点。

发电机转子在静止状态和中、低转速时所有试验项目都是合格的。

转子线圈的断开点刚好在转子线圈的中点位置，RSO曲线完全重合，很难一下子做出判断。

转子线圈只有在接近3000r/min时故障才出现。

由于本案例故障设备是原装进口设备，没有原厂家图纸资料以及技术支持，并且在国内同类型设备中为首次出现，因此本案例设备故障判断及故障处理尤为艰难。参与维修的各方人员共同努力，解决了一个又一个的技术难题，打破了国外厂家的技术壁垒，积累了极其宝贵的经验，为同类型原装进口设备的故障判断及处理提供了范本，本案例具有较强的推广价值。

（易文平）

# 探索构建基于技术监督评价的可靠性管理新机制

## 一、案例基本情况

### （一）单位基本情况

国家能源局南方监管局（以下简称南方能源监管局）是国家能源局派驻南方区域的监管机构，根据国家有关法律法规和国家能源局授权，依法履行对广东、广西、海南三省（区）[以下简称三省（区）]电力等能源行业的监管和行政执法职责，并协调云南、贵州有关跨省能源监管业务。

### （二）案例具体实践

#### 1. 总体思路

技术监督是提高设备可靠性水平的重要手段。电力技术监督是在生产运行全过程中对相关技术标准执行情况进行检查，对电力设备设施和系统安全、质量、经济运行等有关重要参数、性能指标开展监测和评价。电力技术监督始于 20 世纪 50 年代初，源于苏联。1963 年，原水利电力部明确把电力设备技术监督作为我国电力生产技术管理的一项具体内容。随着电力系统、电力技术的不断发展完善，电力技术监督的工作内容、技术标准也日趋完善，在保证设备设施状态良好，确保电网安全稳定和电厂满发、稳发等方面发挥了积极作用。

然而，近年来随着电力企业的改革重组、政府职能的优化调整，有些地方电力技术监督逐渐演变成为电力企业的自主行为，不同市场主体对技术监督工作的认识不同、重视程度也不同，技术监督体系的运作模式、技术监督工作开展的效果等都存在较大差异，部分企业存在技术监督管理弱化、监督体系不健全、技术监督能力不足等问题，同时随着市场主体数量的快速增长和性质多元化、模式多样化，电力技术监督工作出现了一些新的管理难题。

《电力可靠性管理办法（暂行）》（国家发展和改革委员会令 2022 年第 50 号）明确了国家能源局派出机构、地方政府能源管理部门和电力运行管理部门根据各自职责和国家有关规定负责辖区内的电力可靠性监督管理。为充分发挥电力可靠性管理在电力供应保障工作中的基础性作用，不断提高发电设备可靠性水平，南方能源监管局探索构建了基于技术监督评价的可靠性管理新机制，以提高发电可靠性水平为目的，以技术监督评价为手段，依托技术支撑单位，以监管大数据指导企业提升可靠性管理水平，充分发挥技术监督作为电力企业技术管理的重要指导、支撑和补充作用。2021 年、2022 年每月分别对辖区 106 家主要火力发电厂、44 家主要水力发电厂开展技术监督定期评价试点工作，并分别于试点一年后正式实施，督促发电企业建立和完善厂级技术监督体系，严格履行技术监督主体责任，同时在电力行业内共享技术监督成果，促进发电安全稳定运行水平整体提升。

### 2. 主要做法

（1）充分发挥机制引领作用，建立发电企业技术监督定期评价机制。以保证电力供应安全、电力生产安全为出发点，以省级调度机构直调的火力发电厂为试点，逐步完善、推动技术监督评价机制，同时发布开展试点通知，进一步规范评价的工作流程、内容和周期等。经过一年试点，机制运行已基本完善，发电企业技术监督工作进一步增强，电力可靠性水平明显提高。2022年技术监督评价已在三省（区）主要火力发电企业正式实施，并扩展至省级调度机构直调的水力发电厂试点，试点一年后正式实施。

（2）着力压实企业主体责任，推动发电企业健全技术监督管理体系。指导技术支撑单位每月对发电企业技术监督体系完善和运作情况进行评价，并提出监管意见和要求，其间分别印发《关于在广东、广西、海南三省（区）开展火力发电企业技术监督定期评价试点工作的通知》（南方监能安全〔2020〕419号）、《关于在广东、广西、海南三省（区）开展火力发电企业技术监督定期评价工作的通知》（南方监能安全〔2022〕90号）、《关于在广东、广西、海南三省（区）开展水力发电企业技术监督定期评价试点工作的通知》（南方监能安全〔2022〕100号）、《关于在广东、广西、海南三省（区）开展水力发电企业技术监督定期评价工作的通知》（南方监能安全〔2023〕89号）、《关于做好发电企业技术监督工作 有效遏制发电机组非计划停运的通知》，指导三省（区）发电企业履行技术监督主体责任，建立厂级领导负责的技术监督管理机构，完善厂级领导负责的三级技术监督组织管理体系，并按技术监督专业类别组建三级技术监督网络，其中火力发电企业涵盖金属、化学、绝缘、热工、电测、继保、励磁、汽（燃）机、锅炉、自动化等10个专业，水力发电企业涵盖水工、金属、化学、绝缘、热工计量、电测、继保、励磁、水机、自动化等10个专业。

（3）定期通报典型共性问题，督导发电企业加强风险隐患排查整治工作。紧盯苗头性、倾向性问题，充分发挥技术监督大数据在促进趋势性、普遍性、家族性风险隐患排查治理中的积极作用，指导技术支撑单位开展专项安全风险隐患排查整治工作，每月评价发电企业主要设备运行状况及可靠性指标，就存在的问题提出监管意见和要求，打破了发电企业间的管理和技术壁垒，有效减少了三省（区）发电企业因同类型隐患造成的非停和限负荷事件。

2021年度，南方能源监管局通过技术监督评价及时通报典型共性问题，要求发电企业对照开展风险隐患排查整治工作，有效避免同类问题再次发生（见附件2）。如针对广东电力系统特点，技术支撑单位对"防止功率振荡""燃机供气站保护逻辑优化""燃煤掺烧技术"等问题进行研究，并指导相关发电企业落实整改要求，全年监督体系内发电企业未再发生功率振荡、因燃煤质量问题引起"限负荷"、因供气站保护逻辑问题引起机组非停的情况。

2022年度，南方能源监管局根据技术监督评价发现的典型共性问题，提出了主要技术监督管理意见和要求（见表1），要求发电企业举一反三，开展风险隐患排查整治，防范遏制同类情况发生。发电企业积极落实监管意见，并按要求报送落实情况，提高了技术监督体系的运转效率。

表 1　主要技术监督管理意见和要求

| 分类 | 序号 | 主要技术监督管理意见和要求 内容 | 电力安全信息通报期号 |
|---|---|---|---|
| 专项排查 | 1 | 开展制粉系统防堵防爆（燃）安全隐患排查及综合治理工作 | 2022 年第 6 期（总第 24 期） |
| | 2 | 开展插入式取样器设备安全隐患排查、治理 | 2022 年第 8 期（总第 26 期） |
| | 3 | 开展机组重要设备保护系统及元件安全隐患的排查、治理专项工作 | 2022 年第 10 期（总第 28 期） |
| | 4 | 开展 1Cr5Mo 螺母滑脱重大安全风险排查、治理 | 2022 年第 12 期（总第 30 期） |
| | 5 | 开展上海电气集团 F 级燃气—蒸汽联合循环机组汽轮机中压外缸上下缸温差大风险排查、治理 | 2022 年第 14 期（总第 32 期） |
| | 6 | 开展发电机本体及其出口相关设备的安全隐患排查、治理 | 2022 年第 16 期（总第 34 期） |
| | 7 | 开展 ABB 控制系统保护联锁模件和系统通信模件的安全隐患排查和故障预判 | 2022 年第 18 期（总第 36 期） |
| | 8 | 开展防止发电机组断油烧瓦事故专项隐患排查、治理 | 2022 年第 20 期（总第 38 期） |
| | 9 | 开展水力机组发电机定子绕组绝缘失效隐患排查、治理 | 2022 年第 20 期（总第 38 期） |
| 管理要求 | 1 | 持续夯实技术监督基础：一是加强人员培训，提高运行操作人员异常故障分析处理能力；二是加强对检修过程中的工艺和质量的技术监督，确保机组检修质量达标 | 2022 年第 4 期（总第 22 期） |
| | 2 | 各相关电厂应夯实技术监督基础，加强对运行操作人员的技术培训，提高运行操作人员对主要参数变化和设备故障的分析和应急处置能力 | 2022 年第 6 期（总第 24 期） |
| | 3 | 针对检验检修过程监督不到位的情况，督促各电厂加强检验检修的过程管理，完善各项检验检修工作的工艺卡，并加强过程监督和验收工作，做到不漏检、不误判、不错用检验方法 | 2022 年第 8 期（总第 26 期） |
| | 4 | 开展振动优化专项整改工作，以提高相关电厂机组运行的可靠性 | 2022 年第 12 期（总第 30 期） |
| | 5 | 加强对燃料品质的管控，同时加强配煤掺烧精细化管理，满足相关电厂机组安全、出力、环保的要求，以切实解决机组限负荷的问题，确保能源保供安全 | 2022 年第 14 期（总第 32 期） |
| | 6 | 各电厂对容易产生堵塞的设备应提前进行点检定修，对投运时间较长的设备定期进行检查；沿海电厂要加大设备防腐力度，提高防腐等级，避免设备腐蚀损坏 | 2022 年第 16 期（总第 34 期） |
| | 7 | 相关电厂应在机组运行过程中，特别是机组进相运行时，加强监控铁芯温度的变化 | 2022 年第 18 期（总第 36 期） |
| | 8 | 各电厂要认真学习，总结经验，吸取教训，在进行捞渣系统消缺工作时务必保证锅炉水封有效，做好应急处置的组织和管理工作，加强对运行人员的培训和事故演练工作，切实提高运行人员的操作水平和事故处理能力 | 2022 年第 20 期（总第 38 期） |

（4）着力提高效能水平，创新技术监督评价数字化智能化手段。依托技术支撑单位构建南方电力技术监督智慧平台，汇集各发电企业监管数据，通过技术监督管理、发电企业评价等功能模块，实现大数据智慧挖掘、智慧诊断和智慧决策，以进一步提高技术监督评价效能。

图 1 登录界面

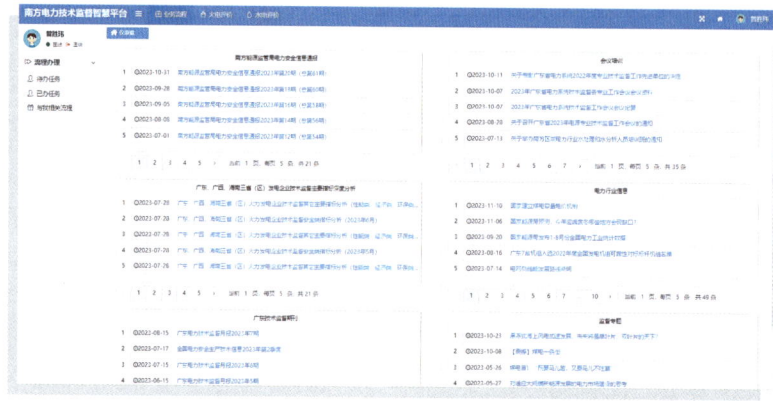

图 2 技术监督管理界面

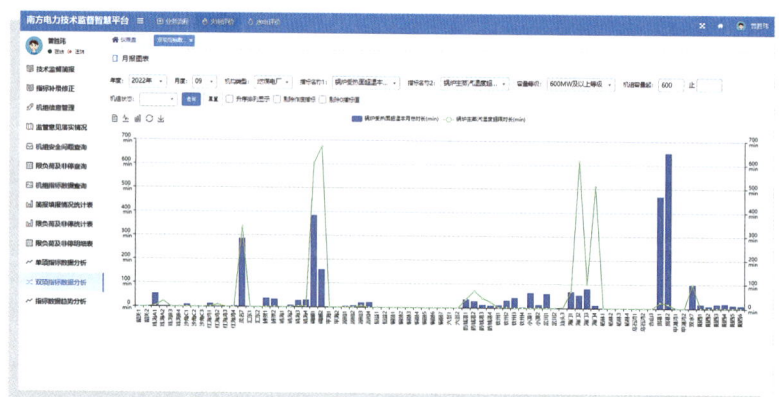

图 3 发电设备评价安全类指标数据及趋势分析

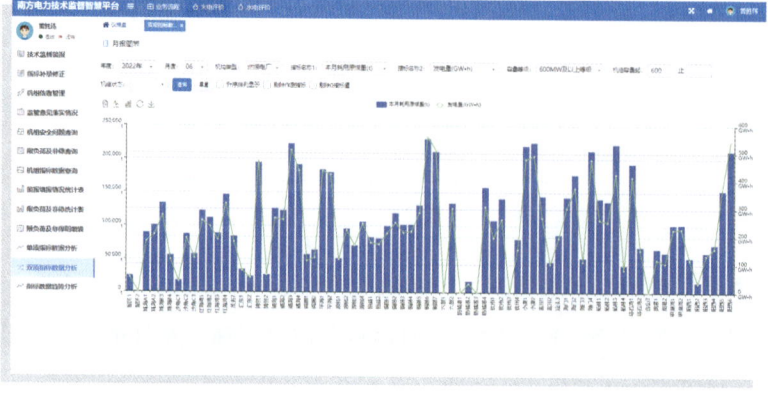

图 4 发电设备评价经济类指标数据及趋势分析

## 二、案例实践效果

### （一）综合效益

基于技术监督评价的可靠性管理新机制试点开展和正式实施以来，取得以下成效：一是实现监管大数据在发电企业可靠性管理的有效运用，通过以技术监督评价为载体，对发电企业监管进行大数据挖掘、分析和评价，及时发现并解决发电设备的倾向性和苗头性问题，为提高发电可靠性提供了经验做法；二是推动发电企业建立、完善统一的技术监督管理体系，解决三省（区）发电企业技术监督体系标准不统一、技术监督体系不完善等问题，推动发电企业技术监督监管工作有序开展，确保监管机构的监管意见跟踪闭环和落地落实，提高辖区技术监督水平，提升了发电设备可靠性监管效力；三是切实压实发电企业技术监督主体责任，督促企业保障技术监督工作资金、物资、技术、人员的投入，加强技术监督培训，切实做好全过程技术监督工作，确保了技术监督工作落实到位；四是强化了典型共性问题的排查整治，对造成机组非停和限负荷事件的关键因素进行重点分析，对典型共性问题进行安全隐患排查整治，减少了三省（区）发电企业因同类问题造成的非停和限负荷事件，全面提升了发电设备的可靠性水平；五是提高了监管大数据分析评价的数字化、智能化水平，引入第三方技术力量作为支撑，依托智慧技术监督平台，实现了整个技术监督监管过程的数字化，提高了发电设备状态诊断的智能化水平。

同时，通过专项安全隐患排查整治，发电企业及时发现并治理了一系列安全隐患，仅2022年上半年开展的排查，就发现可能导致重大事故设备的隐患141项、可能导致机组非停的隐患491项、可能导致机组限负荷的隐患547项（见表2）。截至2022年10月31日，已解决可能导致重大事故设备隐患103项、可能导致机组非停隐患385项、可能导致机组限负荷隐患362项。

表 2 2022 年上半年专项安全隐患排查治理工作成效

| 主要监管意见和要求 | | | 电力安全信息通报期号 | 发现各类安全隐患数量 | | | 完成隐患消缺数量 | | |
|---|---|---|---|---|---|---|---|---|---|
| 分类 | 序号 | 内容 | | a类* | b类* | c类* | a类* | b类* | c类* |
| 专项工作 | 1 | 开展制粉系统防堵防爆（燃）安全隐患排查及综合治理工作 | 2022年第6期（总第24期） | 26 | 0 | 121 | 18 | 0 | 70 |
| | 2 | 开展插入式取样器设备安全隐患排查、治理 | 2022年第8期（总第26期） | 21 | 73 | 186 | 16 | 53 | 125 |
| | 3 | 开展机组重要设备保护系统及元件安全隐患的排查、治理专项工作 | 2022年第10期（总第28期） | 40 | 248 | 114 | 28 | 199 | 72 |
| | 4 | 开展1Cr5Mo螺母滑脱重大安全风险排查、治理 | 2022年第12期（总第30期） | 11 | 62 | 0 | 8 | 42 | 0 |
| | 5 | 开展上海电气集团F级燃气—蒸汽联合循环机组汽轮机中压外缸上下缸温差重大风险排查、治理 | 2022年第14期（总第32期） | 1 | 3 | 4 | 1 | 3 | 3 |

续表

| 主要监管意见和要求 | | | 电力安全信息通报期号 | 发现各类安全隐患数量 | | | 完成隐患消缺数量 | | |
|---|---|---|---|---|---|---|---|---|---|
| 分类 | 序号 | 内容 | | a类* | b类* | c类* | a类* | b类* | c类* |
| 监管要求 | 1 | 持续夯实技术监督基础：一是加强对运行操作人员的技术培训，提高运行操作人员异常故障分析处理能力；二是加强对检修过程中的工艺和质量的技术监督，确保机组检修质量 | 2022年第4期（总第22期） | 11 | 29 | 23 | 8 | 25 | 18 |
| | 2 | 各相关电厂应夯实技术监督基础，加强对运行操作人员的技术培训，提高运行操作人员对主要参数变化、设备故障的分析和应急处置能力 | 2022年第6期（总第24期） | 7 | 29 | 14 | 5 | 23 | 10 |
| | 3 | 各电厂应加强检验检修过程管理，完善各项检验检修工作的工艺卡，并加强过程监督和验收工作，做到不漏检、不误判、不错用检验方法。 | 2022年第8期（总第26期） | 14 | 17 | 23 | 10 | 14 | 18 |
| | 4 | 相关电厂应当开展振动优化专项整改工作，以提高机组运行可靠性 | 2022年第12期（总第30期） | 10 | 26 | 17 | 8 | 22 | 13 |
| | 5 | 相关电厂应加强对燃料品质的管控，同时加强配煤掺烧精细化管理，满足机组安全、出力、环保的要求，以切实解决机组限负荷的问题，确保能源保供安全 | 2022年第14期（总第32期） | 0 | 4 | 45 | 0 | 2 | 30 |
| 合计 | | | | 141 | 491 | 547 | 103 | 385 | 362 |

\*注：a类：可能导致重大设备事故；b类：可能导致机组非停；c类：可能导致机组限负荷。

电力安全隐患排查治理有效提高了机组的可靠性水平，如在开展制粉系统隐患排查治理后（2022年3月开始），各机组已连续6个月未发生同类非停事件；在开展插入式取样器隐患排查治理后（2022年4月开始），各机组已连续5个月未发生同类非停事件；在开展热工保护及元件隐患排查治理后（2022年5月开始），各机组非停次数有所下降，近两个月均未发生同类非停事件（见图5）。

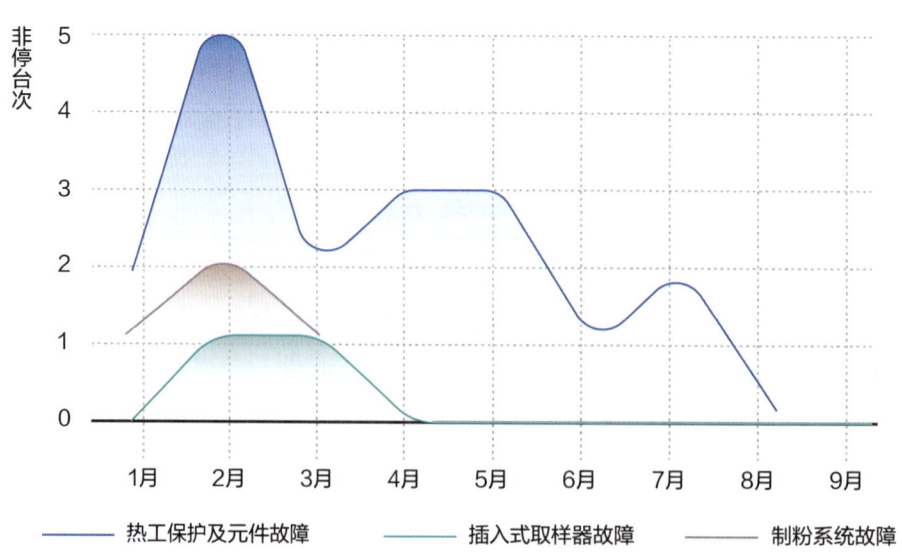

图5 专项隐患排查治理前后机组的非停情况

经济效益方面，通过开展技术监督评价工作，有效提高了发电机组可靠性水平，发电企业经济效益显著。仅以上述 3 项专项隐患排查治理工作为例，开展后每月可减少非停约 5 台次。按照每次非停机组的直接经济损失约为 200 万元计算，则每年可减少直接经济损失达 1.2 亿元。

## （二）第三方评价

技术监督评价机制实施以来，各发电企业充分肯定机制运行的成效，认可技术监督评价机制在指导发电企业完善厂级技术监督体系、督促发电企业做好技术监督工作、提高机组安全可靠性方面作用显著，同时南方能源监管局的监管意见和要求对发电企业落实技术监督要求、开展专项安全隐患排查整治方面具有很强的指导意义，成效明显，如图 6 所示。

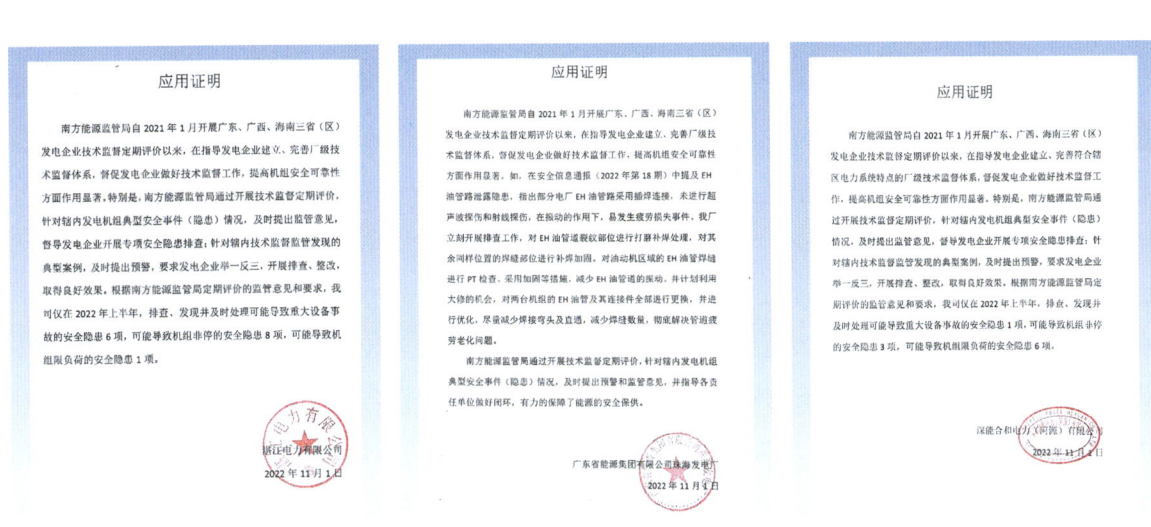

图 6　应用证明

## （三）行业推广前景

基于技术监督评价的可靠性管理新机制建立后，三省（区）发电企业逐步建立和完善统一的技术监督管理体系，对同类隐患进行排查整治，使由同类隐患引起的非停、限负荷的事件减少，发电机组设备可靠性水平得到了有效提高。同时，及时发现同类型机组的典型共性问题，推动电力企业全面排查整治，提高了发电设备的可靠性水平。我国其他区域同样存在技术监督体系不完善、技术监督标准不统一、技术监督主体责任未落地落实等问题。若将该评价监管体系进行推广，不仅有利于可靠性监管工作的开展，也可提高相关地区发电企业的安全生产水平，将为经济社会发展和保障民生需求提供有力的保障。

（国家能源局南方监管局）

# 基于动力型 EPS 的向家坝水电站巨型水轮发电机组黑启动研究

## 一、案例基本情况

### （一）单位基本情况

向家坝水电站是金沙江流域的最末一级电站，位于四川省宜宾市和云南省水富市交界的金沙江峡谷出口处，扼川滇金沙江水域"咽喉"，启长江航运之始，是我国"西电东送"的骨干电源点，也是长江经济带的重要组成部分。该电站主要由混凝土重力坝、左岸电站、右岸电站、泄洪设施、垂直升船机等组成。该电站以发电为主，兼有航运、防洪、灌溉和反调节等功能。向家坝水电站安装 8 台单机容量 800MW 水轮发电机组，总装机 6400MW，全国排名第五，世界排名第十一，设计年平均发电量 307.47 亿 kWh；升船机最大提升高度 114.2 米，可通过 1000 吨级单船，设计年货运量 112 万吨，年客运量 40 万人次，有效助推金沙江航运事业跨越式发展，进一步拓展长江"黄金水道"的功能。

### （二）案例情况

向家坝水电站原设计过程中，电网系统未将电站作为黑启动电源，电站也未设计一键黑启动功能。然而，一方面，由于向家坝电站水轮发电机组单机容量大、机组性能好、自动化程度高、与电网联系紧密，作为电网黑启动电源优势明显；同时，调速器液压系统压油罐存储能量满足水轮机导叶 3 个全行程开关动作，具备机组自启动水力调节能力。另一方面，向家坝水电站有已投运的当今世界第三大单机容量水轮发电机组，是国家"西电东送"的骨干工程，主要供电华东地区，并兼顾川、滇两省的用电需要。800MW 巨型水轮发电机组 A 类黑启动技术研究并实施，可以有效提高电站供电可靠性，优化水电站对大停电事故的快速响应能力，减少大停电所造成的社会影响。

根据《水电站黑启动技术规范》（GB/T 38334—2019），水电站黑启动可采用两种启动方式：一是利用直流蓄电池、液压系统的储能恢复厂用电工作电源的 A 类黑启动；二是利用黑启动电源及直流蓄电池、液压系统的储能能量恢复厂用电工作电源的 B 类黑启动。大型水电站由于机组开机启动负荷大，通常选择的黑启动电源为柴油机。但由于柴油机启动倒闸操作烦琐，建压过程偏慢，所以需要研究一种更加快速可靠的巨型水轮发电机组黑启动方式。

本项目对向家坝水电站 800MW 水轮发电机组进行黑启动研究，分析了黑启动电源、计算机监控系统、调速系统、巨型水轮—发电机组带小负荷稳定运行等多项专题，并进行真机试验验证。

## （三）案例具体实践

### 1. 总体思路

本项目以向家坝电站机组为对象，研究通过直流蓄电池作为黑启动电源完成巨型水轮发电机组的一键 A 类黑启动，完成机组带主变升压、恢复电站厂用电源的过程。主要研究内容包括黑启动供电方式设计、监控系统一键黑启动流程设计、调速系统黑启动改造研究、励磁系统建压可行性分析等。详细分析如下。

（1）黑启动供电方式设计

水轮发电机组启动过程中，调速、励磁、监控、辅机等系统需正常运行，这就要求黑启动电源必须具有足够大的容量，但受制于工程造价的经济合理的需求，动力型 EPS 及蓄电池的容量有限，因此需要对机组开机负荷进行必要的筛选，选择出水导外循环油泵、高压油泵、调速器压油泵、启励电源等负荷作为黑启动负荷参与机组黑启动流程，从而满足蓄电池容量设计的经济性和实用性。

EPS 主机额定负荷为黑启动负荷，设备为顺控启动，冲击负荷按 2.5 倍设计，EPS 主机功率因数按 0.9 考虑，结合实际设备典型型号，考虑 1.2 倍抗冲击能力，综合确定 EPS 容量。

在蓄电池选型计算时，采用 Matlab 对蓄电池典型时刻放电试验数据进行指数数值拟合，计算得到蓄电池容量转换函数，并据此采用"阶梯法"进行蓄电池大功率放电容量计算。以控制蓄电池容量为基本原则，尽量减少蓄电池并联组数为条件，从而确定出蓄电池设计容量。

（2）监控系统一键黑启动流程设计

因为黑启动特殊的工况，需要对厂用电、外送系统、电站辅助设备等多个分区设备的数据采集及控制，这就要求黑启动流程具备多个现地控制单元的数据交互功能，同时新开发的黑启动流程还必须与正常的主辅设备控制流程实现相对隔离，避免交叉影响。向家坝电站监控系统单独开发了一套包括厂用电倒换、黑启动电源投入、黑启动开机至空转、发变组零起升压、厂用电恢复共五大步骤的黑启动开机流程，同时还做了一套机组黑启动画面，黑启动流程布置在黑启动机组的现地控制单元，通过监控系统黑启动使能压板实现黑启动工况与正常工况开机流程的有效隔离。

（3）调速系统黑启动改造研究

向家坝水电站水轮机调节系统对空载运行频率调节模式、并网运行开度调节模式、功率调节模式、孤立运行频率调节模式以及一次调频模式分别设置有相应的调节参数，调节模式切换时调节参数自动跟随切换。向家坝水电站机组作为黑启动机组，具备完整的空载频率模式、一次调频模式、开度模式及孤网频率模式运行条件。

通过调速器仿真及现场其他机组试验，可定性论证调速器电气系统具有良好的稳定性和动态响应特性，满足本项目机组黑启动要求。为区分正常运行模式和黑启动模式，保留黑启动工况下调速控制系统软件执行的独立性，在调速系统电调 PLC 中加入了调速器黑启动模式，并在该模式下设置调速器调节运行参数。

在调速器液压系统控制 PCC 中增加了一套黑启动模式，通过监控系统的黑启动模式启动令来实现模式的切换，通过优化黑启动工况下调速器液压系统的压油泵控制，减少黑启动工况下油泵启动次数，同时满足调速器开机要求。

### （4）励磁系统建压可行性分析

励磁系统工作电源主要有励磁调节器电源、交流起励电源等。将是启动应急电源供电至400V母线，确保黑启动时励磁系统工作正常。

欠励限制分析：本项目机组黑启动成功后主要负荷为单台主变和厂用电系统，其容性负荷小，发电机无功功率不高，而发电机又无进相要求，此时理论上需要复核是否会与励磁系统欠励限制相矛盾。但机组黑启动运行，黑启动应急电源在提供励磁系统交流起励电源后，励磁带主变起励建压过程与正常开机完全相同，且电站已做过多次4号机组空载带主变零起升压试验，均未发生异常和机组失步，因此可以认为励磁调节器欠励限制有足够的调节空间，不需要针对本项目黑启动工况进行限值调整或退出。

自励磁分析：当黑启动机组空载带长线路启动其他发电机时，便相当于带载一个容性负荷，如果发电机有剩磁，则机端会产生一个微小的电压 $U_0$。此电压加在容性负荷上，系统将产生容性电流，该容性电流会对黑启动机组（发电机）产生助磁效应；磁势的增加会使定子电流增大，助磁效应增强，$U_0$ 将会继续升高，从而形成一个使黑启动机组机端电压不断升高的正反馈效应。

如果考虑将黑启动机组通过500kV开关站线路拖动另一台机组，经带入实际参数得知，因其输电线路长度较短，机组在空载带线路充电时不会发生自励磁现象。

### 2. 主要做法

#### （1）方案研究

本项目于2020年举行"组黑启动方案研究报告设计联络会""机组黑启动方案研究报告专家评审会"，经与相关专家讨论，最终形成《向家坝水电站机组黑启动方案研究报告》，向家坝水电站机组黑启动研究方案总体可行，技术方案合适，可以作为向家坝电站机组黑启动改造实施的指导依据。

#### （2）方案实施

项目自2020年四季度开始实施，依次完成黑启动电源安装，励磁系统电源移位，调速器电气控制系统、油压装置控制系统、水导外循环控制系统软件改造和监控系统黑启动流程软件改造。

#### （3）试验验证

2020年12月，分别对本项目黑启动电源、调速系统、400V机组自用电、计算机监控系统进行了单体试验，各系统单体试验结果正常、良好；进行了黑启动真机试验，试验结果概况如下。

试验过程中，在模拟厂用电停电的情况下，依靠黑启动应急电源"动力型EPS+蓄电池"及左岸电站直流系统蓄电池存储的电能量，实现计算机监控系统、调速系统、励磁系统、水导外循环、高压油顶起、保护系统等正常工作。

真机单步试验前，蓄电池初始电压量96.5%，试验后蓄电池电压剩余容量87.1%。单步试验后电池空置未充电，待机至一键黑启动试验。一键黑启动前蓄电池电压剩余容量87.2%；黑启动完成并恢复厂用电后蓄电池剩余容量84.7%；停机后蓄电池剩余容量84.2%。蓄电池容量富余，可满足电厂多次黑启动操作要求。

经试验验证，向家坝水电站机组黑启动过程中各系统参数正常，设备运行状况良好，厂用电能正常倒换，机组带约1MW小负荷运行稳定，"动力型EPS+蓄电池"稳定运行且容量富余，一键黑启动过程迅速，具备黑启动能力。

## 二、案例实践效果

### （一）综合效益

#### 1. 经济效益

（1）直接效益明显

按向家坝水电站单台机组满负荷发电效益，每小时为 80 万 kWh，每 kWh 单台机组满发运行 24h 将产生直接收益约上百万元。

同时按照《华中区域并网发电厂辅助服务管理实施细则》第二十条规定：电力调度机构应根据系统安全需要，合理确定黑启动机组，并与黑启动机组所在的发电企业签订黑启动服务合同，合同中应明确机组黑启动技术性能指标。对提供黑启动机组的改造新增投资成本、运行维护成本、黑启动测试成本和人员培训成本等给予补偿。水电机组暂定按 3 万元/（月·台），其他机组暂定按 10 万元/（月·台）补偿；黑启动成功后获得 100 万元/台的调用补偿费用。大大提高了电站的黑启动辅助服务能力，提升了电站电价竞争水平。

（2）间接效益不可估量

向家坝水电站是中国第五大水电站，是国家实施"西电东送"的骨干项目，主要供电华东地区，并兼顾川、滇两省的用电需求，向家坝一台机组黑启动改造投入使用后，可以大幅提升电站在全厂失电情况下的应急响应速度，快速恢复电站厂用电，保证电站枢纽的安全运行；同时还能够为系统提供稳定而强大的黑启动电源点，能最大限度地降低电网大停电导致的影响，间接经济效益不可估量。

#### 2. 社会效益

（1）保障上下游城市生活

目前，向家坝水电站下游水富市城市用水取自电站生活供水系统，电站可对各水泵房供电；同时，电站还兼具防洪、灌溉、拦沙等功能。在区域电网大停电时，机组快速黑启动恢复厂用电，继而迅速恢复电站其他机组运行，将有利于保护上下游生态、保障人民生活的正常运转。

（2）保障水路交通通畅

向家坝水电站装配有目前世界一级提升最高的升船机，一级提升高度可达 114.2m，具备通航功能。千吨级船舶过坝只需 15 分钟时间。

在新冠疫情防控期间，向家坝水电站水运枢纽承担了大量金沙江上下游船舶通行流量，为疫情期间的物资运输、地方企业复工复产提供有力保障。电站在具备黑启动恢复厂用电功能后，在面临区域电网大面积停电时，即能快速恢复升船机通航设施运行，可迅速恢复金沙江水路交通运输。

### （二）第三方评价

经中科合创（北京）科技成果评价中心对本研究技术成果进行科学技术鉴定，形成《科学技术成果评价证书》（中科评字【2021】第 4656 号），认定结论如下：

创新成果中"首次将'动力型 EPS+ 蓄电池'作为巨型水电站水轮发电机组黑启动电源""提出的巨型水轮发电机组黑启动成套技术,首次在 800MW 巨型机组上试验验证,达到国际领先水平,该研究成果总体达到国际先进水平,建议加大推广应用力度。

### (三)行业推广前景

#### 1. 已推广的应用

已在向家坝水电站一台机组上成功应用。同时,黑启动电源已考虑后续在其他机组推广。

#### 2. 潜在应用范围

本项目黑启动技术对现有系统改动小,设备运行、维护相对独立,工程量小,设备所占空间小,易于实施。目前,对于不便更换辅机主设备(交流改直流)、厂房布置空间有限、直流系统容量不足,但又需进行黑启动改造的水电站(常规、抽蓄),均可应用。

(赖见令 黄金龙 秦小元 谢明 贾敬礼)

# 基于电力生产大数据的设备运行状态及故障诊断技术

## 一、案例基本情况

### （一）单位基本情况

雅砻江流域水电开发有限公司的主要业务是水力发电和新能源发电，根据国家发改委授权，负责实施雅砻江流域水能资源开发，并以"流域化、集团化、科学化"的全新模式实施运营管理。同时，雅砻江公司积极推进雅砻江流域水风光互补绿色清洁可再生能源示范基地建设，着力打造雅砻江清洁能源品牌。

### （二）案例情况

本案例是推动水电站智能化建设和管理创新的一项重要技术手段，属电力系统数据分析领域。该项技术能够帮助运维人员及时发现设备缺陷和隐患，降低运行风险，提高设备维护水平。

#### 1. 开展水电站电力生产数据梳理完善研究

通过对电力生产数据进行检查、梳理，判断设备所需数据是否全面，是否满足实际应用需求，对不满足条件的提出改进或采集方案，并对收集到的数据进行统一编码。

#### 2. 开展水电站电力生产数据初步应用研究

针对水电站关键设备进行数据分析和统计研究。对设备反应状态、设备运行状态、故障模型的关联规律，建立相应模型和设备运行状态监测的特征参量体系。

#### 3. 开展水电站电力生产数据综合应用研究

根据设备结构，通过特征量之间关系、影响因素、变化趋势、内在关联等信息，进行分析、关联及组合，提炼出设备健康状态、典型缺陷和故障发展过程等有效表征，选择合适的故障模型，达到数据综合应用的目的。结合同行业、设计研发单位的电力生产数据应用分析使用情况，以及目前电站各个子系统数据的应用情况，在各个子系统之间找出关联量，找出相互影响的数据，横向对比应用，并结合典型缺陷和故障的有效信息，开展故障分析及综合诊断策略研究，提出水电站电力生产数据综合应用功能需求和实现方案。

#### 4. 完善监控系统硬件及软件结构

实现监控系统与所有控制系统 IEC61850 通信方式，从而更好地实现设备数据的收集、设备的采购及运行控制。

## （三）案例具体实践

### 1. 总体思路

水电站生产设备较多，对应数据也较多，信息孤岛现象严重，这样不利于进行综合分析和管理。本案例紧紧围绕水电站各生产设备系统，全面梳理各生产设备系统需要识别的运行信息，并进行归类、细分、赋予唯一编码，为后续应用提供方便。信息全面梳理后，一方面建模开展初步应用，将能反映设备运行的信息设高、低限阈值，待运行数据达到高、低限阈值后立即报警，从而提前采取措施，保障设备健康运行；另一方面建立综合应用模型，将各水电机组运行的相关异常信息组合在一起，待突破高、低限阈值，即刻报警，便于运维人员根据故障类型进行针对性的处理，提高运维人员事故处理效率，缩短事故处理时间。

### 2. 主要做法

本案例阐述了一种电力生产数据设备运行状态、故障分析方法和电力生产数据编码规则，分类整理数据易于数据的分析应用及机器识别，编码后的数据可直接转换为机器语言及逻辑函数，代替人工实现单一数据的统计分析，同时可对多个数据进行组合应用分析，根据归纳的逻辑算法进行运行数据及故障数据的组合判断，从而比纯粹人工判断事故类型更加精确。

本案例阐述了一种基于多 CPU 的智能监控组网思路，提供支持 IEC61850 标准的网络接口、支持 MMS 规约的服务端和客户端功能，以满足智能水电站建设的现代化网络需求。水电站监控系统现地控制单元与其子系统（如调速系统、励磁系统、辅控智能装置、500kV 开关站控制系统等）通过 IEC61850 协议通信的组网方法组网后，电力监控数据可通过 IEC61850 协议进行网络传输，代替传统的 Modbus 等串行通信协议，智能化水平得到大幅提升。组网后的电力监控系统可通过网络方式实现对其子系统设备的监视和控制功能，代替传统电气回路，从而使自动化监控系统更快速、更安全、更易维护。

对于电站水泵、油泵、电机及开关类可人为远方控制的设备，本项目提供了一种基于网络及硬点双冗余智能控制技术，以解决现有技术中硬接线信号传输不稳定、信号传输量少、模拟量信号上送困难等问题。与现有控制方式相比，原有控制方式中开关信号都是直接通过硬接线将开关控制指令送出和采集动作反馈信号，信号传输通道单一，通道故障后开关难以控制，且硬接线限制了开关信号上送的数据量，也导致模拟量信号上送困难。采用网络及硬点双冗余智能控制技术，使现场设备可以有多种控制方式，通过上位机的控制方式切换按钮可以对开关控制方式快速切换，操作简单、信号传输稳定性高、维护工作效率高。

### 3. 详细技术方案

（1）数据整理

按照水电站各控制系统对全站所有数据进行第一级分类，采用"英文字母 + 数字"的方式对生产数据进行编码，将各系统采集的所有数据按照性质分成开入量（DI）、开出量（DO）、模入量（AI）、模出量（AO）四类。每条数据有唯一的编码与现有监控系统的 TA 地址一一对应，对于后续应用分析需要用到的数据而当前系统未采集的数据，提出需求计划。举例如下：

表 1　油压装置控制系统部分数据信息表

| 系统 | 点位 | 监控 TA 地址 | 信号描述 | 信息类型 |
|---|---|---|---|---|
| 油压装置控制系统 | DI001 | ETN.01LCU.IO_1.PE_01.07_DI.04SI | 一号机油压装置 1 号泵故障 报警 / 复归 | 故障状态 |
| | DI002 | ETN.01LCU.IO_1.PE_01.07_DI.06SI | 一号机油压装置 2 号泵故障 报警 / 复归 | 故障状态 |
| | DI003 | ETN.01LCU.IO_1.PE_01.07_DI.10SI | 一号机油压装置 3 号泵故障 报警 / 复归 | 故障状态 |
| | DI004 | ETN.01LCU.IO_1.PE_02.01_DI.00SI | 一号机油压装置辅助油泵故障 报警 / 复归 | 故障状态 |
| | DI005 | ETN.01LCU.IO_1.PE_02.01_DI.01SI | 一号机油压装置补气阀 动作 / 复归 | 运行状态 |
| | DI006 | ETN.01LCU.IO_1.PE_05.01_DI.02SI | 一号机油压装置 1 号压油泵 运行 / 停止 | 运行状态 |
| | DI007 | ETN.01LCU.IO_1.PE_05.01_DI.03SI | 一号机油压装置 2 号压油泵 运行 / 停止 | 运行状态 |
| | DI008 | ETN.01LCU.IO_1.PE_05.01_DI.04SI | 一号机油压装置 3 号压油泵 运行 / 停止 | 运行状态 |
| | DI008 | ETN.01LCU.IO_1.PE_05.01_DI.05SI | 一号机油压装置辅助压油泵 运行 / 停止 | 运行状态 |
| | DI009 | 新增 | 一号机油压高报警压力 | 故障状态 |
| | DI010 | 新增 | 一号机工作泵启动压力 | 运行状态 |
| | DI011 | 新增 | 一号机开机正常压力 | 运行状态 |
| | DI012 | 新增 | 一号机压油低报警压力 | 运行状态 |
| | DI013 | 新增 | 一号机事故低油压停机压力 | 故障状态 |
| | DI014 | 新增 | 一号机补气启动压力 | 运行状态 |
| | DI015 | 新增 | 一号机油罐油位高报警油位 | 故障状态 |
| | AI002 | ETN.01LCU.IO_1.PE_08.02_AI.00 | 一号机调速器压力油罐油压 | 运行状态 |
| | AI008 | 新增 | 一号机油压装置回油箱油质含水率 | 运行状态 |
| | AI009 | 新增 | 一号机油压装置回油箱油温 | 运行状态 |

（2）初步应用分析—统计分析预警功能

根据设备的启停次数和运行时长，可以实现设备的状态检修。当设备的启停次数和运行小时数超过设备规定的允许值或可靠运行值时，应对设备进行检修或更换。对于配置双重化的设备，当主设备发生故障时便自动切换到备用设备，为了验证备用设备的可靠性，需要定期对主备设备进行切换。对于自动启动的设备（如：调速器压油泵等），在一个周期内其启动次数及单次启动时长应该基本恒定。某一周期内，其启动次数明显增多或者单次运行时间过长，需要及时发出报警信号，以便维护人员及时处理。举例如下：

对"油压装置辅助压油泵运行 / 停止"进行时间统计，统计总运行时间、单次运行时间、启停间隔、油泵启动次数，同时实现绘制曲线以及分时段查询数据功能。

异常报警：①当出现油泵单次运行时长超过 X 分钟，发出报警信号。②运行间隔时间小于 X 分钟，发出报警信号。

注：X 为特征参数，可整定。

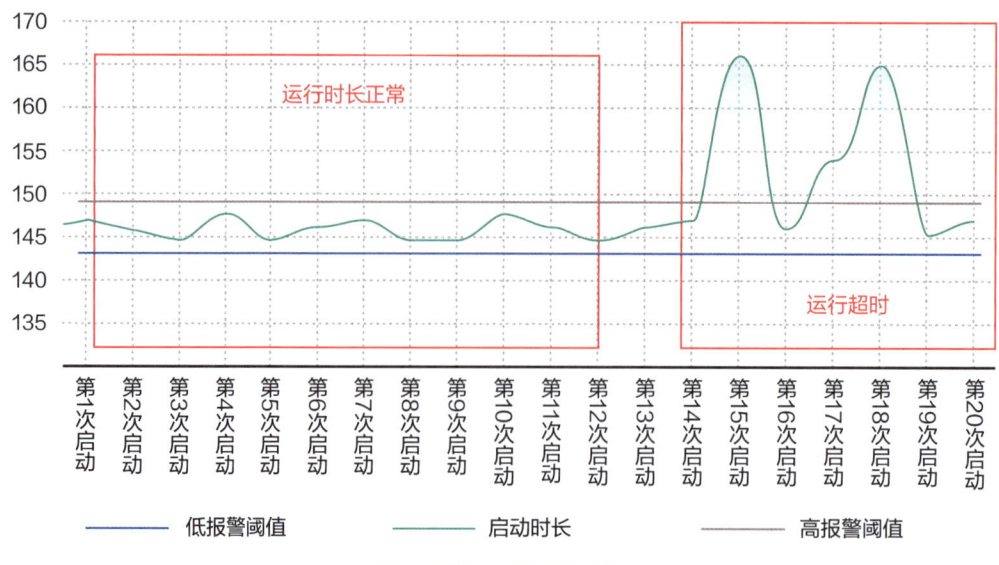

图 1　辅助压油泵动作分析

（3）初步应用分析—趋势分析预警功能

对单一运行设备（如单台电机、水泵、高压开关等）的相关模拟量数据进行监视，随着运行时间的推移，其模拟量数据不断变化，根据其变化趋势线对设备进行分析与诊断。根据设备特征数据的趋势线可以判定设备运行的健康状态，若趋势线变化在一定范围内基本保持平稳，表明设备运行正常；若设备特征数据有跃变、趋势线呈水平直线状或者呈陡然上升的趋势，应及时发出相应的报警信号。举例如下：

对"油压装置回油箱油位"的值进行监视，记录数据，实现绘制曲线以及分时段查询数据功能。

异常报警：若持续 X 分钟油位无变化或 X 秒内变化 X 厘米，报传感器故障信号。若超过 X 厘米或低于 X 厘米，报高限或低限报警信号。

注：X 为特征参数，可整定。

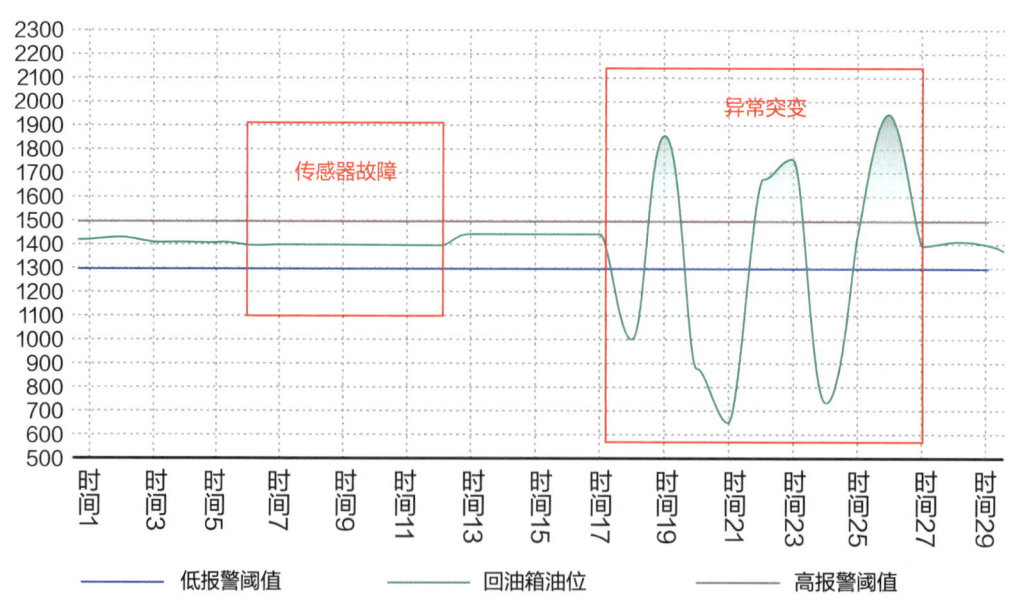

图 2　回油箱油位趋势分析

（4）综合应用分析功能

对不同系统或设备采集的模拟量和开关量异常信号进行组合分析，当所有异常条件均满足时，输出一个综合异常报警信号，此综合异常报警信号是由多系统、多传感器组合分析触发的故障模型。举例如下：

对 A/B 高压油泵出口压力、出口流量及运行状态进行组合分析，当 A/B 高压油泵出口压力小于 X MPa 且 A/B 高压油泵出口流量大于 Y m³/s 且 A/B 高压油泵在运行状态，则报出：高压油油管路破裂、漏油故障报警。

对 A/B 高压油泵出口压力、出口流量、油泵电机绕组温度及运行状态进行组合分析，当 A/B 高压油泵出口压力大于 X MPa 且 A/B 高压油泵出口流量小于 Y m³/s 且 A/B 高压油泵电机绕组温度大于 Z℃ 且 A/B 高压油泵在运行状态，则报出：高压油油管堵塞、泵堵转故障。

注：X、Y、Z 为特征参数，可整定。逻辑框图如图 3 所示：

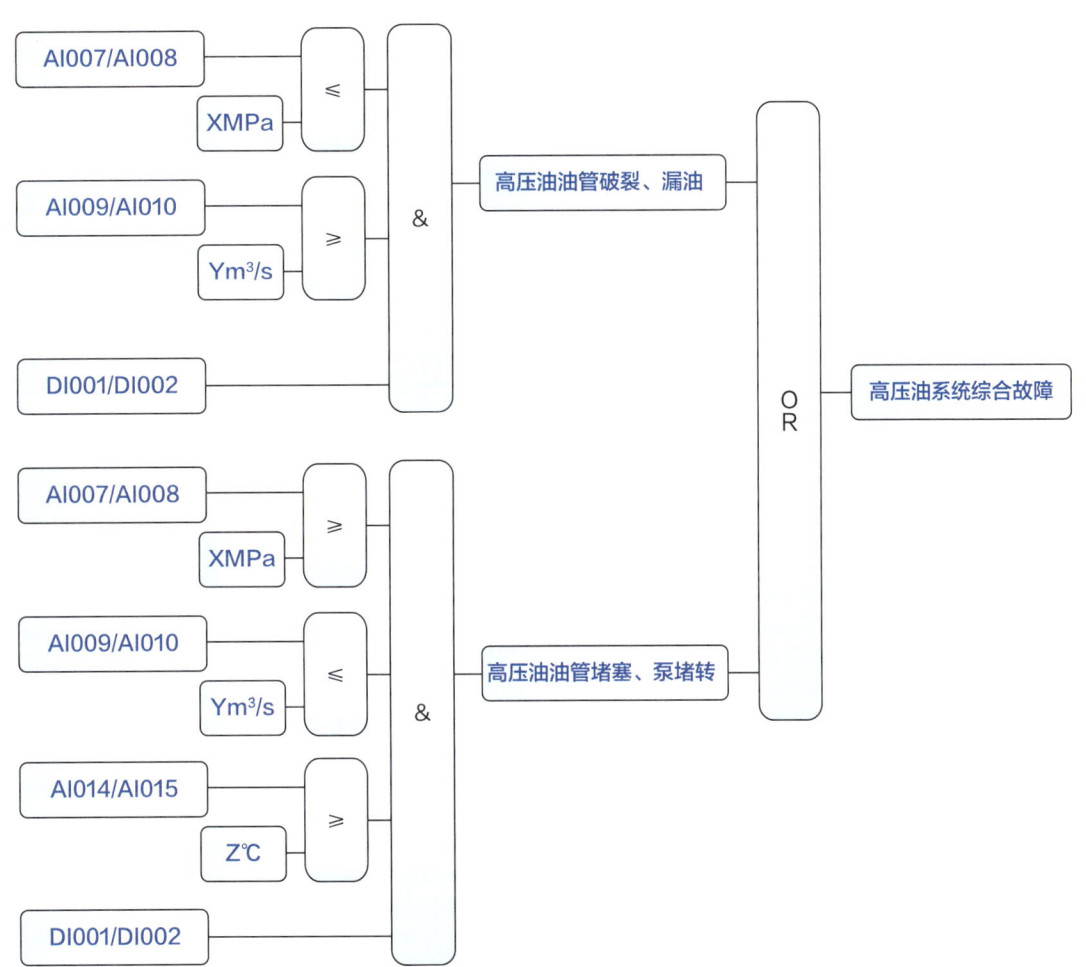

图 3　高压油系统综合故障模型逻辑框图

对空冷器冷却水压力、冷却水流量、冷却水入口温度和出口温度、机组有功功率、风洞环境温度进行组合分析，当空冷器冷却水压力在 X～Y MPa 之间且空冷器冷却水流量在 X～Y m³/s 之间且空冷器冷却水入口温度在 X～Y℃ 之间且有功功率 X 分钟内未变化且空冷器出口温度 X 分钟内上升 X℃且风洞环境温度超过 X℃，则报出：空冷器冷却效果降低。

注：X、Y 为特征参数，可整定。逻辑框图如图 4 所示：

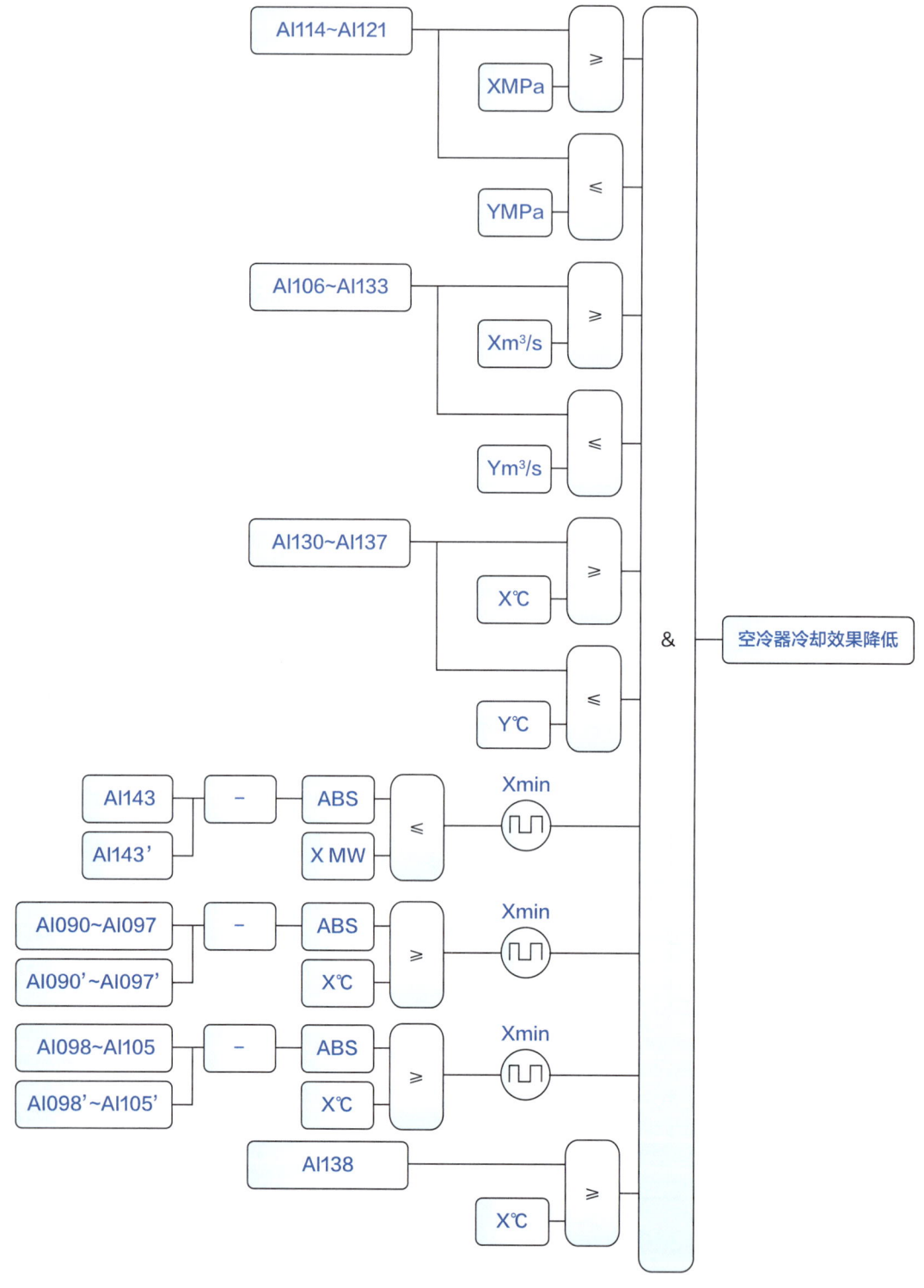

图 4　空冷器冷却效率降低模型逻辑框图

（5）监控系统 LCU 硬件升级思路及应用示例

硬件升级主要是现地控制单元层升级，按照计算机监控提示智能化接口升级规划关于 IEC61850

配置要求，凡是有支持 IEC61850 通信要求的现地控制单元，每个均需配置处理 IEC61850 通信协议 CPU 处理器、协议通信模块、通信接口卡。协议通信模块、通信接口卡均插在上述 CPU 处理器上。

为支持冗余系统结构，上述 CPU 处理器、协议通信模块、通信接口卡均配置 2 块。为了不改变原有网络结构，单独配置 2 台交换机及交换机电源模块。硬件升级主要是现地控制单元（LCU）升级。目前 LCU 配置有 C1/C2 两块 CPU，CPU 上配置两块 SM-2556 网卡，采用 IEC104 规约实现与计算机监控系统主网络。本次升级主要是为了支持 LCU 与 IEC61850 通信，升级后不仅便于接入励磁、调速、辅控、400V 开关、开关站等 IED 设备，同时也可以通过 IEC61850 网络实现对水电站部分设备（如电机、水泵、油泵、开关等）的双重控制。

IEC61850 网络与计算机监控系统主网络相互之间不影响，不影响现有网络的冗余性和安全性。本方案设计在每个 AK1703 型 LCU 的 4 号、5 号槽位，增加两块冗余的 CPU 板 C3/C4，在 C3/C4 上各安装 1 块 SM-2558/ETA5 网卡，实现对 IEC61850 ed2.0 通信规约接口。机架安装示意图如图 5 所示。

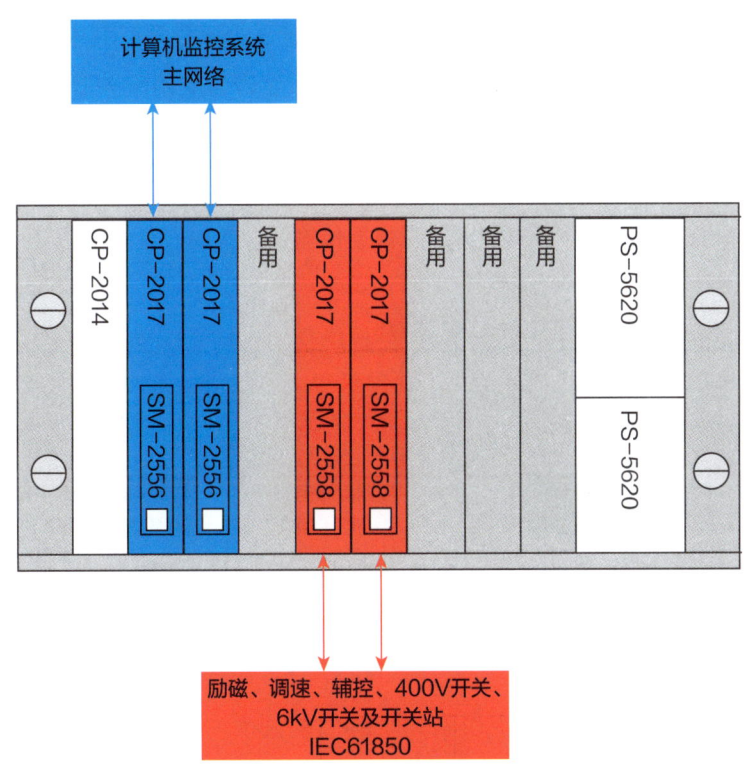

图 5　机架安装示意图

原监控系统中开关信号都是直接通过硬接线将开关控制指令送出和采集动作反馈信号，信号传输通道单一、通道故障后开关难以控制且硬接线限制了开关信号上送的数据量，同时模拟量信号上送困难。监控系统实现 IEC61850 与开关控制系统通信后，对于 400V、6kV 等开关，可以采用网络及硬点双冗余智能控制技术，使测控装置的开关可以有多种方式控制，通过上位机的控制方式切换按钮可以快速切换开关控制方式，操作简单，信号传输稳定性高如图 6 所示。

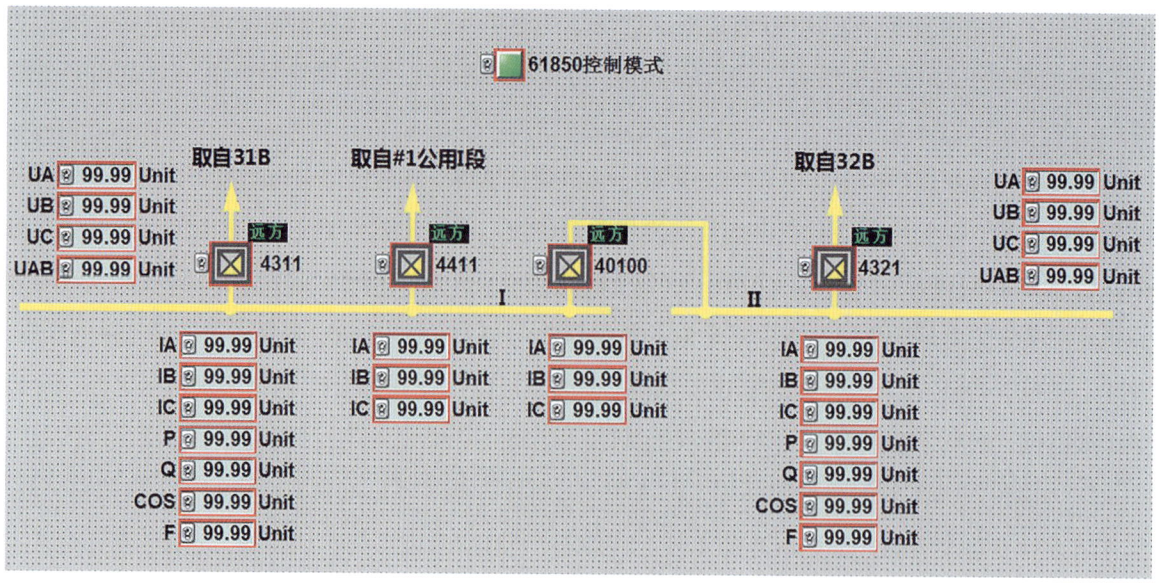

图6　某400V间隔开关网络及硬点双冗余智能控制监控示意图

（6）一体化平台结构设计

根据规划思路，水电站设备状态数据分析平台共配置3台服务器，其中：1台为数据处理分析服务器，用于电力生产数据的采集、存储、分析、处理；2台为应用服务器，用于将数据处理分析服务器分析后的模型结果进行展示，提供故障报警、报表统计等功能，供运维人员直观查询；1台交换机用于设备状态数据分析平台与各服务器间的数据传输；1台防火墙，用于设备状态数据分析平台数据网与监控系统之间的硬件隔离，以保障数据传输及设备的安全，如图7所示。

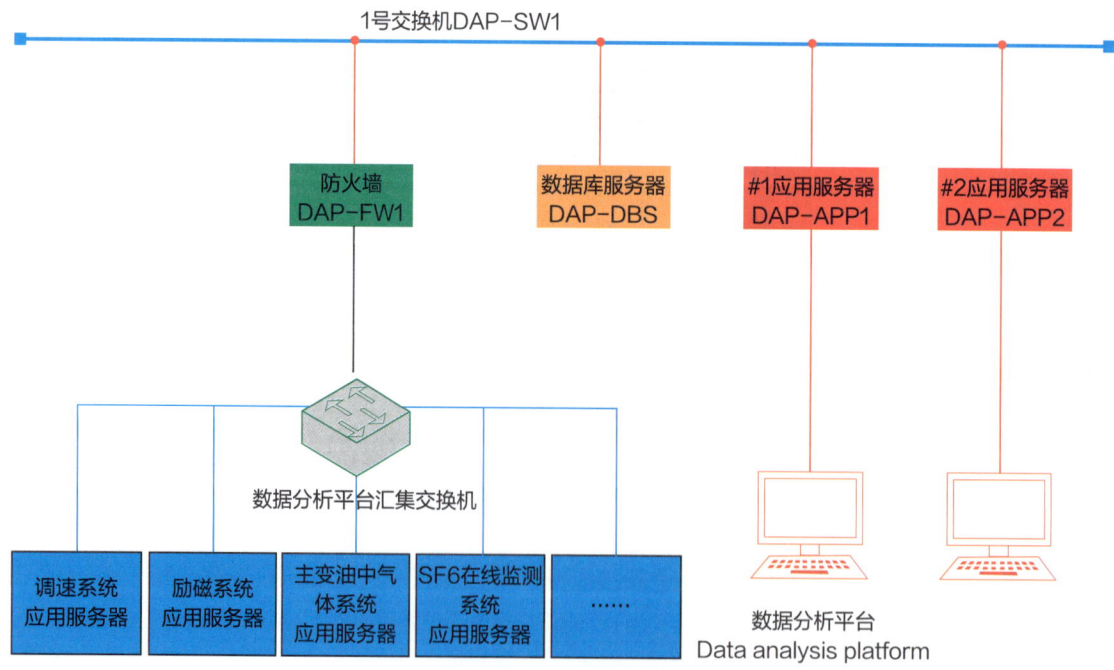

图7　电力生产数据分析平台网络拓扑图

## 二、案例实践效果

### （一）综合效益

#### 1. 成果转化、推广应用情况

通过本案例的研究，结合水电站现场的生产实际，在专家数据模型库的基础上，通过对同类型设备数据的分析、比对和对不同类型设备数据之间的关系分析，形成满足水电站特有的数据模型库，从而实现设备设施运行状态的有效监督，并提前获悉设备缺陷及隐患，在设备设施故障及隐患前迅速准确地做出判断。随着我国水电工程建设事业的高速发展、其他大型水电流域开发的稳步推进和水电单机容量的不断增大，各大型水电站迫切需要提前诊断出机组故障，防止机组非计划停运。本案例中的方法和技术能在机组运行的情况下提前评估诊断机组健康情况，故可在水电行业全面推广。同时，该项目还可助力电站"无人值班、少人值守"及"状态检修"模式的发展，加快智能化水电站建设的步伐。

#### 2. 经济效益

本案例的研究可以优化机组检修策略，实现水电站机组"应修必修、修必修好"的目标，并在一定程度上减少机组"过修""欠修"情况的发生，同时也为机组运行状态分析及故障诊断分析指明了思路和方向，为电站综合信息管理平台及智能一体化平台提供了技术支撑，也在一定程度上实现了向管理要效益。

### （二）第三方评价

随着"西电东送"工程的实施和电力需求的不断扩大，西南流域梯级水电站群正有序推进投产。西南流域水电站主要通过特高压直流"点对点"外送，对电网的稳定性提出了更高的要求。流域电站机组的健康水平直接影响电网的稳定，一旦大型水电站机组发生故障造成甩负荷将会使电网频率产生波动，严重时会进一步加剧系统振荡，甚至造成大面积停电，影响工作、生活和社会稳定。本案例能够有效评价水电机组轴系健康运行状况，提前诊断出水轮发电机组存在的故障，及时采取应对措施，进一步降低机组故障停机造成机组甩负荷的风险，有效保障电网的安全稳定运行。

### （三）行业推广前景

电力生产大数据设备运行状态及故障诊断技术可以满足流域水电公司高质量发展、电厂"无人值班、少人值守"及"状态检修"模式的发展需求，促进了水电站运维管理从计划模式向智能化、数字化、精准化的诊断模式方向转变，提升了水电站现场多维度运维水平和检修决策水平，为水电行业同类电站提供了宝贵经验，对促进水电行业诊断检修和高质量运维管理提供了有力支撑。本案例中的方法和技术可推广至更多流域水电公司和水电站故障诊断现场，具有广阔的推广应用前景。

（苏纬强　任保瑞　许明勇　郑德芳　李桃）

# 水电站智能巡检系统建设及应用

## 一、案例基本情况

### （一）单位基本情况

雅砻江流域水电开发有限公司的主要业务是水力发电和新能源发电，根据国家发改委授权，负责实施雅砻江流域水能资源开发，并以"流域化、集团化、科学化"的全新模式实施运营管理。同时，雅砻江公司积极推进雅砻江流域水风光互补绿色清洁可再生能源示范基地建设，着力打造雅砻江清洁能源品牌。二滩水电站是雅砻江流域水电开发有限公司实行流域梯级开发建成投产的首座电站，电站共装有6台机组，单机容量55万千瓦，总装机330万千瓦，是二十世纪我国建成投产的最大水电站。

### （二）案例情况

#### 1. 成果简介

水电站智能巡检系统基于 B/S、移动 APP 应用构建，使用了行业内领先的计算机软硬件技术，包括云服务架构、蓝牙低功耗 BLE、Docker 应用容器引擎。该巡检系统在人工智能专家系统的理论框架下，采用大数据分析方法，研究空开压板屏柜设备在不同环境下保持不变的抽象性质及关系，并基于这些抽象性质及关系建立专家规则知识库，实现空开压板运行态智能识别等功能。该巡检系统可基于二维码和 NFC 定位两种方式实现巡检定位，每一巡检点对应一个独立的 NFC 标签，从解决巡检中"走到、看到、听到、闻到、摸到、分析到"的感知问题入手，提出了通过巡检手持终端与现场 NFC 标签相结合，实现巡检管理、巡检 Wi-Fi 实时定位、数据分析统计、拍照识别、设备缺陷管理等功能的方法。

#### 2. 成果实施情况

（1）OCR 图片文字识别技术。水电站智能巡检系统采用智能文字图像识别 API 技术。在传统的巡检模式下，运行人员在设备巡检时面对数据复杂、参数众多、类型不一致的屏幕时，需花费大量的时间精力去识别设备特征值，这样一方面人员工作强度大，另一方面由于人员责任心、工作能力不同等易造成对关键设备参数读取得不准确。采用拍照识别技术，针对设备运行数据录入实现图像识别功能，该技术的创新应用，充分降低了工作强度，全面提升了巡检管理水平。

（2）Wi-Fi 实时定位技术。水电站智能巡检系统可根据采集到的各楼层多个位置坐标的 Wi-Fi

信号强度信息实现实时定位，通过手持巡检终端，基于各位置的信号强度，实时定位巡检人员位置，巡检结束后自动绘制巡检轨迹图。

（3）**数据统计分析技术**。该技术主要具备常规统计、数据查询、到位查询、趋势分析、越限数据查询、设备健康分析、设备状态监测等7大功能。

（4）**压板状态智能识别技术**。利用AI的模型库，预先大规模对保护屏柜压板图像进行训练学习。该巡检系统在使用过程中，将当前压板图像与预先确定的模板图像进行匹配，与利用预先训练得到的SSD深度神经网络训练模型进行对比，实现对视频画面的实时智能分析，通过深度学习算法实时监测各种压板的状态，从而及时有效地提醒巡检人员设备压板状态是否正常。

（5）**设备缺陷管理功能**。对巡检过程中发现的缺陷进行闭环管理，针对相应缺陷进行创建、编辑、查看、提交、审批、消缺、验收等操作。

（6）**服务器虚拟化平台**。通过"云计算"技术的应用，建立了易维护、易扩展、高可靠性、高效率的私有云平台，实现了数据中心硬件资源整合、共享和弹性扩展，创新了资源分配、调度和使用机制，有效提高了IT资源的利用率和系统运行的可持续性，并降低了应用成本。

## （三）案例具体实践

### 1. 实施背景

（1）**水电站设备巡检现状**。对于大型发电企业，如何做好设备巡检、及时发现并消除设备存在的安全隐患和缺陷是电力生产工作中极其重要的一项工作。在现场设备巡检方面，现场运行人员针对每个运行值进行一次设备巡检，检修维护人员每周定期开展巡检，他们巡检主要是查看设备是否存在问题，发现问题时第一时间将故障设备隔离出来，及时通知检修人员进行处理，以满足电网安全、可靠运行的要求。目前，设备巡检工作主要存在现场巡检工作量大、部分区域作业危险系数高等问题，给电厂运行人员带来人身安全隐患，同时也加大了运行人员的工作压力。电厂运行人员存在对设备系统质量"不放心"的状况，采取"多看更踏实"的做法，导致巡检工作量增大。此外，由于水电站结构复杂，加之高拱坝电站自身的结构决定了部分巡检区域难以到达，电厂运行人员在这些区域进行巡检不仅工作量大，也会面临较大的作业风险。

（2）**创国际一流水电站的目标驱动**。在雅砻江流域水电开发有限公司"121"发展构想引领下，二滩水电站将创国际一流水电站作为目标，结合当前二滩水电站已完成"远程集控、现地值守"的运行管理模式的变更，对巡检的质量要求进一步提升。传统模式的巡检系统容易造成巡检不到位，巡检质量和效率也相对低下，同时无法满足现场使用的需求和运行管理的要求。因此，二滩水电站结合现场实际需求，充分运用新理念、新技术对传统的巡检系统进行更新改造。搭建智能巡检系统，旨在提升巡检质量，使得巡检工作越来越规范化、标准化、智能化，将进一步提升运行团队风险管控能力以及巡检质量，助力国际一流水电站的创建。

（3）**对标对表找差距，提高设备智能化水平**。在电力行业，电网企业和发电集团正在积极开展智能电网、智能电站探索实践，引入智能化技术和理念为行业创新发展提供助力。国内水电企业以全新视角重新审视自身的自动化和信息化系统，纷纷对传统电站开展分析、评估和优化，向着智能电站的方向全面发展。不论是从外部环境变化，还是从企业内部发展需求来看，积极推进流域电站技术和管理创新，实现转型升级已成为雅砻江流域水电开发有限公司的必然选择。在此背景下，该公司将智能电站建设视为公司转型升级和创新发展的必经之路，明确要求深入推进智能电站建设，运用先进智能化技术，推动公司电力生产模式的变革。

### 2. 主要做法

水电站智能巡检系统运用移动互联网技术，以系统云服务器为核心，利用巡检系统管理终端、巡检手持终端、测温测振传感器、NFC 标签等硬件设备，结合电力生产实际，基于二维码和 NFC 定位两种方式实现巡检定位，每一巡检点对应一个独立的 NFC 标签。从解决巡检中"走到、看到、听到、闻到、摸到、分析到"的感知问题入手，通过巡检手持终端与现场 NFC 标签相结合，实现巡检管理、巡检 Wi-Fi 实时定位、数据分析统计、拍照识别、设备缺陷管理等功能。规范巡检操作，对巡检过程进行强制性、智能化管控，可保证电厂在巡检作业过程中高效、标准地执行巡回检查工作计划。主要做法如下。

（1）**基于 OCR 图片文字识别技术，搭建智能图像数据应用。** 水电站智能巡检系统采用智能文字图像识别 API 服务，运行人员在巡检过程中发现设备缺陷可启动巡检手持终端拍照功能，系统便会捕获在巡检过程中发现的设备缺陷的图片（如图 1 所示），拍摄的图片可将缺陷信息与巡检结果关联并保存在系统数据库中，以备查询。对现场设备显示屏上的数据进行拍照，经图像识别后能选择性地将所需数据直接录入系统，将识别的数据进行对比及筛选出最大、最小值等，并将记录上传至系统数据库中以备查询。该技术在电力行业内特别是巡检领域的创新应用，降低了巡检人员的工作强度，全面提升了巡检可靠性和管理水平。

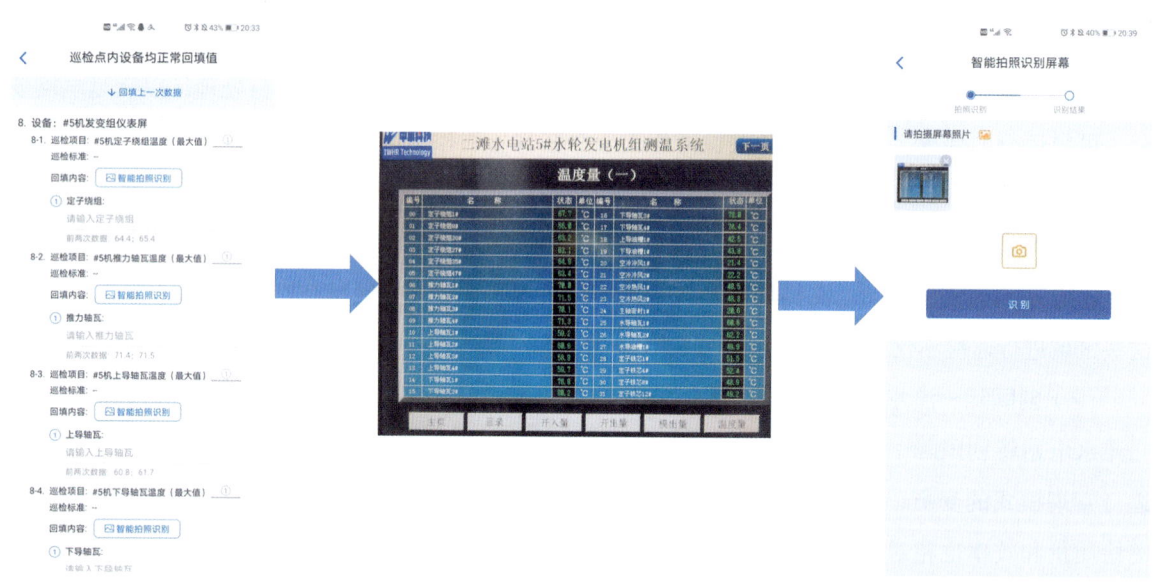

图 1　智能图像数据识别技术运用

对于电力行业而言，存在各种各样的基于保护、测量、控制等功能的相关压板，运行人员每次巡检都需要一一核实这些压板的状态是否与当前设备的状态一致，稍有疏忽就可能造成隐患。该巡检系统利用 AI 的模型库，预先大规模对保护屏柜压板图像进行训练学习。使用过程中，将当前压板图像与预先确定的模板图像进行匹配，并进行对比，实现对视频画面的实时智能分析，通过深度学习算法，实时监测各种压板的状态，从而及时有效地提醒巡检人员设备压板状态是否正常。

（2）构建"Wi-Fi 实时定位技术"，自动绘制巡检轨迹图，提升巡检管控水平。Wi-Fi 实时定位技术是预先在楼层 3D 模型的图源中标识多个坐标采集点，巡检人员在实际场景中走到对应坐标采集点的位置，通过手机 App 的"采集"功能，利用手机的 Wi-Fi 模块扫描并上报当前位置下的所有路由器的信息以及从当前位置到各个路由器的具体信号强度。当现场所有的坐标采集点都完成信息采集后，所有的数据汇聚成一个无向图，该无向图以所有数据中的路由器作为顶点，以对应坐标采集点的信号强度为路径长度。后续在实际巡检过程中，手机 App 会在使用时扫描当前位置的路由器信息以及信号强弱，并把这份数据上传至数据库与此前生成的无向图进行对比，通过最短路径算法获取对应的无向图中与当前位置最相似的一个坐标采集点，同时结果会在对应的 3D 图源中的对应坐标采集点标注出人员位置（如图 2 所示）。

结合自身实际，利用 Wi-Fi 实时定位技术，当前智能巡检系统可根据采集的各楼层多个位置坐标的 Wi-Fi 信号强度信息，在巡检过程中通过手持巡检终端，基于各位置的信号强度，实时定位巡检人员位置，巡检结束后自动绘制巡检轨迹图，完成原始数据的保存和备份，并提供历史轨迹回放，做到工作情况的重现和可追溯，能够随时调阅历史工作资料。巡检系统会跟踪巡检人员的每一个时刻，切实保障巡检"六到一不漏"，全程全方位管控巡检过程，保证巡检的高质量。

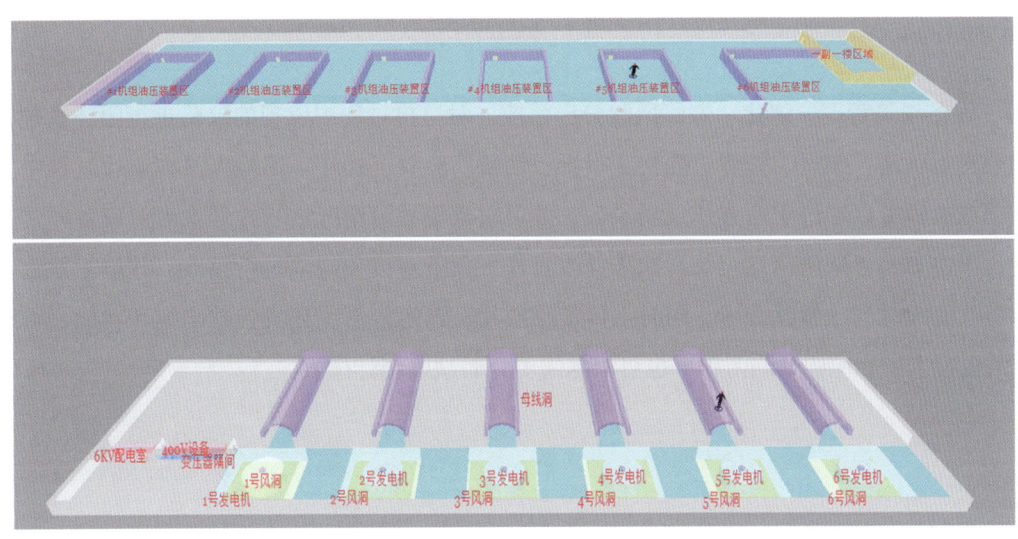

图 2　基于三维模式下的 Wi-Fi 信号强度信息采集定位

（3）运用数据统计分析技术，形成设备健康评估报告。该功能模块主要具备常规统计、数据查询、到位查询、趋势分析、越限数据查询、设备健康分析、设备状态监测等 7 大功能。常规统计可根据班组或巡检路线导出相应的日报、月报、年报，且具备导出任意时段报表的功能。数据查询用于查询、检索已有的巡检数据，系统支持多种查询方式，可对巡检路线、巡检点进行相应查询。到位查询可利用巡检点信息对相应人员巡检到位情况进行检索。趋势分析是巡检系统后台自动对巡检数据进行分类归纳、统计分析，并对设备的某个参数绘制出的趋势分析表，进行多点比较，自动生成分析报告（如图 3 所示）。越限数据查询根据回填值、巡检点、设备、部件、日期范围进行相应的查询。设备健康分析可按照系统的定期巡检情况自动生成设备健康评估报告。设备状态监测即利用历史数据对设备状态做出预测，根据设备状态判定标准对设备剩余寿命做出准确估计，推测、预估该设备在何时达到或发展为何种状态，由此预知设备尚可安全运行的期限等。该巡检系统支持巡检报告管理功能，可以自由定义报告格式模版，可生成巡检日志、周报表、月报表、年报表等。巡检报表主要包含巡检总数、漏检总数、正常总数、异常总数等。

巡检系统后台自动对巡检数据分类归纳、统计分析，并可针对设备的某个参数绘制出趋势分析表，进行多点比较，自动生成分析报告。

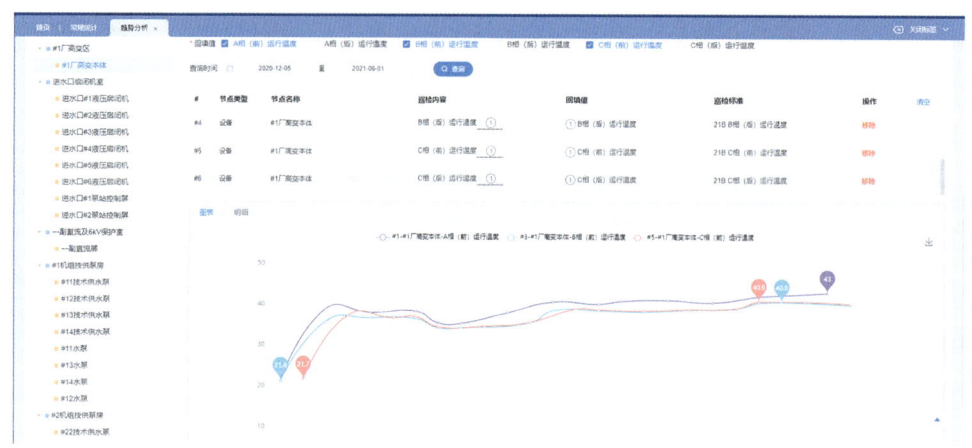

图 3　温度趋势分析

（4）设备缺陷管理一体化，做好风险分级管控。对巡检过程中发现的缺陷进行闭环管理，针对相应缺陷进行创建、编辑、查看、提交、审批、消缺、验收等操作。巡检人员在巡检过程中发现的设备缺陷或故障可以通过手写方式现场录入，并可对现场故障情况进行拍照或者对设备异常音响进行录音，丰富和完善缺陷信息记录。缺陷整改责任人负责对设备缺陷进行整改，并填写缺陷整改信息，如整改完成时间、整改费用，同时上传整改照片。该巡检系统还具备缺陷统计功能，管理人员可根据需要检索出相应的缺陷清单，也可根据需要查看缺陷统计图表。

## 二、案例实践效果

### （一）综合效益

**1. 形成一套标准化、智能化、高效化的巡检体系，助力行业高质量发展。**

水电站智能巡检系统自上线运行以来，大大提高了巡检人员的工作效率，未发生漏巡事件。建立全面准确的巡检系统数据库，对巡检数据分类归纳、统计分析、多点比较，并根据状态判定标准，对设备状态做出预测。当预测设备的状态劣化时，预测故障发生前的工作时间，有利于科学合理地安排检修和提高设备的可用率，避免发生重大故障。水电站智能巡检系统基础数据库对每个巡检点位包含的设备、巡检项、巡检标准、巡检方法、拍照识别的控制屏类型、回填值、巡检班组、巡检周期都进行了明确规定。一个巡检点可以包含多个设备，也可以有自己的巡检项。当前可选择的巡检方法有目测、耳听、鼻嗅、手触、蘑菇头测温、蘑菇头测振、智能拍照识别。回填值主要记录重要设备的参数，用于统计分析。该智能巡检系统的巡检路线可由系统管理人员或班值长结合实际情况进行自定义，与传统的巡检模式相比更加灵活、规范。运行人员根据不同的班次，依照既定的巡检路线进行巡检。特殊情况下需要进行临时巡检可由当班值长调用系统中的巡检计划，生成相应的巡检任务。

### ■ 2. 提质增效创一流，经济效益显著

人力成本每年预计节约 63.8 万元。截至 2022 年 10 月，水电站智能巡检系统在二滩水电站运行近 24 个月，为运行、检修人员科学制定了 27 条巡检路线。相比于传统的巡检模式，该系统的应用切实提高了对巡检点的识别速度，优化了巡检路线。每个班次累计节约巡检时间 50 分钟，运行、检修人员平均每天巡检 6 次，相当于每日可节约 300 分钟。智能巡检系统运行 24 个月，累计节约 3600 小时。

有效解决了大型地下厂房人员定位的问题，该巡检系统采用的 Wi-Fi 实时定位技术为电厂直接节约 200 万元。

该巡检系统具有强大的扩展性，可为一个厂站节约成本 40 万元。根据巡检需要，如增加厂站，只需在该巡检系统中增加巡检设备，在现场增加设备巡检二维码，便可以实现新厂站的设备巡检。

巡检过程中采集的设备数据，可为后期大数据分析中心提供数据支撑，避免了重新建设，此项可节约费用约 75 万元。

数据智能分析价值显著。运行人员利用水电站智能巡检系统查询历史数据，对设备状态作出预测，检查出励磁变（厂高变）三相温度在同负荷状态下温度较前几日有明显升高，及时安排检修处理，有效避免了设备损坏所带来的经济损失约 339.2 万元。同时，运行人员巡检过程中基于拍照识别技术发现 3 号机组励磁跨接器电流显示不正常，成功避免了机组非计划停运，避免电量少发导致的损失约 115.2 万元。

### ■ 3. 提升管理水平，促进行业智能化水平。

（1）提升管理水平。该巡检系统可对工作人员进行实时数据统计，记录所有工作人员的出勤情况、巡检情况、工作状态以及工作计划完成情况，同时以 Wi-Fi 实时定位方式确保巡检人员真实到位。该巡检系统可对原始数据进行保存和备份，可提供历史轨迹回放，重现工作情况，实现可追溯，管理人员借助其能够随时调阅历史工作资料。该巡检系统可跟踪巡检人员的每一个时刻，列出每次巡检记录的异常信息，对巡检整个过程进行分析，这些均有助于对巡检人员的考核。管理人员对巡检人员不可控的管理盲点得到了改善，加强了巡检工作管理。

（2）促进行业智能化水平。水电站智能巡检系统具有趋势分析、任务管理、Wi-Fi 实时定位、OCR 图片文字识别、设备状态预测等功能，让运行人员能够高效了解设备运行状态，及时发现电力设备的事故隐患，提升电力设备运行的安全性，明显降低了生产运营成本。实践证明，该巡检系统可以有效地降低人为因素带来的漏检和错检问题。该巡检系统实现了无纸化数据采集，实现了巡检工作的电子化、信息化，大幅提高了工作效率，保证了电力设备的低故障率安全运行，推动了智能

水电站的建设工作。

（3）建立服务器虚拟化平台后，该系统硬软件维护成本降低，维护更方便（如图4）。

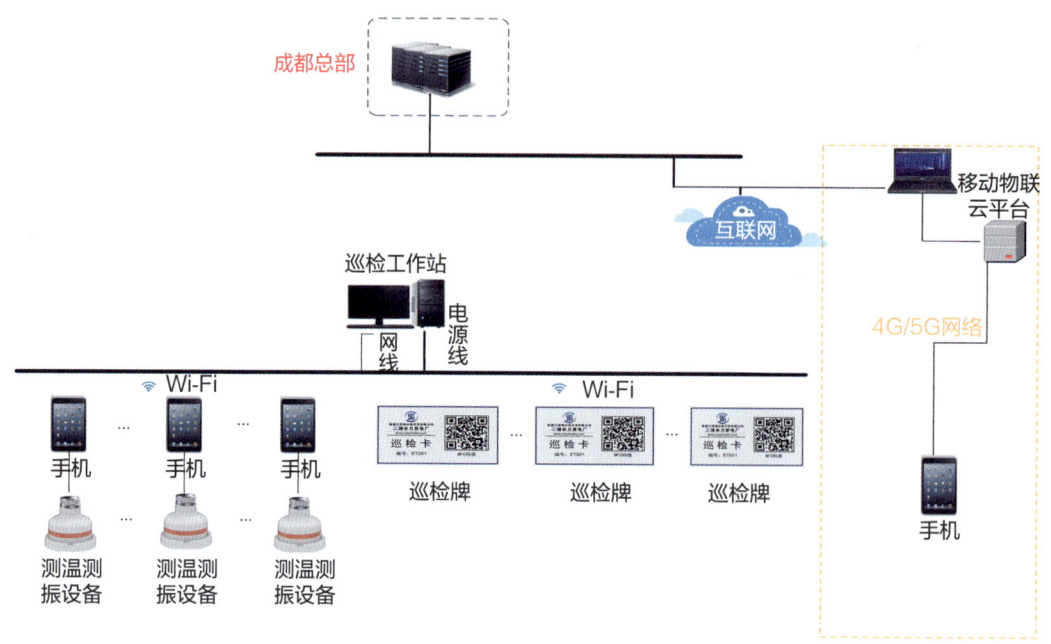

图4　虚拟化平台

## （二）第三方评价

水电站智能巡检系统是公司电厂针对巡检实施的首个项目，对于提升电厂安全管理水平、实现本质化安全起着关键性作用。该项目在二滩电厂的成功实施，在同行业安全风险管控中树立了标杆，也为后续流域化推广打下了坚实的基础。同时，更多电厂加入智能化建设的队伍中来，对社会的经济活力和科技水平都有一定的促进作用。2021年5月，该项目获得2021年电力企业信息技术应用创新一等成果，团队受邀在长沙召开的"2021年（第十五届）发电企业信息化技术与应用研讨会"上作报告。2022年8月，该项目获得中国设备管理协会举办的第五届全国设备管理与技术创新成果二等奖等荣誉。

## （三）行业推广前景

该项目在二滩电站运行效果良好，维护简单，形成了一套标准化、智能化、高效化的巡检流程，可广泛应用于同行业的其他电厂，助力行业高质量发展。

目前，该巡检系统已在公司流域其他电厂得到使用。公司计划后续将此巡检系统的管理范围进一步扩大，增加外委单位的可靠性管理，将外委日常工作巡检纳入电厂管理中，从而解决外委单位难监管、难管控的问题，提高电力企业安全管理水平。

（李民希　战永胜　王东泉　刘彦阳　薛万军）

# 水电站水轮机调速器控制系统可靠性研究及应用

## 一、案例基本情况

### （一）单位基本情况

锦屏水电站，包括锦屏一级和二级水电站，总装机容量为840万千瓦。锦屏一级水电站位于四川省凉山彝族自治州木里藏族自治县和盐源县交界处的雅砻江大河湾干流河段上，是雅砻江下游卡拉至河口河段水电规划梯级开发的龙头水电站，距河口358千米，距西昌市直线距离约75千米。锦屏二级水电站位于四川省凉山彝族自治州木里藏族自治县、盐源县、冕宁县三县交界处的雅砻江干流锦屏大河湾上，系雅砻江卡拉至江口河段规划的5个梯级电站之一，上游紧临具有年调节能力的锦屏一级水电站，下游依次为官地、二滩、桐子林水电站。

### （二）案例具体实践

#### 1. 总体背景

锦屏一级水电站机组调速器系统正常并网运行时有开度模式和功率模式可以选择。开度模式即调速器系统接收监控系统的调节指令，进行机组导叶开度调节，使导叶开度达到设定开度。功率模式即依据调速器系统接收的功率设定值，以机组功率作为反馈，自行完成功率调节，使机组达到设定功率。

调速器是参与水电机组过程控制的重要设备。目前，多数调速器采用了双机（套）冗余结构，即控制器、开入/开出、模入/模出、频率测量、功率测量、开度测量单元等硬件按照双重化原则配置。每套系统功能完备，频率、功率、导叶开度等重要采样数据是调速器进行功率或开度闭环控制的关键数据，可根据手动切换信号、元器件故障信号进行整机切换，但存在以下几个方面的问题。

（1）**反馈信号容错逻辑不完善**。重要测量反馈信号与控制器单元为"一对一"结构，而信号故障检测报警功能仅限于越限、跳变、断线等故障，忽视了可能发生的传感器本体的硬件故障，如传感器本体的反馈信号因故障形成固定"死值"，但仍处于正常数据范围内，调速器将无法按照逻辑进行整机切换。根据闭环调节原理，调速器将误发调节指令，闭环系统将变为发散振荡的控制系统。

（2）**传感器的机械安装支架未进行可靠性容错设计**。行业中多数调速器事故主要与各类采样信号异常有关，如功率变送器本体"死值"、导叶开度传感器连接螺栓脱落造成调速器异常调节等事故，严重影响了机组的安全稳定运行。多数传感器支架仅从机械安装上进行考虑，未充分考虑支架上部件断裂松脱等带来的隐患。

（3）调速器系统模拟量信号测量未设容错机制。调速器功率给定信号只有简单的超限、断线故障报警功能，不具有跳变检测功能，当发生功率给定模拟量输出模块故障，出现功率给定模拟量跳变等故障时，控制系统无法判断为故障信号，无法进行切换，这可能造成机组调速器的异常调节，严重影响机组的安全稳定运行。

调速器水头信号只有简单的越限、断线报警，不具备防波动功能。当水头变送器异常或者电源异常时，水头测量值出现波动，导叶开度给定值发生变化，将导致机组负荷异常波动。

调速器的机组频率信号与调速器控制器为"一对一"结构，若可编程 I/O 处理器或四路频率信号转换器发生故障，则四路频率信号测值均为零或死值，而调速器控制系统无法判断频率故障，不会进行主备用套切换，此时当调速器仍按原逻辑启动发电机组时，存在开机过速风险，严重影响机组的安全。

针对上述原因，以提高锦屏一级水电站调速器控制系统运行安全、可靠性为出发点，提出了基于"三取二"冗余容错机制的调速器系统技术改造创新、具有限位功能的调速器导叶位移传感器连杆机构设计和调速器防误动功能的研究与应用，提高了调速器控制系统运行的可靠性，取得了较好的经济效益和社会效益。

### 2. 主要做法

（1）基于"三取二"冗余容错机制的调速器测量信号反馈系统研究。针对调速器系统反馈信号容错逻辑不完善的问题，从硬件和软件两个方面对调速器系统进行改造，对调速器系统重要信号"一对一"结构进行优化，提升控制信号的冗余度，通过科学合理的判断和控制策略，选择正确的信号进行控制，从而避免调速器系统因单一故障误调节，实现系统的冗余容错能力。

硬件方面，将反馈信号与控制器单元的"一对一"结构改为"三对一"结构（见图1），通过增加第三路导叶开度传感器、信号二分器将第三路开度信号分别送至控制器用于计算。

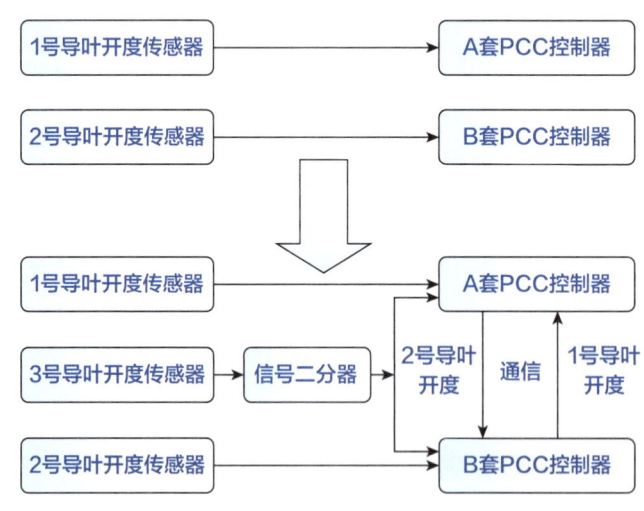

图1 导叶开度信号改造示意图

软件方面，增加了双机通信程序，将原来上送至1号、2号导叶开度的信号，分别通信至对套控制器，这样在尽量少增加硬件的情况下，通过软件通信实现了反馈信号与控制器单元的"三对一"

结构的基础。

对于 A（B）套系统，反馈信号按照反馈信号1号（2号）为主用，反馈信号3号为备用，由交换机通信的反馈信号2号（1号）作为容错判断的原则，完成"三取二"选择容错逻辑判断，用于调速器控制。"三取二"容错逻辑如下：当反馈信号2号（1号）、反馈信号3号偏差小于偏差定值，反馈信号1号（2号）分别与反馈信号2号（1号）、反馈信号3号偏差均大于偏差定值，则认为反馈信号1号（2号）故障，采用反馈信号3号为主用输出，并报传感器偏差故障；其他情况以反馈信号1号（2号）为主用输出；当反馈信号1号、2号、3号任意两个偏差大于偏差定值，将报传感器偏差故障；当反馈信号1号、2号、3号偏差均大于偏差定值，无法判断故障，报传感器偏差故障，调速器切纯手动运行。具体逻辑示意图如图2所示。

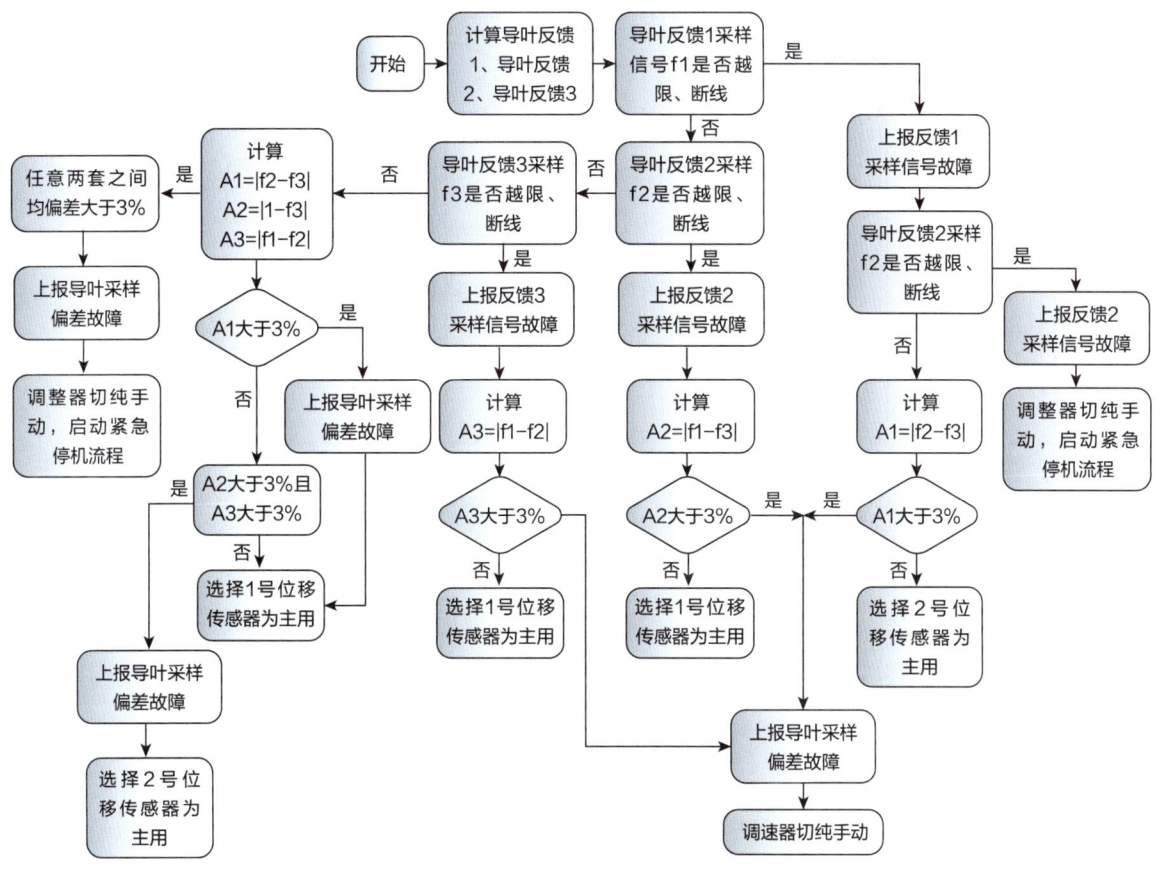

图2　导叶开度信号冗余逻辑示意图

从上述逻辑可以看出，对于任何一路反馈传感器故障，系统经过"三取二"冗余容错逻辑判断后，将选择有利机组运行的无故障传感器信号输出，并进行相关系统报警输出。

（2）调速器导叶位移传感器支架容错式机械结构设计研究。对由开度模式控制的调速器系统而言，导叶位移传感器信号的正确性对调速器控制的可靠性起着至关重要的作用，而目前大多传感器支架仅从机械安装上进行考虑，未充分考虑支架上部件断裂松脱等带来的隐患，因此可从结构设计的角度提升导叶位移传感器信号的可靠性。

为解决上述问题设计了一种具有限位功能的调速器导叶位移传感器连杆机构，连杆呈板状结构，连杆上沿长度方向开设有矩形缺口，在矩形缺口内设有用于对位置滑块进行辅助限位的限位部件，限位部件与位置滑块上的凸缘接触，当连杆与位置滑块之间的连接螺栓松脱后，限位部件能够带动位置滑块随连杆继续运动，迫使位置滑块正常跟随导叶动作，从而提高了机组的安全可靠性。具体结构如图3所示。

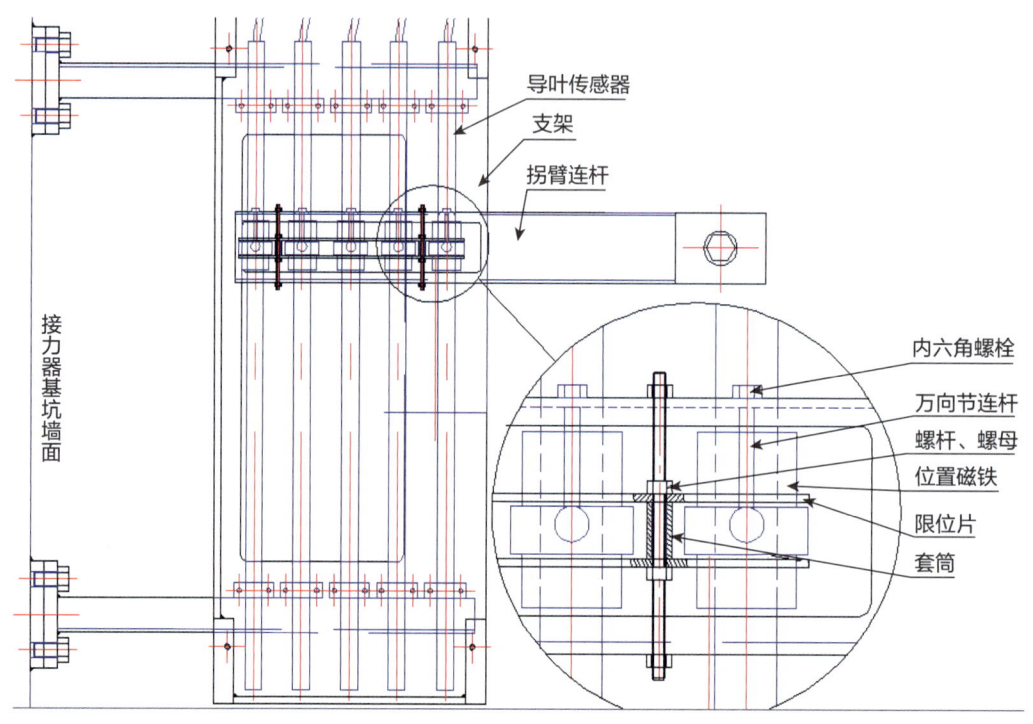

图3 导叶支架改造原理图

（3）调速器系统防误动功能研究。水电站调速器作为机组的主要控制设备，其可靠性直接影响发电机组和电网的安全和稳定。但在生产实际中，经常出现误动等一些影响调速器可靠运行的问题，这些问题轻则导致机组运行异常，重则导致电网负荷波动。为解决调速器上述误动问题，从三个方面开展了防误动功能研究，形成一套完整的调速器防误动体系，进一步提升了调速器的可靠性。

基于码值累计的模拟量跳变检测系统，其特征在于能够自动剔除跳变信号，保持模拟量信号的持续工作，而不是以往的直接判断模拟量故障。其具体内容为：模拟量后一个码值与前一个码值差值变化较小（小于设定值）时，程序使用实时模拟量输入值；模拟量后一个码值与前一个码值差值变化较大（大于设定值）时，若判断模拟量输入无跳变，模拟量输入延时（n个周期）起作用；若判断模拟量输入跳变，程序一直使用跳变前模拟量输入值直至故障复归，达到自动剔除跳变信号的目的，从而避免模拟量输入信号跳变导致调速器控制系统误调节。

防止调速器导叶开度限制波动，其特征在于提出可行基准值，可以保证数据的起点可靠，持续迭代更新，并可以实现允许一定范围内的波动，从而解决了以往无法限值波动范围的问题。其具体内容为：可信基准值选取，即在调速器由水头模式切换为自动方式时或者复归故障报警时，读取经过人为确认的当前实时水头值作为基准水头值，读取当前导叶开度限制值作为基准导叶开度限制值。

固定时间周期内选择性采样,即在固定周期内正常采样次数大于定值时即可计算出新的基准值。

防止调速器自动开机过速,其特征在于利用水轮发电机开机物理规律,进行主备套数据通信对比,能够及早发现频率异常,而以往只在起始和结束两处进行判断,其具体内容为:调速器控制系统从接收到开机令后 20s 至开机态结束,将主用套机组频率和备用套机组频率每 3s 记录一个点,在主备用套通信正常情况下,将主备套间机组频率进行通信和比较,如果主备套间机组频率偏差值大于 2Hz,则再检测主用套机组频率码值上升变化率是否低于设定值(正常机组频率上升率的 1/3),若满足条件则报调速器机频故障,主用套严重故障,进行主备用套切换,由备用套进行自动开机过程,如果备用套也满足上述故障条件,监控系统将启动紧急停机流程。当主用套与备用套之间的通信中断,主用套只需根据机组频率上升变化率来判断机组频率故障,并进行主备套切换,备用套故障后则由监控系统启动紧急停机流程。

## 二、案例实践效果

### (一)综合效益

本案例研究成果已应用于锦屏一级水电站 1~6 号机组(单机 600MW)。多台机组长时间的应用,证明本案例创新研究技术成熟、安全性好,取得了较好效果。

基于"三取二"冗余容错机制的调速器测量信号反馈系统,提高了重要测量反馈单元的冗余度。将多路控制信号与控制器"一对一"改造为"三对一"结构,当一路信号源异常时,可通过切换至正常传感器的方式来保证系统功能正常。该系统提供了一种有效的故障判断策略,通过采样数据对比,辅以容错策略,能有效判断和剔除故障数据,精确定位故障传感器,提高了故障辨识、分析和处理效率,提升了冗余测量单元系统的可靠性。

调速器导叶位移传感器支架容错式机械结构设计,提高了位移传感器测量的稳定性。通过自主设计的具有限位功能的调速器导叶位移传感器连杆机构,通过添加备紧螺母将位移传感器支架固定使其更牢靠,同时通过挡片将所有滑块限位,从而实现在局部螺栓断裂或松动后仍可正常动作,保证机组的安全运行。

基于码值累计的模拟量跳变检测方法,当功率给定模拟量信号跳变时能有效检测判断模拟量故障,自动剔除无效模拟量输入信号,在锦屏一级水电站 1~6 号机组实施以来,在机组正常运行期间,未发生因模拟量跳变导致的负荷波动现象。

防止调速器导叶开度限制波动的方法,在锦屏一级水电站 1~6 号机组实施以来,未发生调速器水头波动、导叶开度限制波动的现象。

防止大型水轮发电机自动开机过速方法,在锦屏一级水电站 1~6 号机组实施以来,自动开机共 505 次,未发生开机过程中因设备本体故障而导致过速的现象。

## （二）第三方评价

表1以下为水轮机调速器控制系统可靠性研究及应用过程的专利授权情况。

表1　水轮机调速器控制系统可靠性研究及应用过程的专利授权情况

| 序号 | 专利名称 | 专利类型 | 申请日期 | 专利号 |
| --- | --- | --- | --- | --- |
| 1 | 调速器反馈信号测量系统 | 实用新型专利 | 2017/4/24 | ZL 201720433124.8 |
| 2 | 一种具有限位功能的调速器导叶位移传感器连杆机构 | 实用新型专利 | 2018/8/20 | ZL201821341141.X |
| 3 | 基于码值累计的模拟量跳变检测系统 | 实用新型专利 | 2020/8/20 | ZL 202021754425.9 |
| 4 | 一种防止调速器导叶开度限制波动的方法 | 发明专利 | 2021/4/21 | ZL 202110431032.7 |
| 5 | 一种防止大型水轮发电机自动开机过速系统 | 实用新型专利 | 2021/8/20 | ZL 202021755758.3 |

## （三）行业推广前景

本案例研究成果可以应用于大型水电站水轮发电机调速器，有效提高水轮机的安全稳定性能。

（李金辉　张强　杨维平　李士哲　杨浩泽）

# 大型水轮发电机组典型集电环问题处理及研究

## 一、案例基本情况

### （一）单位基本情况

锦屏水电站，包括锦屏一级和二级水电站，总装机容量为 840 万千瓦。锦屏一级水电站位于四川省凉山彝族自治州木里藏族自治县和盐源县交界处的雅砻江大河湾干流河段上，是雅砻江下游卡拉至河口河段水电规划梯级开发的龙头水电站，距河口 358 千米，距西昌市直线距离约 75 千米。锦屏二级水电站位于四川省凉山彝族自治州木里藏族自治县、盐源县、冕宁县三县交界处的雅砻江干流锦屏大河湾上，系雅砻江卡拉至江口河段规划的 5 个梯级电站之一，上游紧临具有年调节能力的锦屏一级水电站，下游依次为官地、二滩、桐子林水电站。

### （二）案例具体实践

#### 1. 总体背景

锦屏二级水电站安装有 8 台 600MW 混流式水轮发电机组，在 2018—2019 年度检修中，检查发现，1~8 号机发电集电环碳刷磨面有较深的锯齿状沟槽，下环的碳刷尤其明显，集电环下环表面从上往下第三至第六槽滑环表面有较明显的线条状刮痕，集电环滑环表面存在轻微的凹凸痕迹，在后续进行打磨处理后仍然存在磨痕。2020 年，1~8 号发电机集电环碳刷均存在不同程度的打火现象。1~8 号发电机转子绝缘电阻自投运以来一直偏低，碳粉收集装置效率不高、集电环绝缘支柱绝缘距离设计裕度不够，易堆积碳粉，无法进行有效处理，只能通过定期测量转子绝缘电阻、补漆和清扫进行预防，且现有集电环封闭式刷架支撑外罩不利于集电环散热以及操作人员的日常工作、观察。若上述集电环的问题持续得不到解决，可能会导致集电环烧损或机组跳机，为此，特联合发电机厂家进行设计、制造、安装，以提高发电设备运行的可靠性。

#### 2. 总体思路

锦屏二级水电站发电机集电环安装在上端轴上，由集电环支架、集电环、绝缘套管等组成，如图 1 所示。集电环外圆加工成左螺旋沟槽，利于运行时与电刷接触散热和碳粉逸出沟槽螺距，水机补气装置连接在集电环支架法兰处。刷架通过同心分布的绝缘螺栓经法兰把合，正负极之间通过适当厚度的绝缘隔离，以保持所需的电气距离和防污爬电距离。集电环与碳刷接触，通过励磁电缆、碳刷、集电环、励磁引线、磁极形成电流回路。

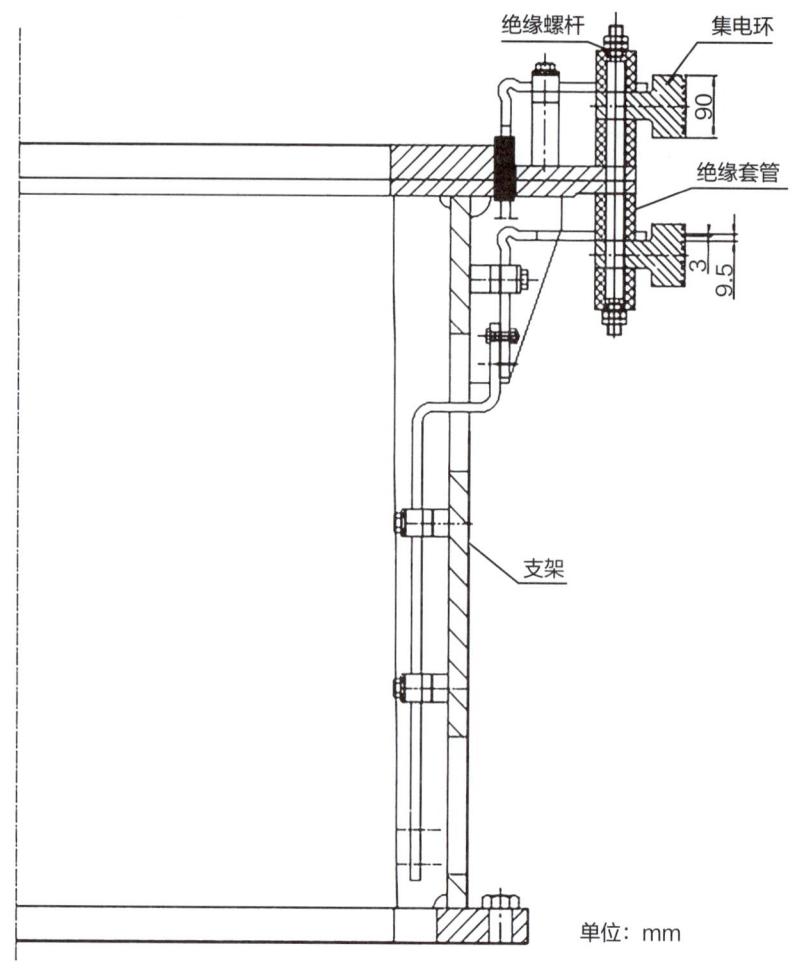

图 1 发电机集电环结构示意图

首先分析集电环问题产生的原因，再制定集电环表面粗糙度劣化及对地绝缘电阻下降的处理措施，这些措施主要包括更换集电环、发电机刷架、碳粉收集装置，以及加装集电装置在线监测系统。

### 3. 主要做法

（1）集电环问题产生的原因分析。发电机组集电环表面粗糙度劣化的主要原因为集电环的材质及设计存在缺陷，集电环在长期运行过程中表面有磨损趋势，不能满足粗糙度 0.8 级的运行要求。

集电环表面粗糙也加快了碳刷磨损，碳粉收集系统效率不能满足碳刷加快磨损后产生的碳粉量的收集需求。

绝缘柱与集电环之间的距离较近，绝缘柱圆周表面附着碳粉，减少了爬电距离，导致机组运行中绝缘电阻下降。

旧碳刷正负极共 62 个，碳刷运行电流密度较高，裕度不够，碳刷温度容易升高。

（2）集电环问题处理方法。更换发电机集电环。考虑到集电环的使用寿命及其耐磨性，新集电环材料采用锻钢 20SiMn，材料经用热处理工艺，集电环厚度为 90mm。为保证机组长时间高负荷运行时集电环对地绝缘维持在较高水平，集电环中心间距为 216mm，绝缘柱高度为 68mm，绝缘柱圆周表面应光滑，保持釉面，避免附着碳粉，防止运行中绝缘下降。8 台机组集电环改造后投运至今，各台机组集电环表面光滑，转子绝缘值均维持在较高水平。

更换发电机刷架。新导电环每极碳刷数量为 36 个，每极碳刷均应采用二层布置的方法，且每层布置的碳刷数量一致，碳刷支墩为铜质材料，刷握与集电环滑环表面距离满足 3～5mm 的要求。上导电环下表面覆盖环氧绝缘板。环氧绝缘板厚度不低于 6mm，外径比导电环外径不小于 15mm，这样将两个导电环彻底隔离，在拆装碳刷时可避免造成正、负极短路。同时，在导电环与励磁电缆连接部位加装绝缘挡板，以有效避免人员触电及设备短路的风险。8 台机组集电环改造后投运至今，各碳刷运行温度改善明显。

更换发电机碳粉收集装置。集尘罩采用 F 级绝缘材料制成，刷握与刷架间隙封堵严密，每个集尘罩上设 16 个吸尘口。4 台碳粉收集装置吸尘管沿集电环四周均匀分布，吸尘管与刷架及碳粉收集装置两端接触无缝隙，抱箍连接紧固无松动，运行时启动、停止均正常，各元件动作均正常，碳粉收集装置风量充足（相较之前功率较大），运行声音正常，有效提高了碳粉吸收效果。

加装集电装置在线监测系统。每个刷握均可采集碳刷温度、电流、磨损量等数据，集电装置在线监测系统可以连续、自动、非接触采集环境温度，并以报表的形式直观地呈现温度分布情况，实现不间断监测碳刷的实时数据，可存储历史数据 5 年以上。目前集电装置在线监测系统可对碳刷的温度、电流及磨损量进行实时监测，对超出标准的碳刷显示报警，便于运行、维护人员及时进行处理，极大地减少了巡检的人工投入，提高了设备的可靠性。

结合机组检修完成 1～8 号发电机新集电环、引线、刷架、新碳粉收集装置的检查、清理、试验，新集电环、刷架检查无损伤，油污清理干净，集电环、引线、刷架绝缘电阻及耐压试验合格，新碳粉收集装置直流电阻、绝缘电阻试验合格，满足规范要求。

## 二、案例实践效果

### （一）综合效益

发电机集电环改造投运至今，集电环表面粗糙度劣化、发电机转子绝缘电阻低、碳刷打火的问题得到了彻底解决，碳刷运行温度、碳粉收集吸收效果得到很大程度的改善，平均年节约成本约 1619 万元。上导电环下表面覆盖环氧绝缘板，将两个导电环彻底隔离，在拆装碳刷时避免了正、负极短路。同时，在导电环与励磁电缆连接部位加装绝缘挡板，有效避免人员触电及设备短路的风险。该项目改造彻底解决了设备顽疾，切实提高了发电设备的运行可靠性，在减少设备损失的同时，也避免了停机消缺期间的电量损失。

### （二）第三方评价

锦屏二级水电站大型水轮发电机组表面粗糙度劣化及对地绝缘下降改造实施后，获得了公司的高度认可。

### (三)行业推广前景

大型水轮发电机组集电环系统在线监测技术研究、设备研制及应用不仅保障了机组的安全运行,填补了电厂集电环碳刷在线监测的空白,而且对于推动国内发电机组集电装置优化改造工作的创新发展具有积极的指导意义。

目前该集电环改造思路及方法已成功应用于其他电力企业并完成评估,效果显著。

(李尹光　徐文峰　孙福)

# 西南电网异步条件下的直调厂站 AGC 与一次调频控制性能和协调配合策略优化与应用

## 一、案例基本情况

### (一) 单位基本情况

雅砻江流域水电开发有限公司的主要业务是水力发电和新能源发电,根据国家发改委授权,负责实施雅砻江流域水能资源开发,并以"流域化、集团化、科学化"的全新模式实施运营管理。同时,雅砻江公司积极推进雅砻江流域水风光互补绿色清洁可再生能源示范基地建设,着力打造雅砻江清洁能源品牌。

### (二) 案例情况

案例始于 2019 年 9 月,历时近一年,投资约 42.8 万元。本案例成果应用于西南电网及其直调厂站电力生产工作中。

### (三) 案例具体实践

#### 1. 总体思路

西南电网自 2019 年 6 月 19 日转入异步运行以来,全网转动惯量仅为同步联网期间的 1/5～1/6,电网抗扰动能力弱化明显,成为我国清洁能源占比最大、外送比例最大、装机容量最小、用电负荷最小、运行控制最复杂的区域电网。受对电网特性认识不足、频率稳定控制难度大、超低频振荡风险突出等因素影响,西南电网面临前所未有的安全压力。面对西南电网异步运行存在的一系列问题,需要厂网协调配合,发挥网源合力,统筹各类要素和力量,把电网安全摆在第一位,共同应对挑战、解决问题,确保电网安全和清洁能源消纳。

为抑制西南电网异步运行后存在的超低频振荡风险,西南分中心完成 138 台、5070 万千瓦水电机组(统调占比约 68.4%)调速系统改造,调速器由大网—功率反馈模式调整为小网—开度反馈模式,全网一次调频性能严重弱化,频率越限风险增加。经统计,西南电网异步运行期间,直调厂站(二滩)及其他投入西南 AGC 运行(包括向家坝、溪洛渡、锦西、锦东、官地等电站)的水电机组突破一次调频死区 50±0.05Hz 次数比同步联网期间增长 10 倍以上,一次调频电量贡献比仅为 5.84%(标准值为 50%),不利于电网频率快速恢复。经进一步排查发现,直调厂站和其他投入西南 AGC 运行的水电机组在小网—开度反馈模式下,功率闭环由机组 LCU 实现,当一次调频与 AGC 负荷调整指令同时进行时，机组 LCU 的功率闭环会覆盖调速器的一次调频动作量，导致机组一次调频电量贡献比不能满足要求，甚至出现电量贡献比为负的情况，使电网频率进一步恶化，同时不利于机组稳定运行。为加强网源协调、保障电网频率稳定、改善机组运行工况、提升电网频率质量、减小频率越限风险，按照电网相关要求，结合西南电网装机规模小、水电占比高、外送比例大和超低频振荡风险突出等特性，开展西南电网直调厂站 AGC 与一次调频控制性能和协调配合策略的优化与应用。

### 2. 主要做法

**（1）西南电网异步联网运行以来的全网频率控制资料收集及总体情况分析**

西南电网异步运行后，与区外通道均变为直流"硬"连接，失去了快速灵活的大区交流互济优势，频率稳定水平大幅下降。异步运行期间，西南电网频率控制在 $50 \pm 0.06$Hz，日均突破火电机组一次调频死区 1180 次、水电机组一次调频死区 262 次，频率突破一次调频死区次数比同步联网期间增长 9.6 倍。异步运行前，二滩、锦东电站一次调频日均动作 100 次，锦西电站一次调频日均动作约 200 次；异步运行后，二滩、锦东电站一次调频日均动作 3000 次，锦西电站一次调频日均动作约 3650 次，官地电站一次调频频率死区为 0.1Hz，一次调频未动作。

**（2）西南直调厂站及西南 AGC 闭环运行厂站的一次调频控制性能分析及优化建议**

经过对直调厂站（二滩）及其他投入西南 AGC 运行包括向家坝、溪洛渡、锦西、锦东、官地等电站的水电机组运行数据、考核数据及机组各系统参数分析，结果如下。

异步联网后，各水电站采用小网—开度模式，PID 参数大幅减小，导致机组一次调频控制性能大幅下降。

总体而言，在大网—功率模式下，机组一次调频受死区影响较小，机组功率响应较小网—开度反馈模式更好。

受水轮机特性影响，水轮机压力波动引起机组功率波动幅值约 2MW，为功率测量的"背景噪声"，且无法消除，影响一次调频贡献电量计算的准确度。

水轮机导叶开度与功率呈现一定的非线性关系。

结合分析结果，建议如下。

适当增大 PID 参数，可增加一次调频速率，但需同时考虑 PID 参数的增大会增加机组一次调频动作时机组功率反调节量及滞后时间，存在机组一次调频功率贡献量为负的风险。

建议职能管理部门组织研究调整小网—开度反馈模式运行机组一次调频贡献电量的考核指标。

减小机组一次调频频率死区，可增加机组一次调频动作量，增加电网一次调频容量，提高电网频率的稳定性。

对机组一次调频动作死区和复归死区分开设置（复归死区值应小于动作死区），减少电网频率穿越一次调频死区频繁度，更有助于电网频率的稳定性。

统筹考虑对全网机组的死区设置进行优化，使全网机组分批次参与一次调频。

**（3）一次调频、AGC 及监控指令配合关系分析及策略优化建议**

在机组实际运行过程中，监控系统 AGC 与一次调频控制配合框图如图 1 所示。

监控系统及 AGC 配合策略优化建议如下。

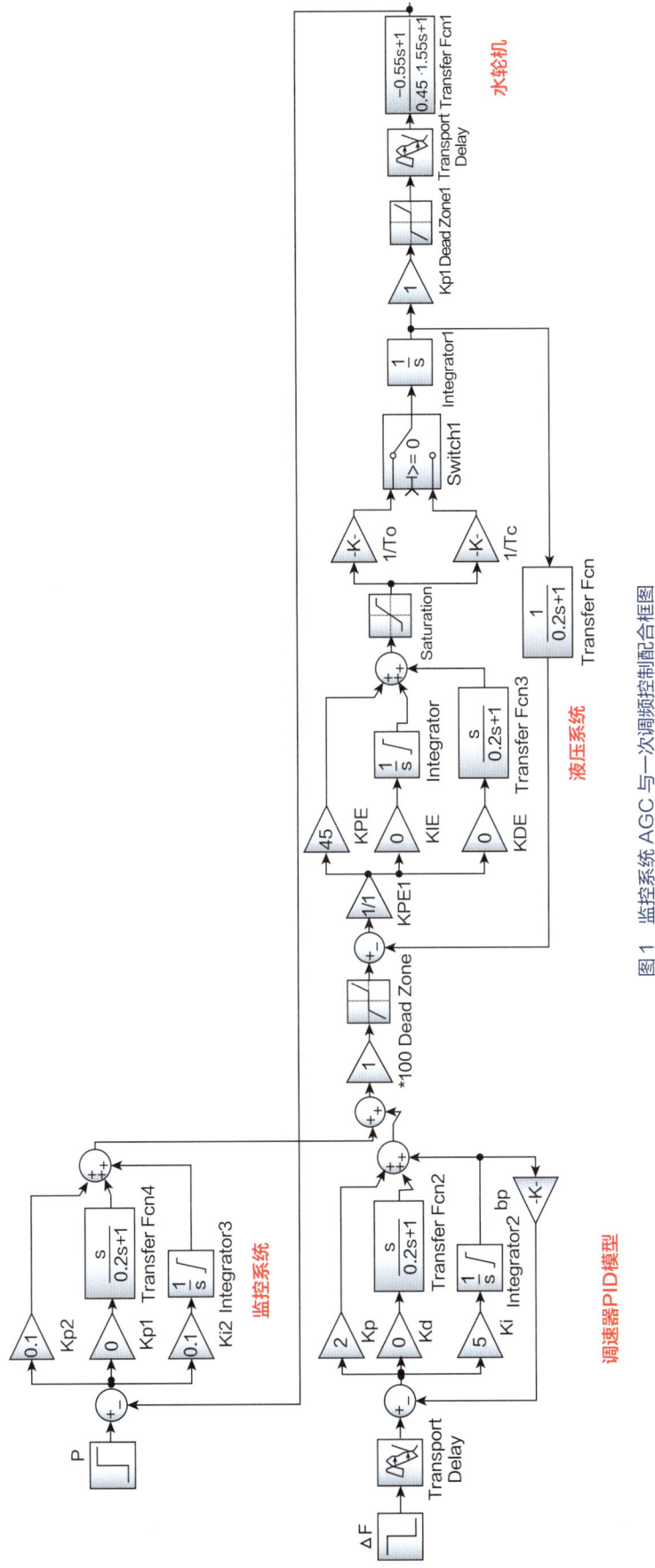

图 1 监控系统 AGC 与一次调频控制配合框图

一是建议非特殊情况下，全站所有机组均投入 AGC；二是建议全厂 AGC 投入时，调度下达的 AGC 指令由全厂 AGC 总体分配至每台机组功率给定值，再由各台机组单独完成功率闭环调节，全厂 AGC 只负责负荷分配；三是调度中心下发 AGC 定值直接到各机组功率给定值，各机组单独完成功率闭环，在机端实现真正叠加，提高响应速度，避免 AGC 出现异常波动（需调度侧修改程序）。

经分析，机组一次调频不合格绝大部分是机组一次调频本身动作量不足造成的，监控系统 AGC 对一次调频影响不大；建议先对电站机组参数实测并改善，如有监控系统 AGC 对一次调频影响较大，后续再对 AGC 与一次调频配合逻辑进行优化。

（4）华中"两个细则"相关考核指标分析及优化建议

华中"两个细则"相关考核指标分析：一次调频动作受控制系统影响，调节过程需要一定的时间，功率有一定滞后，$\Delta P(\Delta f, t) = \Delta f(t) \times MCR/fn \times Kc$ 的理论计算方法简化了滞后的影响，频率变化量直接换算为功率变化量，积分电量偏差较大。

部分机组调节速率较慢或者死区较大，调频动作量不足，导致机组一次调频在小扰动下很难达到要求。

华中"两个细则"相关考核指标优化建议：按机组实际开度与功率非线性关系，折算至不同负荷下的 $Kc$，在不同负荷下考核值不同，或采用机组额定负荷处的比例系数作为考核依据（详见图 2）。

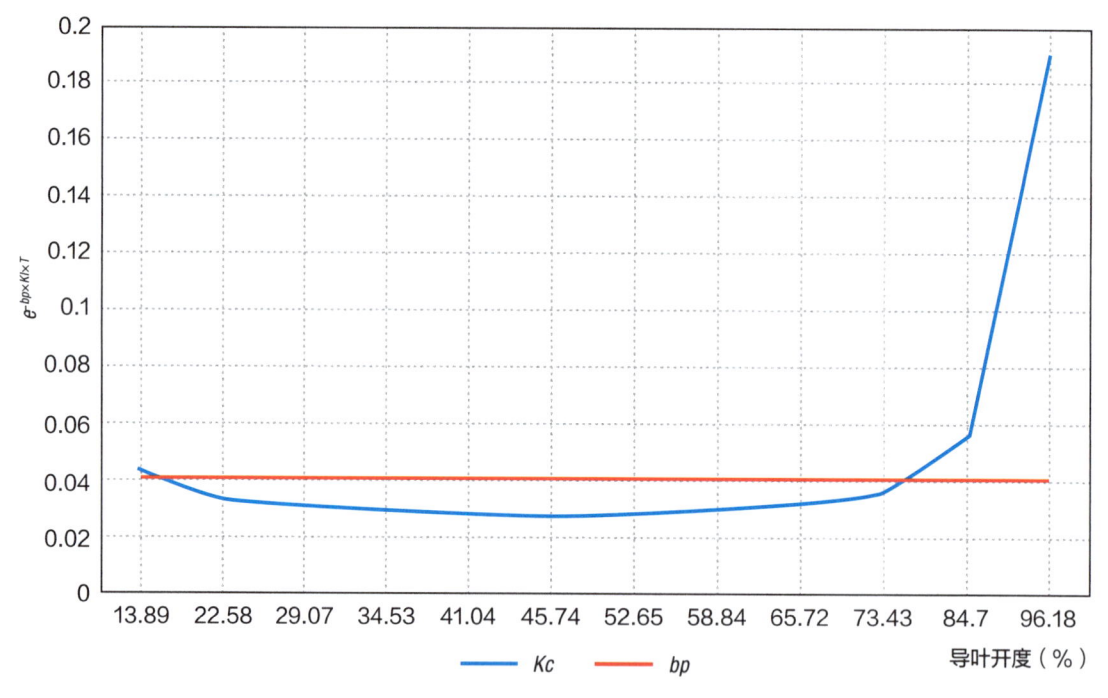

图 2　二滩电站 6 号机组转差率对比图

在理论积分计算环节加入惯性时间常数，建议与电站 PID 参数一致，$\Delta P = MCR \times [1/bp + (Kp - 1/bp) \times e^{-bp \times KI \times T}] \times \Delta f(t/fn)$，与实际机组一次调频动作速率相符，按机组实际负荷变化曲线计算积分电量（详见图 3）。

建议在考核细则中，明确辅助服务考核系统在计算理论积分电量和实际积分电量使用的方法和数据源信号，保障辅助服务考核系统计算的准确性。

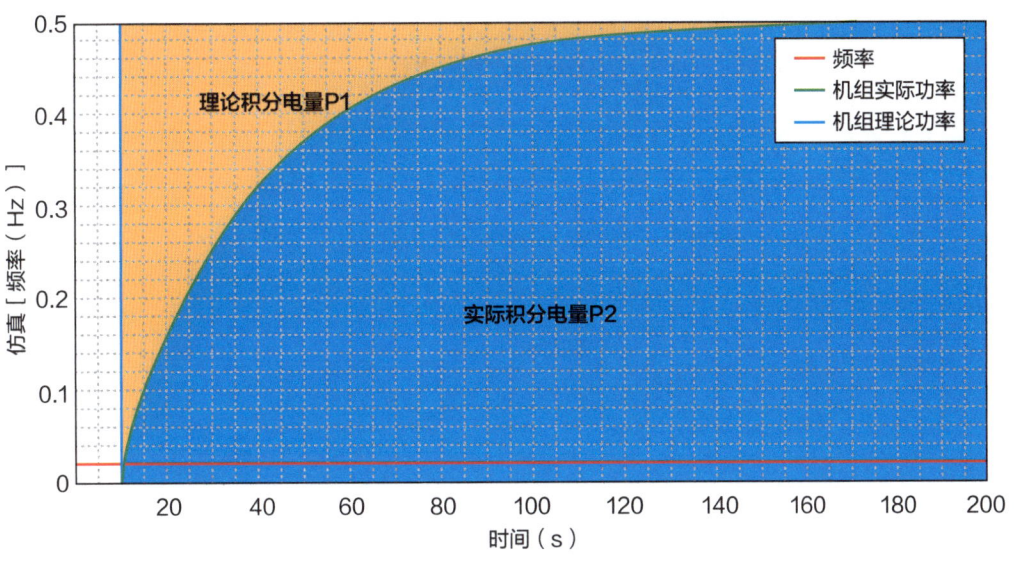

图 3　积分电量仿真计算结果（频率—功率）

（5）西南直调电站现场验证试验

现场验证试验具体项目详见表1，试验接线详见图4。西南直调电站现场验证试验结论及建议如下。

表 1　试验具体项目

| 试验项目 | | 试验条件 |
| --- | --- | --- |
| 电子调节器部分 | 试验接线 | 无水条件下进行，模拟机组并网态，进行机组模拟调频测试 |
| | 调速器频率测量单元校验 | |
| | 调速器静特性试验（永态转差系数 $b_p$ 校验） | |
| | 人工频率死区设值校验 | |
| | 信号不同源测试 | |
| 执行机构部分 | 大网运行、小网运行工况的 PID 控制参数的校验（开度反馈模式和功率反馈模式） | 无水条件下进行，模拟机组并网态，进行机组模拟扰动测试 |
| | 导叶（接力器）最短开启、关闭时间测定 | |
| | 接力器反应时间常数 $T_y$ 测定试验 | |
| | 开度死区校验（控制死区） | |
| 原动机部分 | 机械死区校验（开度） | 带负荷条件下进行，机组并网态，进行机组扰动测试 |
| | 功率死区校验 | |
| | 机组全程变负荷试验 | |
| | 频率扰动试验 | |
| | 信号不同源测试 | |
| | 开度扰动试验（水流惯性时间常数 $T_w$ 实测） | |
| | 一次调频与 AGC 配合逻辑试验 | |
| | 跟踪网频试验 | |

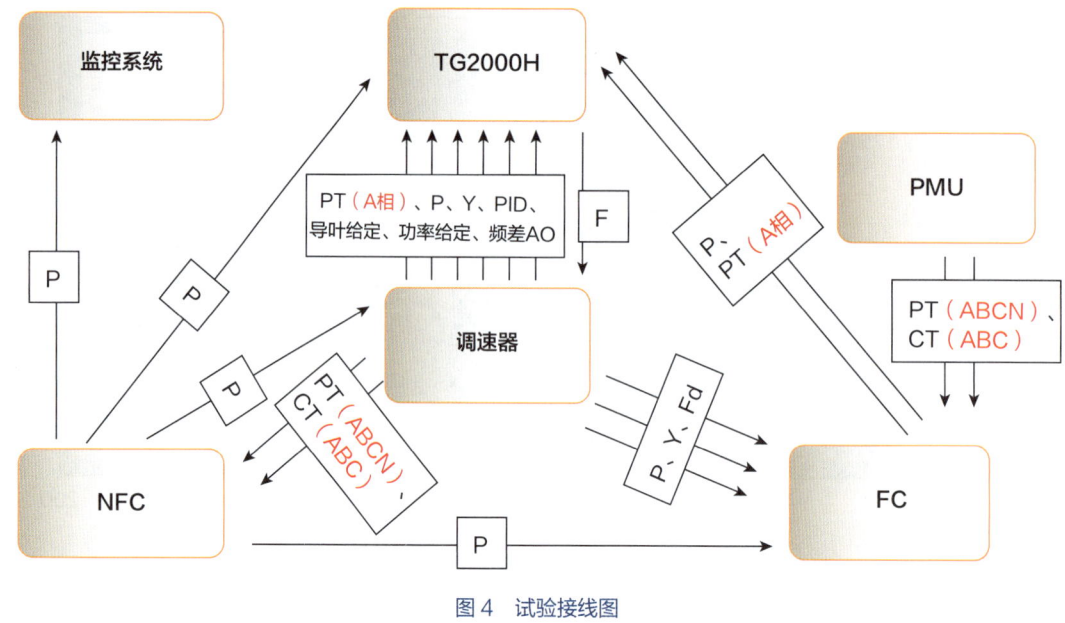

图 4　试验接线图

一次调频频率死区有待优化。建议统筹考虑对全网机组的死区设置进行优化，如死区设置 ±0.04Hz、±0.05Hz、±0.06Hz 三个梯度，使全网机组分批次参与一次调频，释放更多机组的一次调频容量，让更多机组参与到频率控制的第二道防线中，可极大地增加电网一次调频容量，减少部分机组一次调频的动作次数。

当前小网—开度模式一次调频调节速率慢。对目前二滩电站所采用的小网—开度模式参数进行了频率阶跃仿真计算，并进行了现场数据实测。建议统筹考虑优化水电机组调速器一次调频死区及 PID 控制参数，提高一次调频的调节速率和动作电量贡献比。结合电网稳定性分析，制定相应的、适合西南电网的一次调频规范要求。

机械死区对一次调频性能影响大。建议一是结合电网仿真计算，深入研究一次调频频率死区设置回差对电网频率稳定性的影响；二是结合机组检修，及时调整机组机械死区至合理范围内；三是机械死区是机械控制系统固有存在的，在电网频率小于最大不动频率死区或功率调节量小于最大功率不确定度时，建议适当免于考核；四是一次调频动作量叠加至监控系统，由监控系统完成功率闭环。

电网高频（大于 50Hz）和低频（小于 50Hz）调频能力差异较大。水轮机的非线性度特性在电网侧呈现一定的"高频响应好，低频响应差"。建议一是可在不同负荷段进行 $bp$ 值动态变化，确保功率响应量（$ep$）；二是一次调频量叠加至监控系统，通过监控系统完成功率闭环，确保功率响应量（$ep$）；三是不同机组实测最大出力（或最大出力设计值），并在机组最大出力附近一次调频增负荷时，免于考核；四是建立适用于高水电占比送端型电网水电机组一次调频的技术标准和考核细则。

PMU 系统信号有待验证。建议对 PMU 系统频率测量、功率测量进行对比分析，确保 PMU 系统送出信号及时、准确。

二滩电站一次调频与 AGC 配合逻辑符合当前要求。目前各水电站在监控系统有新 AGC 下发值时 AGC 与一次调频共同调节。对水轮机一次调频与 AGC 控制逻辑进行深入研究，并进行大量仿真计算和实测验证后，对水轮机一次调频与 AGC 配合逻辑进行了优化调整。

一方面，当机组频率超过死区，机组一次调频动作时，调速器按照有效频差 $\Delta f$ 通过永态转差

系数 $Bp$ 计算得到对应的导叶开度调节量控制导叶的增减，同时调速器将有效频差 $\Delta f$ 通过调差率 $Ep$（$Ep$ 为 3%）计算得到的功率调节量 $\Delta P$ 实时送至监控系统，监控系统将 $\Delta P$ 乘修正系数（4/3）修正后得到 $\Delta P_1$ 叠加至开度模式 AGC 的功率设定值上，若一次调频动作期间 AGC 无新下发值，则闭锁监控系统至调速器控制系统的增减导叶开度给定脉冲信号，当一次调频动作复归 30s 后，解除该闭锁；若一次调频动作期间，AGC 有新下发值，则监控系统将 $\Delta P_1$ 与 AGC 下发值叠加，发出增减导叶给定脉动信号，一次调频和 AGC 相互叠加，共同调节，逻辑关系和逻辑示意图如公式（1）、图 5 所示，并进行仿真计算。

$$P = P_{AGC} + \Delta P_1 = P_{AGC} + (\Delta f/Ep) \times (4/3) \tag{1}$$

另一方面，当电厂侧系统频率偏差较大时，始终保持对 AGC 反向闭锁功能，即当频差 $\geq 0.1\text{Hz}$，闭锁 AGC 增负荷指令；反之，闭锁 AGC 减负荷指令。

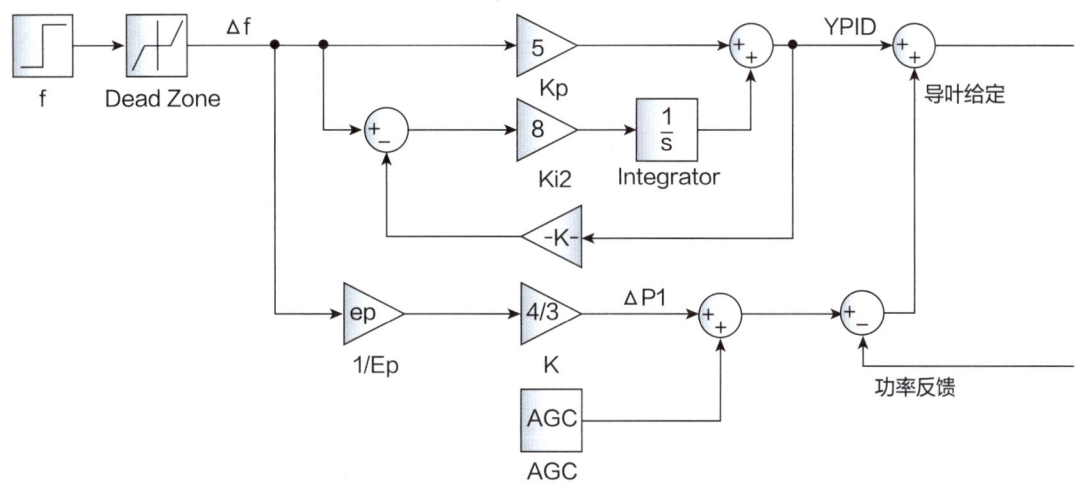

图 5　一次调频与 AGC 配合逻辑示意图

二滩电站一次调频与 AGC 叠加逻辑验证结果如表 2、图 6、图 7 所示。经现场试验验证，二滩电站一次调频与 AGC 可靠、有效叠加响应，一次调频动作与 AGC 在开度模式下和功率模式下，均实现有效叠加，一次调频与 AGC 互不影响，满足当前《水轮机调节系统并网运行技术导则》（DL/T 1245—2013）的要求。

表 2　不同模式下的一次调频与 AGC 叠加

| 开度模式下一次调频与 AGC 叠加 | | | 功率模式下一次调频与 AGC 叠加 | | |
|---|---|---|---|---|---|
| 一次调频动作量（MW） | 监控功率给定值（MW） | 功率实发值（MW） | 一次调频动作量（MW） | 监控功率给定值（MW） | 功率实发值（MW） |
| -38 | 100 | 65 | -37 | 100 | 62 |
|  | 130 | 93 |  | 70 | 32 |
|  | 100 | 66 |  | 100 | 61 |
|  | 70 | 36 |  | 130 | 91 |
|  | 100 | 65 |  | 100 | 62 |

续表

| 开度模式下一次调频与 AGC 叠加 | | | 功率模式下一次调频与 AGC 叠加 | | |
| --- | --- | --- | --- | --- | --- |
| 一次调频动作量（MW） | 监控功率给定值（MW） | 功率实发值（MW） | 一次调频动作量（MW） | 监控功率给定值（MW） | 功率实发值（MW） |
| 27 | 100 | 127 | 37 | 100 | 140 |
|  | 130 | 168 |  | 130 | 171 |
|  | 100 | 139 |  | 100 | 142 |
|  | 70 | 110 |  | 70 | 112 |
|  | 100 | 138 |  | 100 | 140 |

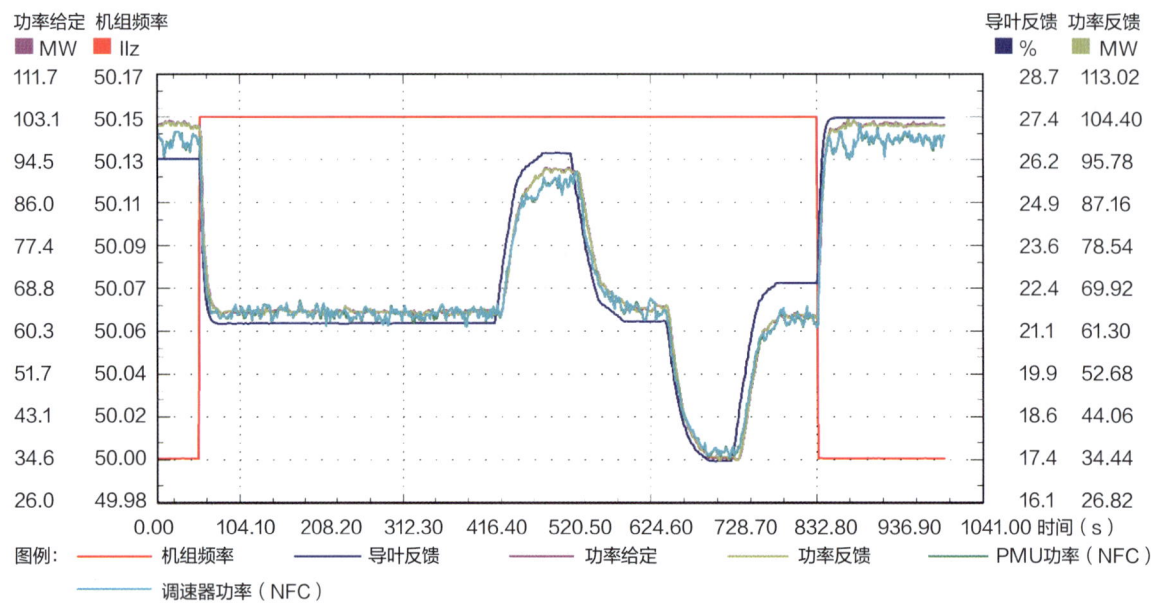

图 6　开度模式下一次调频与 AGC 叠加

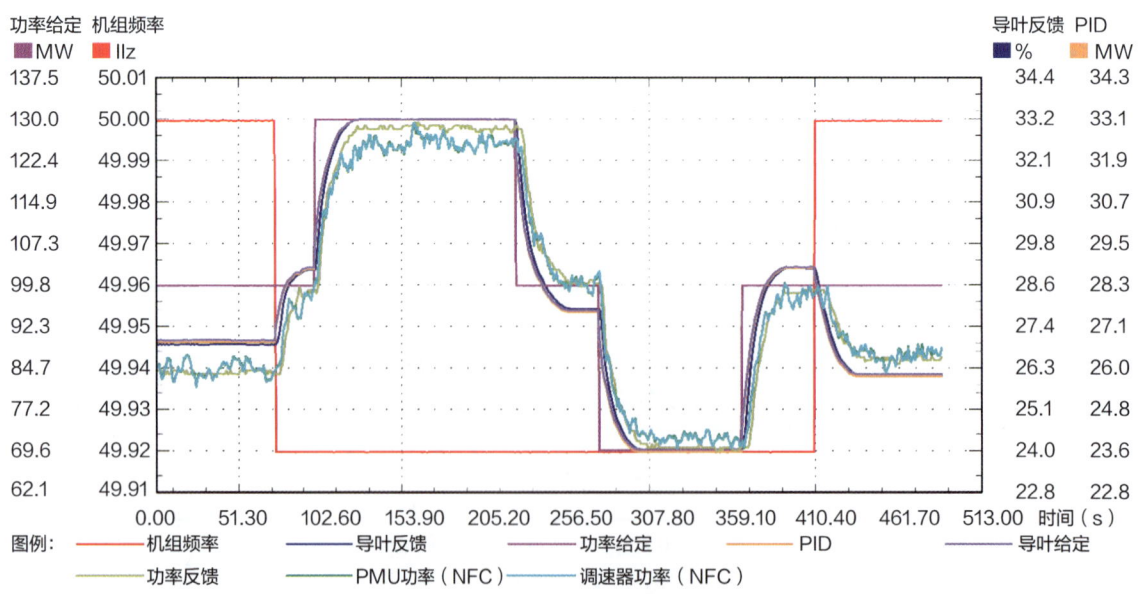

图 7　功率模式下一次调频与 AGC 叠加

建议将二滩电站配合策略在各电站进行现场试验验证，确保不存在超调现象和信号传输滞后情况，在满足要求后逐步推广。

异步联网后的一次调频动作速率大幅降低。总体而言，异步联网前一次调频动作速率较快，异步联网后一次调频动作速率较慢。

电网频率周期性波动有待研究。建议对全网发电量及用电量进行统计，分析电网频率波动原因，具体从全网 AGC 负荷调节、全网机组一次调频、全网负荷曲线、全网负荷波动等几方面进行分析。

当前一次调频考核标准不适用于当前西南电网实际情况。当前一次调频考核系统对水电机组一次调频理论电量积分计算方法采用功率差对时间的积分，功率差值与频差成比例关系，但实际水电机组一次调频在小网—开度模式下功率滞后频差约 120s，滞后时间较长，从而导致大部分水电机组在小网—开度模式下一次调频考核不合格。

在加入指数函数计算一次调频理论积分电量后，机组一次调频理论功率变化与机组实际一次调频动作中功率变化曲线基本一致，误差大幅减小，稳态误差不大于 5%（详见图 8），大幅增加了一次调频考核中理论积分电量的准确性，提高了理论积分电量计算方法的合理性，减少了一次调频考核中因调节速率低导致的一次调频不合格误判，提高了水电机组一次调频合格率。

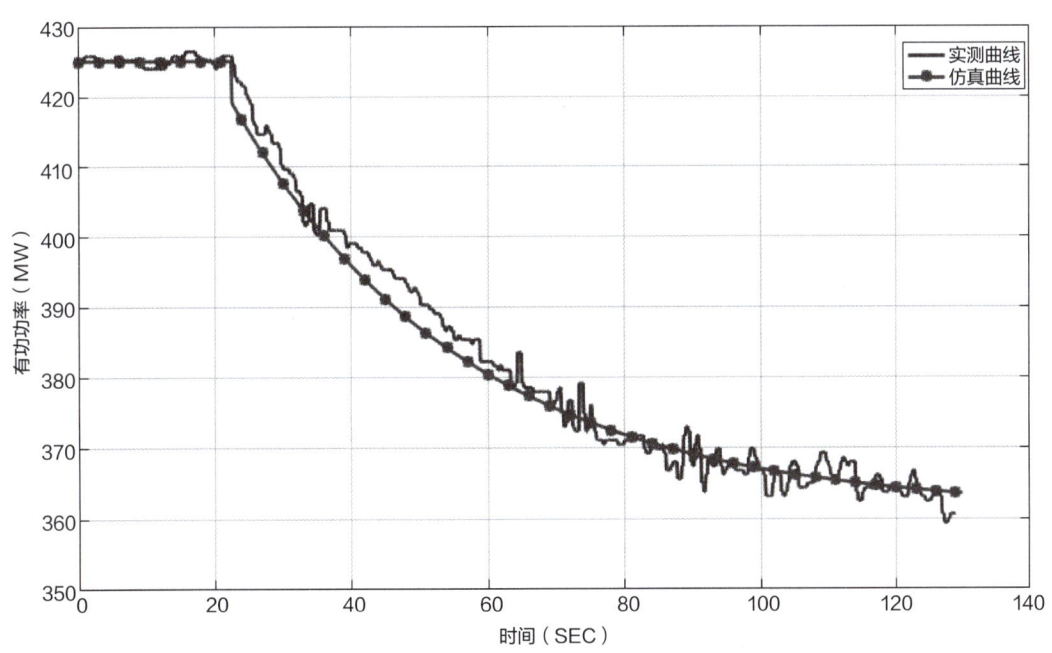

图 8　机组实际一次调频动作时机组功率与加入指数函数计算后的一次调频理论积分电量计算方法进行对比分析

通过本项目分析及现场试验，当前一次调频考核规则不适于异步联网后的西南电网，对一次调频考核有以下相关建议。

一是将水电机组各环节调节死区折算为最大频率死区（大于频率死区，机组功率响应），在电网频率低于折算死区时，适当免考核。

二是根据电网稳定性仿真计算，确定合理的一次调频响应速率，由此确定水电机组实际 PID 调节速率，结合实际功率响应速率，制定合理的一次调频速率考核标准。

三是参考华中"两个细则"相关考核指标优化建议，采用合理的理论电量计算方法。

## 二、案例实践效果

### （一）综合效益

本案例成果应用于西南电网及其直调厂站电力生产工作中，在助力"双碳"目标、提升电力可靠性管理水平、保障网源安全生产、转化创新成果方面均取得了显著成效。

#### 1. 助力"双碳"目标方面

2020—2021年通过成果运行，实现西南电网直调厂站年利用小时数累计增加311小时（二滩水电站2019年4830小时，2020年4921小时，2021年5050小时）、优化运行效益累计10.26亿kWh，相当于减少二氧化碳排放85.2万吨，对"双碳"等国家战略的支撑效果显著。

#### 2. 提升电力可靠性管理水平方面

项目成果应用之后，优化了西南电网直调厂站的一次调频与AGC控制性能，减少了一次调频动作次数，改善了机组运行工况，增强了电网频率控制稳定性，提高了华中"两个细则"考核指标合格率，同时为川渝地区其他电站提供了优化策略建议。

#### 3. 保障网源安全生产方面

对一次调频响应特性及其影响因素、调速器工作模式及其PID参数优化、一次调频与监控系统AGC配合策略、华中"两个细则"一次调频考核适用性等方面创新提出了具体的优化建议，有利于加强网源协同，有利于提升电网频率稳定控制水平和电站安全可靠运行水平，有利于改善辅助服务考核现状，具有较高的安全价值和经济价值。

#### 4. 科研成果方面

已发表多篇科技论文，其中中文核心期刊论文两篇（《西南电网水电机组一次调频性能与AGC控制策略优化》《水电机组一次调频理论积分电量计算方法》），并获得四川省电力行业协会2021年度管理创新成果三等奖。

### （二）第三方评价

2020年8月，本案例成果经西南电力调度控制分中心、四川大学、中国电力科学研究院、华北电力科学研究院有限责任公司、国家能源大渡河流域生产指挥中心、三峡水力发电厂等外部专家组评审通过。专家组认为《西南电网直调厂站AGC与一次调频控制性能和协调配合策略优化与应用》紧密结合西南电网异步联网运行现状，立足当前电网频率控制策略和频率运行特性，收集网源两侧数据及相关资料，开展了一次调频性能、一次调频与 AGC 及监控指令配合关系、一次调频考核方法等分析，并提出了具体的优化建议，有利于加强网源协同，有利于提升电网频率稳定控制水平和电站安全可靠运行水平，有利于改善辅助服务考核现状，在一次调频与监控系统 AGC 配合关系分析、一次调频考核指标分析等方面具有创新性，分析对象清晰，分析目标明确，报告内容翔实、针对性强，试验方案目标明确、具体可行。通过开展现场测试和测试数据对比分析，在一次调频响应特性及其影响因素、调速器工作模式及其 PID 参数优化、一次调频与监控系统 AGC 配合策略、华中"两个细则"一次调频考核适用性等方面具有针对性和创新性，深化了对西南电网异步联网运行后的电网特性认识，提出的优化策略建议在川渝藏地区其他电站具有推广价值，有利于加强网源协同，有利于提升电网频率稳定控制水平和电站安全可靠运行水平。

### （三）行业推广前景

本案例针对一次调频响应特性及其影响因素、调速器工作模式及其 PID 参数优化、一次调频与监控系统 AGC 配合策略、华中"两个细则"一次调频考核适用性等方面创新提出的优化策略建议在川渝藏地区其他电站具有推广价值，有利于加强网源协同，有利于提升电网频率稳定控制水平和电站安全可靠运行水平，有利于改善辅助服务考核现状，应用前景广阔，具有较高的安全价值和经济价值。本案例成果目前应用于雅砻江流域水电开发有限公司集控中心与西南电网直调厂站。随着电力市场化改革的深入，以及雅砻江中游电站的投产，本成果将进一步推广至川渝藏地区其他电站。

（缪益平　丁仁山　邹皓　郭玉恒　唐杰阳）

# 通道湘寿坪风电场 SVG 装置除湿通风技术改造

## 一、案例基本情况

### （一）单位基本情况

中核汇能湖南新能源有限公司通道湘寿坪风电场位于湖南省怀化市通道县万佛山镇与湖南省邵阳市城步县南山镇、广西壮族自治区龙胜县平等乡交界处的山脉上，风机海拔1200～1600米，升压站海拔1550米。风电场年平均风速6m/s，属山地三类风场。

风电场共安装金风2.2MW机型17台、金风2.0MW机型22台，总装机容量为81.4MW，由6条35kV集电线路（地埋电缆）汇集至110kV升压站，主变压器容量为10万千瓦，以一回110kV线路送至通道县220kV旧寨变电站上网。

### （二）案例具体实践

#### 1. 总体思路

（1）技术改造的必要性和背景

SVG装置存在问题。通道湘寿坪风电场所使用的SVG装置为大力电工襄阳股份有限公司提供的DLSVG-10000/10型设备，装置冷却类型为风冷、负压、外循环型。因升压站所处位置雨雾不断，空气湿度大，SVG装置因内部元件受潮而频繁故障跳闸；在低温冰冻天气时，通风百叶窗及滤棉上水汽结冰，产生通风不畅甚至完全封闭的情况，导致SVG装置散热通风量急剧减小，功率模块温升大，门窗受负压变形严重。据了解，此型号产品已停产，备件和售后服务相对欠缺，致使装置故障停机后维修处理周期较长，严重影响了风电场并网点无功功率及功率因数的正常调节。

为了使SVG装置能够适应南方山地风电场潮湿的运行环境，通道湘寿坪风电场开展了SVG装置除湿通风装置技术改造工作，以此提高SVG装置运行可靠性。

主管部门对风电场并网运行管理有相关要求。根据国家能源局湖南能监办最新发布的《湖南电网风电场、光伏电站并网运行管理实施细则》（湘能监〔2022〕16号）文件中第八条、第十七条条款要求（详见文件内容），风电场无功调节不满足电网运行管理和技术管理要求时电量考核非常严重，而SVG装置在调节风电场无功、控制电压和维持功率因素上扮演重要的角色，这就要求我们风电场必须对SVG装置的可靠性引起高度重视。

**（2）SVG 装置存在的问题分析**

通道湘寿坪风电场所使用的 SVG 装置安装在室内，采取强制风冷散热，通过散热排风管道，将室内热风排向室外，在柜顶离心风机的强排风作用下，SVG 室内将会产生很大的负压差，室外冷空气通过进风口进入室内，再从室内进入 SVG 装置内部，最后被风机由机柜内部抽至室外，形成一个强制风冷散热循环。具体工作原理详如图 1 所示：

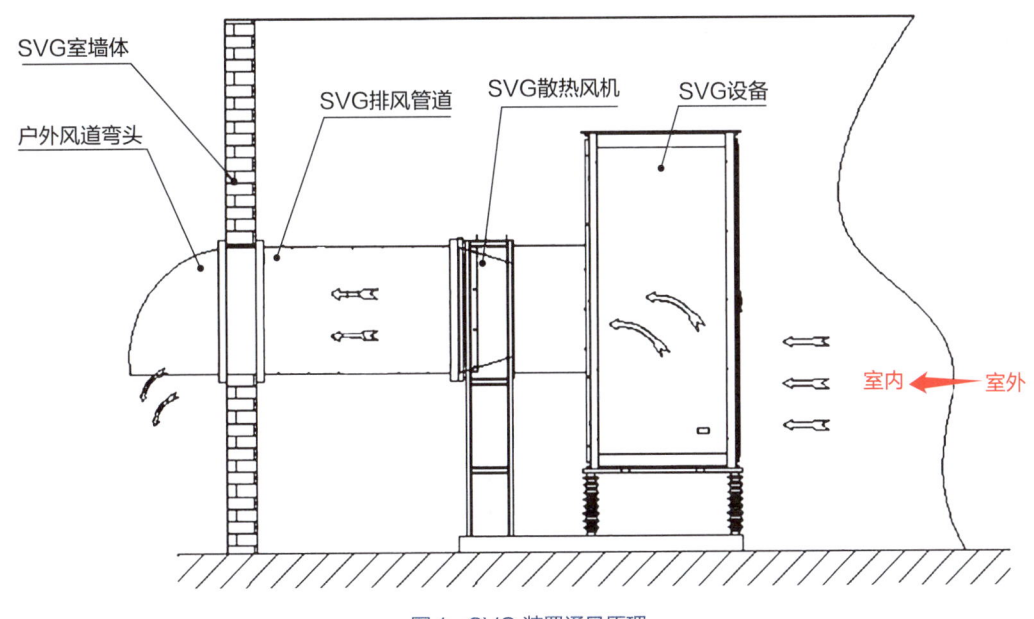

图 1　SVG 装置通风原理

由于 SVG 室内和室外形成强大的负压差，室外空气源源不断地被吸入室内，再从室内进入 SVG 装置内部，灰尘和潮气也随着空气一起被吸入 SVG 室内，进入 SVG 装置内部，所以要想解决灰尘和潮气入侵到 SVG 室内的问题，需要从 SVG 装置通风管道着手，要使冷空气能进去，灰尘和潮气进不去。

通道湘寿坪风电场在前期设计时，SVG 室进风口的设计没有考虑到实际运行环境对 SVG 装置造成的影响。室内进风口原先采用普通的百叶窗，百叶窗不能有效隔离水汽；未装设挡雨罩，挡雨通风功能不完善。在强吸风的作用下，雨水、沙尘、潮气均被吸进室内。

此外，风电场 SVG 装置散热通风系统结构存在设计缺陷，SVG 装置排风管道只能朝室外排风。装置内安装有 12 台轴流风机，负责将室内空气吸至室外以散热，同时也导致室内空气流通过于迅速，从而造成室内源源不断地吸入室外的低温潮湿空气；设备一旦运行就无法人为干预 SVG 室内空气湿度，缺乏室内温湿度调控能力，导致 SVG 室内湿度过大，装置受潮。

## 2. 主要做法

**（1）在 SVG 室百叶窗内部加装钢化玻璃推拉窗，辅助调节室外潮湿空气**

在百叶窗内加装钢化玻璃推拉窗，既可以调节进入设备间内的空气，也可以在外部环境较差如遇到雨雾、低温冰冻天气时，能通过窗户有效隔离外界潮湿、低温空气，从而维持室内空气的干燥。

**（2）对 SVG 装置散热排风管道进行结构改造，优化 SVG 装置散热排风模式**

对 SVG 装置散热排风管道进行结构改造，使装置散热排风具备内外循环切换功能。

外循环散热排风模式：在天气状况良好、外部环境空气相对干燥、环境温度在 25℃以上时，SVG 装置散热排风管道切换至外循环模式，外部干燥空气可使室内 SVG 装置冷却。

内循环散热排风模式：当外部环境为雨雾、低温冰冻天气或环境温度持续低于 15℃时，SVG 装置散热排风管道切换至内循环模式，减少外部湿冷空气对 SVG 装置的影响。内循环排风模式如图 2 所示。

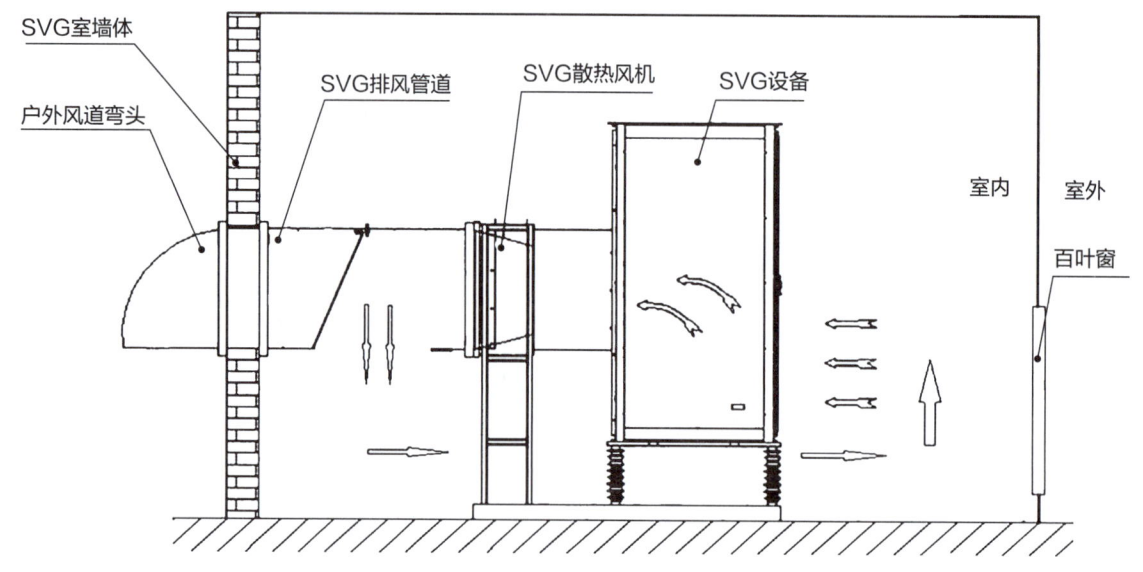

图 2　SVG 装置内循环排风模式

内、外循环混合散热排风模式：当外部环境间歇性晴天、下雨或起雾时，环境温度在 15℃到 25℃，SVG 装置散热排风管道部分切换至内循环、部分切换至外循环模式，通风窗打开至一半位置，这样既可以实现 SVG 装置正常散热，又能有效调节室内温湿度。

（3）在 SVG 室内加装空调辅助调节室内温湿度

当外部环境湿度较大、气温较低时，需要将 SVG 装置切换至内循环散热工作模式。但装置长时间工作在内循环模式，又会导致室内温度升高，此时仅靠室内除湿机无法调节室温，因此还需在 SVG 室加装空调辅助调节室内温湿度。

（4）优化 SVG 装置散热风机的启动模式

SVG 装置配置有 12 台散热风机，两两分布于 6 个排风管道内。当 SVG 装置启动时，12 台风机同时运行进行散热时，因无法单独操作而吸风量过大，也会造成过多的外界潮湿空气进入装置内部，引起装置内部受潮。

经过风电场实践验证，风电场全部风机处于停机状态时，并网点无功功率缺额为感性无功，且数值不高于 5MVar，将 SVG 装置无功功率调节为 +5Mvar/-5Mvar 长时间运行，每个排风管只启动 1 台散热风机，功率单元温度保持在允许范围内，满足运行散热要求。据此对 SVG 散热风机进行改造，使装置散热风机能够根据负荷、温度情况切换：当装置出力低（-5～+5 Mvar）时，启动 6 台散热风机；当装置需要出力大（-10～-5Mvar、+5～+10Mvar）时，启动全部散热风机进行散热。这样既能减少外界潮湿空气进入 SVG 装置，又能减少装置散热风机的电能消耗。

#### （5）优化 SVG 装置运行管理

风电场值班员每日白、晚班周期性对 SVG 装置及设备间进行巡视检查，重点检查设备间内温度和湿度、装置功率模块电压和温度（模块正常工作温度控制在 30～50℃）、设备运行状况等，当发现室内湿度过大或温度过高等异常情况时，要及时调整装置冷却通风模式。中控室值班员加强运行值班监视，合理调整 SVG 装置无功输出及风机无功输出。风电场出力较小的时候，退出机群无功自动调控，投入 SVG 装置自动调节无功，避免因小风天气风机频繁启停而造成并网点无功功率波动；风电场出力稳定且较大时，将 SVG 装置设定固定的无功功率后退出自动调节，投入机群无功自动调节，使 SVG 装置功率单元温度控制在一定范围内。这样既可以维持风电场并网点无功功率和功率因数的稳定，又能保证 SVG 装置的正常稳定运行。

## 二、案例实践效果

### （一）综合效益

通道湘寿坪风电场自完成 SVG 装置除湿通风技术改造后，室内温度明显提高、室内湿度降低，室内环境湿度保持在 50% 左右，功率单元温度控制在 30～50℃。截至 2023 年 12 月 SVG 装置已经连续正常投运有 18 个月，其间未发生任何故障退出事件，大大提高了设备的运行可靠性。

SVG 装置的可靠运行，使风电场能够正常调节并网点的无功功率，确保功率因数和电压的稳定，减少风电场因不满足相关标准、要求而导致的电网考核。

### （二）第三方评价

#### 1. SVG 装置运行可靠性得到提升

经过多次尝试、调整，确定最佳运行通风量及循环模式：三个通风百叶窗及推拉窗均打开一半，3 根风管内循环、3 根风管外循环，在此模式下长时间运行，能确保功率单元温度在允许值范围内、设备间外部水汽流入减少、室内湿度降低和门窗所受负压减小，提高了 SVG 装置设备可靠性。经带负荷运行，效果良好，已连续安全稳定运行近 18 个月。

#### 2. 下网电费减少

SVG 装置可靠性提高，运行稳定，并网点无功功率及功率因数调节性能提升，下网电费明显降低，预计可减少下网力调电费 12 万元 / 年。

#### 3. 降低装置维修成本

通过对 SVG 装置进行除湿通风技术改造，设备间外部水汽流入明显减少、室内湿度降低，SVG 装置功率模块等电子元器件运行环境得到改善，设备故障率明显降低。风电场通过对 SVG 装置进行设备、改进，预计可节约维修费用 5 万元 / 年。

#### 4. 场用电量减少

在确保 SVG 装置散热效果的前提下，将原先 12 台散热风机同时启动变为 6 台散热风机同时启动，预计每年可节约场用电量 7.8 万 kWh，占 2021 年场用电量的 61%。

计算过程如下：

单台散热风机功率：1.5kW

减少散热风机台数：6 台

月节约场用电量：$1.5 \times 6 \times 24 \times 30 = 6480$ kWh

年节约场用电量：$12 \times 6480 \approx 7.8$ 万 kWh

### （三）行业推广前景

南方山地风电场，尤其是高海拔的山地风电场普遍存在运行环境湿度大的问题，特别对采用强制风冷散热模式的 SVG 动态无功补偿装置的影响更加明显。潮湿空气被吸入室内后使湿气增加，会在吸入功率模块柜内造成内部绝缘性降低，为设备安全稳定运行埋下隐患，导致 SVG 装置故障的风险加大，影响装置可靠运行。

通过对 SVG 装置进行除湿通风技术改造，大大降低了设备的故障率和维护成本，使其既能满足电网要求，也能提高风电场经济效益，这种降本增效的改造方式一举两得，极具推广价值。

（刘文　陈国统　洪勇　刘伟　丁责仁）

# 智能巡检管理示范应用

## 一、案例基本情况

### （一）单位基本情况

中国三峡新能源（集团）股份有限公司（以下简称三峡能源）作为三峡集团新能源业务的战略实施主体，承载着发展新能源的历史使命。近年来，三峡能源积极发展陆上风电、光伏发电，大力开发海上风电，加快推进以沙漠、戈壁、荒漠为重点的大型风电、光伏发电基地建设，深入推动源网荷储一体化和多能互补发展，积极开展抽水蓄能、储能、氢能、光热等业务。同时，积极投资与新能源业务关联度高、具有优势互补和战略协同效应的相关产业，基本形成了风电、太阳能、战略投资等相互支撑、协同发展的业务格局。截至2023年上半年，三峡能源业务已覆盖全国30个省、自治区和直辖市，并网项目总装机超2800万千瓦，资产总额超2700亿元，装机规模、盈利能力稳居国内同行业前列。

### （二）案例具体实践

#### 1. 总体思路

近年来，我国以风电、光伏发电为代表的新能源发展成效显著，装机规模稳居全球首位，新能源已进入大规模、市场化、高质量发展阶段。新能源电站的数目及容量正在呈指数式爆发和增长，而复杂的工作流程和环节给后续的运维处理带来了极大的挑战，采用传统人工运检模式已无法满足随之增长的运检任务。围绕新能源电站运维的难点、堵点问题，三峡能源探索构建新型电力系统，融合大数据技术，建立并运用一整套基于数据支撑的数字化系统，与核心业务信息系统数据实现集成共通，打造全域数据在线汇聚、跨界融合、集中管理和共享应用，全面推动数字创新应用与生产运营深入融合，基本实现了新能源场站"远程集中监控、现场无人值班（少人值守）、区域自主检修，统一规范管理"的智能化场站运维模式。

结合新能源电站占地面积大、设备分布广、地形复杂、发电设备数量多等客观情况，三峡能源在智能场站运维模式的基础上，以山东分公司为项目试点实施单位，开展三峡能源架空线路无人机智能巡检管理示范应用项目，为三峡能源智能场站建设和新能源电站数字化转型提供"驱动能"。

### 2. 主要做法

三峡能源架空线路智能巡检管理示范应用项目基于无人机智能化技术，通过技术人员操控无人机利用激光雷达采集原始点云数据，利用点云数据完成三维建模，并对点云进行分类及树障分析，同时规划自主巡检航线，结合后台系统对架空线路巡检实行智能化管理，相对人工巡检效率提升10倍以上，缺陷发现率提升3倍以上。

为提高架空线路的可靠性及巡检精度，三峡能源投入科技力量组建智能巡检试点项目团队，研究无人机测绘、自主飞行、AI图像处理等技术，对电站户外发电设备、架空线路进行三维建模，通过新能源集控系统智能后台系统对架空线路无人机巡检进行全方位管理，形成任务下发、任务执行、图像上传、数据分析、缺陷下发、缺陷处理、结果反馈的全流程闭环管理体系。

#### （1）试点项目团队建设

智能巡检试点项目团队（以下简称项目团队）由山东分公司电力生产与营销部和试点应用场站部分成员组成，负责统筹执行无人机巡检体系建设及日常工作开展，主要职能包括编制无人机应用管理办法、无人机应用巡检标准，执行无人机巡检任务，开展无人机巡检数据统计分析、指标对标。

项目团队由1名班组长及3名班组成员构成。班组成员已取得中国民用航空器标准司颁发的无人机驾驶执照，具备过硬的无人机驾驶技术，其中班组长取得无人机超视距驾驶员执照（机长），班组成员取得视距内驾驶员执照。同时，为满足巡检线路规划、特殊巡检等要求，班组成员还掌握了无人机测绘、三维建模、航线规划等相关知识。

#### （2）相关设备配置

根据试点电站分布及电力设备情况，配备巡检用双光无人机3台、激光雷达扫描无人机1台，覆盖20余座新能源电站、360余千米架空输电线路和1900余基线路杆塔，可完成试点项目一年两次的设备全面巡检及数据分析工作。

#### （3）无人机智能巡检工作内容

架空线路无人机智能巡检工作主要包括内容建立设备数字化台账，规划自主飞行航线，执行巡检任务，缺陷分析等。具体工作流程内容如图1所示。

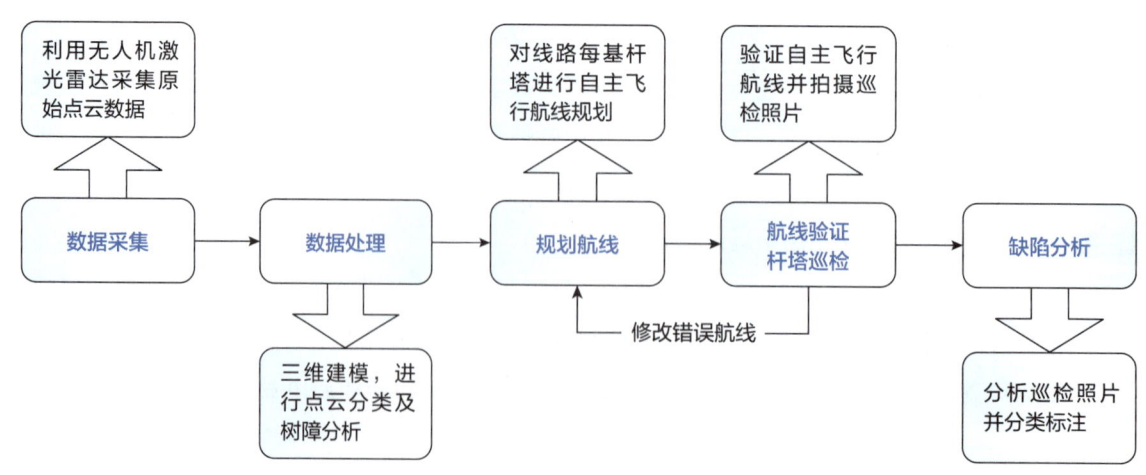

图1　架空线路无人机智能巡检工作流程

数字化台账建设分为前期数据采集、数据处理、航线验证及缺陷检查、缺陷标注及审核四部分。

前期数据采集：为快速定位故障杆塔、组件设备位置，需操纵无人机通过激光雷达对相关设备进行点云数据采集，点云数据作为数字资产可在后台系统中进行数据可视化展示。

数据处理：将无人机采集的点云数据进行分析分类处理，最终形成设备数字台账、三维模型、巡检航线等数字资产。工作内容主要有数据解算、点云分类。通过专业软件解算原始数据，技术人员对解算后的数据进行分类，形成带有坐标、高程等数据的线路三维模型，并对整条线路通道安全情况进行检查，标注隐患点，在此基础上进行自主飞行航线规划（见图2）。

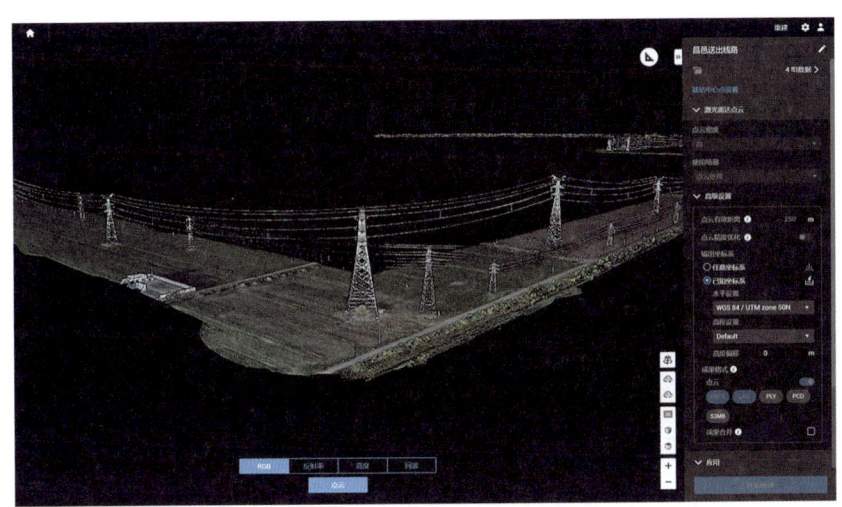

图2　架空线路点云三维模型

航线验证及缺陷检查：将规划好的航线文件导入无人机，选择需要验证或检查的线路杆塔，无人机将根据预先规划的航线自主飞行并在相应位置对设备检查拍摄，完成对线路杆塔的缺陷检查（见图3）。飞行完毕后，技术人员对无人机所拍摄的照片进行初步审核，检查无人机执行航线飞行中拍摄目标的位置及角度是否合理、照片是否清晰，并对航线进行最终修正。

图3　系统自动识别缺陷

缺陷标注及审核：将拍摄完成的照片上传至集控中心后台系统，由系统自动完成巡检照片与杆塔匹配，省去了烦琐的图片整理过程。利用AI识图、目标检测技术，实现输电线路9大类20余种缺陷的自主诊断，使人工复查图像数量降低60%，提高了工作效率。

缺陷消除闭环管理：在后台系统中审核架空线路缺陷，由集控中心统一下发至相关电站，电站运维人员可通过App定位至缺陷位置，确认缺陷情况。运维人员根据缺陷危急程度，制定消缺计划，完成消缺任务后拍照上传至集控中心后台系统，经集控中心人员审核后形成工作闭环。

## （四）案例项目主要亮点

架空线路无人机智能巡检管理系统利用无人机RTK定位技术，实现了无人机自主飞行；通过坐标匹配算法，将巡检图片与杆塔自动匹配，省去了烦琐的图片整理过程；通过AI识图，对缺陷自动识别，提高了工作效率。

无人机作为智能巡检设备不仅能完成架空线路巡检，且在新能源电站光伏组件、风机叶片的巡检中，能快速大范围查找缺陷，相较传统的巡检模式有以下优势。

### 1. 节约成本智能化

无人机充分利用自身操作灵活、便捷、高效的优势，可有效降低时间及人工成本，一般整个巡检工作仅需1人便可完成。无人机巡检将智能化与节约成本相结合，从长远角度考虑，在项目全生命周期中，比人工巡检产生的运维费用低。

### 2. 提升工作高效化

通过预先规划的任务航线，无人机能高效地完成一次初步检查。无人机飞行不受地面障碍物的影响，通过软件设置可实现一键起飞巡检，每组电池飞行约45分钟，能完成相邻3基线路杆塔的巡检任务，仅需1～2人操作4小时便能完成3人1周的巡检工作任务，比人工巡检效率提高数十倍。

### 3. 长期对比精细化

无人机可搭载热成像、激光测距、高倍变焦镜头等组件，能完成光伏组件热斑检测、架空线路杆塔精细化巡检、风力发电机组叶片巡检工作，能保证每次巡检拍摄的照片部位相同，通过定期开展巡检任务，可对设备运行情况进行长期监测对比，有效预防故障发生。

### 4. 全面应用多元化

无人机不仅能完成电站定期巡检工作，利用测绘组件还能实现快速建模，通过软件生成三维立体模型，在电站前期勘测、建成验收等方面，可代替传统人工测量、检查，提升验收质量、效率。

## 二、案例实践效果

### （一）综合效益

通过架空线路无人机智能巡检管理，已实现试点项目架空线路、杆塔自主精细化巡检航线全覆盖。完成一次架空线路精细化巡检需历时28天，拍摄巡检照片3万余张，缺陷识别率达95%。做到"提前发现，提前消缺"，实现架空线路由故障检修向状态检修转型，切实提高了输电线路运行的可靠性（见表1）。

表1　不同技术方案巡线效率对比

| 对比项目 | 人工巡检 | 激光雷达巡检 | 可见光/热成像巡检 |
| --- | --- | --- | --- |
| 技术实现手段 | 目视判断 | 激光 | 可见光/热成像 |
| 巡检精度 | 米级以上 | 厘米级 | 分米级 |
| 对环境要求 | 高，需要人员可通行 | 低，除大风雨雪天气 | 中，需要高能见度 |
| 巡检时间 | 2～3天 | 30分钟～1小时 | 8～10小时 |
| 投入人力 | 2～3人 | 1～2人 | 1～2人 |
| 影响巡线效率的未知因素 | 人员中暑、受伤、山区地势、村庄道路复杂 | 设备故障 | 设备故障 |
| 特点 |  | 对整个走廊当前工况进行快速准确检查 | 对每基杆塔进行精细检查（销钉级） |

备注：以典型电力线路走廊特征（地形复杂，植被覆盖密集）的10km线路50基杆塔为例

## （二）行业推广前景

### 1. 全面开展三峡能源智能巡检应用推广

架空线路无人机智能巡检管理系统作为三峡能源无人机智慧应用试点项目，通过先行先试、树立样板达到了项目预期目标，为三峡能源全面推广无人机智能巡检提供了经验积累，并为智能场站建设提供解决方案，同时与三峡能源智慧运维系统数据互通，形成"云边协同"的数字化生产管理体系。后续，三峡能源将以试点项目为基础全面开展无人机智能巡检推广应用，力争在2025年前后实现公司架空线路、杆塔及风力发电设备等无人机智能巡检全覆盖。

### 2. 助力三峡集团新能源智能巡检系统应用建设

三峡能源将进一步优化完善无人机智能巡检管理系统，并逐步推广运用至三峡集团新能源项目，为三峡集团全面建设新能源智能场站，推进新能源场站数字化转型提供无人机智能巡检成套解决方案，助力三峡集团新能源项目管理水平及设备可靠性水平进一步提升。

### 3. 面向新能源行业分享智能巡检技术经验

随着电网对新能源发电安全和效率的要求越来越高，无人机巡检作为电力行业发展的新兴技术，弥补了人力巡检的局限性，具备了高效、安全、精准等优势，无人机巡检将会迎来更广阔的应用前景。未来，无人机巡检技术将不断提升自主飞行、传感技术、数据处理与分析等方面的能力，并将在风机叶片不停机巡检、光伏组件缺陷巡检、新能源项目工程验收等多个应用场景中发挥重要作用，为电力行业的建设及运维工作提供更加高效、安全的保障。

（艾青　汝会通　杨成硚）

# 基于大数据平台的发电设备状态检修探索与实践

## 一、案例基本情况

### （一）单位基本情况

国华（哈密）新能源有限公司（以下简称哈密公司）成立于 2013 年 7 月 23 日，负责管理国华能源投资有限公司在新疆地区投资设立的所有机构及区域内各项业务。哈密公司以习近平新时代中国特色社会主义思想为指导，认真践行习近平总书记"社会主义是干出来的"伟大号召和"培育具有全球竞争力的世界一流企业"，以及国有企业"六个力量"要求，坚定不移贯彻创新、协调、绿色、开放、共享的新发展理念，坚持稳中求进工作总基调，贯彻"四个革命、一个合作"能源安全新战略，贯彻实施"一个目标、三个作用、六个担当"发展战略，以推动高质量发展为主题，以大力推进绿色转型为主线，以改革创新为动力，统筹安全、效益和转型，构建完善化石能源清洁化、清洁能源规模化、能源供应智慧化的产业格局，推进企业管理体系和管理能力现代化，聚焦主责主业，抓重点、补短板、强弱项，落实国华投资公司"一个坚持、两个深化、三个支撑"总体发展要求，创新发展思维，不断提高设备管理信息化、智能化水平，探索风电机组智能化检修新思路。

截至目前，该公司风（光）装机规模达到 168 万千瓦，已建成运营塔城玛依塔斯、望洋台、景峡西、景峡南、景峡北 5 个风力发电项目，共计装机 145 万千瓦，包括 745 台机组、5 种设备机型；建成运营和硕、哈密石城子、红星二场、景峡西、兵团九师莫合台等 5 个光伏发电项目，共计装机 23 万千瓦，包括光伏逆变器 1214 台、6 种逆变器型号、汇流箱 2478 台、3.8 万条支路；建成景峡西储能电站项目 5 万千瓦，储能蓄电池组 21.1 万块，采用磷酸铁锂蓄电池；目前全部设备由集控中心进行统一生产调管。

该公司目前处于大生产环境模式下，实现"三中心（集控中心，主要负责生产运行管理、调度业务联系；检修中心，主要负责变电预试、线路检修、人才培养；营销中心，主要负责电力营销）、六区域（场站主要负责设备维护消缺）"的高度融合。

2016 年 6 月项目立项，同时和其他新能源企业交流集控建设经验；2017 年 12 月通过国网新疆电力公司调控中心验收；2018 年 2 月场站与集控中心实行双轨运行；2018 年 4 月各场站设备运行监控全部转入集控中心，实行单轨运行；2019 年 6 月开始自主开发高级预警功能（AGC 越限报警）；2020 年 1 月完成风电机组大部件超温预警、光伏支路电流预警等功能；2021 年 12 月开始搭建集中式功率预测；2023 年 4 月实现集控中心搬迁至哈密市，且完成监控系统升级。

## （二）案例具体实践

### 1. 总体思路

2020年9月，我国主动提出"双碳"目标，促进我国能源及相关工业升级，促使能源结构逐步由高碳向低碳甚至无碳转变。实现"双碳"目标，是一场广泛而深刻的系统性变革，而能源革命将是这场系统性变革的重中之重。

哈密公司作为国家能源集团新能源企业之一，在国家政策和集团公司的引领下，近年来新能源装机容量不断扩大，同时更加注重质量和效益发展，大力发展"智慧化""一体化"生产运营模式，强化生产管理，搭建智能化集控平台，并通过国网新疆电力公司调控中心验收。随着风力发电设备运行时间的推移，常规性检修已不能满足当前的安全生产要求，为提高发电设备的可靠性，应用大数据平台创新发展智慧化检修模式，开创新时代新能源运维的新模式。

### 2. 大数据平台系统业务的功能介绍

#### （1）无人光伏场站建设

对一、二次设备进行改造，监控系统包括综合自动化监控系统、环境监控系统（视频监控、图像监控、智能巡视监控等）、网监系统、消防系统、报警系统必须完备，且实现有机的联动。按周期安排人员前往现场开展光伏电站定期工作、设备消缺等运维工作，以保证能及时发现并处理现场各类缺陷及隐患。日常巡视由高清摄像头、智能巡视设备替代。应急处置由集控中心根据故障报文通知运维人员前往现场处理。若发生重大故障则由集控中心进行故障设备隔离的前期处置，并立即安排运维人员前往现场处置。

#### （2）预警自主模块植入

通过集控数据平台自定义预警功能，从基础数据、支撑平台、数据分析、业务应用和业务实现五大部分开展实施。以数据收集分析、在线监测、状态预警、故障诊断、气象分析为主体，判断设备运行状况，识别早期症状和后续发展趋势，诊断设备运行状态或即将发生故障时，结合气象条件进行检修。针对风电、光伏、储能的设备，结合自主开发经验，分门别类建立设备模型库，根据不同的数据和结构特点建立预警模型。

#### （3）集中功率预测系统

实现各场站功率预测系统上传数据的统一接入（预测辐射量，预测风速、风向、大气压力，预测发电量等），能及时对各场站预测数据进行对比，有利于提高预测准确性，帮助电网调度部门做好负荷的调度管理，提高电网稳定性。按照预测情况，集控中心填报检修计划及电力现货交易信息，确保填报信息的准确性，减少电量损失。

#### （4）多协议统一接口转发平台

集控中心作为一个数据出口部门，必须掌握完整的数据流，包括数据采集、数据传输、云端数据接收、数据处理、数据存储和数据共享等流程的数据。目前各公司都在向集运系统、基石系统、区域集控等其他应用系统进行数据转发，实现更高效、更快捷的多协议统一接口转发平台。

### 3. 自主开发功能应用

（1）设备异动预警。每周开展机组高温预警排查，每季度定期开展机组功率曲线排查，2023年共排查出机组曲线异常 233 项,减少发电量损失约 35 万 kWh,确保了设备的安全运行状况。

(2)大部件温度预警。通过构建数字模型,探索故障机理,分析机组运行的影响因素,自行制作出汇流箱、光伏支路、风机轴承等对比分析直方图,从传统的基于传感器的故障诊断转向基于智能系统的故障预测,从根源上解决问题。

(3)设备健康管理。利用集控参数(风速、可利用率、风频图、功率曲线、PLC 数据状态、历史故障等),横向对比机组电控系统、机械系统等指标参数,纵向对比环境条件(温度、风速、地势),对机组深入分析,及时发现机组隐患缺陷,定期发布预警通报,协调场站利用小风天气集中进行处理,避免在大风天气机组带病运行报出故障,确保机组安全可靠运行。

### 4. 主要做法——发电设备的状态检修

(1)状态检修的理论概述

发电设备检修坚持"应修必修、修必修好"的原则,通过检修消除重大隐患和缺陷,提高设备检修质量和机组健康水平,合理控制生产成本,恢复和改善设备性能,延长设备使用寿命。设备状态是检修策划的基本依据,发电企业应重视对设备状态的监测,完善设备测点,使用先进的监控手段和检测技术,加强设备状态分析。通过开展设备状态评估和状态检修工作,合理延长设备检修间隔,提高检修效率,降低检修成本。

状态检修是以先进的数据收集分析、在线监测、状态预警、故障诊断、气象分析为基础,判断设备运行状况,识别早期症状和后续发展趋势,诊断设备运行状态或即将发生故障时结合气象条件进行检修,从而降低风电运维成本,提升公司经济效益,保障设备安全稳定运行。如下图 1。

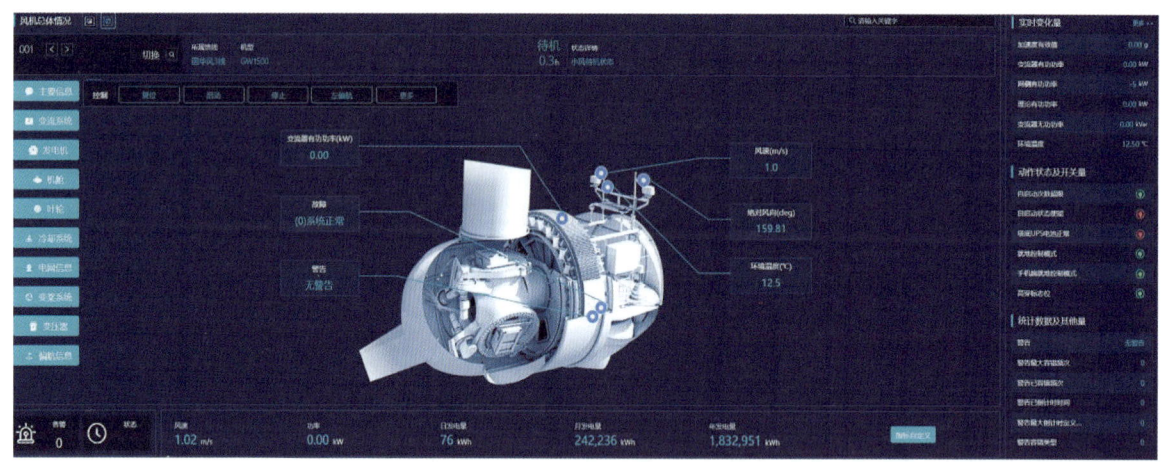

图 1 机组状态、检修数据分析系统

(2)状态检修的应用架构

状态检修架构以应用中心为载体,以两大体系为保障。应用中心包含基础数据、数据管理、支撑平台、业务应用和指标评价五个方面,两大体系分别为标准管理体系和网络安全体系。如下图 2。

应用中心以大数据平台各子系统(包括数据处理服务、在线监测系统、故障诊断系统、状态预警系统、气象服务系统)为支撑,实现设备运行监控、设备状态预警、远程诊断协助、可视辅助服务、应急处置指挥、数据存储功能。

数据处理服务。为了避免数据出现偏差，造成检修误区，生产大区数据处理服务器通过数据处理服务，提高数据分析质量，为状态检修提供准确的数据支撑。

在线监测系统。目前公司风电机组已全部安装在线振动监测系统。双馈机组主要监测部位以主轴、齿轮箱、发电机为主，主轴监测位置为前轴承轴向和径向、主轴后轴承径向，齿轮箱监测位置为行星架径向、高速轴径向、低速轴径向，发电机监测位置为前轴承轴向和径向、后轴承径向。

直驱机组主要监测部位以主轴、发电机为主，主轴监测位置为主轴前轴承水平测点、主轴前轴承垂直测点、主轴前轴承轴向测点、主轴后轴承垂直测点，发电机监测位置为发电机定子水平测点、发电机定子轴向测点。

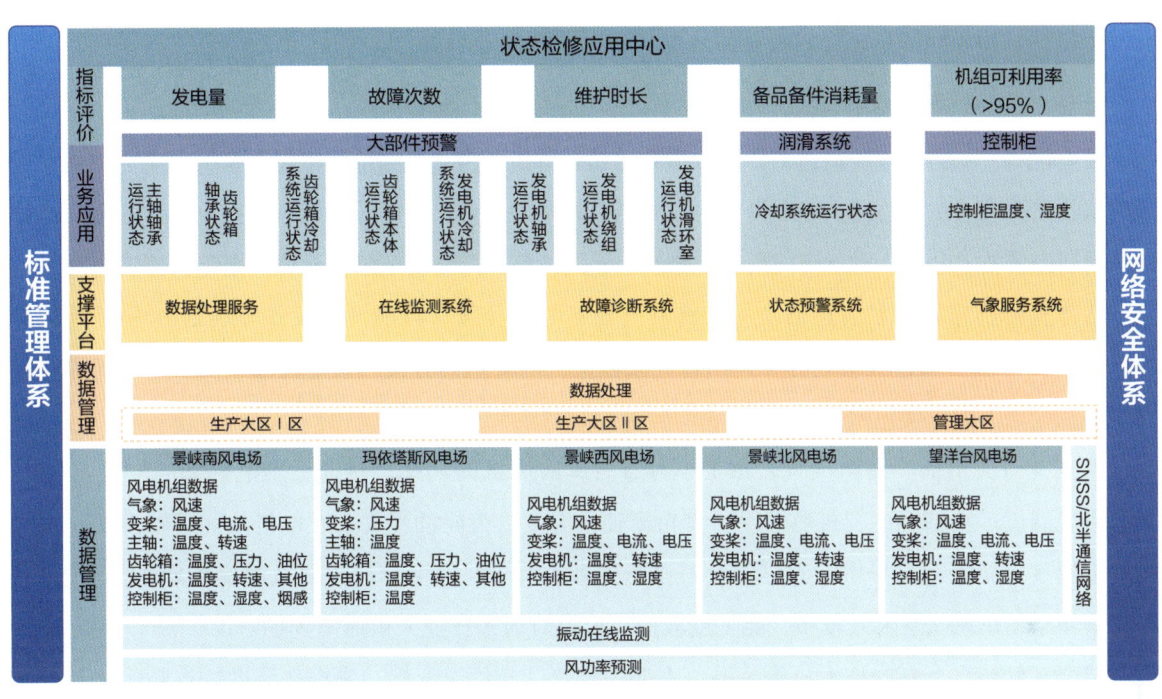

图2 状态检修应用架构

利用振动监测系统数据，结合机组"三位一体+多技术融合"的故障分析理念，即"传统诊断+简易诊断+精密诊断"的方式，根据时域波形、频域波形及频谱分析结果对设备运行情况进行初步判断。每周对风电机组主轴轴承、齿轮箱和发电机等传动部件故障进行诊断和预警。结合设备运行温度等数据分析设备故障原因，提供科学检修依据，降低设备检修和维护成本。结合机组SCADA数据分析和现场内窥镜核查制定预防措施，开展预检修相关工作，保证设备安全稳定运行。

（3）故障诊断

故障诊断可有效预防机械类故障发生，降低电气及液压类故障触发次数。通过行业调查，目前用于风电机组的故障诊断方法主要有：基于专家库的故障诊断方法；故障树故障诊断方法；基于模糊网络的制动系统故障诊断；基于小波分析的齿轮箱故障诊断；将多源特征决策融合方法和数据挖掘方法自动提取诊断规则知识相结合，实现风电机组传动系统故障的智能诊断；基于振动特性分析的故障诊断。公司大数据平台目前所使用的故障诊断系统为专家库故障诊断系统。

**（4）状态预警**

发电设备状态预警是实施状态检修的关键指标，预测准确度直接影响机组检修维护的成本。目前公司大数据平台已建成状态预警模型，通过设备温度、振动、功率曲线等特性，对比分析设备健康度，从而实现设备状态预警功能。

**（5）气象条件**

公司调度中心搭建的气象预测为"高精度功率预测系统"，该系统以高精度数值气象预报为基础，搭建完备的数据库系统，利用各种通信接口采集风光电场数据，采用人工智能神经网络、粒子群优化、信号数值净化、高性能时空模式分类器及数据挖掘算法对风光电场进行建模，完成短期功率预测、超短期功率预测，提供人性化的人机交互界面，新增最优算法避免单一模型造成预测偏差。该模型利用神经网络加入自我学习功能，提高了预测准确度。

### 5. 状态检修的决策实施

发电设备的状态检修决策是依靠大数据综合运行分析平台，以当前发电设备运行状态为依据，通过数据收集分析、在线监测、状态预测、故障诊断和气象条件，判断设备运行周期、异常程度。通过检修周期经济技术分析，对不同周期的检修制定不同策略，最终确定最佳检修周期与检修实施时间。

状态检修实施根据状态检修决策，将发电设备分类分级。目前发电设备等级划分为三个等级：1级、2级、3级。通过等级划分，并结合气象数据，制订检修方案，确定检修项目、检修间隔、检修工艺及检修工期，实施状态检修。

重点针对大负荷、高温天气，每1小时查看1次风机的功率、转速（发电机和叶轮）、功率、变桨系统温度、主轴温度、机舱温度、齿轮箱轴承温度、齿轮油温度、发电机的前后轴温度、发电机绕组温度等是否存在异常，有异常及时排查处理。对于风速突变过程要及时提醒现场作业人员，尤其是新疆冬季风吹雪天气较多，能见度极低，应及时通知作业人员撤离现场。

结合气候特点，夏季加大机组超温、大部件排查、光伏逆变器功率模块温度排查频次，冬季加大水冷触发压力低排查、变桨轴承排查频次。

通过定期排查，及时发现设备的安全隐患，以排查通知单的方式，告知场站进行处理，场站处理完毕后将排查结果水印照片、缺陷录入云文档，便于集控中心掌握机组状态，进行机组全生命周期维护。2023年上半年共排查出机组曲线异常233项，减少发电量损失约35万kWh。

### 6. 状态检修的指标评价

状态检修可以有效提高发电设备的可靠性和利用率，同时可有效减少备件损耗，提高维护效率。

### 7. 状态检修的应用与实践

**（1）发电设备核心部件状态检修**

以双馈机组主齿轮箱为例，齿轮箱监测信号主要有振动、温度、压力等信号。齿轮箱常见故障有点蚀、磨损、剥落、断齿、轴承超温及齿轮箱润滑油超温等。

齿轮箱点蚀、磨损、剥落、断齿类故障通过在线监测装置，对设备实行实时监测，同时结合大数据平台状态预警功能实现综合性状态运行分析，实现状态检修。

主齿轮箱超温主要原因为冷却润滑系统失效，冷却方式通常为"油—水—风冷"模式，失效将会造成齿轮、轴承温度异常，通过大数据平台状态预警功能准确识别故障点，例如通过进出口压力、油池温度以及齿轮箱入口温度，识别齿轮箱油滤状态；通过油池温度、进口温度及冷却水温度可以判断冷却系统运行状态，若油池温度与齿轮箱入口温度偏差值小于 ±5℃且大于齿轮箱冷却水温度 15℃以上时，则冷却系统运行状态为失效状态，故障原因为主齿轮箱温控阀失效。

（2）控制柜方面

控制柜主要测量数据均以温度信号为主，主要是控制柜超温问题，通过平台故障诊断模块和预警模块，设立超温预警值，控制柜告警温度参数以 50℃或 55℃为主，故障温度以 55℃或 57℃为主。

散热系统失效、通风口滤网堵塞均为控制柜超温预警的主要原因，散热系统失效温升曲线快速上升，当温度快速上升至一定程度后变为缓慢上升。通风口滤网堵塞温升曲线通常为平缓上升，温升速度相对较慢。传统检修模式下为每年定期检修时更换滤网或故障后进行检修。公司目前使用的检修方式是通过平台故障诊断模块准确计算故障点，通过预警模块对设备运行趋势实时预警，根据故障点将故障分类汇总，根据设备预警值进行等级划分，结合气象数据根据运行状态而制定检修措施。

（3）故障管理

公司以各场站故障频次、平均故障恢复时长等 13 个指标，按照不同权重对各场站设备治理情况进行综合评估，实现提质增效，打造公司百日无故障风场。2023 年机组台均故障降至 4.38 次，较 2022 年同期降低 22.6%，故障平均恢复时长降至 6.65h，较 2022 年同期降低 10.92%。

## 二、案例实践效果

### （一）综合效益

综合效益主要来源于安全"零"事故和发电量收入，因此有效提升新能源电力可靠性管理水平、提升生产效率，可有效减少高风险作业频率，保障安全生产。该项目的研究为新能源发电行业的运行管理创新和企业决策提供了技术支撑，相关研究成果在哈密公司所属风光电场全系统推广应用，为现场技术人员提供解决问题的方式方法和风电运行分析工具、研究提高发电设备发电性能和降低故障率的手段，提高现场人员工作效率和人员素质，实现企业效益和管理双提升。

发电收入是上网电量和上网电价的乘积，平均年减少损失电量约 1164 万 kWh，产生经济收益 629 万元。

本项目按天中配套风电上网电价 0.54 元 /kWh 测算，损失电量根据设备停机时长、区间风速、同时间同区域发电量均值计算，项目收益主要来源于以下三个方面。

一是降低设备故障时长，提高发电能力。故障时长是影响设备可靠性和生产效益的主要因素，利用状态检修可大幅降低检修时长，故障时间从刚投运时的台均 40.32～72.02h，降低至 2022 年 10 月的 7.2h/台。降低故障总时长 9507h，减少故障损失电量约 624 万 kWh，每年产生经济效益 337 万元。

二是开展专项检修，提高续航能力。针对设备状态和设备部件的寿命周期，合理安排备品备件数量，逐步将定期性维护转变为状态检修，避免因缺少备件而增加故障时长，又可解决储存过剩备件引发资金积压的问题。公司累计完成齿轮箱散热系统状态检修 312 次，完成齿轮箱润滑系统状态检修 68 次，完成各类控制柜状态检修 2782 次，减少损失电量 461 万 kWh，产生经济效益 249 万元。

三是开展核心部件预检预修，保障设备安全稳定运行。机组核心部件故障严重影响设备安全稳定运行，更可能造成风机倒塔、火灾等重大事故的发生，公司利用大数据平台实时把握设备运行命脉，结合风功率预测服务，制定检修策略，将检修时间从单次 150h 不断降低至 48h，公司累计完成核心部件预防性检修 60 多次，减少设备停机时长 6120h，产生电量效益 660.96 万元，实现设备精确检修和企业安全高效发展。

## （二）第三方评价

基于大数据平台的发电设备状态检修探索实践以来，设备故障率逐年下降，机组可利用率显著提升，通过迭代效应加速产生一系列研发成果和一系列行业标准，从根本上解决了被动检修的局面，同时培养了一批智慧新能源领域杰出人才。

该案例获得中华人民共和国国家版权局颁发的关于"风机状态智能预警分析系统"计算机软件著作权证书及相关专利，以及相关方的评价。

## （三）行业推广前景

状态检修是从预防性检修发展而来的更高层次的检修体制，是一种先进的检修方式。发电企业的设备检修在其生产过程占有很大的比重，基于大数据平台的风电机组状态检修，可以很大程度上规范其检修工作，降低设备的检修成本，减少因设备故障造成的非计划性停运，提高生产的安全性和企业的经济效益。基于大数据平台的风电机组状态检修的维修方式已越来越多地受到各新能源发电企业的重视与支持，推广前景十分乐观。状态检修的技术还处于发展、推广阶段，大有可为，特别是在降低风电机组故障时长、预防性检修和核心部件预检修方面，起到不可替代的作用。在新能源单机容量不断增大的新发展时代，通过大数据平台的发电设备状态检修与实践的探索，可以有效监控机组的核心部件的运行数据和状态，防范化解风机倒塔、火灾和超速等重大风险。

在国家"30·60"双碳战略目标引领下，各发电企业装机规模不断扩张，通过数据分析，对发电设备实施状态检修，可有效降低检修成本，提高设备可利用率，同时提高核心部件安全运行系数，大大提升了生产运营管理的智慧化水平。因此，基于大数据平台的风电机组状态检修探索与实践值得行业全面推广。

（马生珑　王海龙　罗振斌　张黎　崔高源）

# 基于设备健康度的全生命周期管理

## 一、案例基本情况

### （一）单位基本情况

国华（哈密）新能源有限公司（以下简称哈密公司）成立于 2013 年 7 月 23 日，负责管理国华能源投资有限公司在新疆地区投资设立的所有机构及区域内各项业务。哈密以习近平新时代中国特色社会主义思想为指导，认真践行习近平总书记"社会主义是干出来的"伟大号召和"培育具有全球竞争力的世界一流企业"，以及国有企业"六个力量"要求，坚定不移贯彻创新、协调、绿色、开放、共享的新发展理念，坚持稳中求进工作总基调，贯彻"四个革命、一个合作"能源安全新战略，贯彻实施"一个目标、三个作用、六个担当"发展战略，以推动高质量发展为主题，以大力推进绿色转型为主线，以改革创新为动力，统筹安全、效益和转型，构建完善化石能源清洁化、清洁能源规模化、能源供应智慧化的产业格局，推进企业管理体系和管理能力现代化，聚焦主责主业，抓重点、补短板、强弱项，落实国华投资公司"一个坚持、两个深化、三个支撑"总体发展要求，创新发展思维，不断提高设备管理信息化、智能化水平，探索风电机组智能化检修新思路。

国华景峡北风电场隶属于哈密公司天中直流外送配套项目，全场面积约 75 平方千米，共安装 133 台金风 GW93/1500 型风电机组，总装机容量 20 万千瓦，总投资 15.6 亿元，于 2018 年 9 月 28 日并网发电，平均利用小时数 3000 小时以上。该风电场配套建设 1 座 110 千伏升压站和 1 座 220 千伏汇集站，8 条 35 千伏集电线路汇集至升压站 2 台主变，通过 2 条 110 千伏线路送至景峡北汇集站，经 1 条 220 千伏线路接入新疆电网，最终经 ±800 千伏天中特高压直流送至河南郑州。该风电场自投运以来充分利用集控中心大数据分析及预警诊断功能，优质巡检、精心维护，不断总结经验，深挖设备治理，开展设备预防性维护工作，优化提质增效方案，扎实致力于一流"效益型"场站建设。

### （二）案例具体实践

#### 1. 背景及概述

根据国家"十四五"规划总体部署，新能源产业进入规模化与高质量发展的新时代，在"30·60"双碳目标建设背景下，为加强和规范新能源发电设备的检修管理工作，做实做细风电场设备检修质量和机组健康水平管理，合理控制生产成本，该风电场以"事先把控、预防为主、抢修为辅、统筹计划、应发尽发、零非停"为目标，以多维度对标为路径，以设备健康度管理为重点，依托集控中心大数据分析及预警诊断等功能,充分挖掘"风电场基础数据",采用"王牌机组"与"弱势机组"对标管理思路,优质巡检,精心维护,借鉴经验深挖设备治理,从设备效能、部件健康度、预防性保养、深度维护四个方面,分级分梯队评估发电量、故障率、功率曲线、能量利用率等多个维度,对风力发电机组全生命周期的健康度进行动态跟踪治理,有效提升了风力发电机组的运行可靠性。

该风场探索状态检修的应用,结合风电场实际设备情况,形成"王牌机组"与"弱势机组"对标体系,完善设备健康度的全生命周期管理方案。该风电场重点从四个方面、多个维度进行横向与纵向、内部与外部、定量与定型综合性对标分析,综合评估风力发电机组的可靠性,对机组进行梯队分级,形成王牌机组、健康机组、亚健康机组、弱势机组、重症机组 5 个梯队。依托设备责任制管理,不同健康度梯队的机组通过预防性保养、深度维护、专项攻克改造等多项举措一轮一轮持续推进维护治理,先维护连续无故障机组、样板机等王牌机组以及发电疲劳强度高的健康机组,然后下狠功夫重点维护治理性能较差、故障率较高的弱势机组和重症机组,预防设备劣化和安全风险,避免部件失效;最后精心维护治理亚健康机组,稳步提升设备健康度和运行可靠性,控制和降低"病号"机组占比数量,最终实现风力发电机组整体可靠性的大幅提升,向无故障风电场快速迈进。

### 2. 基于设备健康度的全生命周期管理应用构架

如图 1 所示。

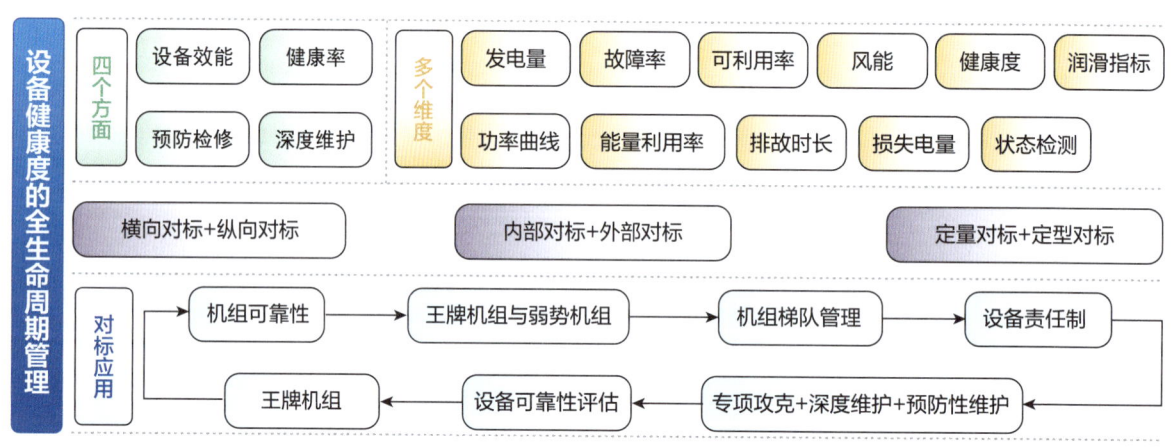

图 1　设备健康度的全生命周期管理应用构架

### 3. 统计分析与对标—设备性能评估

该风电场通过机组关键指标(发电量、故障频次、可利用率、无故障时长等)分析机组运行状况,同时结合设备责任制分工对标机组故障时长、排故时长等指标,综合评估机组运行状况和运维人员综合素质,有针对性地进行人员培养和设备治理,对风资源、故障停运率、MTBF、MTTR 等机组运行指标深入分析并综合评估设备健康度,其次对标区域内、行业内同机型机组关键指标,通过技术、物资、信息、数据等共享,达到人员能力提升、机组运维数据深度解析的目的,最终结合机组运维检修,从设备效能、部件健康度、预防性保养、深度维护四个方面,发电量、故障率、功率曲线、能量利用率等多个维度对标计算评估风力发电机组健康度及运行可靠性,依据健康度对设备进行梯队排名，针对弱势机组采取治理措施。机组关键指标对标统计见表1。

表1 机组关键指标对标统计

| 序号 | 指标名称 | 单位 | 指标定义 | 对标情况 | | |
|---|---|---|---|---|---|---|
| | | | | 2020年 | 2021年 | 2022年 |
| 1 | 平均利用率 | % | 年平均可利用率≥98% | 99.70 | 99.84 | 99.92 |
| 2 | 故障频次 | 次 | 故障次数/机组台数 | 1.47 | 1.21 | 1 |
| 3 | MTTR | h | 平均故障处理时间：故障时长/故障次数 | 8.2 | 7.9 | 6.1 |
| 4 | MTBF | h | 平均无故障运行时间：(统计时间—故障时间)/故障次数 | 6807 | 7442 | 8624 |
| 5 | 年无故障机组 | 台次 | 连续365天无故障运行机组数（风机总台数133台） | 45 | 49 | 65 |

风电场机组健康度评分计算公式：

$$X = (A+B+C+D+E+F+G+H+I) \cdot 50\% + J \cdot 50\%$$

注：A = 单机月发电量·50%；B = 故障频次·10%；C = 故障时长·10%；D = 平均风速·5%；E = 功率曲线·5%；F = 机组可利用率·5%；G = (限电量+故障损失电量)·5%；H = 振动监测·5%；I = (部件温度+水流量+水压)·5%；J = 大部件性能。

截至2023年年末，王牌机组和健康机组占比91%，机组健康度逐步向王牌机组指标靠拢；亚健康机组性能指标逐步提升，部分机组性能达到健康机组和王牌机组指标，台数呈下降趋势；弱势机组健康性能明显好转，重症机组问题以彻底根治，风电场整体机组指标趋势向好。近几年设备健康度梯队指标趋势对比如图2所示。

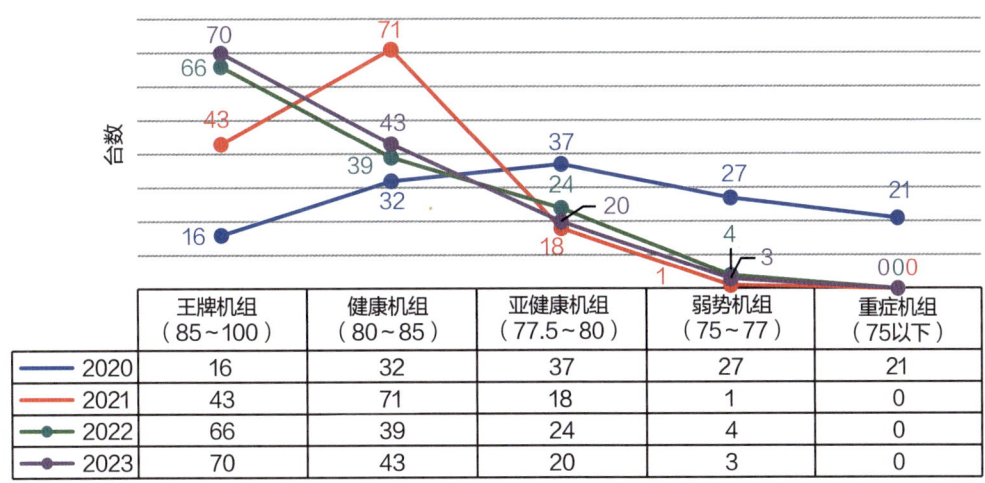

图2 梯队指标趋势对比图

## 4. 可靠性提升－设备治理措施

（1）定维检修

定维检修是指按照风电机组的技术要求，根据运行时间对风电机组进行定期的检测、维护、保养等。

该风电场本着"预控在前、计划精细、质量优先"的原则，抓牢抓实机组的定期维护工作计划和质量全过程管控。

在机组定期维护检修开工前，场站统一组织开展工作质量分析部署会，结合定期维护检修前发现的问题，对风力发电机组故障、缺陷、隐患、状态检测、润滑状况、水压、水流量、备件消耗等进行全面统计分析，出具维护检修前问题清单和作业标准，提前制订好维护检修计划及检修措施，检修维护开工前向工作人员做详细的技术交底、维护标准宣贯培训，并将全场10%的机组作为检修维护工作开展的标杆机组，对批量检修维护工作质量标准开展现场示范教学。同时确定不同健康度状况机组的传感器、元件测量数据、润滑量、风险关键点和故障预防排查项等标准要求，其他机组检修维护质量严格按"标杆机组"标准执行。场站检修班组人员"一人一机"全场跟踪把控维护检修质量，同步完成预防性保养项目和专项问题的整改实施，快速精准地提升风力发电机组的健康度。

（2）预防性保养

预防性保养是指通过周期性地检查设备运行状况或某一部件的材质老化情况，判断设备的运行工况及由此导致的设备衰减率是否超出预定额度。

该风电场依据状态检测（振动检测分析、加速度数据）、智慧数据统计分析（冷却系统流量和压力以及各系统温度）、油脂类检测数据、大部件润滑渗漏、典型故障分析等数据，科学合理地对全场风电机组整机进行了铅酸蓄电池预防性更换、冷却系统补气加水、变流器模块管路清洗及冷却液更换、油脂检验周期及范围调整、滑环预防性清洗、超级电容测试、偏航刹车盘打磨清理、偏航凸轮计数器电阻预更换、电缆防磨等预防性检修保养工作。同时针对机组设计、备件质量、系统可靠性等方面的不足进行调研，先后开展了主控系统2F12空开、水冷UPS电路、润滑小齿供油、压力继电器金触点、变桨系统电磁刹车驱动器优化、机舱柜加装散热风扇、功率模块加装绝缘件等技术改造，通过预防性检修维护与预防性技改检修的实施，机组异常振动、部件磨损类问题均趋于稳定，变流器散热效率明显提升，功率模块失效率有所下降，整机通信类故障明显下降，变桨电磁刹车运行稳定性明显提升，整机运行可靠性大幅提升。

（3）精深维护

该风电场针对风力发电机组关键部位实施精细化维护，依据状态检测、油样报告、加速度数据，调整振动异常机组轴承润滑周期及润滑量；通过故障数据分析、结合全生命周期维护手册，对滑环进行精深清洗润滑维护，对5度、87度接近开关、92度限位开关、转速传感器、叶轮锁定传感器、偏航爬梯倾角、偏航轴承润滑测试、光纤扭揽弯曲度、DP通信屏蔽工艺、机组程序及参数定值等精度进行精细排查调整；依托集控中心预警平台及日常缺陷隐患分析，对变桨电机温度、机舱、主控控制柜温度、变流器逆变器温度及水冷系统压力、流量等及时进行排查反馈，开展了变流器散热管路清洗、功率模块吸尘、变桨轴承加脂位置调整及油路疏通等方面的精细化维护，同时编制二级维护标准卡（见图3）。

通过二级维护措施的实施，机组变桨系统、变流系统的故障率明显下降，滑环、水冷、轴承等故障恶化趋势得以扭转，连续无故障运行时长明显增加，王牌机组占比呈明显上升趋势。精深治理趋势对比如图4所示。

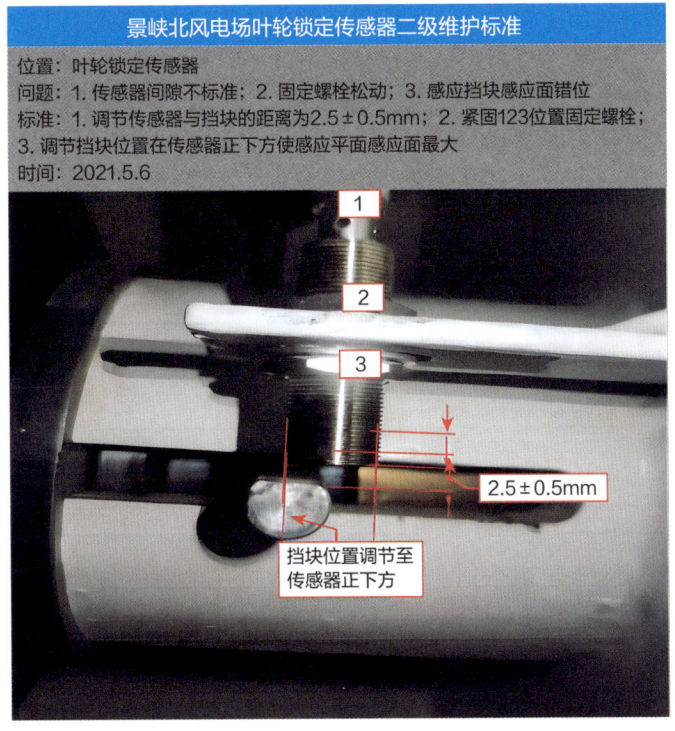

图3 二级维护标准卡

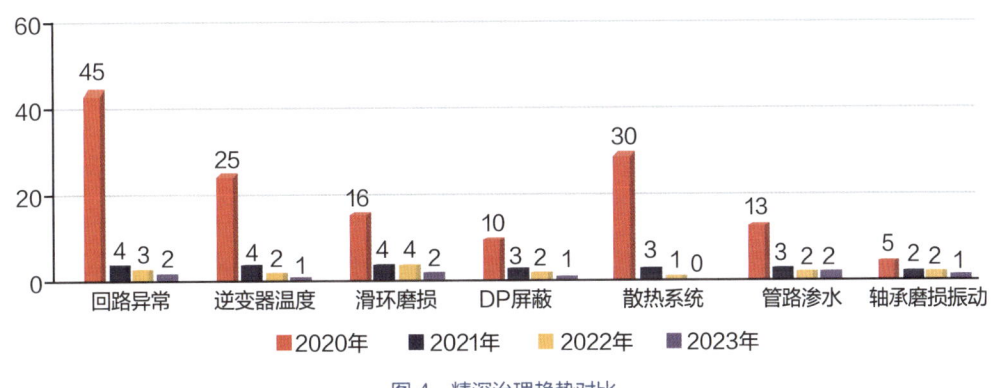

图4 精深治理趋势对比

### （4）专项攻克

该风电场针对机组功率曲线不达标、变桨位置比较故障、偏航系统润滑小齿等进行专项排查，分析其症结所在，总结并制定可行性方案，先后开展了功率曲线优化治理、大风切除优化、变桨电磁刹车驱动器、偏航润滑小齿等改造，成效显著。例如，机组变桨位置比较故障从同期19次下降至2次，功率曲线达标率及机组出力有所提升，润滑小齿点蚀、干磨、轴承异响等问题已基本解决。其中"风力发电机组功率曲线优化验证"质量管理成果获得2022年全国电力行业设备管理创新成果特等奖，"风电机组变桨电磁刹车优化治理"分别获得新疆维吾尔自治区及中国水利电力质量管理成果三等奖，"风力发电机组偏航系统优化"润滑小齿改造实用型专利已通过官方授权，并完成手续办理。

功率曲线优化：该风电场检修班组通过分析影响功率曲线的诸多因素，结合实际工况排除不同季节空气密度、地貌及尾流等不可控的外界因素后，最终确定从人为干预叶片机械零度角、风向标对风角、测风系统风速、风向角精度、叶片最小桨距角参数、变流器转速控制策略等方面来治理并验证风电机组功率曲线达标率，经过以上5点优化后功率曲线达标率达到100%，优化后，在8~9米风速区间，机组出力提升10%。功率曲线优化前后机组出力对比如图5所示。

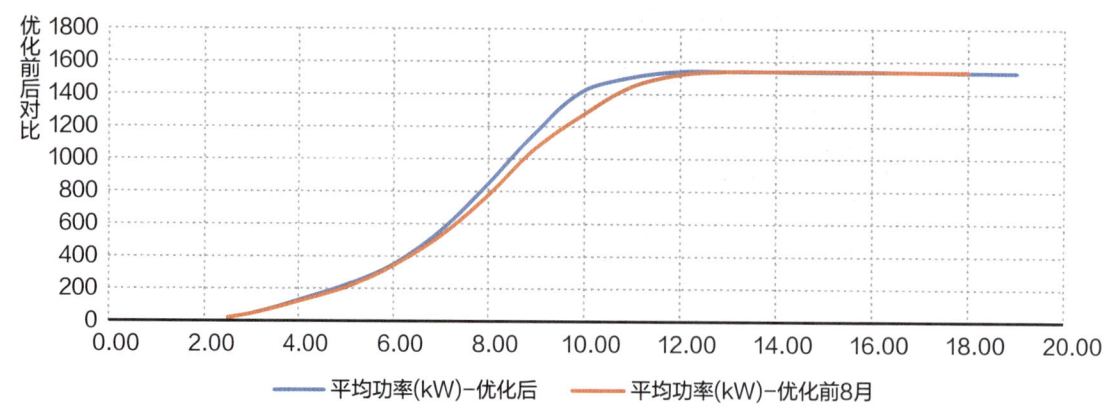

图5 功率曲线优化前后出力对比

变桨位置比较故障治理：风电场针对此类故障，组织检修人员和机组厂家开展了技术交流分析会，经过多次登机排查，确认故障发生是由电磁刹车继电器失效导致，进一步拆解分析失效根本原因，是机组运行过程中电磁刹车继电器机械触点频繁吸合使触点发生放电打火现象，随着运行年限的增加，其触点逐步氧化加重，电磁刹车继电器内阻增加，在24V直流电压下，流过继电器的电流不足以产生足够大的磁场来吸合其机械触点，导致继电器触点无法可靠动作，产生机械触点粘连或不动作的现象。为彻底解决此类故障，采用电子式电磁刹车驱动器与电磁刹车继电器相结合的方式，有效解决了电磁继电器机械触点在频繁切换过程中对机械及电气元件的寿命损耗，有效解决了风力发电机组叶片卡桨问题，提高了变桨系统的安全运行可靠性，提高了整机运行的安全稳定性。

偏航系统润滑小齿改造：电场针对部分机组偏航轴承外齿圈润滑不良、润滑小齿下口出油量少或干结堵塞，导致在偏航驱动齿轮与偏航轴承外齿啮合运行时，齿圈出现干磨、偏航异常噪音、偏航异振动等问题进行改善研究。此装置的改善，只需在原有润滑装置中加装一组供脂油管，小齿上下端独立加脂，在润滑小齿内部加入柱状橡胶将油路隔开，使得润滑小齿内部管道填满油脂，足够的流动动力将油脂从润滑小齿挤出，小齿表面溢出足够的油脂，在与偏航大齿啮合的过程中，将油脂涂抹在转动面，靠形成的油膜来减少轴承内各个部件之间的摩擦与磨损。此装置有效提高了偏航润滑系统的润滑性能、避免了轴承出现干磨、偏航异常噪声、偏航异振动等问题，提高了机组偏航系统安全运行的稳定性，减少了后期维护成本。偏航系统优化原理如图6所示。

### 5. 对标治理成效

该风电场认真落实公司发展战略及"创一流 争先锋""提质增效"行动方案要求，狠抓设备健康度对标管理，从2018年9月投运至今，4年累计发电24亿kWh，全场设备运行稳定、可靠，设备健康指标持续提升。王牌机组占比从12%上升至32%，弱势机组占比从20%下降至1%；MTBF（平均无故障连续运行时间）从5200小时提升到7000小时以上，连续100天无故障机组台数占比

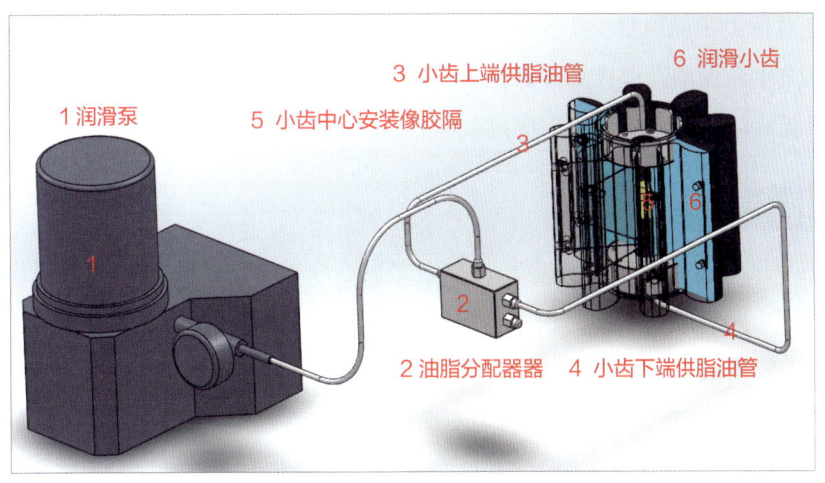

图6 偏航系统优化原理

从 37% 提升至 90% 以上，连续年无故障机组占比达到 50%，设备健康度的全生命周期管理取得了显著成效。

## 二、案例实践效果

### （一）综合效益

风电场为期 4 年的机组健康度对标管理，总结出基于设备健康度的全生命周期管理思路，在风电场运行维护方面起着关键性作用，通过大数据分析评估，可快速掌握风电机组设备健康性能、设备可靠性，从而快速找出病症所在，对症下药，降低了故障率，减少了备件成本以及电量损失，提高了设备维护效率，解决了风电场各项设备疑难杂症，提高了整机安全性和稳定性。

截至目前，该风电场通过设备效能、设备健康度等多维度综合对标管理，及时开展各梯队机组预防性保养、深度维护工作，未发生过非常规性故障停机的电量损失，未发生过因维护检修管理不到位导致的部件失效，既控制了设备性能劣化趋势，又降低了设备运行的安全风险隐患和成本，提高了机组稳定安全运行可靠性。数据统计，每年可增加发电量约 800 万 kWh，每年节省备件损耗约 20 万元，减少人工成本 60 万元，在区域对标中名列前茅。

### （二）第三方评价

国华景峡北风电场通过实施设备健康度的全生命周期管理，利用新疆公司集控中心大数据和预警功能，将设备对标模式和风电技术进行高度融合，探索设备健康度的全生命周期管理对标体系，对设备一致性、能量利用率、机组健康水平、风电场运维管理、机组全生命周期档案等内容进行横向、纵向对标和预警，为智慧化风电场或无故障风电场建设提供数字化方案并满足其后期运维管理需求,实现精准对标、智能预警、快速响应、化解风险、高效管理、效益一流的目标。该风电场基于设备健康度的全生命周期管理成果显著,连续获得了中电联"5A级优胜风电场"称号和中国电力技术市场协会"无故障风电场管理成秀成果"称号。

### (三)行业推广前景

基于设备健康度的全生命周期管理是一种新型的、全覆盖的管理模式,它以设备健康度为基础,遵循设备管理法则,通过定期的预警分析、巡视排查、检测诊断、深度维护和专项整治,极大地提高了设备性能管控的水平,做到先知先觉,确保设备的稳定运行。

运维管理方面,以基于设备健康度的全生命周期管理为理论,以健康度评估为切入点,以设备可靠性管理为主线,以全过程技术监督为保障,以精益对标管理为要求,配置先进的设备状态智能检测,定期开展性能评估、检测诊断,深入挖掘风电机组的潜在效益,提高设备管理的专业化水平,树立行业标准。

安全管理方面,基于设备健康度的全生命周期管理强调风险预防和控制,通过设备风险隐患、劣化趋势、生命周期等进行全面监测和评估,提前预判隐患,制定有针对性的预防及保养措施,确保设备安全性能达到最佳状态,降低部件失效等事故发生的风险;同时注重人员培训和应急处置,提高员工的安全意识和应对突发情况处置的能力,最大限度地挖掘安全效益。

经济效益方面,基于设备健康度的全生命周期管理能持续提高精细化管理和技术创新水平,及时管控设备的运行效率和能源利用率,延长设备使用寿命,度电必争;同时减少运维人员数量和运维强度,降低能耗、资源浪费和维修成本,进一步提高经济效益。

基于设备健康度的全生命周期管理有利于挖掘风电机组的潜在效益,提高设备性能及发电效率,还能降低维护成本和资源浪费,避免或减少部件失效的安全风险,增强行业竞争力,为我国风电事业的发展注入新的活力。

(王磊　王海龙　刘博　贺彦伟　薛峰)

# 基于FMEA的风电机组设备可靠性故障管理研究应用实践

## 一、案例基本情况

### （一）单位基本情况

中国广核新能源控股有限公司（以下简称公司）是中国广核集团（以下简称集团）重要二级成员公司，是集团开发、运营非核清洁及可再生能源发电项目的重要平台，并全面负责集团国内新能源产业的改革创新和经营发展。公司秉承"发展清洁能源，建设美丽中国"的企业使命，坚持以市场为导向、以客户为中心，在风光能源产业等传统业务的基础上同步拓展光热＋、海风＋、绿电＋等特色业务，同时积极探索区域能源综合利用解决方案。

集团于2007年正式开拓新能源业务，历经十余年发展，公司已成为集团"6+1"产业体系的重要支柱产业，全面覆盖风电、光伏、光热、抽蓄、储能、氢能、水电、燃气、热电联产等业务类型。截至2023年9月，公司在运装机总容量近3600万kW，其中风电项目2512万kW、太阳能项目1035万kW，排名行业前列。

### （二）案例情况

#### 1. 分析对象

风电机组具备资产总值高，设备数量多且分散、分布区域广的特点，其设备运行高度自动化、信息化，野外作业条件苛刻，大型维修活动准备周期长。设备多为国外设计引进，基于成熟的商业软件应用进行设计，国内供电商难以开展自主的可靠性设计；且设备多为大型、重型单体设备、数量较少，缺乏大样本可靠性研究基础。而主机供应商在设计、生产过程中的缺陷，最终都转嫁到运营商。因此，运营商对设备可靠性的把控能力，决定了机组出质保的品质。

设备可靠性的下降将导致设备故障率的提升，一旦发生倒塔、起火、叶片掉落等安全事故将造成重大财产损失，如产生设备更换费用、维修费用、停机损失、附加损失等；且在风电机组所处区域，均有人员活动，极易发生人员伤亡，造成严重社会影响。

#### 2. 基于修复性维修为中心的运维保障模式瓶颈

当前运维管理模式以修复性维修为中心的运维保障模式为主，普遍存在以下问题。第一，人员基础知识掌握不牢，技能与知识局限在日常维修方面，对系统基本原理及失效原因认识甚微；第二，技术配置失衡，电气技术人员比重远超风机技术人员；第三，由于主机厂商给出的数据有限，传递到运维人员的信息更加有限，因研究不准确造成重复性维修是常态，更换中间损坏零件进而产生材料损耗和安全隐患等问题；第四，故障报告可用度差，有效信息范围较小，难以将独立事件相关联进行分析；第五，实验反馈就事论事，未总结出规律性、可推广的有效经验。

### 3. 改进需求

公司快速扩张，专业人员紧缺。基于设备的安全性、经济性需求，亟须快速转变运维模式，解决运维保障压力，避免由于人员能力与设备保障需求不匹配导致的安全隐患，从根源上促使资产管理进入良性循环。借鉴核电的管理模式，通过基于修复性维修为中心的运维保障模式向基于可靠性（状态）维修为中心（RCM/CBM）的运维保障模式过渡，分阶段实现预防为主、纠正为辅的运维模式，打造核心技术集群，构建运维团队，提升核心竞争力。

## （三）案例具体实践

### 1. 总体思路

基于可靠性（状态）维修为中心的运维模式（以下简称 RCM/CBM 模式）的重点从"如何修"转变为"如何防"。以修复性维修为中心的运维模式与 RCM/CBM 模式都是针对故障，只是采取措施的阶段不一样，前者是故障发生后纠正，或者根据已发生的故障预防未发生的故障，后者通过评估日常机组状态，提前采取针对性措施，预防机组性能出现故障。故障的劣化有个渐变的过程，故障影响也会逐步升级，越早发现问题，越有利于控制风险。

通过有效利用故障数据，整合故障信息，收集碎片化故障事件，与应对措施建立逻辑关系，进而形成结构化的故障知识库，逐步向 RCM/CBM 模式演变。本案例引入失效模式及影响分析（以下简称 FMEA）的理念来系统性解决风电机组的可靠性管理需求。

FMEA 是分析产品中所有可能发生的失效模式及其对产品所造成的所有可能影响，按失效模式的严格程度自下而上归纳分类的分析技术。FMEA 技术可以应用于产品寿命周期各阶段，在使用阶段主要是从产品维修角度出发，确定故障检测方法、维修措施及方式，为规范产品维修保养工作、提高产品可用性、指导产品设计改进提供支撑。考虑产品具备好修、易修的特性，应动态地考虑维修过程中维修人员与维修产品之间的相互关系。

通过 FMEA 六要素"模式→原因→影响→后果→检测→措施"的模式，将故障事件、故障分析、故障评估、故障检测、故障维修和故障预防建立起逻辑关系，为维修决策提供理论依据，并通过实际故障发生情况，与列举的失效模式进行比对，动态修正相应失效模式的发生频次，实现闭环管理，并依据失效模式的影响及后果，确定故障件的维修策略是提前修还是事后修。通过 FMEA 三要素"模式→原因→影响"的模式，实现对故障事件的结构化管理。

基于 FMEA 技术的风电机组设备可靠性管理实践总体思路，一方面进行顶层设计，构建设备可靠性管理体系；另一方面进行实践控索从场站总结现场的实际问题，在解决问题的过程中，完善管理流程和技术方案（见图1）。

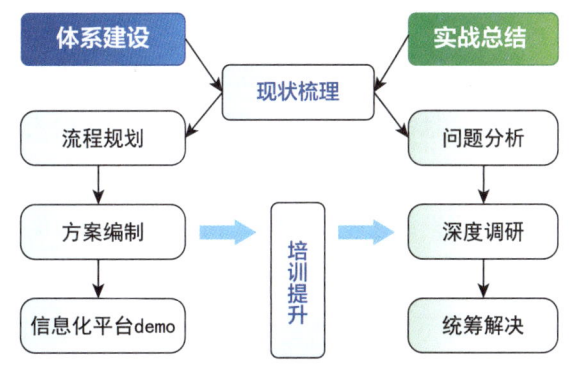

图 1 基于 FMEA 技术的风电机组设备可靠性管理系统的总体设计

## 2. 主要做法

### （1）体系建设

为满足公司标准化、规范化、集约化管理的发展需求，提升新能源设备的运维管理水平，在运用公司现有经验的同时，积极借鉴核电、新能源行业及军工行业的设备可靠性管理方法与理念，规划了新能源设备可靠性管理的顶层设计。

体系以性能监测为核心，以设备分类及识别为框架，建立设备的关键性能监测指标，以触发预防性维修和纠正行动，并通过"性能变化→发现问题→提出措施→问题验证"的闭环管理，识别措施的有效性，并通过持续改进，不断优化该闭环管理的过程，最终实现设备的全生命周期管理。架构分为六大板块：设备分类及识别、性能监测、纠正行动、预防性维修、持续改进和全生命周期管理。

按 FMEA 的分析要素进行拆解，落实到现场工作准则中。例如机组档案包含机组各备件说明书，故障手册包含机组故障模式、故障原因、故障检测措施，维修及技改手册则以故障手册数据作为参考，作为常规维修或技改的决策依据。其对应关系，以 FMEA 为结构主线，将六大板块工作有机结合起来，形成以故障管理为核心的过渡阶段（从故障修到状态修的过渡）管理策略（见图 2）。

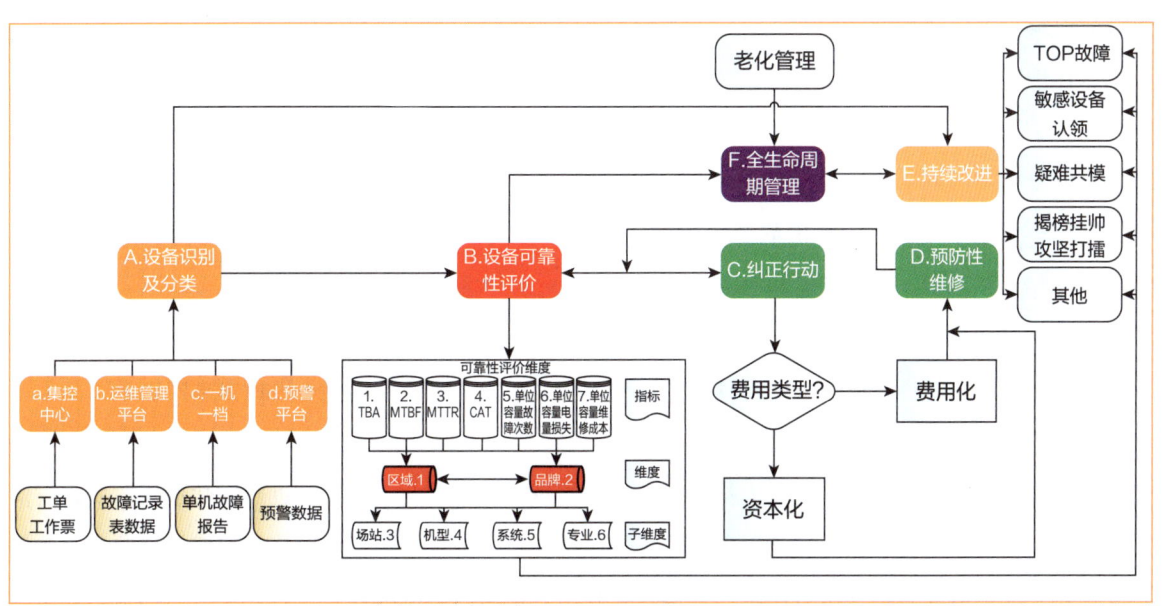

图 2 基于 FMEA 方法的设备可靠性管理规划图

### （2）流程规划

风电机组设备可靠性管理，贯穿于设备运维管理业务全过程，从设备档案管理开始，以设备功能结构为主体，结构化完善其他匹配信息，作为故障分析的输入；失效模式作为故障归类的主体，实现故障事件进行结构化管理；探测、纠正预防措施作为故障维修的活动主体，便于现场查漏补缺，不断完善检修手段；可靠性分析评价，为设备管理质量提供评价工具，指明优化方向。

风电机组设备可靠性管理的出发点为设备可靠性需求，运维人员围绕设备需求展开活动达成的管理目标。风电设备主体在无故障情况下，可实现全自动运行，常规维护通常为耗材和连接件的更换，因此其主体需求为"看病治病"。因此，风电机组设备可靠性管理基于FMEA方法展开一套可靠性分析（见图3）。

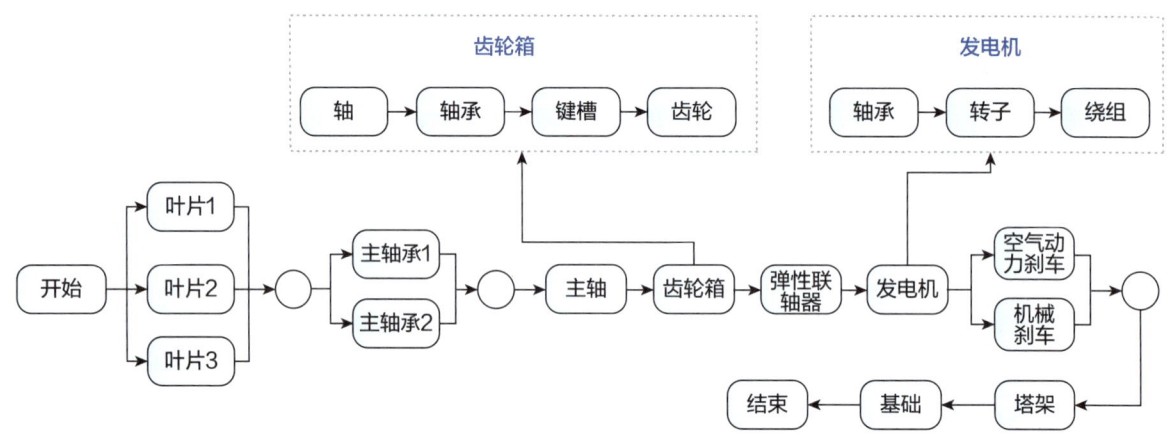

图3　基于FMEA方法的风电机组设备可靠性分析框架

### 3. 基于FMEA模式的设备可靠性管理主要建设内容

基于总体设计，主要建设内容有以下几点。

第一，设备的分类及识别。风电设备初步分为三大类：机械结构、能量结构、信号结构，分别对应建立机械、电气和控制三个方面的技术能力。具体的功能结构可以参照国际标准，结合实际应用场站的具体情况定义。

第二，建立关键监控指标。完成功能结构定义后，针对重要系统和部件建立关键的监控指标，进行相应的分析。

第三，建立基于失效模式的故障知识库。进行现场最小可更换单元的FMEA工作，建立设备各层级的故障逻辑关系，形成故障知识库。

第四，基于可靠性数据分析的维修决策。统计各机组的故障水平（MTBF）及维修水平（MTTR）数据后，结合故障分析评价模型，进行综合评定，确定采用维修还是技改来维持设备的可靠性水平。

### 4. 信息化平台实现

风机设备可靠性管理工作涉及大量数据统计及管理流程，因此，需要借助数字化的手段实现智能运维。各公司有不同管理需求，基于需求，在智慧运维系统置入故障管理模块和检修质量管理平台知识库体系，通过故障管理模块自动统计检修经验数据，记录风机故障处理过程，作为风场机组设备可靠性管理平台的概念验证（POC）。

## 二、案例实践效果

### （一）综合效益

#### 1. 经济效益

通过设备可靠性体系搭建，开展设备可靠性故障管理工作，总上网电量约为 734.06 亿 kWh，风电小时数高于行业平均小时数 6.5%，资本化投入同比减少 7.45 万元/万千瓦；风电运维成本为 128 万元/万千瓦，与 2020 年持平；风电每 kWh 电成本 0.346 元；精益化单位库存低于 20 元/千瓦；风机故障损失率持续下降，达到 0.25%，同比下降 0.12%；长期停机持续实现双降，长停台次同比降低 32%，长停时长同比降低 38%，减少电量损失 3081 万 kWh；大部件更换引起的长停下降 65%，预防性检修体系建设成果显现。

#### 2. 识别隐患

变桨系统是风机第一刹车系统，对风机的安全至关重要，该隐患的及时发现并全面排查治理将降低新能源重大事故事件的发生概率，同时避免巨大的运营经济损失。通过对 LUST 直流变桨系统优先使用后备电源紧急收桨的电源控制逻辑分析，发现海装、东汽、明阳等老旧机型也采用 LUST、SSB 等直流变桨系统，部分机型后备电源为铅酸蓄电池，飞车、倒塔安全风险极高。通过提前发现此安全隐患，并制定改造方案，可有效治理解决 LUST 变桨系统优先采用后备电源紧急收桨的风险，可避免风机飞车、倒塔造成的经济损失 1400 万元/台。及时解决 LUST 变桨系统优先采用后备电源紧急收桨的设计缺陷，可避免风机事故事件单台损失 1400 万元/台、故障损失 179.762 万元、电量损失 44.19 万元。降低运营经济损失。自主识别推广变桨系统安全风险，通过识别并规避本次 LUST 变桨系统安全风险，同理可分析识别 200 多台海装、明阳、东汽、GE 等风机变桨系统的问题，举一反三，避免类似问题。

#### 3. 规避损失

规避损失包含故障损失和电量损失。

在故障损失方面，2021 年，因变桨蓄电池故障频次 15 次，故障总时长 220.6 小时，故障损失 13.85 万 kWh。2021 年变桨蓄电池故障频次 30 次，故障总时长 360.5 小时，故障损失 20.76 万 kWh，变桨蓄电池损坏呈持续上升趋势，2018 年已经全场更换变桨后备电源。为保证风机安全性，按照《海装风机维护手册》的要求，电池使用 2 年后，必须更换。2021 年更换 24 组（24×24 块）变桨电池，单块电池费用 170 元/块，1 台风机更换 72 块（3×24）电池需 1.224 万元，费用为 9.792 万元，人工成本 1 万元；其他由于后备电源、充电器引起变桨电池欠压故障的损失费用 168.97 万元，合计 179.762 万元。按照剩余 10 年风机寿命计算，故障损失达 1797.62 万元。

在电量损失方面，根据 2021 年统计，变桨故障次数共计 95 次，总故障次数为 160 次，变桨故障率占比 59.38%。总故障损失电量为 144.4 万 kWh，变桨故障电量损失为 86.64 万 kWh，按电价 0.51 元/kWh 计算，则由变桨故障导致的损失费用为 44.17 万元。按照剩余 10 年风机寿命计算，电量损失为 441.9 万元。

## （二）第三方评价

### 1. 体系建设成果

公司对设备可靠性管理进行了实践探索和不断总结，基于 FMEA 的风电机组设备可靠性管理工作已初步取得成果。

在体系建设方面，建立了新能源设备可靠性总体规划，完成了风电机组设备可靠性管理体系架构，建立设备可靠性故障管理体系；梳理了可靠性管理应用场景，并搭建相应的可靠性管理流程，完善了整机性能分析工具。

### 2. 故障管理评价指标体系

实现了设备分类及设备结构树建立，建立了中广核新能源设备可靠性故障管理分析评价体系，每月发布评价报告。为了更加明确基于 FMEA 的风电机组设备可靠性故障管理初步成果，将按区域、品牌等维度进行 TBA、MTBF、MTTR、单位容量故障次数、单位容量经济损失进行分析。

### 3. 实践应用评价

针对上海电气 2.0MW 风机保压能力差、被动制动设计问题，公司积极主动攻关，最终通过调整电磁阀等方式解决此项问题，在公司 22 个风电场 698 台风机上实施改造，通过分析识别重大设计缺陷，新增产值 1506 万元。

## （三）行业推广前景

### 1. 信息化系统建设

针对多机型线上管理的要求，为实现远程跟踪，提升效率，亟须固化可靠性管理体系。因此，信息化系统建设是行业推广途径之一，公司创建了线上可视化信息管理系统。以新能源检修质量管理系统为例，基于统计数据、流程管理及设备全生命周期管理等方面，实现数据信息化获取，优化故障信息管理，实现数据的准确性、完整性、及时性（图4）。

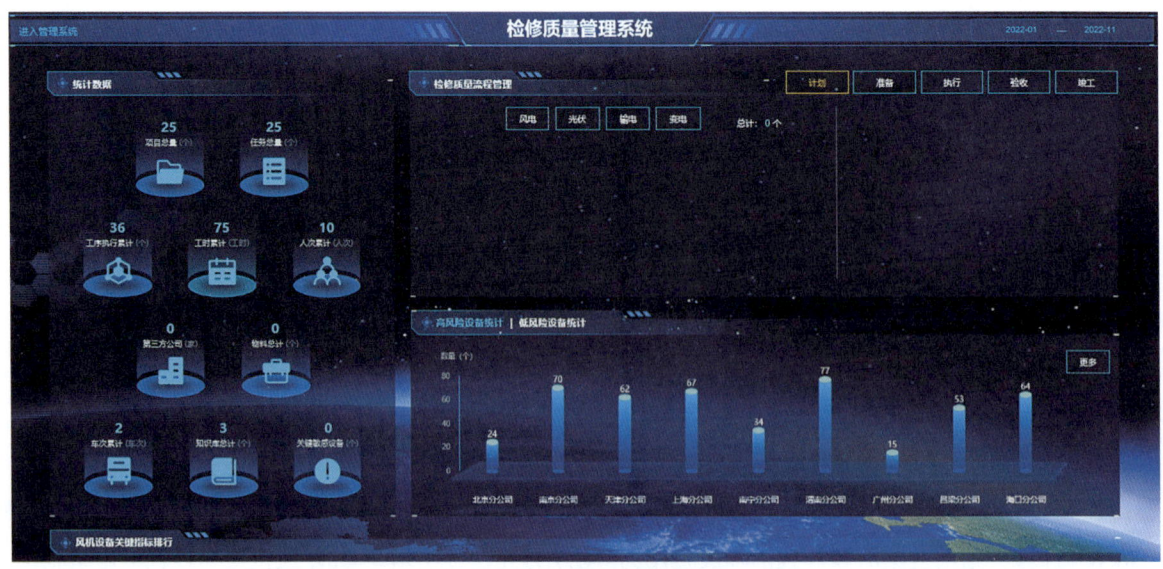

图 4　新能源检修质量管理系统

### 2. 知识库搭建

针对难以开展自主的可靠性设计工作的问题，通过收集汇总检修经验形成的知识库，自主搭建标准规范、设备资料、技术交流、故障案例为一体的知识库管理共享平台。系统依托单机故障报告建立设备故障树，建立发电设备机型树、系统树、故障树；形成机型、系统等专题故障树技术创新论坛机制。

### 3. 潜在推广领域

其他能源领域设备可靠性管理。新能源领域支系繁多，水电、核能、生物质能、地热能、海洋能、储能等能源领域均能够应用相关方法与技术，通过可靠性方法，集中在风电机组设备可靠性管理方面的成功案例和经验，展示实际应用的效果和收益。同时还能与其他能源领域的企业、组织和专业协会建立合作伙伴关系，共同推动设备可靠性管理的发展。

制造业设备故障预防和维护。中国是制造大国，机床设备、工业机器人、输送带和输送机、注塑机、数控加工中心、压力机及特种交通工具等产品多种多样，具备多流程、多维度的制造工艺。通过可靠性方法制定维护计划、定期检查监测、记录和分析维护数据，与上游零件制造商、下游第三方运维人员，共同梳理，可全生命周期、全环节地提高生产效率，降低运维成本。

产品设计与开发领域。通过可靠性建模与预测，评估产品在不同条件下的可靠性水平，提前发现潜在问题并改进。通过寿命测试、可靠性增长测试、环境应力筛选、加速寿命测试、可靠性验证测试等流程，在产品迭代更新中能够起到决定性作用，高效把控产品质量。

（田祥　董礼　李维　张绍强　岳旭）

# 开展螺栓及变桨轴承失效监测，提升风电机组叶轮系统运行可靠性

## 一、案例基本情况

### （一）单位基本情况

中国广核新能源控股有限公司（以下简称中广核新能源）是中国广核集团（以下简称中广核）的重要二级成员公司，于 2014 年 10 月在香港上市，定位为中广核开发、运营非核清洁及可再生能源发电项目的重要平台，全面负责中广核国内新能源产业的改革创新和经营发展。

中广核于 2007 年正式开拓新能源业务。历经十余年发展，新能源已成为中广核"6+1"产业体系的重要支柱产业，全面覆盖风电、光伏、光热、抽蓄、储能、氢能、水电、燃气、热电联产等业务类型。截至 2023 年 9 月，中广核新能源在运装机总容量近 3600 万千瓦，其中风电项目 2512 万千瓦，风机台数超过 1 万台，太阳能项目 1035 万千瓦，排名行业前列。规划到 2025 年，装机规模将突破 7000 万千瓦。

### （二）案例情况

随着新能源行业的快速发展，风力发电逐渐成为电力生产的主要力量，风电机组由于其自身重量大、高度高，在自身运行时会对各个大部件产生极大的载荷，由于成本压缩，风电机组大部件设计裕量接近极限，近年来普遍发生叶片掉落、风机倒塌等事故，主要原因之一为叶片螺栓断裂、变桨轴承开裂，致使叶片脱落或倒塔。经统计，截至 2022 年年底，中广核新能源内部风电场直接、间接发现风机螺栓开裂事件 189 台次，叶片轴承断裂 8 台次，事件中 60% 是运维人员巡视检查时通过异常声音、目视或敲击检查发现的；38% 发现于螺栓断裂脱落后造成的二次故障，断裂螺栓在轮毂内部随风轮转动，撞击到限位开关或者其他传感器导致机组触发故障停机；2% 发现于螺栓断裂或变桨轴承开裂导致的叶片脱落或机组振动异常告警。

高强螺栓和变桨轴承断裂失效愈发成为影响风电机组安全运行至关重要的因素，风电机组作为重要的发电单元，其安全性会直接影响新能源行业未来的发展，种种失效事件的发生已严重影响风电机组运行可靠性。

2020—2023 年，中广核新能源仅安徽区域 3 个场站 149 台机组就出现叶片连接螺栓断裂 43 台次（其中巢湖 20 次，广德 14 次，全椒 8 次），对高强螺栓进行检测分析后，发现其原因均为疲劳导致的螺栓断裂，高强螺栓承受风机交变低频重载，螺栓断裂是引起风机倒塔的重要原因，螺栓受预紧力影

响，当法兰螺栓受力不平衡时，会造成螺栓长期受力疲劳导致断裂。

预紧力的偏差会导致整机在特殊工况下螺栓出现载荷异常，造成螺栓频繁断裂。当抗拉型高强螺栓被紧固到设计预紧力时，螺栓副是一种非常可靠的连接方式，且高强螺栓具有"不松不断、一松就断"的特点。所以将高强螺栓紧固至设计预紧力是至关重要的。当前，螺栓连接过程中采用力矩法实现的较多，主要是根据控制扭矩来保证轴向的预紧力大小，考虑到连接过程有连接件材质、拧紧速度、连续摩擦等要素的存在，导致力矩值偏差很大。由于扭矩法受到大量的外界因素影响，即便螺栓是相同的工艺，其预紧力的紧固系数差异也较大，导致与设计不符。在机组验收、运维阶段测量关键位置的螺栓预紧力，并与设计对标，形成设计—工艺—验证闭环，可以在第一时间发现螺栓断裂隐患并治理。

风电主机厂对现有高强螺栓质量管控较严格，螺栓厂会对螺栓质量进行检测，较少出现质量问题。一般螺栓厂设计的螺栓屈服强度会略高于设计值，强度可以保证风机正常使用需要。风电主机厂设计的风机经过严格的认证，出问题的概率较低。扭矩法紧固受原理所限，摩擦系数一致性难以控制，紧固后的螺栓轴力分散性大，紧固轴力容易造成不合格。轴力不合格表现为轴力整体偏大、偏小、分散性大、个别螺栓欠拧、漏拧。通常认为螺栓分散性大是造成螺栓断裂的主要原因。安装施工质量问题难以检验，扭矩法紧固需要对过程进行严格管控，但是由于管控因素过多，每个环节出问题都会造成轴力不合格，缺乏安装后对紧固质量进行快速校核的仪器，施工方容易忽视安装质量。因此亟待开发一套螺栓预紧力检测系统。

为了实现未来大规模在役风机的运营，无人值守、免维护等技术将更加受到重视并得到广泛应用，而高强螺栓力矩维护占据着整体运维60%以上的工作量。螺栓每年会进行一次10%数量的抽检，10年完成一次全部力矩校验，但是由于人为因素的不可控制，将会进一步加剧风险。因此该项目为解决这一重要挑战，提升工艺水平，降低失效风险，通过预防性维护降低无效定检维护，成果将具有巨大的应用价值和前景。

智能化运维技术研究针对螺栓应力特点，获取轴力状态，长期跟进和记录螺栓轴力变化。通过对历史数据分析，得出预紧力衰退曲线，有针对性地进行运行维护，延长螺栓运维周期，结合智慧集控平台进行实时预警。

通过采取上述螺栓预紧力检测、定轴力施工、螺栓法兰结构安全监测几个方面的措施，形成对风电高强螺栓断裂的综合预防治理方案，使螺栓出现断裂的概率下降90%，实现风电螺栓的少维护或免维护。以检代维、预测性运维延长运维间隔，极大提高了风机运行的可靠性和安全性。

## （三）案例具体实践

### 1. 总体思路

#### （1）失效监测

失效监测用于实现风电机组叶片螺栓断裂或变桨轴承运行状态在线监测，避免风机主控系统无法识别故障导致的机组运行风险提升，同时为了降低程序升级成本，保证监测系统稳定，监测信号将接入风机主控系统，成为机组保护程序的一部分。

具体方案是将压电信号由风电机组轮毂内部电源侧经导电介质传递至轮毂信号发射器，将导电介质部署在叶片螺栓和变桨轴承上，叶片螺栓或变桨轴承失效断裂或脱落会使导电介质断开，轮毂信号发射器因此接收不到压电信号，从而无法发送无线信号至机舱信号接收器，机舱内的信号接收器接收不到信号会导致其输出到主控系统的压电信号出现变位，从而实现对叶片螺栓和变桨轴承运行状态的在线监测。如图1所示。

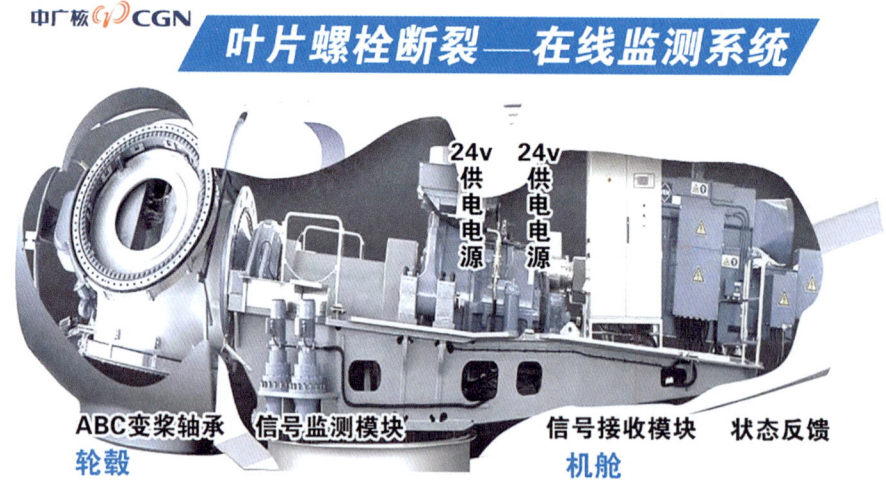

图1 失效监测系统图

（2）运行状态检测

针对高强螺栓疲劳失效问题，为降低螺栓疲劳失效风险，方案从优化螺栓检测工艺、提升螺栓检测精度入手，开展螺栓预紧力超声检测。

固体中传播的超声波分为纵波、横波两种。螺栓在受轴向拉力时，根据声弹性理论，声速与应力有关，而且在材料屈服强度以内，材料的伸长量与施加的张力成正比。因此，测得螺栓在受力时的声时变化，通过计算公式即可得到螺栓的预紧力，超声波螺栓预紧力测量原理及纵波和横波与预紧力关系如图2所示。

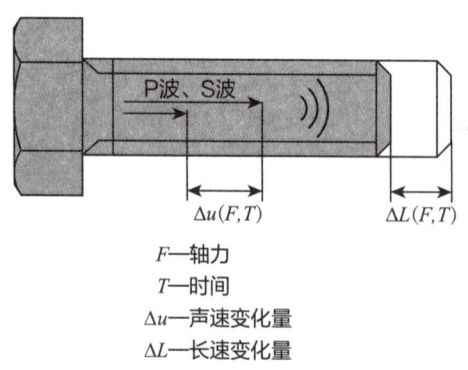

图2 超声波螺栓预紧力测量原理

单波法测量原理：固体材料在弹性形变区，声波在螺栓的传播时间与螺栓轴力呈线性关系：

$$F = K \cdot \triangle T_0$$

单波法采用一种类型的超声波（纵波或者横波），通过测量声时变化量 $\triangle T_0$，测量轴力 $F$。通过标定获得 $K$。缺点：同种螺栓原厂存在加工分散性，必须测量初始状态下的 $T_0$。

双波法测量原理：双波法采用纵波、横波两种波进行预紧力测量，利用纵波和横波波速对于预紧力的敏感性不同，通过比较和作差，在计算公式中，消除了螺栓长度这一变量。双波法不需要获得每根螺栓的原始长度数据，就可以对在役螺栓进行测量。该方法对于温度变化不敏感，减少了温度变化带来的测量误差，并且无须打磨、耦合、贴片，大大减少了螺栓测试的工作量。

电磁超声波原理：常规 EMAT 由永磁体、线圈以及试件本身构成。当线圈中通以高频电流时，试件在集肤深度内感应出同频涡流。涡流在静磁场的作用下，使得铁磁性试件表面质点受到洛伦兹力、磁化力和磁致伸缩力的作用，从而激发超声波。当超声回波返回试件表面时，金属表面由于机械振动而切割磁感线，产生感应电动势和涡流。涡流的交变磁场被线圈拾获，完成超声波的接收。在铁磁性材料中，常规 EMAT 有三种作用机理：洛伦兹力机理、磁化力机理和磁致伸缩力机理。

### 2. 主要做法

#### （1）螺栓断裂监测

螺栓发生断裂呈现阶段性，受力疲劳最大的螺栓会率先失效断裂，经统计，螺栓断栓失效时脱落概率超过90%，本方案在螺栓头处加装带有穿孔的抱箍，抱箍安装在螺栓后，将叶片法兰面上所有螺栓利用导线进行串联，导线间设置若干插针接头，接头紧固度要满足螺栓脱落时能够有效脱离，电源从变桨电气柜中取24V直流电，电源信号经由导线通过法兰螺栓，再经变桨弹簧导线最终传递至轮毂内信号发射器，轮毂内信号发射器与机舱接收器采用同频收发，机舱内接收器接收到高电平信号后再将信号传入主控数字量输入模块中，最终回到主控PLC，实现后台报警监测功能（如图3所示）。

图3　螺栓断裂监测中在螺栓头处加装带有穿孔的抱箍

#### （2）变桨轴承断裂监测

变桨轴承开裂会使轴承外端盖部分出现裂缝，本成果利用导电漆和铝箔材料平铺在变桨轴承外端盖处，敷设完毕后喷涂三防漆防止其氧化影响信号传递，当轴承开裂后会带动导电介质开裂，同样利用压电信号，电源从变桨电气柜内取出，经导电涂层传递至轮毂内信号发射器，轮毂内信号发射器与机舱接收器采用同频收发，机舱内接收器接收到高电平信号后再将信号传入主控数字量接收模块中，最终回到主控PLC，实现后台报警监测功能。

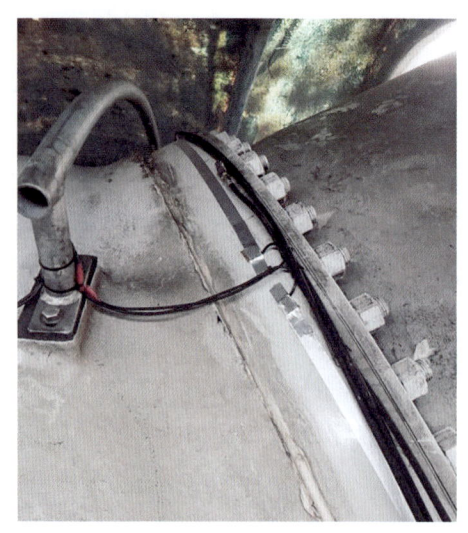

图 4　变桨轴承开裂监测

### （3）同步信号收发

同步模块目前已广泛应用于电气系统控制和监测，由于轮毂采用铸铁半封闭结构，轮毂内的信号发射到机舱中会受环境和电气干扰影响，单一同频收发常出现信号中断情况，本成果成功地将信号收发装置集成为 1 套收发装置，并通过设置延时功能规避信号干扰，提升了信号收发的稳定性。

无线发射设备额定参数：

电源电压：DC12V-DC24V，允许偏差 +15% 和 -15%；

输出电流：105mA；

调幅：315MHz；

发射频率：2 分钟。

无线接收设备额定参数：

电源电压：DC12V-DC24V，允许偏差 +15% 和 -15%；

输入交流电流：5A 或 1A；

调幅：315MHz。

### （4）螺栓预紧力检测

首先选取需要标定的螺栓，由于螺栓参数具有一定的分散性，需要标定多根螺栓以估计测量误差。标定螺栓轴力系数时，需要标定 3 根及以上的同厂家、同规格、同批次螺栓。

当需要复用标定斜率，重新记录零点时，需要记录 3 根及以上螺栓的零点。

首先，进行恒温轴力标定。使用万能电子试验机对螺栓进行"保载—拉伸—保载"的步进拉伸试验，过程中需要保持螺栓处于恒温状态，且实时记录所有超声回波数据以及试验温度。通过电磁超声信号处理方法，计算出轴力标定斜率 $k_s$ 和截距 $B$，并保存为材料参数以供使用。

然后，进行无应力温度标定，目的是对测量值进行温度补偿。根据螺栓使用的温度范围，设计一系列温度步进区间，在保证螺栓处于自由状态的条件下，使用恒温恒湿试验机将螺栓温度调节至目标温度，并且实时记录试验过程中所有电磁超声信号。同样地，对采集的电磁超声信号进行处理，计算出横纵波的声时和声各向异性系数，采用最小二乘法拟合温度—声各向异性系数曲线，获得温度标定系数 kT，并保存为材料参数。

标定完成后，才可以进行实际的测量阶段。导入标定系数，采集、处理电磁超声信号和测量实时温度后计算轴力测量值。

采用电磁超声双波轴力测试技术对需测试部位螺栓进行轴力检测。并将轴力与螺栓的设计范围进行对照，实现螺栓预紧力检测（如图 5 所示）。

图 5　螺栓预紧力检测

## 二、案例实践效果

### （一）综合效益

风电机组叶片螺栓及变桨轴承断裂在线监测系统提升了机组安全运行的可靠性，填补了风机叶轮系统无在线监测系统的空白。通过状态监测，机组可以第一时间待机等待维修检查，避免了事件扩大，也降低了事故风险，更避免了事故导致的巨额财产损失。

叶片螺栓及变桨轴承断裂在线监测装置目前已在中广核新能源安徽分公司下属风电场进行技改应用，项目实施后运维人员不必再通过人工巡检的方式排查风机叶片螺栓和变桨轴承的运行状态，按照公司季度巡视的要求，每台风机每年可节约人工时 16 小时，报警后及时将风机调整至停机状态，避免了螺栓断裂后对轮毂内电气设备的二次伤害，更规避了叶片螺栓或变桨轴承失效断裂后导致的叶片脱落或风机倒塔等恶劣事件，经济效益和社会效益已超出监测装置直接产生的价值。

风电机组高强螺栓预紧力超声检测技术已在中广核新能源内蒙古、吉林、甘肃、安徽等区域风电场完成了应用验证，通过为期一年的测试验证，共计发现 129 颗存在断裂隐患的螺栓，避免了 21 只叶片掉落的风险，为公司挽回经济损失 190.89 万元，并且通过课题研究，培养了一批拥有超声检测技能的人员，共计自主检测 232 台风机的叶片螺栓，按照市场检测价格 6000 元 / 台，为公司节约了

139.2万元，随着螺栓预紧力超声检测技术的不断推广，螺栓维护时长减少60%，每年每台风机螺栓维护成本将降低30%，维护效率和停机损失都有明显改善。

## （二）第三方评价

2022年风电机组叶片螺栓与变桨轴承断裂监测系统通过外部专家评审，专家组达成意见如下。

设计了一种抱箍结构，通过设置断点插针将叶片与轮毂连接的相关螺栓头形成串联回路，根据回路通断来判断螺栓断裂的监测方法。

设计了一种变桨轴承外圈表面导电涂层敷设结构，在轴承表面形成导电回路，通过导电回路的通断来判断轴承开裂的监测方法。

开发了一套基于上述监测方法的螺栓断裂和轴承开裂监测系统，采用无线通信技术，解决了信号堵塞与中断等问题，保证了监测系统运行的可靠性。

专家组一致认为，该项目成果整体达到国内先进水平，其中在叶根螺栓和变桨轴承低成本在线监测方面达到国内领先水平。

已授权专利情况：

实用新型专利1：一种螺栓断裂预警装置，专利号202120725576.X。

实用新型专利2：一种轴承开裂预警装置，专利号202120725575.5。

## （三）行业推广前景

截至目前，风电机组叶片螺栓与变桨轴承断裂在线监测装置已在中广核新能源安徽有限公司124台远景双馈机组上完成了技术改造和应用验证，目前监测系统运行稳定，已实现多台机组螺栓失效报警，为风电场运维人员监控机组的运行状态提供了技术保障。

对比行业法兰间隙超声监测和螺栓超声监测等方案，该在线监测装置实现了风机主控系统直接监测，避免了独立监控系统设备兼容性不足、网络安全等问题，且系统结构适用于各种机型，极易推广。

风电机组高强螺栓预紧力超声检测技术已在中广核新能源公司下属多家分公司完成了应用验证，通过技术标定，计算出符合螺栓设计的预紧力值，再通过超声检测装置对机组同型号批次的螺栓进行超声预紧力检测，检测结果均满足螺栓设计要求，精度较力矩法有明显提升，且便于操作，省时省力，易于推广。

（1）应用场景：螺栓轴力校验

总装厂螺栓轴力检验：对安装的法兰螺栓轴力进行检测，验证安装质量。

吊装现场螺栓轴力检验：对吊装安装后的螺栓进行质量检验。

主机厂、配套厂对齿轮箱等关键部件进行螺栓轴力检验。

（2）应用场景：风电螺栓维护

风场螺栓以检代维：提供检测仪器，以检代维，检测所有螺栓轴力，仅对轴力异常的螺栓进行紧固，大大降低了维保成本。

（郎泽萌　李建勇　赵海亮）

# 机器视觉提升运维效率——无人机风光线巡检、科技创新的应用

## 一、案例基本情况

### （一）单位基本情况

中广核于 2007 年正式开始新能源业务，历经十余年发展，新能源业务已成为中广核发展的重要支柱产业，全面覆盖风电、太阳能、水电、燃气、热电联产等类型。截至 2023 年底，中广核新能源在运装机总容量突破 4500 万千瓦，其中风电项目 3096 万千瓦，太阳能项目 1368 万千瓦。在国内主要清洁能源企业中，发展速度、发展质量及综合实力位居行业前列。

中广核新能源湖北分公司于 2016 年 9 月 18 日正式注册成立，现有员工 367 人，总资产超 120 亿元，主要负责开展湖北省内风电、太阳能、储能等清洁能源项目的投资开发、建设、运营管理工作。

截至 2023 年年底，中广核新能源已在湖北省内累计投运超 217 万千瓦，其中在运风电场 17 座、光伏电站 10 座，年发电量达 34 亿 kWh，与同等规模的燃煤电站相比，可节约标准煤约 684 万吨，等效减排二氧化碳 1704 万吨，相当于种植超 6.4 万公顷森林，为当地带来了显著的经济效益、生态效益和社会效益。

### （二）案例情况

随着无人机的技术升级和应用普及，加上云计算、边缘计算、图像识别等大数据业务的发展，无人机技术逐步应用到新能源行业中来。本项目主要实现了无人机对新能源光伏场站光伏组件，新能源风电场站风机叶片、机舱、塔筒，新能源场站输配电线路及杆塔的自动巡检，并建立光伏、风机、线路一体化的管理平台，实现总部、区域、场站三级管理的模式，通过平台布置的缺陷自动识别算法，自动生成缺陷报告，并将缺陷类型、位置自动同步至运维人员手持电脑，从而真正实现了从设备自动巡检、缺陷自动识别、位置自动导航、消缺结果自动上传平台的闭环管理，减轻了运维人员的巡检工作强度，大幅度提升了运维效率，提升了场站设备运行的稳定性。

本项目建立了光伏、风机、线路一体化的管理平台，实现了在一个管理平台上同时布置光伏组件缺陷算法模型、风机叶片缺陷算法模型、输配电线路及杆塔缺陷算法模型，实现了总部、区域、场站三级管理的模式，平台具备任务派发、处理、反馈、审核等闭环管理功能以及各种数据多维度统计展示功能；场站人员移动终端具备数据同步、导航消缺等功能。本项目实现了集高效、精准的大数据分析以及业务数字化、可视化于一体的整体解决方案。

目前，中广核湖北分公司已拥有无人机35台以上，无人机巡检系统及一体化管理平台一期已经推广应用在公司20个区域的48座光伏和风电场站，覆盖场站类型包括平地光伏电站、山地光伏电站、农光互补光伏电站、渔光互补光伏电站、陆上风电场站、海上风电场站等。

### 1. 光伏组件巡检方面

采用无人机+机器视觉+图像识别+边缘计算技术，实现自动探测组件由灰尘、污垢、遮挡、鸟粪、隐裂等异常情况引起的热斑，并经智能终端精准导航故障位置，复核消缺。如图1所示。

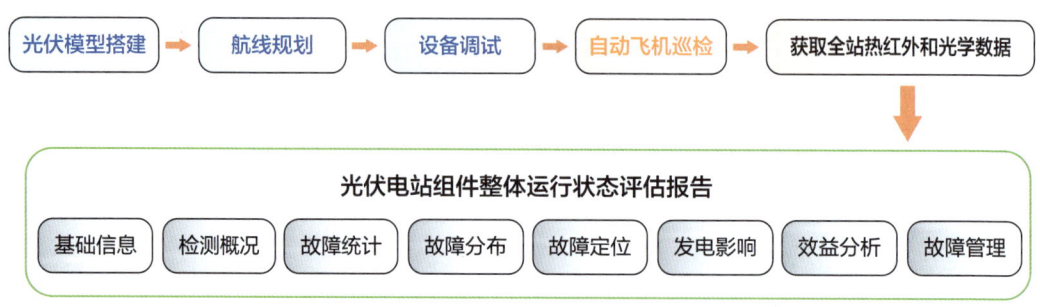

图1 光伏组件巡检流程图

### 2. 风机巡检方面

采用无人机+机器视觉+边缘计算，利用AI图像识别技术为风机叶片巡检提供了一种高效的解决方案，实现风机叶片100%全自动巡检，高清晰、完整照片的采集，AI自动识别故障。如图2所示。

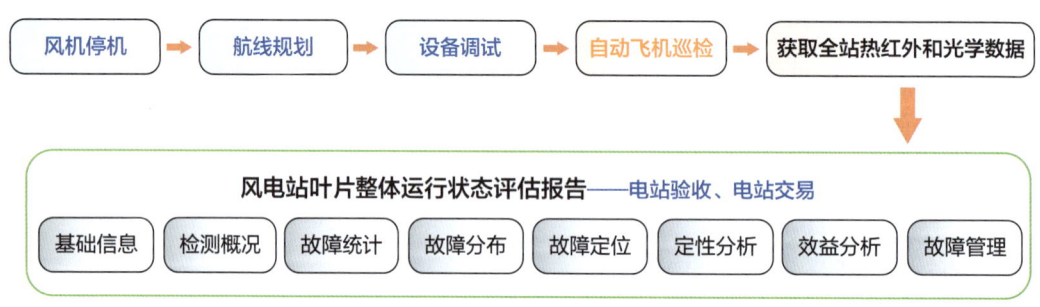

图2 风机巡检流程图

### 3. 输配电线路及杆塔方面

使用无人机搭载激光雷达、可见光、红外等传感设备对高压输电线路进行周期性快速巡检，形成可用于包含当前工况与指定工况条件下缺陷位置的线路缺陷数字化巡检报告。如图3所示。

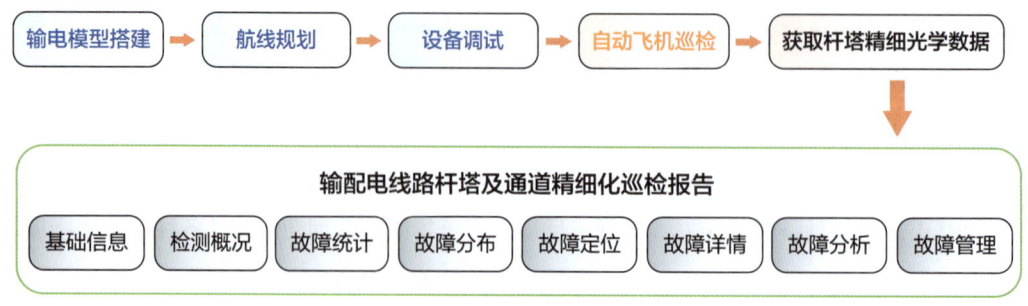

图3 输配电线路及杆塔巡检示意图

## (三)案例具体实践

### 1. 总体思路

新能源电站无人机智能巡检诊断系统首先基于北斗三代、星地一体化服务构建统一基准的新能源电站及外送输电线路区域高精度地理信息，将这些信息存储至云端，然后通过实景建模技术构建光伏电站、风电站（含风机设备）、输电线路（杆塔和通道）实景模型，并根据电站设备位置、线缆方向、电气拓扑关系和编码标准一一对发电设备进行数据关联，可视化展示设备运行状态。该系统无人机自动化巡检采集光伏电站、风电站（含风机设备）、输电线路（杆塔和通道）的光学信息，并利用自动识别算法对光学信息中的设备故障、损伤进行识别和信息提取，还可以对电站任意设备快速查找定位，对运维人员精准导航，减少故障以及损伤位置查找确认时间，提高管理及故障处理效率，提高发电效益。

本项目建成了一套完善的无人机智慧巡检系统，该系统主要包括无人机风光线一体化智能管控平台和无人机巡检设备，可实现新能源场站的无人机自主巡检作业，提高巡检作业效率和质量，降低新能源场站运维成本，提高设备故障消缺率，降低发电量损失，增加经济收益。

该系统以无人机风光线一体化智能管控平台为核心，以无人机巡检设备为工具，通过巡检设备和管控平台的数据交互实现整个系统的高效协同运作。管控平台作为整个系统的大脑，部署在公司总部集控中心，负责系统整体管控和数据综合处理，无人机巡检设备分布在各个新能源场站，是整个系统的前端任务执行者，系统可以对无人机巡检数据进行全方位的可视化展示。

管控平台包括通用功能模块、光伏巡检功能模块、风电巡检功能模块、线路巡检功能模块，可对无人机巡检作业进行全流程管控。

缺陷识别算法内置于管控平台，包括图像预处理技术、光伏缺陷识别算法、风电缺陷识别算法、线路缺陷识别算法，可对海量巡检影像进行智能识别、标注、故障定位，并自动输出巡检报告。

### 2. 主要做法

**（1）硬件方面**

大疆 M300RTK：作为首款具备六向定位避障与可视化飞行辅助界面的无人机，满足 IP45 防护等级，抗风等级 ≥ 7 级，支持 55 分钟超长续航和最远 15 千米图传距离，可同时支持 3 个有效负载，此外它无须关机便可快速更换电池，搭配快充充电箱能够不间断作业，配合高级双控模式，是当前公认的最强大的行业级应用无人机。

禅思 H20T- 四传感器混合云台：具备变焦、广角、热红外、激光测距的功能。

RTK 移动基站：保障无人机的定位精度达到 ±0.1m。

手持终端：可对巡检结果进行精准定位、复核消缺作业，可实现与无人机一体化管理平台的双向数据同步。

**（2）软件方面**

新能源无人机管理平台，可以实现 11 项管理功能：电站管理、飞行管理、远程巡检管理、巡检计划管理、数据处理管理、巡检结果管理、复核消缺管理、设备管理、数据分析管理、用户管理、权限管理。

**（3）巡检流程**

巡检流程包括以下 6 个环节，如图 4 所示。

全景制图和航线规划：采集光伏电站范围全景图，依据巡检的技术要求指标和无人机载荷的特性自动生成对应的最优巡检航线。

无人机巡检：在飞行过程中，无人机通过搭载的可见光+热成像相机对光伏场站进行巡检。

AI 数据分析：利用 AI 图像识别算法，对采集到的图像进行处理分析，获得缺陷信息及相应的缺陷位置。

故障报告生成：通过对缺陷进行分类统计，从多个维度进行大数据管理与分析，输出多种格式的检测报告，对光伏面板缺陷的共性问题提出建议，为日常运维打好"预防针"。

故障导航：对不同的异常缺陷类型提出相应的处理建议并定位，将缺陷报告同步至智能终端平台，帮助运维人员快速准确查找组件。

消缺复核：系统具备工单派发功能，缺陷信息可同步至智能终端平台，现场复核消缺任务上报（可将现场处理图片、文本信息上传，消缺状态更改等），形成完整的故障处理记录。

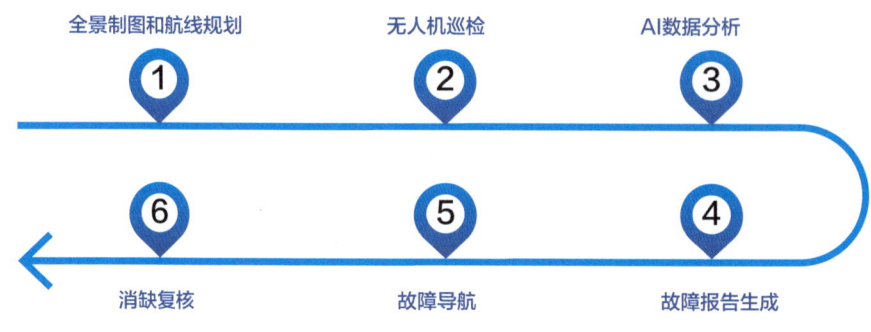

图 4　无人机巡检流程示意图

## 二、案例实践效果

### （一）综合效益

风光线一体化的新能源无人机管理平台已在中广核集团大悟中心部署，截至 2022 年 10 月，中广核新能源无人机管理平台共计接入新能源场站 35 座，其中光伏电站 23 座，风电场 12 座，覆盖湖北、江苏、西藏、辽宁等 14 个省级区域公司，累计巡检光伏电站容量已超过 2.1GW，累计巡检风机容量已超过 600MW。

#### 1. 无人机巡检与人工巡检对比

从巡检周期、人工费用、电量损失等方面进行对比如下。

光伏巡检：以 100MW 光伏电站为例，传统 2 人巡检需 3 个月，无人机巡检仅需 3 天；效率提升 29 倍，节约人工成本 8.7 万元。

风机巡检：以 100MW 风电场（50 台 2MW 风机）为例，传统 2 人巡检需 45 天，无人机巡检 5 天；

效率提升 8 倍，节约人工成本 4 万元。

线路巡检：以 15 千米架空线路（40 基）为例，传统 2 人登塔精细化巡检需 15 天，无人机巡检 5 天，效率提升 2 倍，节约人工成本 0.8 万元。停电的损失电量可能高达 500 万 kWh（售电金额 208 万元）。

因此，相比传统的人工巡检方式，无人机在风光线巡检方面优势明显，可以使巡检更高效、更全面、更安全、更经济。

### 2. 实施效果

（1）光伏巡检

截止 2022 年 10 月底，12 家分公司共计 21 个光伏场站开展光伏区巡检，累计巡检容量为 1690MW，累计巡检光伏组件 539 万余块，发现各类缺陷 65884 处，已消缺 50848 处缺陷，消缺率为 77.2%。

（2）风机检测

目前共有 10 家分公司 15 个场站开展风机叶片无人机巡检工作，发现各类缺陷 392 条，已消缺 225 条，消缺率为 57.4%。

（3）线路检测

架空线路进行无人机巡检，发现 U 形挂环、碗头挂板缺螺母等严重缺陷 4 条，发现导线散股、塔材螺栓缺失和松动、销钉安装不规范、鸟窝、塔身异物、锈蚀等一般缺陷 292 条。场站积极协调总包单位，合理组织人力、物力，依次进行集电线路停电消缺，目前 296 处缺陷已全部消缺完成，消缺率为 100%。

### 3. 经济效益、社会效益情况

通过无人机巡检，能够全面排查光伏组件、风机叶片、架空线路的各种缺陷和隐患，降低设备故障率，提升设备发电效能。随着无人机技术的应用，各个场站运维会明显地提质增效。

通过测算，场站发现、消除各类缺陷后，2023 年第 2 至 3 季度，光伏发电量增发约 500 万 kWh，增加企业收入约 350 万元。随着无人机相关应用的普及，各类光伏场站的发电量将进一步提升，增发电量优势明显。巡检过程中发现并消除大量风机叶片损伤，通过有效的分级分类，有效避免了叶片、机舱、塔筒等大部件的更换，有效提升了场站的长期利润。巡视发现架空线路的危急缺陷、重要缺陷，立即停电处理，规避了多起跳闸事故，为公司安全稳定高质量发展提供了重要保障。

随着越来越多的新能源场站的接入，通过风光线的无人机巡检的应用普及，光伏增发电量、风电减少大部件更换、架空线路减少跳闸风险等社会效益和经济效益将明显提升，新能源事业的高质量发展将会越来越好。

## （二）第三方评价

公司积极申报无人机相关知识产权成果：取得软著证书 5 件，申请实用新型专利 5 项，申请发明专利 1 项。

## （三）行业推广前景

### 1. 应用现状

目前，无人机巡检系统及一体化管理平台一期已经推广应用到公司 20 个区域的 50 座光伏和风电场站，这些风电场和光伏电站已经开展了几轮无人机精细化巡检工作，覆盖设备业态包括平地光伏组件、山地光伏组件、水面光伏组件、陆上风机叶片、海上风机叶片、输电线路及杆塔。

在湖北符庄光伏电站试点应用无人机机库系统，真正实现无人机自动飞行。无人机机库，具备强大的环境适应性，无论严寒酷暑皆可实现 $7 \times 24$ 小时无人值守作业。系统与电站生产系统 I 区数据做融合对接，针对系统提示的故障报警或发电量异常的子阵区域以及低效运行的光伏组串，通过 AI 算法，自动生成最优的巡检航线，下发给无人机机库，自动起飞，针对疑似异常区域的自动巡检，自动上传数据并生成巡检结果。

在贵州纳卜光伏电站试点了无人机与智能 IV 诊断的结合，IV 在线诊断功能和无人机红外检测，能够从不同方面发现组件运行存在的问题，前者是电压电流电测，属于系统性信号检测；后者是通过温差进行红外检测，发现组件内部缺陷和外部遮挡缺陷。两者各有侧重和优势，一旦互补相济，能够将组件运行状态提升到最佳水平。

本成果可在新能源光伏场站、风电场站进行应用和推广，目前在公司各区域已进行全面推广。该项目推广的前景非常好，目前已有很多新能源发电企业来公司进行参观和考察，未来新能源场站装机容量将越来越大，场站所处环境也越来越复杂，传统的人工巡检已经无法满足要求，全自动的无人机巡检方式必然会全面取代人工巡检。

### ■ 2. 创新点及推广前景

（1）集风机叶片、光伏组件、输电线路及杆塔于一体的无人机巡检系统管理平台创新

目前行业内基本采用单场站单独采购无人机及缺陷识别算法软件的形式，无法形成系统，无法对各场站的数据进行汇总、统计和对比，也无法对场站巡检、消缺、闭环情况进行总部统一管理。而本项目建设的管理系统具备以上功能，能更好地对无人机巡检全流程及后续数据进行管理和应用。另外，行业最多对一个或两个业态进行整合管理，而本项目是对三个业态全部进行整合管理，覆盖了无人机对新能源场站的全部可巡检内容。

（2）缺陷类型分级分类创新

本项目对缺陷进行了详细的分级分类，建立了缺陷分级分类"词典"，使得机器视觉识别更加精细、精准；针对每一类缺陷进行相应的等级划分，目的是让运维人员能够清晰了解各种缺陷处理的优先级，从而优先对危急缺陷进行处理，再处理重要缺陷，最后对一般缺陷进行处理，如一般缺陷暂对运行安全、稳定和效能无影响，则可划为长期观察序列，定期对缺陷进行复查，一旦缺陷有扩大趋势，则及时进行处理。

（3）两种类型光伏数据采集创新

光伏电站的种类繁多，单一采集视频或图片都无法满足缺陷识别的要求，因此本项目有两种采集方式，针对平地光伏、山地光伏、水面光伏和分布式光伏等采用不一样的方案，保证了采集上来的数据的真实性和可用性。

（4）风机叶片的智能巡检

本项目通过风机巡检航线自动识别规划 App 的研发和优化，实现无人机对风机叶片的自动巡检，运行 App 后，依次完成检查模型、风场信息、测绘采集、精细巡检的操作，在风场信息中，要输入风机相关参数，包括叶片角度、轮毂半径、塔筒中心到轮毂的距离、风轮仰角、风轮锥角、叶片预弯

等信息，如以上参数缺失，则可通过无人机挂载激光雷达进行测量；在测绘采集中，会测量风机仰角和锥角；最后通过精细巡检，完成数据的采集，以上全程基本不需要人员的操控。

（5）架空线路及杆塔自主建模优化

本项目通过无人机搭载激光雷达对输电线路及杆塔进行点云采集，再通过点云解算软件对采集的数据进行解算，通过优化，单架次点云解算时间平均在 8~10 分钟，大大提高了效率；解算后，再进行点云预处理，然后进行航线绘制；通过对点云处理及精细化巡检软件优化，达到了如下效果：主网线路自动分类算法精度可达 95%；配网线路自动分类算法精度可达 90%；220kV 及以上缺陷识别算法精度可达 90%。

（6）新能源场站工程建设无人机应用

新建工程项目工期紧、工作面多，管理人员有限，缺少有效的施工监管手段，主要依靠监理、项目部、生产准备人员的工作经验和责任心，发现的问题不够全面、具体，缺少数据和分析报告，协调施工单位及厂家整改较为困难。本项目将无人机应用在新能源场站工程建设阶段，发挥监理功能，提升了工程建设质量和管理水平，确保了生产准备工作落到实处。

（成和祥　李维　张绍强）

# 大幅减少分布式光伏电站电网零序扰动解列的技术研究与应用

## 一、案例基本情况

### （一）单位基本情况

中广核新能源义乌光伏电站（以下简称"义乌光伏电站"）是典型的分布式光伏电站，运行方式是10kV不接地系统，采用无人值守的运维方式，由5个独立的并网点组成，点多面广；对侧电网类型为农网，考虑到用户的电网稳定性，对侧农网保护装置的"零序保护"出口为告警，因此在发生"零序保护"告警时，电网值班人员不会在第一时间选择拉闸，而是先排查故障点；义乌光伏电站采用无人值守方式，各并网点相距又较远，如果接地发生在夜间时段时，运维人员无法保证在2小时内赶到现场处理故障，将无法满足"中性点不接地系统中，单相接地时间不能超过2小时"的规定，同时持续稳定接地产生的电容电流对高压设备安全运行影响较大，为避免事故出现扩大的风险，电站"零序保护"出口只能改投跳闸。因此当电网线路接地时，对侧电网的并网开关不跳闸，义乌光伏电站的并网开关跳闸。

### （二）申报案例情况

#### 1. 系统介绍

义乌光伏电站经过光伏组件光电转换产生直流电输送至组串逆变器逆变为交流电，后经箱变升压至10kV，再经多条集电线路汇入开关站10kV母线。

10kV母线经单个并网开关流向计量柜后经隔离开关柜"T"接至对侧农网。

义乌光伏电站共有5个此类型的独立分布式并网点（分别是田四、可元、科创、车路、联盟）。

#### 2. 跳闸情况

2019年1月至2020年6月，并网开关累计跳闸46次，同时联跳下级所有开关，导致全场失电。经统计，2020年1—6月，故障解列装置的"零序过压解列"告警达590余次，并网开关累计跳闸15次，此类故障的平均处理时长约4h，造成大量电量损失和运维成本上升。

经统计发现，已经发生的46次并网开关跳闸全部是由于对侧电网线路接地，因此义乌光伏电站亟须解决此类因电网零序扰动而频繁跳闸的问题。

#### 3. 跳闸根源查找

对2020年1—6月共计6个月的时间进行对比分析发现，并网开关共跳闸15次，引发跳闸的原

因主要分为以下三类,如图1所示:

第一类:线路短时接地,电站因线路短时接地导致站内零序跳闸13次,占总并网开关跳闸次数的86.7%。

第二类:电网线路跳闸,只能等待电力局抢修人员修复设备并送电后方能投送站内10kV并网开关,投产以来共计发生1次,占比约6.7%;

第三类:电网电压波动,导致站内跳闸的次数也较少,投产以来共计发生1次,占比约6.7%;

综合上述分析,可以看出"线路短时接地"是并网开关跳闸的主要原因,也是技术改进的关键突破口。

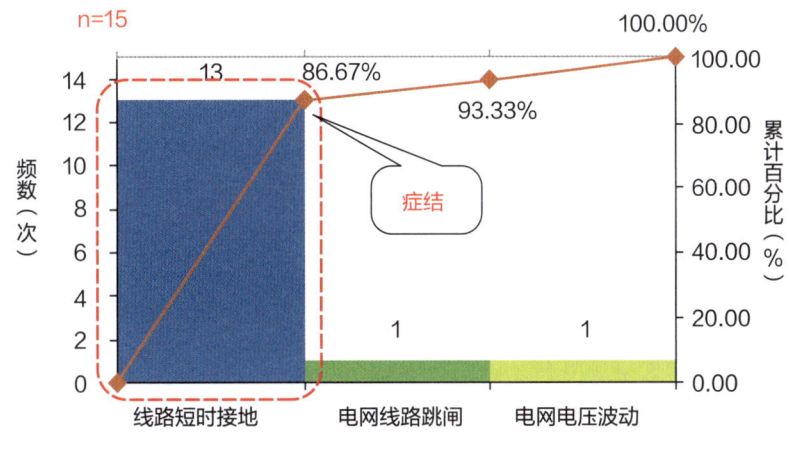

图1  引起并网开关跳闸原因分类图

### 4. 跳闸频次分析

如表1所示,2020年1月至2020年6月期间,光伏电站5个分布式并网点累计出现590次后台线路短时接地告警,其中5月和6月分别接地99次和102次。

义乌光伏电站电网对侧为农网,考虑批量重要负荷,保护方式采用零序告警而非跳闸,因分布式电站是无人值守方式的分布式光伏电站,唯有采用零序投跳闸的保护方式,方能满足继电保护安全稳定性要求。2020年1—6月,在590次线路短时接地告警中,导致并网开关跳闸高达13次。

表1  2020年1—6月线路短时接地告警次数统计表

| 后台线路短时接地告警及跳闸次数统计表 | | | | | | | |
|---|---|---|---|---|---|---|---|
| 月份 | 1月 | 2月 | 3月 | 4月 | 5月 | 6月 | 合计 |
| 后台接地告警次数 | 98 | 97 | 98 | 96 | 99 | 102 | 590 |
| 跳闸次数 | 2 | 1 | 3 | 2 | 2 | 3 | 13 |

### 5. 跳闸时长分析

零序保护跳闸逻辑如图2所示,线路短时接地反映在保护装置上为"零序过压解列"保护动作,零序电压达到或超过零序电压定值,且持续接地时长达到该保护的动作设定时间。

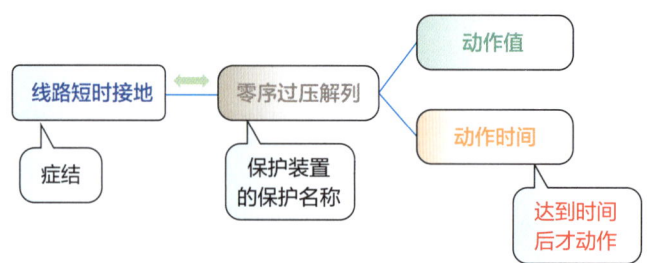

图 2　线路短时接地逻辑关系图

因此对线路短时接地告警时长的分析，主要分为 0～3 分钟、3～5 分钟、5～10 分钟、10～20 分钟、20～30 分钟、30 分钟以上 6 个区段。通过统计分析，持续 0～3 分钟的占比 66.77%，持续 3～5 分钟的占比 20.83%，持续 5～10 分钟的占比 4.17%，持续 10～15 分钟的占比 2.08%，合计持续 15 分钟以内的占比为 94%。

### 6. 确定技术改进关键点

通过上述数据统计，对线路短时接地引起站内设备跳闸的原因进行了研究，经过验证最终确定本课题技术改进的关键为"零序过压解列"保护的动作时间。

## （三）案例具体实践

### 1. 总体思路

（1）新增跳闸回路

重新定义"零序过压解列Ⅰ段跳闸"出口跳闸回路，使控制信号不受干扰。共用 101 正电源端子，单独引出跳闸回路至并网开关柜 139 跳闸节点。

（2）修改保护定值

将"零序过压解列Ⅰ段跳闸"单独定义到跳闸出口 4 和跳闸出口 5，出口矩阵改成由二进制码"00000000011000"，转换成 16 进制码即"0018"。

（3）增加时间继电器

增加时间继电器（通电延时型），将零序过压解列动作延时时间调至 900 秒。

（4）双继电器互锁

双继电器，继电器 KT1 和继电器 KT2 互锁，设置 KT1 和 KT2 延时不一致相差 60 秒，当其中一个继电器出现故障，另外一个继电器会继续动作并断开对故障线圈供电。

（5）创建后台监控光字牌

在防孤岛装置的数据库组态的遥信测点界面，重新命名"开入 15"用作时间继电器辅助触点信号的反馈，增加光字牌告警信号。

### 2. 主要做法

（1）原跳闸回路

以义乌光伏电站田四并网点为例（其余并网点二次接线均相似），现场故障解列装置使用南瑞

PCS-9658D 型，低频解列、低压解列、零序过压解列、过压解列、过频解列保护，保护出口矩阵均为"0007"16 进制码，且故障解列装置所有投入的保护出口均由跳闸出口 1 引出，并通过同一跳闸回路接至并网开关柜。

原"零序过压解列"保护的跳闸回路二次接线如图 3 所示。

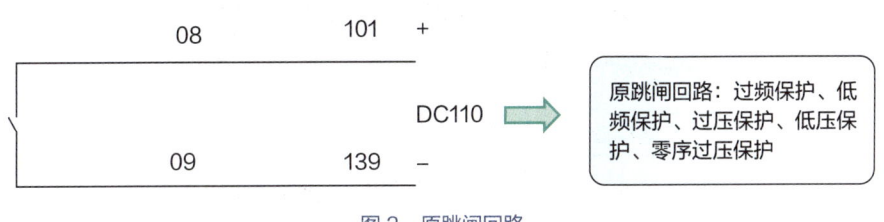

图 3　原跳闸回路

（2）新增跳闸回路

在单独定义出来的"零序过压解列Ⅰ段跳闸"接线上增加两个时间继电器（通电延时型），通过时间继电器延时零序跳闸时间以满足现场要求（躲过 900 秒的高频率跳闸时间），技改后跳闸回路如图 4 所示。

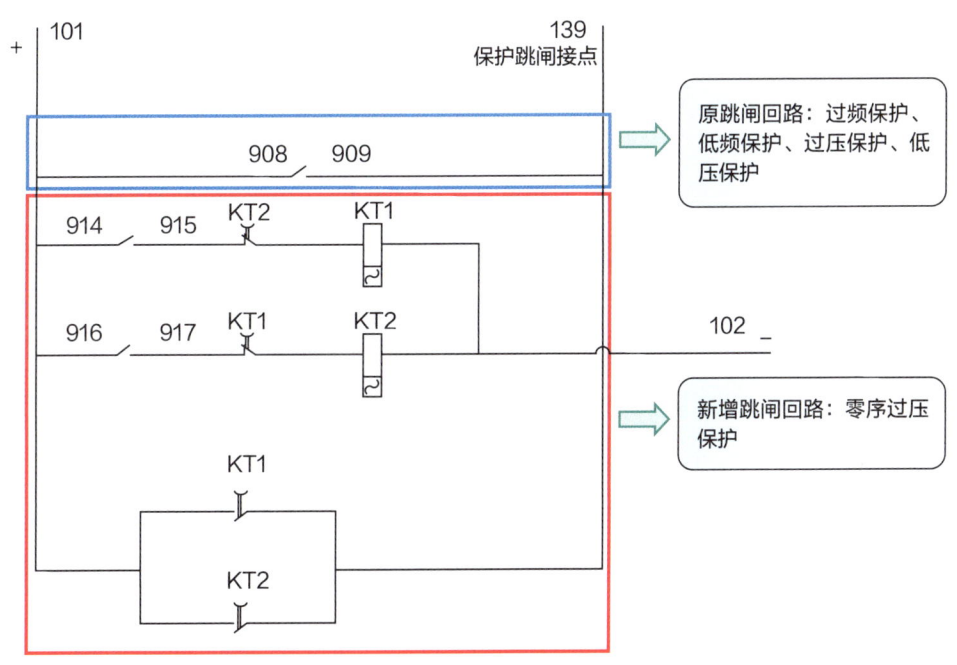

图 4　新增跳闸回路

通过跳闸出口 4、跳闸出口 5 的出口信号控制时间继电器 KT1、KT2 线圈的通断。

时间继电器 KT1 和时间继电器 KT2 互锁，将时间继电器 KT1 和时间继电器 KT2 延时设置不一致相差 60 秒，当其中一个时间继电器出现故障，另外一个时间继电器会继续动作并断开对故障线圈供电。其中时间继电器 KT1 设置 900 秒，时间继电器 KT2 设置 960 秒。

用时间继电器的延时闭合辅助触点控制 101 线和 139 线的通断起到类似跳闸出口 1 信号的作用。

延时继电器实物图如图 5 所示。

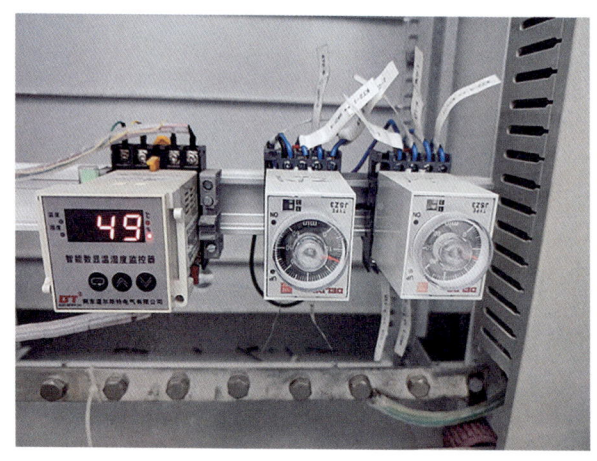

图 5　新增时间继电器实物图

### （3）保护定值修改

当前故障解列装置所有保护的跳闸矩阵均为"0007"的 16 进制码转换为 14 位的二进制即"00000000000111"，硬压板是从低位开始数（从右往左数）。

将"零序过压解列Ⅰ段跳闸"单独定义到跳闸出口 4 和跳闸出口 5，出口矩阵改成二进制码即"00000000011000"，转换成 16 进制码即"0018"。

### （4）增加后台监控点位

防孤岛装置 B07 开入插件"开入 15"为闲置点位，可作为时间继电器的监控点位。

防孤岛装置 B07 开入插件"开入 15"点位接入必须是无源节点，因此可将时间继电器备用动合触点接入。

进入数据库组态开放权限，找到防孤岛装置的遥信测点，重新命名"开入 15"点位名称。

在图形修改界面新增"光字牌"，修改名称为监控时间继电器，关联上"开入 15"点位。

### ■ 3. 实施效果

技术改进前，2020 年 1—6 月并网开关累计跳闸 15 次；技术改进期间，2020 年 7—12 月并网开关累计跳闸 16 次；技术改进后，2021 年 1—6 月并网开关跳闸 2 次，2021 年 7—12 月并网开关跳闸 2 次，降低跳闸效果显著。

据统计 2021 年并网开关跳闸率同比（2020 年）下降 87.1%，因对侧电网开关受累跳闸 0 次，同比（2020 年）降低 100%，累计损失电量较去年同期下降 88%。

经过近半年的实施和一年的验证，本项技术改进效果十分明显，现场频繁受累跳闸问题得到有效遏制，不仅降低了电站的电量损失和运维成本，还提高了高压开关的寿命，保证了电站的安全稳定运行。

### ■ 4. 成果创新

本技术创新基本解决了现场的实际问题，在对侧电网持续 900 秒以内的接地时，保证并网开关不跳闸，理论上可躲过 94% 以上因对侧电网接地的受累跳闸，经过 1 年的论证，到目前为止 100% 解决因对侧电网接地的联锁跳闸，保证了电站稳定运行，极大减少了故障电量损失和运维成本。

受国内外变电设备继电保护装置的限制，保护的动作时间均有限制，一般为"0~100s"，而目前国内在运变电设备的保护投退情况分为三类：投入、退出、告警，对于投"跳闸"时的保护对应的动作时间也均为"0~100s"。

创新点1：投入保护，针对无人值守方式的分布式光伏电站在配电网单相接地时，为减少容性电流的不利影响而投入"零序过压解列"保护。

创新点2：针对电网频繁零序扰动而导致分布式电站解列的棘手问题，创新研究出一种故障解列装置跳闸回路的改进方法。

创新点3：在新增跳闸回路上，大胆使用时间继电器策略，可便捷调整保护的延时动作时间，突破故障解列装置"0~100s"的延时量程限制。

针对无人值守分布式光伏电站在配电网单相接地时，为减少容性电流的不利影响而投入"零序过压解列"保护导致的问题，通过对大量数据分析研究，优化解列动作时间，创新提出一种故障解列装置跳闸回路的改进方法，大幅减少了因配电网零序扰动引起的跳闸解列次数，既有效解决了现场的实际问题，更使得电力设备的保护逻辑和控制回路更加灵活，更加契合实际，又保证了电站设备安全稳定运行。

## 二、案例实践效果

### （一）综合效益

经过计算：

年节约人工成本 = 人均工资/天 × 人数（r）× 故障次数（n）= 400 × 4 × 25 = 40000 元/年

减少发电量损失 = 电量单价（¥/度）× 平均故障时长（h）× 单次故障平均功率（P）× 故障次数（n）= 0.98 × 4 × 3300 × 25 = 323400 元/年

改造成本 = 材料费用 = 3500 元

因此，项目每年收益 = 备件更换电量损失 + 年节约人工成本 + 发电量损失 − 材料费用 = 40000 + 323400 − 3500 = 359900 元

综上所述，从人工成本、故障电量损失等方面测算，年平均收益在35.99万元左右。

### （二）第三方评价

浙江省行业相关知名专家及能源协会以会议评审的形式对本技术创新成果进行评审，具体评价情况为：本项目经过义乌光伏电站的田四并网点半年的实施和论证，效果良好，经过现场勘察调研，车路、可元站点和田四光伏并网点类似，均建设在鸡舍大棚上方，目前已在可元、科创、车路和联盟站

点投入应用，至今现场并网开关未发生因电网接地而"零序过压解列"导致并网开关跳闸问题，应用实践效果良好，有效解决了现场的实际问题。

专家评审组认为，该项目结合工程切实存在的问题，提出了针对性的技术改进方案并加以运用，不仅实用性强，还具有良好的推广应用价值，同意通过评审。

### （三）行业推广前景

在习近平总书记提出"碳达峰、碳中和"目标后，新能源发电项目在全国范围内遍地开花结果，届时分布式光伏项目将会实现井喷式发展，本技术创新成果将有更大更广阔的使用空间和运用前景。

由于分布式光伏电站的特殊性，以及《光伏电站接入电网技术规定》《光伏发电系统接入配电网技术规定》等一些国家、电力行业标准规定，分布式光伏大多是以 380V 电压等级或者 10kV 电压等级接入电网，因而基本为中性点不接地系统。国内外针对中性点不接地系统分布式光伏电站所采用躲避电网短时间接地引起的零序过压解列保护动作改造技术路线存在空白，目前电力系统使用的继电保护装置时间量程设定基本是"0～100s"，无法针对性应对分布式光伏电站的特殊情况而增加延时时间范围，解决方式主要为与电网沟通申请退出零序解列保护。

电网 10kV 不接地系统，且 35kV 以下系统一般不配置消耗线圈或小电阻接地，线路发生单相接地故障时不接地相电压升高到线电压，但电网线路仍可继续运行 2 h。分布式光伏电站大多无人值守，普遍存在点多面广无法时时兼顾的问题，在夏季雷电多发季节若多个站点发生电网线路单相接地，失去保护无法切除故障，产生的容性电流也无法通过电感中和补偿，长时间运行易导致设备损坏。

本技术成果充分利用继电保护装置的备用跳闸出口，针对零序解列保护设计单独跳闸回路，与其余保护的跳闸回路不相互干扰影响；同时增加时间继电器，根据现场情况调节保护动作延时时间，有效解决了分布式光伏电站因电网原因频繁受累跳闸的问题，保证了电站设备的稳定运行。

本技术成果经过在义乌光伏电站田四个并网点的实施和论证，效果显著。经现场勘查调研，车路、联盟站和田四并网点类似，均建设在鸡舍大棚上方，科创、可元站点建设在厂房屋顶，符合技术改进要求，目前已在可元、科创、车路、联盟四个光伏并网点投入应用，至今现场并网开关未发生因电网接地而"零序过压解列"导致并网开关跳闸，应用效果十分良好，解决了现场的迫切难点问题。

（李楠　李通　张成　翁浩伟　万露晨）

# 槽式光热电站导热油质量管理及设备可靠性提升技术研究

## 一、案例基本情况

### （一）单位基本情况

中广核太阳能德令哈有限公司（以下简称德令哈公司）2012年1月13日在青海省德令哈市注册成立。公司性质为国有法人独资，是中国广核集团的三级子公司。作为国内太阳能热发电行业的领军者，德令哈公司致力于太阳能光热储能项目的开发、投资、总承包、设计、采购、建造、运营等业务。业务范围覆盖太阳能热发电、储能，负责中广核德令哈50MW光热发电示范项目生产运营。作为中广核在太阳能热发电领域的专业化公司，德令哈公司依托国家能源太阳能光热技术研发中心，承担着槽式光热发电技术的研发及转化任务。

### （二）案例情况

中广核德令哈50MW光热发电示范项目采用导热油槽式太阳能热发电技术路线。利用太阳岛布置的大规模整列槽式抛物面反射镜将太阳光反射并聚焦至集热管，通过加热管内流通的传热介质导热油，将集热管收集的太阳能转化为热能。经加热升温后的部分导热油通过蒸汽发生系统加热给水产生过热蒸汽，驱动汽轮机组做功发电；另一部分导热油通过储换热系统将热量传递给储热介质熔融盐，以提高熔盐温度，遇夜间及其他光照资源不足时段，通过熔盐放热来加热导热油，导热油通过蒸汽发生系统完成换热，加热给水产生高温蒸汽驱动汽轮发电机组发电，从而实现光热电站连续稳定的电力输出。

#### 1. 导热油油品质量对设备可靠运行产生的影响

德令哈50MW槽式光热电站使用导热作为光热电站使用的主要传热介质，运行于电站的集热系统、换热系统和储热系统，涉及的设备有集热管、导热油循环泵、油水换热器、油盐换热器及大量的管道、阀门、滤网、仪表等附属设备，油质劣化会对设备可靠性产生以下影响。

导热油在正常生产运行过程中，受分解、过热裂解、氧化、污染等因素影响，油质会逐步发生劣化，传热性能降低，严重时油劣化产物会造成集热器集热管、回路支管、系统滤网、仪表取样管路、换热器内部管束等堵塞。

集热器集热管发生堵塞后，不仅会造成集热回路退出，降低机组发电能力，而且堵塞的集热管在集热管反射镜聚焦加热作用下，会造成集热管内导热油膨胀，导致管道爆管等，存在重大安全隐患。

导热油系统在运行过程中将劣化产生的杂质携带至系统滤网处,将造成导热油循环泵、防凝泵、补油泵等设备退出运行或备用,降低设备系统的可靠性。

当导热油劣化产生的杂质沉积于换热器内部或堵塞管束时,将造成换热器端差大幅上升,换热效率降低,短期影响电站发电量,长期会造成换热器内部完全堵塞,酿成重大设备事故。

劣化的导热油进入热控仪表仪器取样管,也易造成仪表仪器显示不准,失去对设备系统参数的正常监测功能。

所以对槽式光热电站而言,导热油的质量意义重大,密切关系到大量系统和设备的安全可靠运行。

### 2. 导热油泄漏对设备安全可靠运行的影响

导热油泄漏可以分为内漏和外漏两种情况,根据电站长期的运行经验总结得出,内漏易发生于油盐、油水换热器,外漏则主要集中于太阳岛集热系统设备。

(1)储热换热系统油盐、油水换热器内漏。如换热器内部管板发生破损、拉裂等情况,导热油进入汽水系统后将造成汽水品质恶化,严重威胁汽轮机组的安全运行。导热油进入熔盐系统将存在火灾、爆炸等重大安全隐患。所以,应采取有效的监测手段来监视导热油的泄漏情况。

(2)集热系统导热油的外漏。槽式光热电站集热系统占地面积2.46平方千米,由190个回路、760个集热器组成,在电站运行过程中,阀门、旋转接头、焊口均为系统的薄弱环节,存在高温导热油泄漏风险。在长期运行的工况下,阀门、旋转接头的密封填料损耗或者管道焊口在应力作用下发生拉裂,均会造成高温导热油泄漏,如未能及时发现并处理,易引发火灾事故,严重威胁电站工作人员的人身安全和设备安全;同时,长时间泄漏也将造成严重的环境污染和财产损失。

### 3. 导热油压力管道、压力容器的可靠性管理问题

由于电站设备的安装质量、运行管理等因素影响,需定期开展压力管道及压力容器的检测检验工作,以确保设备处理安全可靠的运行状态。电站根据自投运开始五年来的实际运行情况,开展了导热油质量管理及设备可靠性提升技术研究,形成并掌握了导热油检测方法、提升了导热油净化运维能力,建立了一套完善的光热电站导热油质量控制体系,并基于以上检测方法、运维能力、质量控制体系,开发了国内首套光热电站导热油泄漏在线检测监测平台,研究制定了国内首套光热电站导热油管道及容器基于风险的检验(RBI)检测方法,最终整体提升了槽式光热发电系统设备的安全性、可靠性以及发电能力。

## (三)案例具体实践

### 1. 总体思路

针对槽式光热电站导热油质量管理和设备可靠性的提升主要开展了导热油全寿命周期的质量管理,并建立相关技术、管理标准,搭建光热电站集热、储热、换热系统导热油泄漏监测检测平台,开展导热油系统压力管道、容器基于风险的检验(RBI)研究等三方面的研究工作。

(1)开展导热油全寿命周期的质量管理,并建立相关技术、管理标准

自主开展导热油检测,提升油质监测时效性。电站使用导热油量约3000吨,在正常生产运行过程中,受分解、过热裂解、氧化、污染等因素影响,油质逐步劣化,传热性能降低,严重时导热油劣化产物会造成系统堵塞。通过导热油检测技术研究和检测平台搭建,对在用导热油的重要质量指标进

行检测；对导热油在不同条件下的劣化情况进行实验；对国产与进口导热油进行混油实验，检验混合后物性变化。开展集热器温度精准控制技术研究，实现导热油温度精细调整，防止导热油超温裂解情况发生。提升导热油净化装置净化能力，以满足电站生产运行的实际需求。通过开展导热油净化系统关键技术的研究，研制负压式导热油净化系统，采用减压蒸馏技术，通过降低闪蒸容器的绝对压力来降低导热油的汽化温度，提升导热油净化系统的工作能力。建立导热油技术标准，制定防劣化措施，规范导热油使用管理。制定使用中的联苯—联苯醚导热油评价指标，并通过对研究成果的固化，形成关于技术监督、运维管理的整套技术标准体系，用于指导电站的安全、可靠运行。

（2）搭建光热电站集热、储热、换热系统导热油泄漏监测检测平台

首先，搭建集热系统导热油泄漏监测平台。通过开展太阳岛导热油系统监控技术研究，开发太阳岛实时、全场景、全天候监控系统，以便及时、精准地对导热油泄漏故障进行判断、定位和预警，确保集热系统设备运行的安全可靠。其次，搭建换热系统导热油泄漏监测平台。油水换热装置作为换热系统的主要设备，在长期汽水、油介质的冲蚀、磨损及交变应力作用下，易发生换热器内部管板破损、拉裂；如导热油进入汽水系统后将造成汽水品质恶化，严重威胁汽轮机组的安全运行。通过搭建换热系统导热油泄漏监测平台，开展水中油的检测和监测，确保能及时发现油水换热器的内漏情况，防止设备故障发现不及时造成事故的扩大。最后，搭建储热系统导热油泄漏监测平台。油盐换热器通常选用管壳式换热器，由壳体、传热管束、管板、折流板和管箱等部件组成，换热器内部管束、管板长期在油、盐介质的冲蚀、磨损及交变应力作用下，易发生换热器内部管板的破损、拉裂；导热油如进入熔盐系统，将存在爆炸等重大安全隐患。通过搭建储热系统导热油泄漏检测监测平台，对熔盐储热系统气相部分的导热油含量进行监测分析，确保能及时发现油盐换热器的内漏情况，防止设备故障发现不及时而造成事故。

（3）开展导热油系统压力管道、容器基于风险的检验（RBI）研究

通过开展导热油系统压力管道及容器基于风险的检验（RBI）研究，在导热油系统不降温运行或停运退油的前提下，以设备的失效破坏可能性和失效导致的后果为分析对象，对生产装置的每个设备固有的或潜在的失效模式而导致的危险及其后果进行定量的分析、评估来量化风险的大小，确定设备的风险等级，发现主要设备的薄弱环节，对风险等级较高的设备给予重点关注，并根据风险驱动因素有针对性地提出检验策略，从而提高设备的安全性、可靠性和有效性。

### 2. 主要做法

依托德令哈 50MW 光热示范电站，建立导热油检测标准实验室，形成导热油中残炭、水分、运动黏度等关键指标的测试能力，并通过对导热油特性及在现场使用过程中的变化情况进行分析，研究确定了导热油质量评价标准以及检测指标要求，提升了导热油油质监督能力。

导热油检测标准实验室建设。导热油检测标准实验室的功能是完成导热油各项性能的检测，主要包含了实验场地、化验人员、仪器设备等基本要素，根据 GB24747《有机热载体安全技术条件》和 GB-23971《有机热载体两个标准》的要求及未来发展的需要，因地制宜进行规划，将化验室分为常规检测区域和颗粒污染检测区域及色谱分析检测区域。

导热油检测技术及检测方法。参照《有机热载体》（GB 23971—2009）、《有机热载体安全技术条件》（GB 24747—2009）及石化行业相关标准，研究制订了导热油密度、运动黏度、残炭、丙酮不溶

物及在用、混用联苯—联苯醚纯度的测定方法。

导热油评价标准。通过对导热油使用过程的分析，选择以运动黏度、中和值、水分、丙酮不溶物、低沸物、高沸物及不可测物这六项指标为组合综合评价，来确定使用中的合成导热油品质变化的程度。表1为导热油使用过程中的各项检测评价指标。

表1　导热油检测评价指标

| 项目名称 | 正常指标 | 警告指标 | 行动指标 |
| --- | --- | --- | --- |
| 运动黏度（100°F，mm²/S） | 2.3～3.4 | 1.5～2.3 或 3.4～5.0 | ＜1.5 或 ＞5.0 |
| 中和值 mg KOH/g | 0.0～0.3 | 0.3～0.7 | ＜0 或 ＞0.7 |
| 水分 ppm | 0～360 | 360～700 | ＞700 |
| 丙酮不溶物 mg/100ml | 0～50 | 50～400 | ＞400 |
| 低沸物，% | / | 4.0～5.0 | ＞5.0 |
| 高沸物及不可测物，% | / | w16.0～20.0 | ＞20.0 |
| 残碳，% | ＜1.0 | 1.0～1.5 | ＞1.5 |
| 闪点（闭口），℃ | / | 100～75 | ＜75 |

结合检测手段，试验在不同条件下导热油劣化的情况，分析导热油劣化原因，从设计、安装、使用角度给出了建议性防范措施及导热油使用注意事项。导热油品质劣化有三个因素：过热裂解、氧化、污染。造成导热油过热裂解的原因主要是集热器、加热炉局部管段的油温或油膜温度超过了最高允许温度范围。造成氧化劣化的原因主要是高温导热油与空气接触，发生氧化反应，引起油品的品质劣化。

防止导热油过热裂解的措施。槽式太阳能光热电站必须严格执行导热油系统流量平衡指标验收，确保各镜场支管为湍流状态，以避免导热油油品劣化，碳化物等重组分沉积在集热管中形成堵塞，造成局部超温，加速导热油的老化。导热油系统设备的维护应规范化。及时清理导热油循环泵入口滤网，防止导热油流量减小造成的超温。集热器出口温度保护逻辑修订完善，避免导热油超温发生。导热油温度调整须精细管理。通过强化运行管理的方式将导热油温度调整区间细化，兼顾导热油温度控制的经济性和安全性。

防止导热油氧化劣化的措施。定期开展制氮系统的设备维护，使导热油系统保持一定氮气压力，减少轻组分从高温导热油中逃逸。对导热油系统设备检修前的退油氮封防氧化措施执行监督。导热油排油必须待温度降低后方可执行，避免高温导热油的剧烈氧化。保障导热油净化装置的稳定投运能有效降低导热油劣化速率，减缓导热油的老化。

设计集热器出口温度控制及保护策略。根据各集热器运行温度由低到高设定梯度保护，对导热油温度实现精细调整，确保导热油的运行安全。增加集热器温度梯度控制，可对导热油温升情况进行有效控制，避免了各回路整体散焦，极大提高了太阳岛自动化程度和太阳能资源利用率。

开展导热油净化系统的技术改造，应用新技术、新工艺，降低了导热油净化依赖温度，提升了导热油系统内重组分等杂质的分离能力，提升了净化系统的可靠性和系统出力，从而改善了导热油品质。

开发"槽式光热电站太阳岛导热油泄漏监控系统",应用全景高清拼接、热成像监测、故障诊断技术以及定位捕捉功能,实现实时、全天候、全场景地监测太阳岛设备运行状况和导热油外漏情况。

开发光热电站换热系统导热油泄漏在线监测平台,用于汽水系统中导热油含量的在线监测分析。通过监视数据曲线,可直观判断蒸汽发生系统的泄漏情况;同时,配套开发了标样自动标定系统,在机组启动前自动标定导热油泄漏系统,确保导热油监测系统的准确度。

搭建光热电站储热系统导热油泄漏监测系统,用于熔盐储热系统中导热油含量的在线监测分析,并结合高原地域的环境特点以及实际运行经验,对监测仪器进行了气源配比调整和设备部件的优化,提升了监测装置运行的可靠性。

研究总结出导热油入厂化验、油质检测、运行管理、油质净化、泄漏监测、废物处置等导热油全寿命周期质量管控的技术标准体系,建立了导热油技术监督企业标准及相关行业标准。

开展压力容器、压力管道 RBI 研究及实证,采用系统论的原理和方法,对导热油系统中固有的或潜在的危险及其程度结合生产运行实际工况进行定量分析和评估,找出高风险设备及部件的薄弱环节,优化检验的效率和频率,提出安全技术建议及对策。

## 二、案例实践效果

### (一)综合效益

通过开展导热油质量管理及设备可靠性提升技术研究,大幅提升了槽式光热电站的设备可靠性管理水平,保障了电站的安全、经济、可靠、稳定运行,下面分别从经济效益、安全环保效益及社会效益三个方面进行说明。

#### 1. 经济效益

导热油泄漏在线监测平台研发搭建,通过高效实时的电站监控和设备治理,实现镜场及电站设备利用率提升约 1.5%。监控系统的工作有效减少了运维工作量和难度,节省了备品备件、应急处置、故障消缺、运维人员费用。

导热油关键测试技术研究及导热油净化装置技改工作,通过采取措施优化导热油质量管理,提升导热油温度,实现电站性能整体优化约 5%,总额约 425 万元。

自主设计集热器温度控制及保护策略,提高了集热器和太阳能资源的利用率。太阳岛整体效率提升 3.5%,收益约 266 万元。

#### 2. 安全环保效益

技改后的导热油净化装置,通过提升导热油的净化效率,降低脱除率,减少了废油排放量;从本质上消除了柴油燃烧加热存在的火灾风险，装置运行更加安全。

通过建立导热油关键指标检测实验室，德令哈公司具备了导热油检测能力，同时建立了一套完善的光热电站导热油监督体系，便于及时掌握导热油品质情况，从而保障了机组高效、稳定运行；有效避免了因导热油劣化导致的管路堵塞、测点通道堵塞、传热效果下降等一系列问题。

开发以太阳岛为核心的全工艺流程导热油泄漏在线监测系统并掌握了光热电站全天候监控技术，实现了广域、全天候厂区监控，可及时发现导热油泄漏等安全隐患。开发以传储热岛为核心的全工艺流程导热油泄漏在线监测平台，通过监视数据曲线，可直观判断蒸汽发生系统泄漏情况，根据分析仪监测数据制定了报警级别，在泄漏发生初期发现并报警，及时进行相关操作及原因分析，保障系统安全稳定运行，避免了环境污染风险。

通过研究国内首套光热电站导热油管道及容器的 RBI 检测方法并实证应用，找出了光热电站系统中高风险设备及部件的薄弱环节，提出安全技术建议及对策，优化检验的效率和频率，降低停机、日常检验及维修的费用，维持原有的安全裕度，提出安全技术建议及对策。

以导热油油质监督为依据，优化导热油运行方式，有效控制导热油劣化进程；并通过导热油净化关键技术的研究，对导热油净化系统完成了技术改造，提高了净化能力。

通过采取以上措施，大幅度减少了废油产生量，降低了危险废物处置压力，提高了电站环保运行水平。

### 3. 社会效益

研究制定了导热油的检测标准和运行管理要求，制定了导热油技术监督企业标准，并已申报相关行业标准。为国内光热行业使用导热油提供了有效技术支撑，并且通过示范效应和相关技术标准的建立，带动了相关技术产业链发展，促进了国产导热油的使用进程。

研究开发了电站太阳岛导热油泄漏监控系统、换热系统导热油内漏监测平台，以及优化了储热系统采用的进口导热油泄漏检测装置，通过技术创新和改进，为光热电站导热油系统的安全运行提供了技术保障，提高了电站的本质安全水平。

本项目的实施，有利于推动太阳能热发电关键技术国产化、自主化、产业化。机组运行方式连续性、灵活性、电网友好性显著增强，机组连续运行超过 230 天，最大连续运行时长在全球光热行业内领先。积累了大量经验及方法，可为后续光热电站检修、技改、运维方面提供支持。

在电站长周期稳定连续运行的过程中，充分验证了 12% 低负荷长时程运行特性、12%～100% 负荷的深度调峰特性、5% 额定负荷 / 分钟的快速爬坡特性、−50%～80% 的无功调节特性，体现了光热连续稳定的发电能力与辅助服务能力，验证了电站对电网的友好性。

## （二）第三方评价

"槽式太阳能光热发电站导热油质量管理及设备可靠性提升技术研究"项目中的各项技术研究及成果为根据研究进度分不同阶段应用于德令哈 50MW 光热示范电站，以下为各分项关键技术的鉴定结论。

（1）槽式光热电站太阳岛导热油泄漏监控技术研究与应用。经青海省科学技术厅成果认定，认为自主研究开发了应用于商业化的槽式光热电站监控系统，并掌握了光热电站全天候监控技术，实现了广域、全天候厂区监控、快速故障诊断，解决了传统监控技术的滞后性和盲区问题，达到国际领先水平。

（2）**槽式太阳能光热发电站导热油净化系统关键技术研究与应用**。中关村科创高新技术转移促进会评价认为，采用蒸发前加热、蒸发过程中加热和负压净化技术，充分利用系统余热，降低导热油沸点，提升了系统的净化能力；实行净化系统的自动化控制，整合控制调压装置出力和加热方式，降低了功耗，减少了装置运行的安全隐患；通过工艺优化和系统管道防冻改造，解决了净化装置冬季极寒天气下运行的难题，提升了年度利用时间，整体技术达到国内领先水平。

（3）**槽式光热发电项目导热油关键测试技术研究**。中科合创（北京）科技成果评价中心进行成果评价认为，成果具有自主创新性，整体技术水平达到国内领先水平，其中在导热油—蒸汽发生系统中导热油泄漏在线监测技术方面达到国际先进水平，经济和社会效益显著，应用前景广阔。

## （三）行业推广前景

近年来，在甘肃、青海、新疆、西藏等多地积极推进风光热多能互补项目开发的大浪潮下，国内近30个"光热+"大基地项目快速推进，光热发电装机近3GW，未来两年光热装机将迎来大幅增长。导热油槽式光热发电技术作为当前光热发电的主流技术路线之一，开展槽式光热电站导热油质量管理及设备可靠性提升技术研究，建设导热油检测实验室，制定检验检测标准，辅以完善的技术监督管理，实现光热发电行业规范性开展导热油及相关设备质量管理和可靠性管理，对后续的导热油槽式光热发电项目提供可供直接借鉴和使用的良好经验；在当前光热发电快速发展的趋势下，有助于推动光热产业链的持续、健康发展，具有较大的行业应用前景。

（刘一丁　杨涛　刘荣　陈晨　刘万军）

# 核电设备可靠性数字化管理系统（ERMs）

## 一、案例基本情况

### （一）单位基本情况

核电运行研究（上海）有限公司（简称"运行研究院"）于2019年由中国核能电力股份有限公司（简称"中国核电"）及五大核电运营基地共同投资成立，凝聚了中国核电多年来的科技研发和技术创新力量。2022年底，运行研究院转为由中国核电全资控股，作为中国核电集约化、专业化、数字化改革转型技术的专业支撑单位，是中国核电运维技术总体研究单位。

运行研究院聚焦安全生产、降本增效、提质增效和绿色发展，秉承"数智牵引，人才为本，创新引领，赋能核电"的发展方针，致力于打造"EPRI+"，是中核集团核电主要技术研发、核心能力建设、标准化推进、数智化转型和科研成果推广单位。

在上海核电办的支持和上海经信委的指导下，运行研究院组织推进建设上海市核电产业大数据联合技术创新中心，开展核电行业数据标准和规范、以数据产权为核心的核电大数据共享平台和开发试验环境、核电行业核心数据算法和机理模型等关键技术、数据技术/产品的应用示范等建设工作，为积极安全有序发展核电、加快建设能源强国和数字中国提供有力支撑。

### （二）案例情况

核电设备可靠性数字化管理系统（以下简称ERMs）是由中国核电出资、运行研究院承接，在中国核电原设备可靠性数据库的基础上独立自主设计研发的一套以"服务化、集成化、敏捷化、集约化、协同化、智慧化"为特征的现代工业软件，是国内外首个设备可靠性的全范围、全流程、全寿期以及信息化、数字化、智能化管理软件。

ERMs以提升设备可靠性水平、降低管理成本、提升运营业绩为导向，通过对设备可靠性管理（ERM）和先进在线监测（AOM）两大功能的开发，打造核电设备可靠性管理的数据共享平台、集中监控平台、创新培育平台和成果转化平台。

ERMs的开发与投用，实现了以工业互联网、人工智能等为代表的现代信息技术和以智能传感技术、监测与诊断技术等为代表的先进工业技术在核电行业的广泛应用。在提升设备可靠性管理和技术水平及机组运行和企业经营业绩的同时，有效地提升了核电行业科技水平。

目前，ERMs已在中国核电旗下五家运行电厂（秦山、江苏、福清、三门、海南）全面上线，推动机组运行业绩不断向世界先进水平迈进，每年可为中国核电带来超过 1.2 亿元的经济效益，并通过产学研一体化平台的打造，为一批科研院所、行业龙头单位提供了科研成果向核电行业推广应用的广阔平台。

运行研究院先后与国电投山东核电、中核国电漳州能源等集团内外部单位签署了总金额超过 1300 万元的推广合同，在此过程中，ERMs 完成了系统可用性、有效性、可复制性的全面验证，产业化、规模化效应逐渐形成，未来有望在核电、火电、水电、新能源、机械制造、化工等行业实现推广应用。

图 1　核电设备可靠性管理系统 ERMs

## （三）案例具体实践

### 1. 总体思路

根据用户需求和国内外相关技术发展现状调研结果，在坚持自主创新、自主研发的总体思想指导下，一是依托中国核电工业互联网平台（DHP）提供的数据中台和服务中台，设计开发包括管理策略、监督评价、数据管理三大类共计 22 个功能模块，实现设备可靠性的全流程、全范围、全寿期管理，促进设备可靠性管理的数据融合和业务融合，推动中国核电设备可靠性管理的标准化、规范化进程；二是引进包括动态阈值模型、剩余寿命预测模型、数字孪生模型、设备故障诊断模型等在内的各种智能监测与诊断技术，实现关键设备的故障预警、故障诊断，推动设备维修策略从以预防性维修为主的基于时间的维修（TBM）向基于状态的维修（CBM）转变，在提升设备可靠性的同时，降低运维成本，提升维修有效性；三是开发一批实用、高效的数据分析、数据建模等功能工具，帮助工程师更好地开展设备可靠性管理工作，培养一批兼具设备管理技术和科学研究能力的高层次人才；四是充分整合中国核电机组运行数据资源，充分利用中国核电工业互联网平台资源，为有需要的人员提供一个全方位科研平台，实现研究成果的研发、验证和应用，助力实现产学研用一体化。

### 2. 主要做法

在总体思路的指导下，ERMs 建设过程中的主要做法包括：设备可靠性管理功能开发、先进在线监测技术研究、核心技术自主研发、产学研四大平台打造，具体如下：

图 2　ERMs 两大功能四大定位

**（1）设备可靠性管理功能开发**

在核电行业，设备可靠性管理是以 INPO 提出的 AP-913 为蓝本建立的一套规范、标准、有效的设备可靠性管理流程。中国核电通过引进、消化、吸收 AP-913，并结合中国核电三十余年设备管理工作经验，对 AP-913 进行了补充和完善，将设备专项、技术专项、瞬态监督、机组热力性能监督和维修规则监督纳入性能监测范畴；将定期试验、在役检查、防腐检查等大纲纳入预防性维修管理范畴；将基于状态维修（CBM）、预测性维修（PdM）、价值维修（VBM）纳入可靠性持续改进范畴，使 AP-913 内容更加全面，也更契合中国核电设备可靠性管理实际需要。

为进一步推动管理标准化、规范化，提升管理水平和管理质量，中国核电通过 ERMs 的开发和应用来实现设备可靠性管理的信息化和数字化，因此，ERMs 的首要功能就是设备可靠性管理。

ERMs 的设备可靠性管理功能是以数据标准化为基础，通过 22 个功能模块的设计开发，实现了设备可靠性全员、全流程、全范围、全寿期以及标准化、规范化、信息化管理。它的重要意义在于：通过业务融合、流程电子化等提升管理效率，降低管理成本，更有效推动标准化和规范化；将设备可靠性管理过程产生的数据结构化存储，从而实现知识积累和经验传承；随着数据的不增积累，利用数据融合、数据挖掘等技术发掘数据中隐藏的信息，从而赋能设备管理、机组运行和企业经营。

**（2）先进在线监测技术研究**

为顺应建设数字核电智慧核电潮流，指引性能监测工作发展方向、评估性能监测技术发展水平、促进更多先进技术引进与应用，ERMs 在策划先进的在线监测功能时，参考了工业发展四个阶段（工业 1.0 至工业 4.0）、智能制造能力成熟度模型、汽车驾驶自动化分级等理念，创造性地将先进监测技术按照功能和特征划分为四个层次，如表 1 所示。

表 1　在线监测技术分级

| 层级 | 主要功能 | 主要特征 | 典型技术 |
| --- | --- | --- | --- |
| Lv1 | 异常识别 | 以系统、设备为对象，以固定阈值报警为主要监测手段，实现异常状态识别 | 趋势监测、动态阈值等 |
| Lv2 | 故障诊断 | 通过 FMEA 分析，有针对性地引入监测与诊断技术，对关键设备进行持续状态监测，利用专家知识库、故障案例库实现故障预警和故障诊断 | 传感器技术（振动、油色谱、温压、局部放电等）、边缘计算、无线通信技术等 |
| Lv3 | 数据分析 | 利用大数据、数字孪生、机器学习等技术，完成设备故障的自动诊断分析，进一步提升故障预警、故障诊断能力 | 数据挖掘、数字孪生模型、建模与仿真、机器学习等 |
| Lv4 | 趋势预测 | 利用人工智能、机器学习等技术，实现设备剩余寿命、劣化趋势乃至机组未来运行状况的全面预测 | 神经网络、机器学习、人工智能等 |

ERMs 通过对技术的功能、特征进行评估，根据评估结果将技术纳入不同层级，在综合考虑技术成熟度、设备关键度、投入产出比、实现难易度等因素的基础上，针对不同设备选择不同层级的技术开展监测工作，目的是以最小的代价实现最佳的监测效果。

异常识别通过采集机组运行数据并与报警阈值对比的方式，实现异常状态的识别，其特点是成本低廉、效果显著，但误报警、漏报警较高，且不具备诊断功能。ERMs 引入趋势监测和动态阈值模型两种监测手段提升监测效果、降低误报警和漏报警。

故障诊断在异常识别的基础上，通过 FMEA 分析，根据设备故障模式、降级机理、失效影响等，有针对性地引入监测与诊断技术，并结合专家知识库、故障案例库实现故障预警和故障诊断。由于故障诊断相关技术（如传感器、边缘计算、典型设备故障诊断等）成熟度高、应用广泛、成本可控、效果显著，因此是 ERMs 性能监测工作的重点方向。目前，ERMs 已针对关键泵类设备、大型变压器、发电机等设备上线了故障诊断和智能监测功能。

数据分析是在故障诊断的基础上，利用先进算法、数据挖掘、数学建模等技术，充分发掘数据中隐藏的信息来分析设备运行状态，进一步提升故障预警、故障诊断能力。ERMs 在数据分析领域主要研究数字孪生模型在机组热力性能监测和功率提升领域的应用，实现利用质量守恒、能量守恒等物理定律搭建机理驱动数字孪生模型，实现核电厂二回路各主要环节的能效评估计算，通过将历史最优值与当前值进行比较来识别潜在的设备问题。

趋势预测是要实现对设备未来运行情况的可知可控，从而辅助机组运行和企业经营决策。ERMs 在趋势预测领域开展了一些探索性的研究工作，重点与上海交通大学合作研发了转动设备剩余可运行时间预测模型。其中，趋势监测主要用于监测运行状态稳定、短期内不易出现异常的系统或设备，监测其在较长时间维度内是否存在劣化趋势，ERMs 提供主流的趋势监测算法（如 Manner-Kendall 法、斜率法、差值法）供用户根据需要选择使用；动态阈值监测通过选取与系统/设备性能相关的且具有一定相关性的一组参数，并利用系统/设备正常运行工况下的历史数据进行建模，这种模型能够实现对待监测参数的报警阈值随机组运行工况的动态调整跟踪，进而实现在避免误报警的前提下有效减小报警阈值区间,提升监测效果。

(3)核心技术自主研发

ERMs研发过程中,形成了一批具有完全自主知识产权并经实践检验具有应用价值和推广前景的核心技术,包括但不限于以下:

适用于关键系统设备在线监测多参数混合动态阈值模型:动态阈值模型通过选取与系统/设备性能相关的且具有一定相关性的一组参数,其利用系统/设备正常运行工况下的历史数据训练获得,实现待监测参数的报警阈值随机组运行工况变化动态调整,能够在避免误报警的前提下有效减小报警阈值区间,从而大幅提升监测效果。

电功率损失事件和机组运行瞬态的自动识别算法:通过对电功率损失事件和机组运行瞬态的初始条件、触发条件、相关参数的变化特征等进行分析,通过算法开发出事件/瞬态识别的基础算子,并将不同算子结合起来,实现事件/瞬态的自动识别和标记。

核电厂二回路数字孪生模型:针对核电厂汽水回路,基于质量守恒、能量守恒等物理定律搭建的机理驱动模型,实现热力性能数字孪生模型的在线计算,为每一个环节的能效评估提供虚拟值,进而构建核电厂二回路数字孪生模型。数字孪生模型可以辅助工程师分析不同工况下机组性能的变化和各影响因素所引起的发电功率偏差(即耗差分析),进而识别热力性能偏离目标问题,查找耗差产生原因和区域,最终制定问题解决方案。

转动设备剩余可运行时间预测模型:利用转动设备轴承振动数据,通过特征提取、滤波、包络谱解调等步骤建立转动设备健康度计算模型,作为设备健康度指标。并在此基础上,设计了指数模型、多项式模型、线性退化模型预测转动设备性能衰退曲线,实现对转动设备进行剩余可运行时间的预测。

基于FMEA的泵类设备故障监测与诊断技术:通过采集待监测泵的振动信号,利用边缘计算与数据传输装置实现振动信号特征值的提取和原始数据的智能采集,结合故障模式库、故障案例库和专家知识库对振动数据进行建模分析,实现泵类设备故障监测与诊断。

预防性维修有效性分析算法:通过将不同周期下某一预维项目针对设备某一失效模式的有效性作近似计算,获取该周期发生变化后设备发生这一失效的概率,进而计算不同预维周期下的设备整体失效概率,可以辅助工程师判断预防性维修优化的有效性。

(4)产学研四大平台打造

随着系统功能的不断完善和丰富,ERMs正逐步被打造成为中国核电设备可靠性管理乃至机组运行领域的数据共享平台、集中监控平台、创新培育平台和成果转化平台。

具体而言,ERMs完成了对包括机组运行、生产管理、内外部经验反馈等各种数据的一体化整合,用户可以跨机组、跨电厂查询和使用任何所需的数据;同时,为了实现更好的数据共享,ERMs还开发了参数趋势对比、信息查询等功能,进一步提升数据共建共享共用水平,将ERMs打造成为核电设备可靠性数据共享平台。

ERMs专门设计开发了顶层展示页面,从集团和电站两个层面展示设备可靠性管理工作核心指标的当前状态和变化趋势,同时,每个功能模块也都相应地开发了总览界面,展示该领域工作的总体情况,这些数据能够为电站管理人员对设备可靠性管理工作的开展情况和效果进行集中监控,也为其制定科学合理的决策提供了有力的支撑。

ERMs 设计开发了包括动态阈值模型训练工具、趋势监测方案开发工具、算法组态工具等各种面向用户的功能和工具，允许工程师自主开发监测模型、绘制组态画面，进而培养了工程师的设备管理水平和创新创造能力。

ERMs 已经建立成熟的开发、测试、部署、运维团队，能够以各种形式完成科研成果向 ERMs 的集成转化，还能利用中国核电五大基地 25 台运行机组积累的庞大数据对科研成果的成熟度、可行性等进行验证。科研成果向 ERMs 集成后能够通过试点应用与复制推广的方式快速落地，实现科研成果的高效转化，及时将科研成果应用于电厂运行实践，促进产学研用一体化发展。

## 二、案例实践效果

### （一）综合效益

ERMs 于 2022 年 1 月完成在中国核电旗下五家运行电厂（秦山、江苏、福清、三门、海南）的全面上线，管理 7 种堆型共计 25 台机组，为用户提供系统/设备监督、设备分级、预防性维修大纲、关键敏感设备等 20 多项设备可靠性管理功能，通过接入的 60 多万个监测点对超过 1800 个关键系统、15000 台关键设备进行实时在线监测，取得了良好的经济社会效益。

#### ▎1. 直接经济效益

为测算项目直接经济效益，中国核电统计了五家运行电厂过去 5 年在预维优化、备件库存、非计划停机停堆、重要设备缺陷等与本成果的应用密切相关领域的相关数据，并按照 ERMs 的应用带来的效益占这些领域总收益的 40% 进行保守估计，测算结果如下。

（1）节约人工成本，100 万元/堆·年

通过标准业务模型支撑下的设备可靠性管理流程规范化、信息化、可视化，实现无纸化办公，实现业务数据的相互贯通，实现管理流程的标准化，从而有效提升管理效率、降低管理成本。以维修规则模块为例，通过 ERMs 提供的源事件抽取、指标计算等功能，每个系统每年至少可节约 2 个人日，按照每台机组 50 个系统计算，每年可节约人工成本 20 万余元。类似的模块或功能还包括系统/设备监督评价源数据抽取、定期试验数据工单挂接功能、设备分级/预防性维修大纲结果比对功能、监督方案复制功能等等，保守估计，每台机组每年可减少 2 人的人工投入，可节约人工成本 100 万元。

（2）降低预防性维修成本，210 万元/堆·年

一方面，ERMs 预防性维修大纲模块各项功能的应用，可以有效提升预维优化工作质量；另一方面，在线监测、预测性维修等技术的引入，预防性维修任务数量也会下降。按照每台机组每年减

少 300 项预维任务、平均每项任务 5 个人、日人工单价为 1000 元、预防性维修备件成本 2000 元计算，则每年可降低预防性维修成本 210 万元。

（3）减少备件库存资金成本，25 万元 / 堆·年

设备失效概率的下降、预维项目的减少都可以减少备件存储数量，按照备件库存下降 800 万元 / 机组、资金成本利率 3.1% 计算，每台机组每年可减少的财务成本约为 25 万元。

（4）减少非计划停机停堆损失，120 万元 / 堆·年

设备可靠性的提升，直接体现为机组非计划停机停堆频率的下降。按照项目减少非计划停机停堆 0.03 次 / 堆·年、单次非停时间 5 天（120 小时）计算，中国核电平均机组发电功率 95 万 kWh、售电单价 0.35 元 /kWh，则每台机组每年可减少发电损失 120 万元。

（5）减少重要设备故障经济损失，40 万元 / 堆·年

ERMs 应用后，可减少重要设备故障 0.4 次 / 堆·年，单次重要设备故障造成的经济损失（包括维修成本、备件成本等，不含发电损失）约为 100 万元，则每台机组每年可减少重要设备故障经济损失 40 万元。

综上，ERMs 每年可以为每台机组带来的经济效益约为 495 万元，按照中国核电在运机组 25 台计算，每年可带来 1.2 亿元的经济效益。

### 2. 项目社会效益

2018 年以来，通过核电设备可靠性管理体系的推广应用，中国核电机组能力因子提升显著，设备因素非停从 2018 年的 0.6 次 / 堆·年降至 0.15 次 / 堆·年左右，WANO 综合指标节节攀升，机组运行业绩不断向着世界领先水平迈进，也带来了显著的社会效益，体现为：提升公众对核电行业的认可度和对核电安全性的信心，有利于促进中国核电事业的不断发展；提升中国核电的国际形象与国际影响力，助力中国核电走出国门，打造"中国核电"国家名片。

### 3. 项目生态效益

按照 ERMs 上线后减少非计划停机停堆 0.03 次 / 堆·年、每次非计划停机停堆平均持续 5 天计算，中国核电 25 台机组每年可多发 8.55 亿 kWh，相当于减少标准煤燃烧 26 万吨，减少二氧化碳排放量 68 万吨、二氧化硫排放量 0.22 万吨，相当于植树造林 7 万亩。

## （二）第三方评价

2022 年 9 月 29 日，中国核电组织召开了针对本项目的技术验收专家评审会。与会专家一致认为，本项目实现了设备可靠性管理的全员、全流程、全范围、全寿期和信息化、数字化、智能化，打造了一个集产学研用于一体的多元化平台：设备可靠性管理的数据整合平台、业务管理平台、智能监测平台、一站式展示平台，有效提升了中国核电各运行电厂的设备可靠性管理水平。

2022 年 10 月，运行研究院委托中国核科技信息与经济研究院针对本项目创新点进行查新分析与审核，根据出具的《科技查新报告》，本项目研究成果具有创新性。

2022 年 11 月 18 日，在中国核能行业协会组织的针对本项目的科技成果鉴定专家评审会上，鉴定委员会各位专家经质询和讨论后，认为本项目成果达到了国际先进水平，具备良好的社会经济效益和推广应用前景。

项目研发成果先后荣获 2021 年全国电力行业设备管理创新成果项目特等奖、第五届全国设备管理与技术创新成果二等奖、中核集团 2022 年度管理创新成果一等奖、2022 年电力设备管理技术创新五颗星成果、2023 年度行业设备管理与技术创新成果特等奖、中核集团第二届科技创新大赛三等奖等荣誉。

### （三）行业推广前景

ERMs 通过在中国核电内部的长期推广应用完成了对系统功能的实用性、有效性、稳定性的全面验证，通过向山东核电、漳州能源的推广完成了对系统可复制、可推广性的验证。

依托中国核电丰富的技术积累和雄厚的人才队伍，ERMs 已经建立了一整套平台部署、软件开发、系统运维、技术支持团队，已经形成产业化基础。

ERMs 已实现 29 台核电机组（含山东核电、漳州能源）的推广应用，形成了一定的规模效应，未来在新技术研发、新机组推广方面具备较强的成本和技术优势。

ERMs 在核电行业设备可靠性管理领域有着广阔的推广前景，包括中国广核集团有限公司、国家电力投资集团旗下国核示范工程有限公司、中国华能集团旗下华能核电开发有限公司均是潜在推广对象。

除核电外，ERMs 开发的许多功能模块尤其是设备智能监测与诊断技术，对火电机组、新能源、化工企业同样适用，具有广阔的行业前景。

（凌世情　王欣　曹双华　陶佳林　唐湘涛）

# 核电企业工作控制全流程风险防控精细化管理

## 一、案例基本情况

### （一）单位基本情况

福建福清核电有限公司（以下简称福清核电）成立于2006年5月，是国家重点工程，一次规划、分期连续建设6台百万千瓦级压水堆核电机组，总投资近千亿元，是目前国内已投运装机容量最大的核电基地。其中1至4号机组采用二代改进型压水堆核电技术，已于2017年全部建成投产；5和6号机组采用自主三代核电技术——华龙一号，被时任总理李克强同志誉为"国之重器"和"中国制造2025标志性工程"。华龙一号示范工程于2015年5月开工，2022年3月全面建成，成为全球唯一按计划建成投产的三代核电机组。华龙一号未来将全方位参与国际竞争，对打造中国品牌和推动"一带一路"沿线国家的核电出口将发挥重要作用。

福清核电年发电能力达500亿kWh，年产总值约170亿元人民币，经济效益和社会效益巨大，对于优化福建省能源结构，推进能源多元化发展，助力实现"碳达峰、碳中和"目标起到了积极作用，为海西经济的快速发展注入强劲动力。

### （二）案例具体实践

#### 1. 总体思路

工作控制是指在对核电站的系统、构筑物和部件进行维修、维护、变更、试验等工作时，所需申请、评估、工作准备、计划安排、工作实施、设备复役、文件存档等工作必须遵守的运作流程，以及为实施上述流程各环节的工作所设置的分级、逻辑判断、实例等原则与规定。工作控制流程是核电厂各项生产活动开展的指导流程，其内涵为：贯彻落实中核集团"精细化管理年"工作要求，以"主动优化，持续改善"为目标，以提升工作控制流程各环节效率、增强全流程风险防控能力为目的，运用系统思维、"工作流"分析方法，结合A/B类事件、状态报告等进行数据分析，对工作控制流程存在的问题进行梳理，坚持问题导向，找准工作控制流程薄弱环节，制定全流程的风险防控精细化提升措施，破解痛点、难题；通过优化流程环节，提升工作效率；通过制度和标准化建设，打造完善的风险防控体系；通过加强工作过程管控，落实屏障有效性；通过风险分级管理，实现风险精益防控；通过融合创新成果和总结经验，提升风险防控手段和能力。最终通过一系列精细化管理措施，实现工作控制全流程的优化和风险防控能力提升，形成完善的风险防控体系和标准做法，确保各项日常生产活动风险可知、可控，提升电厂的精益化管理水平，确保机组安全、可靠、高效、环保运行。

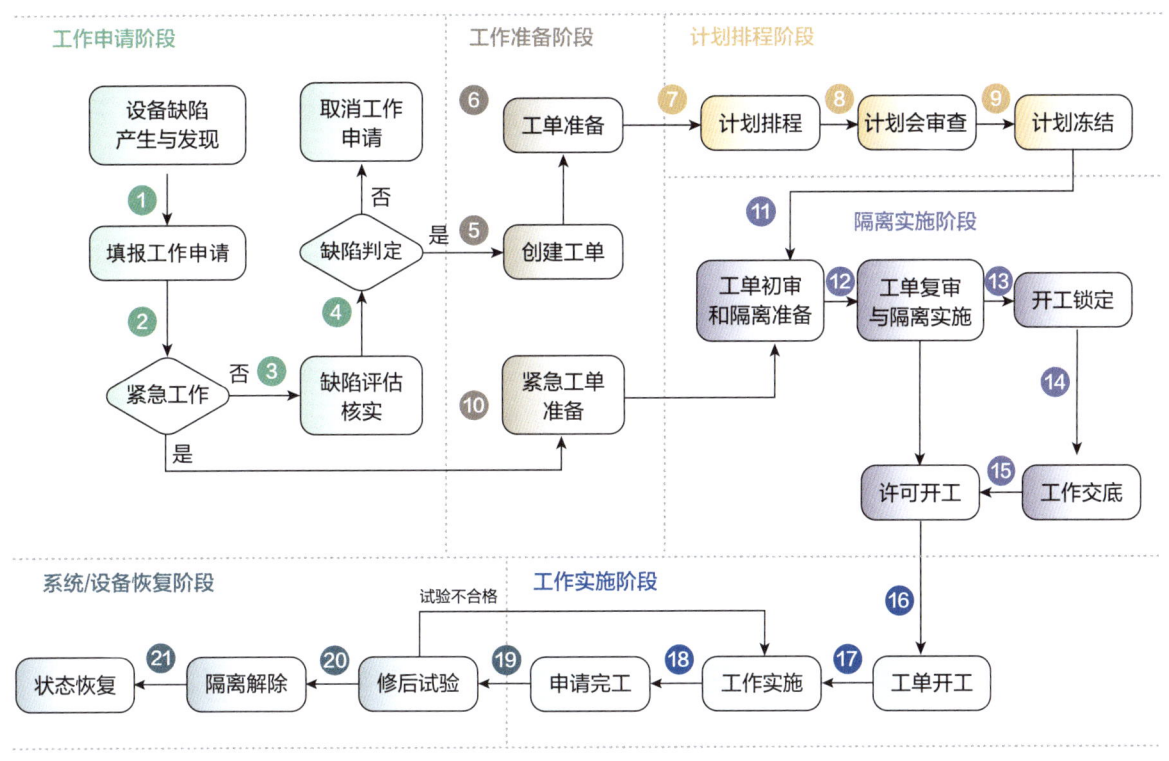

图1 核电厂工作控制流程简图

## 2. 主要做法

### （1）优化工作流程节点，提升工作效能

①降低工作申请取消率

福清核电 M310 机组工作申请取消率为 19.26%，与同行电厂相比偏高。工作申请是工作控制流程的第一个环节，错误的工作申请可能带来人为失误陷阱。某些问题运行人员认为是缺陷，但是经过专业部门检查后，判断为正常现象，属于设备的固有特性。原因是提出人对部分设备的特性认知存在不足。

为解决该问题项目组采取了以下措施：一是加强培训，编制容易被误判为缺陷的现象清单，纳入值班员培训项目中；二是明确标准，如设备异音问题判断不同人有不同标准，为此建立了设备运行声音库，使得判断标准统一；三是优化流程，每月开展针对同类共性问题的专项巡检，对发现的问题制定汇总清单，可大量减少处理降低工作申请的时间和人力。四是强化跟踪，将降低工作申请取消率作为监控指标，每周进行统计分析，跟踪改善程度，对发现的问题进行公示，不断强化提升全员填写降低工作申请的责任意识，每月对改进措施的有效性进行分析验证。

②控制紧急工单数量

机组突发威胁安全稳定运行的缺陷时，采用紧急工单的形式进行处理，它是尽快消除机组缺陷的重要手段,但紧急工作因为缺少正常工作控制流程部分环节的审核把关。根据2021年数据统计,与同行电厂相比,福清核电机组的紧急工单数量明显多于同行电厂。

通过对2021年紧急工单进行统计和分类,采用鱼骨图确认原因在于紧急工单准入标准不明确,部分准则非常模糊。为了控制紧急工单数量采取了以下做法:一是细化标准;二是增加屏障;三是建立定期回顾制度。

③优化工单开工锁定

针对部分当班值长认为有风险或者需要主控室配合的工单,采用开工锁定的方式,每次双方沟通和解锁至少需要5分钟。2021年工单开工锁定率为30%,按照每天80个工单计算,每天需要120分钟用于解锁。根据数据统计和5WHY分析法,确定原因一是运行人员针对维修工作的整体熟练度还存在不足,二是工单锁定原则需优化。采取的改进做法如下:编制维修高风险工作学习教材,提升操作员对维修工作的了解,提升识别风险、管控风险能力;对预防性维修项目(PM)文件进行优化,通过文件落实替代工单锁定的方式,不但更加可靠,而且效率得到显著提升;进一步明确和细化工单开工锁定原则,针对实际应用情况对需要锁定的工单进行了详细的分类;建立工单开工锁定率指标,每月、每季度对指标进行统计、监控和分析。

④优化修后试验准则

目前转机类设备执行年度定期检查后均需要进行修后实验,实际这些工单仅进行一些外观检查和调整工作,并不会对设备运行产生影响。每次维修实验流程需要耗费运行、维修人员4个人作业4小时以上。福清核电采取优化措施,每台机组取消了251台转机设备年检后执行修后实验的要求,大量减少了人力的耗费。

主要做法:根据设备失效后果,系统评估风险,制定年检工作不需要执行修后实验的设备标准。

(2)完善管理制度标准,补全流程弱项

①高风险工作推演和挑战制度

高风险工作往往是复杂的工作,如果出现偏差可能导致严重后果。工作推演和挑战可以更好地识别出工作方案存在的潜在风险,可以让挑战双方针对即将进行的工作有更深入的理解,有利于隔离安措的实施和风险的进一步管控。具体措施如下:建立高风险工作推演和挑战制度,确定好需要推演和挑战工作的准入条件;根据需要,组织运行值长和运行处长、值周经理等高级操作员对高风险工作进行推演和挑战,并将推演结果反馈给责任处室,用以改进和升级高风险工作方案;定期收集《运行部门日常高风险工作审查反馈单》,将运行值长降低高风险的工作方案的审查意见规范化,积累经验。

②高风险安措讨论会制度

高风险和复杂的隔离工作仅靠白班值长经理通过电话和邮件等形式与工作准备人沟通,如果信息沟通传递失效或者风险分析不全面,将会造成严重后果。针对高风险以及安措复杂的工作,建立了高风险安措讨论会制度,在需要时召集工作实施部门工作准备人、工作负责人、一机一人等对高风险工作安措方案、风险进行讨论,深入了解技术细节,提升安措的有效性。

③规范工作交底流程

完善的工作交底是检修工作高效顺利开展的前提,目前的工作交底缺少标准流程,并且效率不

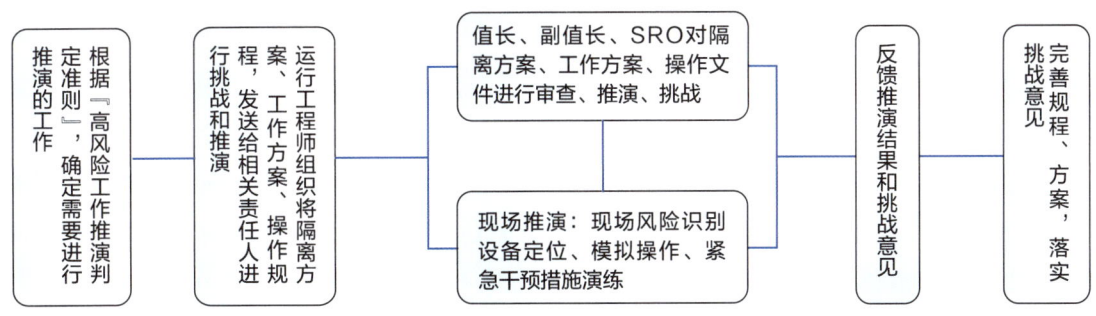

图2 高风险工作推演和挑战流程

高,需采取措施全面提升工作交底的充分性和高效性,主要做法如下:编制《工作交底审查指南》,将工作审查和交底过程步骤化、规范化;编制《日常专业交底单》,将交底信息书面化,提升工作交底效率;针对部分仪控类高风险工作,编制了标准定期PPT,确保仪控高风险工作交底全面;梳理每日维修工作注意事项,确保当班值所有成员对当天早班开工的工作熟悉,提高交底效率,有效把控工作风险。

④完善管理制度和标准

此前各类高风险工作防控管理要求和措施很多,相关程序也很多,各类程序零散不成体系。经过专项的梳理和整合,并结合工作控制全流程的弱项分析事实及应对措施,优化整合成《运行高风险工作管控》并进行发布。程序的整合更利于执行,也让风险防控体系更立体,思路更清晰。同时编制了《工作控制流程总图》,将各流程环节之间的关系、各环节管控要求通过图像化的形式呈现。充分总结之前的经验,统一各类做法,制定一系列的风险防控标准化清单或者操作单,通过标准、精细、规范的措施,提升效率,强化管控,同时也留存好记录,为后续工作开展提供经验。

（3）强化工作过程管控,发挥屏障作用

①施行值周经理/管理人员站班制度

以往的生产领域管理人员更多注重各项生产工作的前端审查和风险提示,对工作过程的监督和管控较少:工作实施过程到底如何在进行;风险防范措施有没有按要求落实,行为规范是否符合期望,等等,都缺乏过程监督。为此,福清核电为落实屏障有效性,加强工作过程监督,实行值周经理和管理人员站班制度。每周有一位处级领导担任值周经理,值周期间专注现场安全生产运行活动的风险识别与管控;每周形成"三个一"成果:至少形成一份观察指导,至少形成一份管理巡视,至少发现或解决一个问题/目标,强化结果导向。管理人员站班制度,安排处室副科级以上管理人员扎根现场,管控现场维修作业中的作业安全、维修质量和规章流程控制等风险,全天在现场督查检查并组织缺陷响应。

②工作风险分级管控

聚焦核安全、非停和环境风险,制定运行操作分级标准,将运行操作分为A、B、C、F四级,采取分级管控措施,实现风险的精益管理,将风险分级结果落实到操作规程和模板工单中,实现风险分级的标准化和自动化提醒。

③提升计划稳定性

电厂工作按照计划执行是降低风险的最有效途径，提升计划稳定性是最有效的管控风险屏障。提升计划工单排程的合理性、稳定性，能够有效降低机组生产作业风险，可以充分利用电厂资源，避免资源的重复占用和人力浪费。2021年，周计划稳定性不足，多次出现处于黄区的情况，主要原因是工作安排或者执行过程中识别不到位，导致人力安排存在偏差或者工作之间存在冲突，不得不调整计划。为此运行、计划部门采取了以下做法提升计划稳定性：增加计划工单审查屏障，建立隔离经理—运工—白班值长/副值长—值周经理的审查屏障；计划部门编制T+1周总结报告，在周计划工作执行完成后一周内（T+1周），对计划工作开展情况进行统计，查找偏差，持续改进；将冻结计划稳定性（T-2、T-5）、周计划完成率（T-1）加入到生产绩效指标进行监控，以便发现问题，持续改进。

④化解重大设备启动风险

重大设备首次启动或者长期停运之后启动风险极高，一旦出现损伤，不但影响机组安全，还会造成重大经济损失。对事件分析之后发现在重大设备检修启动风险管理上存在漏洞，缺少重大设备首次启动前规范的检查流程和启动后细致的监视措施。福清核电运行部门从重大设备首次启动的风险特点入手，规范流程和监视措施：编制重大设备启动风险化解规范流程，从清场行动、启动前检查、监视参数组态、责任分工等方面将设备启动前后规定动作标准化；针对重大设备逐一编制标准化行动清单《重大设备启动风险识别和化解控制单》并将其落实在规章制度中，通过管理规范化解行动编制《重大设备启动运行参数监控技术导则》，对重大设备启动需要监控的关键参数标准化，并汇总历史趋势进行对比，指导启动后的参数监视过程。

（4）加强敏感设备、敏感区域管理

近年来各同行电厂间因误碰敏感设备造成的非停事件或者人身伤害事件时有发生，以往都靠工作负责人在工作期间识别，福清核电在原有的敏感设备管理基础上采取了以下更精细的管控措施。

①大修期间免扰设备管理

大修期间系统设备状态变化频繁，为保证核安全功能相关的重要系统或设备不因误隔离、误操作、误转为维修状态等原因而丧失安全功能，建立大修期间免扰设备管理政策，以确保核安全功能相关的重要系统或设备的可用性/可运行性，主要采取了以下做法：一是定义免扰设备标准，梳理各机组模式下免扰设备清单、临时免扰设备清单、非大修机组免扰设备清单，确保全面识别，标准统一；二是从计划控制、技术规格书遵守、报警响应、监督检查、风险控制等方面制定免扰设备管理措施；三是通过设置实体隔离、运行隔离等手段确保有效的管控屏障。该管理措施已获批成为中核集团企业标准，在各电厂推广使用。

②SOT（单一操作跳闸设备）设备管理

电厂部分设备如果出现误操作将导致停机、停堆、功率波动，主控室无法对这部分风险进行有效管控，目前各电厂也没有采取明确的管控措施。针对此类设备，福清核电创新思维，基于SPV（关键敏感设备）管理理念，整理单一操作会导致停机停堆、功率波动、重要设备损伤、重要设备跳闸的设备清单，形成了SOT（单一操作跳闸设备）设备管理方法。通过悬挂或张贴SOT设备标识，起到提醒、警示作用；设置 SOT 设备运行隔离，实现隔离冲突，从而在工作计划环节提前识别与管控风险。

（5）研发智能应用平台，融合创新成果

①稳态监测系统

核电机组异常情况的征兆往往体现在参数的变化上，就像人的身体出现病变首先体现在体检指标上一样，进行参数巡检是识别风险的重要途径。传统的参数巡检需要人工去识别，核电站有近300个系统，数十万个参数，正常运行时参数是稳定的，如果参数仅轻微异常而未达到报警值时则很难识别，就像扁鹊治病一样，需要巡检人员具备丰富的经验和高超的识别技能。

针对机组参数的这一特点，福清核电开发了"稳态监视系统"，对核电站的稳态运行参数进行连续监控，当其发生异常波动，还未达到报警/保护阈值时，就提前发出信号告警，改变传统巡检模式，从"人找问题"变成"问题找人"。系统对单台机组所有参数监测覆盖面可达到80%以上，涵盖停机停堆参数并包括重要的液位参数、泵的温度、电流、转速等，实现机组参数智能化监控的精细化覆盖。该系统已申请中核集团软件著作权标准，并推广到华龙机组以及海南核电机组。

②智能隔离系统

当前隔离工作基于 eSOMS 和 EAM 系统，存在隔离准备依赖于隔离经理技能、交叉作业难以识别、隔离获取经验反馈较为困难、隔离经理缺乏系统的培训等问题。福清核电基于 eSOMS 和 EAM 系统特点，研发智能隔离系统，可实现自动制定隔离方案、自动识别设备冲突、经验反馈推送、隔离培训等功能。

③经验反馈大数据系统

核电厂高度重视经验反馈的学习和应用，全球各核电组织、各电厂间会进行大量的经验反馈和交流，这些经验反馈对风险的预防和管控有很大作用。但是目前经验反馈的学习和应用都靠人来识别，面对海量信息，很难做到经验反馈的有效应用。

为了更好地利用这些数据资源，福清核电利用大数据、人工智能技术，研发"经验反馈大数据系统"，将各类经验反馈数据进行有效的整合，搭配智能精准的检索方式，实现经验反馈案例的精准检索和精准推送，促进经验反馈信息得到有效的利用。

（6）跟踪行动实施效果，持续主动改进

①制定行动计划表，建立例会制度

所有改善行动，都制定行动计划表，跟踪实施进度；定期召开项目组例会，回顾行动实施情况，评估实施效果。针对一些复杂的工作，召开专项讨论会，通过项目组群策群力制定科学、有效的改善措施。

②设置机组绩效指标，进行实时监控调整

为确保项目成果可量化、可评价，设置了与项目实施措施相关的机组绩效指标来验证工作效果，通过对这些指标的监控，可以及时发现待改进项，并且为措施的调整和优化提供指导。对指标进行红、黄、绿分区，绿区表示满意，每月对指标进行统计，并建立"工作控制全流程风险防控精细化管理"项目绩效监控可视化展板，对指标改善进行实时展示。

## 二、案例实践效果

### （一）综合效益

#### 1. 风险防控体系全面完善，形成标准做法

对工作控制流程进行全面完善，加强高风险工作推演和挑战、高风险安措讨论会、工作经验总结等防范措施，填补了原流程的漏洞、增强了薄弱环节；运行操作、检修工作分级管控制度、IPTE（稀有操作）管理思路，使风险防控措施和关注度合理分布，实现了精细化这一精益管理的目标；对紧急票审批屏障制度、值周经理制度、SOT设备管理和敏感区域管理措施加强了工作过程管控，落实了屏障有效性；形成了日常专业交底单、高风险工作审查指南等16份标准化操作清单，使得各项工作更标准、精细、规范，有利于风险的管控和效率的提升。通过一系列的措施，工作控制全流程风险防控能力显著提升。2022年，完成准备并实施高风险工作一千多项、稀有操作两项，实现了所有风险项目有效管控，未发生因计划项目实施导致的非计划降功率、停机停堆事件。

#### 2. 流程环节效率全面提升，推动降本增效

工作控制全流程风险防控精细化管理项目实施以来，通过对各流程环节采取优化措施，消除原来导致流程效率低下的痛点难题，通过各类标准化的操作单和细化流程，效率得到显著提升。紧急工单数量由改善前的每台机组19个/月，降低至2.5个/月，有效减少紧急工作风险；工作申请取消率由原来的19.26%降至10.93%；工单开工锁定率均值由原来的30%降低至21.29%；优化转机修后试验准则，在保证安全的前提下每个机组251台转机设备年检后无须执行修后实验。项目实施后提升了工作效率，降低了不必要的人力浪费，每年可减少大量人工时。

项目开展之后，工作风险管控能力有效提升，1至4号机组未再发生非停事件，平均非停次数低于同行平均水平，机组保持零非停，4台机组年均发电量远超其他机组。

#### 3. 机组保持安全稳定运行，创造品牌效应

项目实施以来福清核电1至4号机组始终保持安全可靠运行，全年无非停、无运行事件、无重大人因失误事件。截至2022年9月31日，1号机组连续安全稳定运行2825天，2号机组达1741天，4号机组达1732天，安全稳定运行天数包揽中核集团众多机组前三名，其中1号机组荣获"电力行业年度标杆核电机组"称号。福清核电1、2、4号机组连续安全稳定运行相关系列报道，荣登"学习强国"等主流媒体，作为中国核电众多机组连续安全稳定运行天数的代表，展现了中国核电在核电机组运营上的成绩，极大提升了公司形象。

2022年福清核电M310机组未发生突破约束性指标的事件，4台机组WANO综合指数保持满分，在世界范围内核电机组WANO性能指标综合指数排名第一。

截至2022年5月13日，福清核电累计安全发电2000亿kWh，相当于累计节约标准煤消耗6240万吨，减少二氧化碳排放1.6亿吨，减少二氧化硫排放50万吨，植树约14亿棵，经济社会和环保效应显著，对优化我国能源结构、推动绿色低碳发展，对实现"碳达峰、碳中和"的目标

起到了重要作用。

### （二）第三方评价

项目实施以来机组保持安全稳定运行，各项业绩处于行业优秀水平。1号机组荣获2021年度"电力行业年度标杆核电机组"称号；1至4号机组WANO综合指数保持满分，在世界范围内核电机组WANO性能指标综合指数排名第一；1、2、4号机组安全稳定运行天数包揽中核集团所有核电机组前三名。

### （三）行业推广前景

本案例在核电企业生产风险管理上形成了完善的管理制度和体系，制定了标准做法，目前已推广到华龙机组。后续将利用"智慧电厂"平台，开发更多数字化、智能化手段，逐步实现工作控制流程的全面数字化管理，辅助风险控制。该案例在核电企业中有较高的推广价值。

（刘炜　王伟　李晓刚　臧乐　孙有为）

# 基于精细化的核电企业"金牌机组"建设管理实践

## 一、案例基本情况

### （一）单位基本情况

福建福清核电有限公司（以下简称福清核电）成立于 2006 年 5 月，是国家重点工程，一次规划、分期连续建设 6 台百万千瓦级压水堆核电机组，总投资近千亿元，是目前国内已投运装机容量最大的核电基地。其中 1 至 4 号机组采用二代改进型压水堆核电技术，已于 2017 年全部建成投产；5 至 6 号机组采用自主三代核电技术——华龙一号，被时任总理李克强同志誉为"国之重器"和"中国制造 2025 标志性工程"。华龙一号示范工程于 2015 年 5 月开工，2022 年 3 月全面建成，成为全球唯一按计划建成投产的三代核电机组。华龙一号未来将全方位参与国际竞争，对打造中国品牌和推动"一带一路"沿线国家的核电出口将发挥重要作用。

福清核电年发电能力达 500 亿 kWh，年产总值约 170 亿元人民币，经济效益和社会效益巨大，对于优化福建省能源结构，推进能源多元化发展，助力"碳达峰、碳中和"目标实现起到了积极作用，为海西经济的快速发展注入强劲动力。

### （二）案例具体实践

#### 1. 总体思路

核电企业"金牌机组"精细化建设管理项目的目标是：运用系统化、精细化思维，创新性地提出了打破部门壁垒、提升核电机组生产业绩的解决方案，建立独特的"金牌机组"管理模式，借鉴国外先进管理理论、方法、手段和经验，在实践中进行创造性的应用。"金牌机组"建设以党建引领＋团青发力＋"五个一流"（一流人才、一流管理、一流业绩、一流厂房、一流岗位）建设为总体思路，结合机组生产运行、人才培养、岗位建设等方面的实际情况和薄弱环节采取有针对性、精细、全面地提升和补强措施。

在福清核电公司领导的大力支持下，凝聚各处室的力量，成立了"金牌机组建设"党员和青年突击队，突击队以强核报国为责，以创新奉献为任，严守程序、精准实施、严细慎实、担当善为、协同奋进，为将福清核电 1～号机组打造成为世界一流的金牌机组不懈奋斗。突击队成员涵盖了主要生产处室的骨干力量，通过党建联建、专项攻关、结合主题党日活动等形式推进各项工作，为建设目标提供保障。

## 2. 主要做法

### （1）精益党建，聚焦核心任务，凝聚中坚力量

金牌机组建设党员突击队的成立，充分激发了党员同志干事创业的热情，各支部充分发挥战斗堡垒作用，全体党员同志靠前站位，率先垂范，以金牌机组建设为己任，实现机组设备可靠性不断提升、机组运行"零非停"、各项指标领跑中核集团的优异成绩。"金牌机组"建设党员突击队发扬"强核报国、创新奉献"的新时代核工业精神和福核人追求卓越的精神，加强人才培养，强化责任担当，成为一支在急难险重情况下能"站得出、顶得上"的队伍。同时在核电"金牌机组"建设过程中，凝聚形成了珍惜成果、夯实基础、以坚实有力的步伐走好"金牌机组"建设道路，持续保障机组安全可靠运行的共识合力。

福清核电创造性地建立了支部责任区联管联建制度，高效开展专项精细化联合巡检，汇集各支部智慧，加强支部交流，为厂房管理、厂房环境优化等提供新的思路；各支部高质量开展金牌机组主题党日活动，全面梳理机组重要缺陷、疑难问题，统筹机组缺陷处理措施，依托"金牌机组"创建结合主题党日活动等，定期回顾、总结创建经验，群策群力，共创卓越。通过各支部间开展党建联建活动，依托各支部力量构建可复制、可推广的"金牌机组"创建体系，提升"金牌机组"创建水平，完善"金牌机组"创建标准。

### （2）精细化培养方式，育一流人才，注入发展动力

人才建设是金牌机组建设的根本，是发展的动力。福清核电通过夯实基础，发挥高技能、高职级人才作用，建立提升体系，做实提升措施，持续提升运行人员基本功。主要通过复合型人才建设、操作员基本功提升、新晋操作员标准化培养、头雁领航、教材体系建设和开展技能比武等手段建设一流人才队伍。

复合型人才建设：探索通岗人员课程，建立通岗人员提升计划，提高运行人员综合业务能力与职业素养，定期开展新科技理论知识系列讲堂及论坛，不断促进运行人才向高层次、多领域发展。

操作员基本功提升：通过模拟机复训和 CPE 考核模式强化模拟机复训效果，坚持执照人员技能考试制度，夯实人员理论基础。

新晋操作员标准化培养：通过开展专业技术培训、新技术理论培训、M4 失电类模拟机培训、跟班培训等形成一套标准的新晋操作员培养体系。

头雁领航：通过头雁领航培养运行人才，促进青年英才脱颖而出，充分发挥高层次头雁人才的引领带动作用，促进人才队伍整体创新能力和优势互补。

教材体系建设与开展技能比武：组织开展教材编写、出版等工作，打造一套覆盖全领域的教材体系；组织开展上岗人员技能竞赛、隔离经理技能竞赛、运维人员技能竞赛、新员工巡检员技能竞赛、防人为故障技能竞赛、经验反馈技能竞赛等，以赛促训，培养出一大批金牌机长、金牌设备运行工程师、金牌设备运维工程师、金牌值长等优秀人才。

2021 年福清核电新增副高级及以上专业技术人才 88 人、高级技师 25 人，新培养各类操作人员 36 名、高级操纵员 45 名；新增"国务院政府特殊津贴""国家级技能人才培育突出贡献个人""全国技术能手"等国家级人才 5 人，"中核集团菁英人才、技术能手""福建省技术能手"等省部级人才 4 人，公司获评集团公司"培育青年英才突出单位"。

### （3）精细化生产管理，创一流管理，降本提质增效

通过调研、对标，借鉴先进电厂的管理经验和方法优化福清核电"金牌机组"建设的管理模式。

强化日常工作风险管控力度，提高计划工作的精准度。提前识别和安排需要其他部门配合的工作，对各部门人员安排进行有效的计划管控；强化工作风险提醒和风险管理，通过风险分级管控和管理人员站班等制度，精细管控作业过程中可能出现的风险；运行和计划组将每日未按计划开工工作的人员和设备进行统计和原因分析，持续强化计划的严肃性和合理性等；加强紧急缺陷抢修管理，针对安全和环保敏感设备制定应对预案，针对失效率高的重要设备组织抢险演练并升级相关的隔离模板和检修方案，做到未雨绸缪；日常工作建立工单模板、隔离模板，确保隔离工作中经验反馈的落实，完善和优化风险提示内容，确保相同的风险不会重复出现；发布高风险工作相关的管理规定，固化高风险工作流程，确保高风险工作从准备、计划、执行等各方面得到有效的管控；强化SPV（关键敏感）设备以及临时SPV设备管控，组织SPV设备缺陷风险的评估以及SPV设备预案的编制和完善、SPV设备开工工作风险分析单编制和使用，以及临时SPV设备有效识别和保护，确保重要设备得到足够的重视和防护。

建立快速维修队、推行基于价值的维修策略、成立机组出力提升和厂用电优化专项组运作，全面提升机组运行安全性与设备可靠性。快速维修队为专设组织机构，由维修队伍内技能水平较高的固定人员组成，队伍相对稳定且独立于各科室和协作单位，具有独立完成工作的能力。

快速维修队采用集中办公、联合运作的模式，具备多专业联合运作的优势，能做到迅速响应、正确定位、及时处理、确保安全，还可用于完成计划外的高优先级工作，以保证正常检修队伍不受计划外工作的影响，从而使正常检修计划得到有效执行，同时也可以快速处理机组缺陷，保障机组安全稳定运行。

推行基于价值的维修策略工作控制和管理使用手段FEG等，联合机组设备的预维窗口集中处理各设备的相关缺陷，同时在可行的情况下减少不必要的预维作业。通过这些手段可以有效减少设备的重复停役，减少维修带来的人力物力损耗，减少不必要的核安全相关设备的不可用时间，有效保证核安全水平稳步提升。

成立机组出力提升专项组，研究在保证机组安全稳定运行的情况下提升机组的可靠出力的方法，用于夏季情况下机组出力的保障和冬季情况下机组出力的提升，为机组带来可观的经济效益。该研究成果处于国际领先水平。

厂用电专项组用于研究在保证机组安全稳定运行的情况下减少厂用电的消耗，从而为机组带来一定的经济效益，减少无谓的能源消耗和设备损耗。

### （4）精细化岗位建设，创一流岗位，强化认同感

一流岗位建设旨在让员工立足岗位，争创一流，对岗位的认同感和责任心是关键。"机组守护者"定位、"一机一人制"等措施，让员工建立起对岗位的高度责任心。"卓越运行""维修铁军""精益计划"等文化品牌建设，让员工对岗位高度认同，立足岗位建功立业。

主控室作为机组的核心岗位，是对外展示的窗口。其持续开展高标准7S管理，对主控室设施、文件进行清单化、标准化管理。

编制了岗位职责清单、岗位任务清单、新晋操纵员培训清单、主控室专项工作计划、文件标准化清单等，有效完成主控岗位的全面管控；同时采取持续督查人员值班制度，通过建立运行人员基本功监督专项组、运行人员行为规范监督组、实施执照人员"监护、自检、三向交流"、防人为失误工具使用专项督察等活动，配合例行的观察指导，实现人员行为规范化。通过强化主控室岗位人员执行力、工作作风、遵章守纪，从偏差宣贯、专项考核、专项监督方面入手，完善执行力管理规定，强化执行力，增加卓越执行力红黑榜使用频次，提升影响力，落实行为规范督查组常态化运作、操纵员基本功督查组常态化运作、主控室7S督查常态化运作，强化主控室岗位纪律化管理。

此外，福清核电还积极对标借鉴同行业优秀主控室管理经验，在不断提升主控室管理水平下，将主控室打造为一流岗位。利用主控室一流岗位的影响，推动所有岗位进行一流化建设。

（5）精细化厂房管理，创一流厂房，建智慧核电

推行高标准厂房建设，制定厂房提升的标准，以除盐水生产厂房为试点，对厂房外观、内部结构和设备布置、标识等进行全面整治。

通过厂房环境的改变潜移默化地提升员工对电厂设备、环境标准的认识。创新性建立党支部分区精细化巡检以及生产与非生产处室党建联建巡检机制，多方位、多角度、多部门聚焦厂房巡检和厂房管理，确保厂房环境改善提升。

探索智能巡检机器人、智能工器具管理、智能监控、无人值守模式等智能化措施，提升厂房智慧化水平，践行集约化要求。

先后完成除盐水生产厂房、重要厂用水泵房智能巡检机器人项目建设，并投入使用；研发工器具智能管理系统，提供先进的核电站工器具管理方法，解决核电站工器具管理上存在的工作量大、效率低等问题，大幅度减轻人员负担；研发稳态参数监测平台，实现运行参数的自动监视，从"人找问题"转变成"问题找人"，辅助操纵员识别机组异常，提高工作效率和机组安全水平，实现机组监控精细化、智能化；增加智能监控实施，实现部分厂房无人值守。智慧厂房建设为后续进一步的集约化管理打下了监控的基础。

（6）精细化指标牵引，创一流业绩，塑金牌形象

2021年，以机组生产绩效指标为抓手，通过对机组WANO指标、ASP指标、EQP指标、机组连续安全可靠运行时长等指标持续监控，与国际先进同行不断对标，寻找不足之处，定期分析指标异常原因，采取提升行动。

另外根据管理项目特色，创新性制定了金牌机组建设指标评价体系，通过指标评价来判断金牌机组建设各项措施的效果，指导措施的执行。

2022年，在WANO业绩指标、WANO ePM卓越业绩指标、中国核电ASP指标基础上，福清核电结合自身实际，建立一套具有目标性、代表性、实用性、可比性、时效性的精细化指标体系–FPI指标体系。

该指标体系包含安全质量、运行管理、发电生产、备件管理等14个子领域，涉及公司生产领域19个部门，并配套建立考核与激励机制。

通过精细化指标体系的牵引，突出业绩导向，彰显机组单元间比学赶超的劲头，争创一流运行业绩，塑造良好的企业形象。

## 二、案例实践效果

### （一）综合效益

#### 1. 党建引领，团青发力，激发攻坚克难奋斗热情

福清核电锚定"机组守护者"运行定位，成立"金牌机组建设"突击队，积极发挥突击队组织优势，大力协同、精准实施、提高效能、担当作为，大力弘扬榜样力量，切实发扬党员积极性，尽职守护机组安全可靠运行这一目标，生产团队的党员同志们在日常工作中充分发挥先锋模范作用，充分体现召之即来、来之能战、战之必胜的精神和勇气。

2021年，顺利完成105、304、205三次机组大修，安全、质量、进度、成本全面受控，其中105大修工期24.76天，再次刷新中国核电同类型机组大修最优记录。日常生产工作风险全面受控，当机组突发重大缺陷时"金牌机组建设"突击队成员总是挺身而出，力挽狂澜，保证了机组安全稳定运行，真正做到了安全生产和防疫工作两不误。

"金牌机组建设"突击队先后获得"福清核电金牌青年突击队""福建省直金牌青年突击队""中国核电共青团年度先进青年集体"等荣誉和称号；福清核电1号机组连续安全运行2500天系列报道被"学习强国"平台等媒体以及国家核安全局公众号转载，树立了良好的企业形象。

#### 2. 管控风险，争创标杆，机组绩效指标不断攀升

1~4号机组保持安全稳定运行，全年无非停、无运行事件、无重大人因失误事件。1号机组连续安全运行超2500天，荣获"电力行业2021年度标杆核电机组"，2号机组、4号机组连续安全运行超1500天。2021年发电小时数首次突破7700小时，再创历史新高。截至2022年5月13日，福清核电累计安全发电2000亿kWh，相当于累计节约标准煤消耗6240万吨，减少二氧化碳排放1.6亿吨，减少二氧化硫排放50万吨，植树约14亿棵，经济社会和环保效应显著，对优化我国能源结构、推动绿色低碳发展，助力实现"碳达峰、碳中和"目标起到重要作用。

截至2022年5月14日，1号机组连续安全稳定运行2686天，2号机组达1606天，4号机组达1593天，安全稳定运行天数包揽中核集团众多机组前三名。

1号机组连续2年获得中核集团"ASP金牌机组"称号，WANO指标连续4年保持世界先进水平，2021年1~4号机组WANO综合指数全部达到100分。机组关键设备和备用设备缺陷数量均在目标要求范围内。1~4号机组商运以来，运行事件逐年下降，2019年1~4号机组全年零运行事件。

#### 3. 精细管理，度电必争，助力公司实现年度利润登高目标

公司营业收入、净利润、EVA等指标均大幅超额完成，MKJ完成情况位居中国核电第一。公司先后2年荣获中核集团"业绩突出贡献奖"、党建引领中核集团标兵，连续3年在WANO指标行业中排名前列。公司始终坚持"以核安全为前提的成本领先优势"目标，严控成本、深挖潜力，通过多项措施降低机组单电成本，目前公司单电成本保持行业最优水平。

落实减非停措施，保障机组安全可靠运行，2021—2022年，1、2、4号机组实现零非停，领先于同行业平均水平，减少了大量电量损失。

围绕保障金牌机组，建设"维修铁军"，实现自主设备维护、自主备件修复、自主对外服务目标，坚持"保安全、守质量、决计划、策管理"工作理念，精细管理，提升大修业绩，大修工期相比以往有明显提升：105大修计划工期28天，实际工期24.76天，达到中国核电同类机组最优水平，节省了大修工期。

福清核电积极落实集团公司、中国核电提出的降本增效、绿色发展思路，生产团队充分分析和规划相关课题，从细处着手，向深处挖掘；制定福清核电1至2号机组夏季日常期间升降功率规定，2021年夏季发电量得到提升，圆满完成了迎峰度夏的任务。按照每日每台机组功率提升2MW和夏季时间4个月计算，福清核电每年可增发电量约2300万kWh。通过机组功率提升科研专项研究，1至4号机组在确保核安全的情况下，单机组功率提升5MW，4台机组每年可增发电量1.7亿kWh。福清核电还成立了厂用电管理专项组，从机组生产系统设备的运行方式和非机组系统设备相关的厂房用电两个方面进行优化，2021年度节省电量高达2001万kWh。

## （二）第三方评价

该项目获得以下荣誉：中核集团青年论坛论文组二等奖，中核集团管理创新三等奖，中国核电精细化管理案例优秀奖。

## （三）行业推广前景

目前该项目已在福清核电3~4号机组、华龙机组全面推广实施，另外海南核电2022年开始借鉴该项目。该项目若能在核电企业中得到良好的推广和应用，对于打破部门壁垒、提升机组生产业绩将起到很好的作用。

（刘炜　王伟　李晓刚　臧乐　谢治贫）

# 基于失效后果分析（COFA）的预维优化平台研发

## 一、案例基本情况

### （一）单位基本情况

牵头单位：海南核电有限公司为核能发电企业，是中核集团二级单位中国核能电力股份有限公司的控股子公司，全面负责海南昌江核电工程的建造、运营和管理。海南核电坐落于海南省昌江县，规划建设四台大型核电机组，首期两台650MW"二代改进型"核电机组分别于2014年和2015年商运，二期项目3、4号机组正在建设中。负责项目的总体规划、策划；项目的需求分析和业务流程设计；各设备类型PMT失效模式和预防性维修策略的收集和分析。

联合申报单位：中核武汉核电运行技术股份有限公司为核动力运行技术服务公司，是中核集团二级单位中国核能电力股份有限公司控股的子公司，主要从事核动力蒸汽发生器等主要设备的研究试验设计，核动力役前、在役检查及无损检验，核动力仿真与虚拟技术和模拟机的研制开发以及核动力工程应用软件研制开发等。中核武汉还参与项目的需求分析和业务流程设计、项目的详细设计和软件代码开发以及软件的测试工作。

### （二）案例概况

COFA分析（Consequence Of Failure Analyse）是一套严谨的系统RCM（Reliability Centered Maintenance）分析方法。其主要内容是通过对系统中设备逐一进行失效后果分析，并根据设备失效后果通过相应决策逻辑识别关键设备以及其关键失效模式，并针对设备关键失效模式制订预维项目、定期试验项目或监测项目计划，从而预防设备失效事件的发生。

项目主要成果：一是研究了基于失效后果分析的设备分级方法，能够高效、准确地识别核电厂关键设备及关键失效模式，保证核电厂设备可靠安全运行；二是开发了国内首款将失效后果分析（COFA）流程电子化分析和管理软件，提升了核电厂的可靠性管理水平。

### （三）案例具体实践

#### 1. 总体思路

核电厂的可靠性管理采用分级管理和预防性维修为主的维修方式，即根据设备失效对核电厂系统/设备的影响，按照系统/设备失效影响的严重程度将其分为不同的关键度等级（关键级、重要级和一般级)。在设备分级工作完成后,对分级关键度为关键级和重要级的设备,分析其失效部件、失效机理,并制定合理的维修策略。

自2001年起,中国核电开始借鉴美国核电运行研究所AP-913(设备可靠性管理流程)的经验,大力发展设备可靠性管理体系建设,并逐步推广到中国核电各核电厂。2016年,海南核电根据中国核电大力推广设备可靠性管理理念的总体要求,参考秦山电厂经验,对全厂1、2号机组所有系统设备完成了设备分级和预防性维修大纲开发工作,由于受当时设备管理人员技术水平、现场条件等各方面限制,电厂设备分级和预维策略分析过程尚不严谨,未严格按照规范的系统RCM分析方法识别系统中关键设备及其关键失效模式,导致电厂的设备分级缺乏科学充分的依据,现场仍可能有大量关键设备或潜在关键设备未被准确识别出来,预防性维修措施不完善,同时缺乏专业的分析和管理平台,分级结果和大纲内容无法动态调整等,这些问题给机组未来长期运行带来安全隐患。

针对以上问题,海南核电设备管理部门调研了系统化的RCM方法——失效后果分析方法(COFA分析方法),并于2020年开发了基于失效后果分析的预维优化平台(COFA分析平台),实现了设备分级和预防性维修大纲的分析、优化和动态化管理。

### 2. 主要做法

COFA分析平台是国内首套基于失效后果分析的专业化软件,平台采用B/S架构,和电厂中的EAM(Enterprise Asset Management,企业资产管理系统)连数据库有数据互通接口。COFA软件开发定位是分析平台和数据库,目前已在海南核电上线运行。

COFA分析平台具有设备分级分析、预防性维修大纲分析和优化、预防性维修大纲对比、PMT(Preventive Maintenance Template,预防性维修模板)数据库管理、分析结果和优化记录查询、意见反馈等功能。软件的具体功能如图1所示。

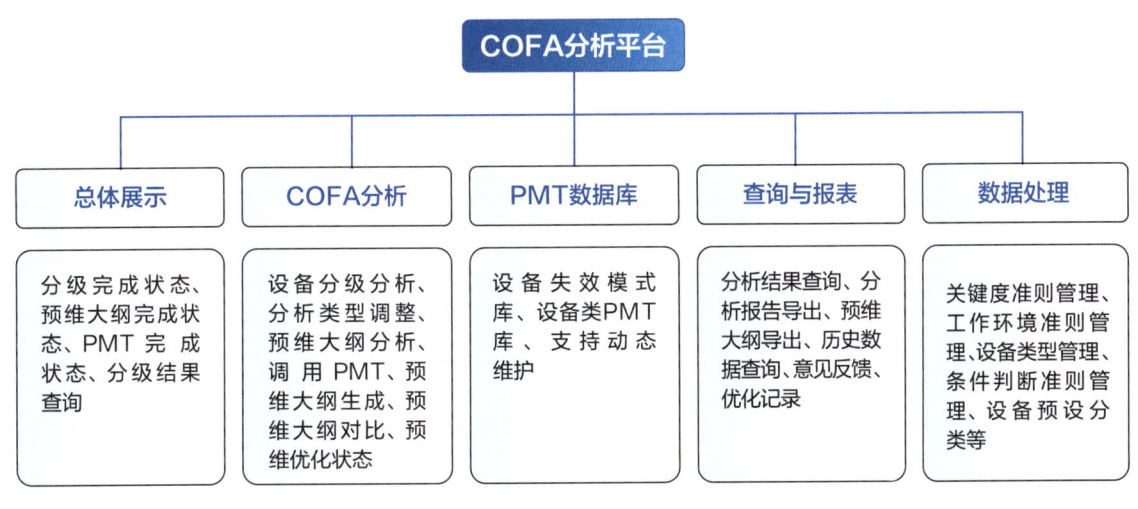

图1 COFA分析平台功能

COFA分析平台在平台设计和开发过程中融合了各方建议,极大地减轻了设备管理工程师分析、优化和数据动态管理的负担,提高了电厂识别潜在关键设备、优化维修策略的准确性和针对性,从而保证核电厂运行的安全性,降低了设备的运维成本。

### （1）简单、实用的 COFA 分析方法

核电厂常用的预维开发方法为经典的 RCM、SRCM 和 RtCM 分析等，这些方法需要划分系统和子系统的边界，对于系统复杂的核电厂来说，边界划分过于复杂，导致分析效率低；分析时必须准确地描述出系统所有的功能和失效模式，分析难度大，对人员水平要求高；从系统功能分析对功能有影响的设备，容易遗漏设备；同时分析费用比较高。SRCM 方法虽然简化了 RCM 分析方法的部分环节，将资源配置在关键重要功能上，提高了分析效率，但存在分析时容易遗漏关键设备，不易发现设备的隐性故障等问题。

COFA 分析方法是一种"以设备为中心理念"的改进型 RCM 方法。COFA 分析平台中使用的分析方法具有以下特点：

①从设备开始分析。不同于经典 RCM 和 SRCM 方法，COFA 分析方法，以核电厂中同一个系统编码的设备群为一个分析单元，省去了不必要又耗费时间的系统边界确定和接口分析。COFA 分析方法简化了流程，提高了分析效率，分析系统中所有的设备，不会遗漏关键设备，保证了分析的完整性。

②按设备的功能类型进行分类分析。核电厂中存在泵、阀门、电机等主动功能的设备，也存在容器、手动阀、纯指示仪表等非主动功能的设备，在 COFA 分析方法中按设备的功能类型进行预分类；有主动功能的设备，功能比较复杂，维持系统运行的关键/重要功能，采用失效后果分析方法判定设备的关键度；非主动功能的设备，一般功能单一、简单，维持系统运行的重要或一般功能，直接采用条件判断的方式判定设备的关键度，通过这种方式在不影响分析精度的情况下大幅提高分析效率。判断条件举例如表1所示。

表 1　判断条件举例

| 序号 | 判断条件 |
|---|---|
| 1 | 关键设备的手动隔离阀，低压下尺寸大于2英寸、高压下尺寸大于1英寸的手动阀，设备关键度为重要 |
| 2 | 原水系统中没有冗余流通路径上的闸阀，设备关键度为重要 |
| 3 | 可靠性高、失效概率低或失效后可以采取在线纠正性维修的设备，如仪表根阀、节流孔板、手动阀等，设备关键度为一般 |
| 4 | 就地指示仪表，有冗余指示仪表，仪表参数异常时不需要采取干预行动，设备关键度为一般 |

注：采用条件判断设备的关键度结果只能是重要或一般。

③重点关注隐性故障识别。核电厂重点管理会引起停堆、停机和功率波动的单一关键敏感设备（SPV 设备），但也存在潜在关键设备失效的隐性故障，它虽不会对核电厂产生任何影响，但叠加其他设备故障、状态转换或足够长的时间后，也会引起机组的停堆、停机或功率大幅波动。比如 2 号机组 2LHP 试验时 A 列电源失电无报警电厂未察觉，结果导致 B 列电源也失电，最终导致 2KCP515AR 失电造成机组自动停堆。

隐性故障是核电厂运行的潜在隐患，COFA 分析方法包括了对隐性故障模式的识别过程：对隐性故障进行多重故障分析，识别电厂潜在的隐患，并制定相关监测和维修策略，保证对隐性故障的

"可知可控"。

④COFA方法和运维经验结合。将核电厂的设备运维经验，按照设备类型编制不同类设备的PMT模板，维修策略制定时可以直接调用PMT模板，将达到相同设备类维修策略的标准化，成倍地提高工作效率，同时降低对运维分析人员的经验要求。

⑤合理的维修策略。为了避免核电厂设备的过维修、欠维修，减少因设备维修而导致的设备早期故障，同时优化设备运维成本，首先，在制定预维策略时优先使用状态维修；其次是基于时间的维修。如设备故障模式为隐性故障，还需要制定故障查找的策略，比如定期试验；当以上措施都不能预防故障模式时，还需要考虑是否对设备进行设计变更。

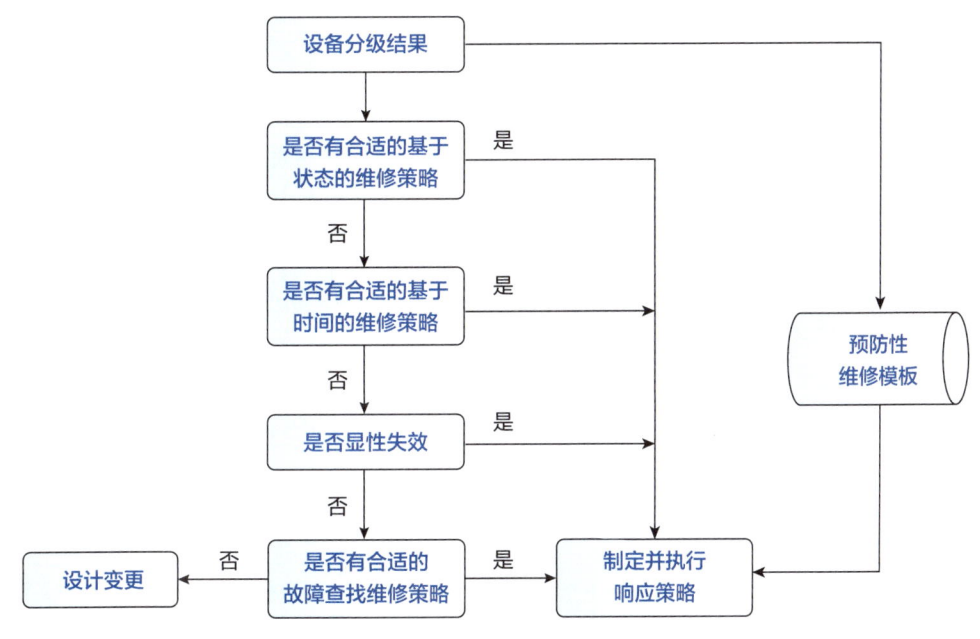

图2 预维大纲开发逻辑图

（2）COFA方法分析案例

以主给水调节系统（ARE）为例详细介绍COFA分析方法在核电厂的实际应用。ARE系统的COFA分析过程如下：

①建立不可接受后果的标准，即设备分级准则（停机停堆、瞬态、发电损失、人员伤亡、环境污染等）；

②数据收集：参考系统手册、运维手册（EOMM）、参考电站纠正性维修（CM）历史记录以及预防性维修库，参考国内外电厂相同功能系统的事件经验反馈；

③以ARE为系统编码的设备作为一起分析的设备群，分析各个设备的所有功能，包括正常运行功能、备用功能等；

④分析功能失效及对应的所有失效模式，不分析概率非常小的失效模式，除非有历史记录或经验反馈；

⑤分析设备失效模式的显隐性，隐性故障需分析叠加故障；

⑥分析系统级和电厂级影响，并按预维策略开发逻辑制定设备的维修任务。

243

表2  ARE系统COFA分析过程举例

| 设备名称 | 功能失效 | 失效模式 | 影响或后果 | 失效模式分级 | 失效是否可知 | 失效原因或促成条件 | 维修策略 | 维修任务实施条件 |
|---|---|---|---|---|---|---|---|---|
| 主调阀 | 流量调节功能丧失 | 阀杆卡死拒动 | 手动停堆 | 关键 | 是 | 填料老化、盘根力矩不均、阀杆与阀座或气动头不对中 | CBM | 阀门回差大于3%后进行检修 |
| | | 阀门卡开 | 自动停堆 | 关键 | 是 | 定位器、E/P故障 | TBM | 1大修周期标定与检查 |
| | | 阀门卡关 | 自动停堆 | 关键 | 是 | 失去压空、过滤器堵塞 | 故障查找 | 在线检修 |
| | | | | | | 定位器、E/P故障 | TBM | 1大修周期标定与检查 |
| | | 阀杆卡涩 | 1. 不能满足5s内关闭的要求 2. 蒸发器液位控制出现震荡 | 重要 | 是 | 填料老化、弹簧BENCH SET值漂移 | CBM | 阀门回差大于3%后进行检修 |
| | 隔离功能失效 | 阀门内漏+隔离阀内漏 | 有其他隔离，影响无 | 一般 | 否 | 阀芯气蚀、阀门检查标定或安装时，阀座或阀芯意外受力过大 | TBM | 10大修周期解体检查 |
| | 包容功能失效 | 阀门外漏 | 降功率 | 重要 | 是 | 振动导致盘根螺母松动 | 故障查找 | 半个大修周期力矩确认 |
| 002MT（温度计） | 信号失效 | 回路开路或短路 | 无 | 一般 | 是 | 端接线窜接、毛刺短路、外力所致 | RTM | 不适用 |
| | 信号漂移 | 信号下漂 | 无 | 一般 | 是 | 端接线窜接、回路绝缘下降 | RTM | 不适用 |
| | | 信号上漂 | 蒸发器液位控制出现震荡 | 重要 | 是 | 端接处接触不良、航空插头接触不良 | TBM | 标定与检查 |

（3）基于COFA方法的信息化平台

COFA分析和PMT数据库模块是COFA分析平台的两个重要模块，是以"重质量、提效率、持续优化、动态管理"的理念开发设计的业务流程，并达到了非常好的应用效果。

COFA分析模块包括设备分级、预维大纲和预维对比三部分内容，软件设计的功能为分析人员提供了便利的分析条件，主要包括如下：

①图形化分析界面。COFA分析平台摒弃了传统的表格分析模式，设计了思维导图形式的分析流程，图形化显示界面使分析流程以更加简洁、直观、清晰的方式展示设备分级和预维大纲开发分析过程。

②重点标识关键设备和关键任务。COFA分析平台中对关键设备和关键任务分析过程设计以不同颜色加以标识，支持任务访问用户对这部分内容进行识别和反馈。

③PMT数据库的使用。设备分级分析时，COFA分析平台会根据设备类型自动调用PMT数据库中的失效模式，分析人员只需要分析并补充设备失效对系统功能及电厂运行的影响，就可避免遗

漏某个失效模式，从而减少分析人员工作量。

预维大纲分析时，根据设备分级、工作频度和工作环境的组合，COFA分析平台自动调用关键/重要失效模式对应的失效机理、维修项目、任务和周期，分析人员仅需手动调整，降低了对分析人员经验的要求，进一步提高工作效率和质量。

④设计引用功能。核电厂中的各个系统具有很多冗余设备，冗余设备是功能、结构都相同的设备，COFA分析平台设计了复制功能，可以快速复制相同位置及类型设备的分级和预维大纲分析过程，避免重复分析，提高了分析效率。

⑤维修任务自动编码功能，自动生成预维大纲。预维大纲开发流程设计为分析失效模式对应的所有失效机理、维修项目及任务/周期，不同的失效模式可能对有相同的失效机理，如阀门的不能开和不能关失效模式对应的失效机理大致相同，这样阀门不能开和不能关对应的任务和周期也大致相同，在最终合并生成设备的预维大纲时会产生多个重复任务，分析人员需要手动剔除这些重复的维修任务。

COFA分析平台中为维修任务设计了"设备类型编码+失效模式编码+任务类型编码+数字"的自动编码规则，将侵入性维修任务、非侵入性维修任务和状态监测任务分别设计编码为I、N和M。如通用电动球阀的设备类型编码为VTM000，不能开失效模式编码为FO，阀杆卡涩对应的维修任务为润滑，即N任务，润滑任务对应的编码即为"VTM000-FO-N1"；同理阀门不能关的阀杆卡涩的润滑任务编码为"VTM000-FC-N1"。在维修项目合并时，COFA分析平台会自动按照维修周期和任务编码进行归类合并，将阀门不能开和不能关的润滑任务自动合并为一个任务，达到自动生成预维大纲的目的。

⑥预维项目动态化管理。设备维修项目不是一成不变的，根据设备变更、维修反馈、外部经验反馈等原因动态化调整，应及时地提出申请并修改完善。COFA分析平台设计了预维项目对比功能，该功能会自动抽取EAM库中已有预维项目数据进行对比，分析人员比较周期、检修任务等是否满足大纲要求，记录设备需要新增、删除或修改的预维措施，并根据需要开发预维优化行动（PMCR），平台会读取EAM系统PMCR及设计变更数据，自动跟踪统计预维优化、设计改进行动完成情况，达到预维项目动态化管理的目的。

⑦重视设备分级和预维大纲开发工作的连续性。传统的分析方法中大多采用分级和预维大纲单独提交审批的方式，存在分析人员完成设备分级与设备预维大纲开发工作的脱节。COFA分析平台中设计了设备分级和预维大纲开发的连续性，一起分析提交审核的模式，这样可以确保分析人员根据在设备分级环节识别的关键失效模式制订预防措施，保证设备预维大纲的针对性和有效性。

⑧持续完善PMT数据库。PMT数据库针对的是通用设备类型，但核电厂同类型的设备供货厂家众多，型号不同，结构也有差异，在使用PMT数据库时分析人员需要根据设备结构特点调整预维项目，当预维项目调整较多时，分析人员可以将编辑的预维项目新增为设备子类型进行保存，方便后续同型号的设备子类型使用，达到持续完善核电厂PMT数据库的要求。

⑨意见反馈功能。核电厂所有人员都可以对设备分级和预维大纲分析流程和结果提出不同的意见，达到全员参与、持续动态优化的目的。

（4）PMT数据库模块

COFA分析平台配置了覆盖核电厂全部设备类型的设备失效模式库和PMT库，PMT模板是根据中国核电标准设备类型建立设备失效模式及维修模板数据库，供设备分级和预维大纲自动调用。

设备分级和预维大纲开发都是分析设备功能级失效模式，目前 EPRI（美国电力研究院）及中国核电各电厂建立的 PMT 模板中的失效机理和失效模式是不同的，失效机理没有和失效模式一一对应，不能直接应用于预维大纲的开发调用。

借鉴 EPRI 及各电厂 PMT 文件开发经验，COFA 分析平台设计了包含设备失效模式、失效机理、维修项目名称、维修任务和周期信息的标准化数据库，对相关信息进行一一编码并建立映射关系。

设备 PMT 开发标准要求保证设备功能级失效模式、失效机理与维修任务的对应关系，采用维修任务和功能级失效模式相关联的形式开发 PMT，PMT 可以直接用于辅助人工完成预维大纲分析，降低对预维大纲开发人员的经验要求，提高分析质量和效率。

## 二、案例实践效果

### （一）综合效益

COFA 分析软件目前已经在海南核电上线运行。通过 COFA 分析软件系统，可以全面地分析设备的失效影响和失效机理，有效识别核电厂的潜在关键设备和遗漏关键设备，为设备预维策略的制定和优化提供充分依据，完善设备的预维策略，保证核电厂安全稳定运行。

采用 COFA 分析软件优化设备分级和预维策略，新增必要的预维措施，删除非必要的预维措施，从而优化核电厂的运维成本。

COFA 分析软件中功能设计了提升分析效率、减少人员经验要求的措施，相比于传统的 RCM 和 SRCM 分析，COFA 可以大幅降低用户开展 RCM 分析的技术门槛，提升 RCM 分析效率和质量，节省系统 RCM 分析费用。

### （二）第三方评价

COFA 分析平台得到了海南核电设备管理部门的认可和大力支持，COFA 分析平台实际应用项目—基于失效后果分析的预维精细化管理研究项目已经得到核电厂领导批准，计划 2024 年正式开展首批 80 个重要系统的 COFA 分析工作。

### （三）行业推广前景

目前很多行业都在使用 RCM 方法进行可靠性分析，COFA 方法是一种改进型 RCM，具有普遍适用性，COFA 分析软件在电力、石油石化、军工等行业具有广泛的应用前景。

（曾利民　郭景鸿　乔真　李建业　屈吕虎）

# 核电企业群堆模式下的备件集约化管理案例

## 一、案例基本情况

### （一）单位基本情况

江苏核电有限公司隶属于中国核工业集团有限公司，负责田湾核电站的建设管理和建成后的商业运行，以及核电新厂址开发和保护。田湾核电站位于江苏省连云港市连云区，规划建设 8 台百万千瓦级压水堆核电机组，是全球在运和在建总装机容量最大的核电基地。当前田湾 1 至 6 号机组在运，7、8 号机组在建。2016 年俄罗斯总统普京表示"田湾核电站拥有非常好的口碑"。2017 年田湾核电站被习近平总书记誉为"中俄核能合作典范项目"。

田湾核电站在运机组运行状况总体良好，在建机组"四大控制"总体正常，全厂各类安全风险指标受控，核安全状态满足国家监管要求。8 台机组全部建成后，装机总量 913.8 万千瓦，每年可提供清洁电力超过 700 亿 kWh，有力推动了江苏省产业结构和能源结构调整，维护了华东电网安全和区域能源供应安全，为我国实现"碳达峰、碳中和"目标作出了重要贡献，为进一步深化中俄新时代全面战略协作伙伴关系提供强劲"核动力"。

### （二）案例情况

随着太阳能和风能等间歇性可再生能源发电量的增加，能够以负荷跟踪方式运行的核电机组在保障电网运行的稳定性方面发挥着越来越重要的作用，逐渐成为全球实现清洁和现代能源转型、碳减排的关键驱动力；备件作为机组系统设备重要组成部分，关乎着电站机组设备安全、可靠、经济、稳定运行。

基于当前田湾核电站机型复杂、群堆机组并行运行、备件采购需求多样、不同机组备件储备量冗余较大、库存管控成本较高的现状，江苏核电以实现机组安全性与经济性二元融合为导向，基于田湾大基地背景下，自 2019 年通过业务整合、流程优化、资源配置优化等措施，对 VVER 机型、M310 改进型等多机组备件实施集约化管理，在保障机组安全稳定运行基础上，集合要素优势资源、节约生产成本，实现群堆机组的设备可靠性与经济性的动态平衡，从而推动公司高质量发展。

## （三）案例具体实践

### 1. 总体思路

通过搭建"1个平台、2个数据库、3化提升、4条主线、5个指标"覆盖的备件集约化管理网络体系（简称"12345"体系），将备件采购需求提报、备件采购立项、备件在途、备件库存等环节建立接口，实现全流程集成管控；建立完善基础数据库，提高备件基础数据的统一集成程度，创新开展备件"三化"提升，即备件标准化、备件归一化、备件国产化，源头上备件编码标准统一，有效避免重码采购；过程中备件"九九归一"，减少通用备件采购的品牌型号数量，替代消纳现有库存；结果导向上全面开展备件国产化，打破国外企业对核电站的技术封锁，解决"卡脖子"的潜在风险，降低采购成本，减少备件库存，备件管理水平迈上新台阶，江苏核电核心竞争力得到很大提升，并得到了中国核电工业集团有限公司领导的充分肯定和同行电站的广泛赞誉。

### 2. 主要做法

#### （1）优化顶层规划设计，健全集约化管理体系

明确管理目标。立足"生产运行、工程扩建、国内外市场开发"三大业务战略的总体目标，在原有的备品备件管理体系基础上，强化源头管理，梳理现有管理流程，聚焦"集约化"，不断优化完善备品备件管理制度。通过业务整合、流程优化，对备件资源进行重新整合、配置优化，推动建立健全一套基于田湾大基地群堆模式下的备品备件管理体系，对各机组备件实施集约化管理，在保障机组安全稳定运行的基础上，集合要素优势资源、节约生产成本，实现群堆机组的设备可靠性与经济性的动态平衡。

制定工作思路。根据帕累托原则，从田湾大基地的角度出发，基于备件分级管控的总体原则，统一备品备件管理总体思路：实行备件分级管理，分为战略备件、预防性维修必换件、纠正性维修备件（储备定额备件），通过对电站"关键的少数"备件资源进行整合，优化资源配置，针对不同的备件分类储备实施不同储备策略。以"控增量、消存量"推动备件管理提升，在确保核安全、保障机组长期安全稳定运行、满足维修/变更等活动需要的基础上，降低现有库存，合理储备，实现核电站降本增效。

健全管理体系。根据管理目标及工作思路，以"安全性、经济性"为导向，建立健全基于田湾大基地群堆模式下的"12345"备品备件集约化管理体系，"1个平台"即备品备件管理系统平台，"2个数据库"即储备定额数据库、预维必换件数据库，"3化提升"即备件标准化、备件归一化、备件国产化，"4条主线"即推进框架合同实施、现买现用零库存管理、备件联采联储、新建机组SO备件优化，"5个指标"即新增备件两年周转率、大修备件领用率、日常备件领用率、BOM关联度、单机组备件采购立项金额。通过打造一个集成化的备品备件管理平台，不断完善储备定额数据库、预防性维修必换件数据库，提高基础数据质量，确保备件采购更加趋于科学合理，积极开展备件"三化"提升，逐步提升备件管理水平，狠抓4条"控增"主线，强化考核机制，以效益指标实现对备件管理水平的定量分析与定性分析，从而最终实现"满足维修、变更等活动的需要、确保核安全、保障机组安全稳定运行，合理控制备件库存，提高备件库存利用率和经济效益，降低库存管理成本，真正实现核电企业"安全性导向与经济性导向的双赢"的管理目标，进一步提升江苏核电整体经营管理水平。图1即为"12345"管理体系框架。

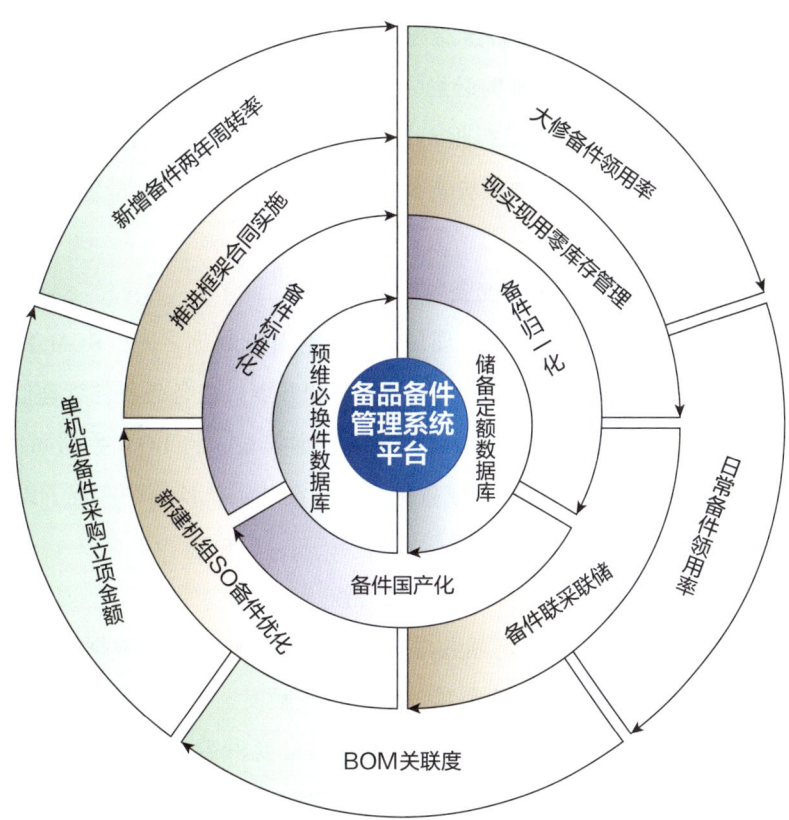

图1 "12345"备件集约化管理体系

注：1个平台、2个数据库、3化提升、4条主线、5个指标

**（2）规范组织机构职责分工，夯实集约化管理工作基础**

明确组织机构责任分工，建立清晰高效工作机制。备件数据库维护主要依托设备工程师网络开展，其他按照处室责任分工实施，包括备件技术责任部门、备件采购部门、备件仓储部门、备件管理系统运行与维护部门等。其中备件技术责任部门负责备件采购需求提报、审查，设备管理处负责电厂储备定额备件需求提报、立项申请及电站备品备件总归口管理（包括战略备件归口），其他维修部门负责预防性维修必换件采购需求提报、立项申请；商务合同处作为备件采购部门，负责电厂备件采购立项申请的审查、合同签订、入库验收、备件仓储等；信息文档处负责备件管理系统的运行与维护，配合责任处室进行系统的优化升级等。

健全管理程序和规章制度，筑牢集约化管理基础。为规范与运行生产相关的备品备件管理，指导备品备件技术管理工作，进一步加快备品备件管理体系的建设步伐，江苏核电编制生效了一系列管理程序和技术程序及相关导则，通过建立健全管理程序和相关规章制度，从制度根源上筑牢备件集约化管理工作的基石，为推进备件集约化管理奠定良好基础。

依托专项特设机构，加快体系构建与实施进程。为加快备件集约化管理，江苏核电在原有专项组取得成绩的基础上，结合"一三五"战略目标，重新梳理工作重点、难点，及时调整专项组重心，紧紧围绕备件基础数据管理提升、备件采购优化等方面开展一系列专项提升工作。通过依托专项特设机构运作，充分调动备件技术责任部门、备件采购部门等资源，组织力量集中开展多渠道的备件管理提升，持续提升备品备件管理水平，切实推进企业降本增效。

**（3）搭建信息化管理平台，实现备件全流程集成管控**

信息化管理是实现备件集约化管理的必经之路，江苏核电通过积极开发备品备件信息化系统，搭建信息化管理平台，将备件采购需求提报、备件采购立项、备件在途、备件库存等环节建立接口，实现有机关联，其中包括储备定额模块、预防性维修必换件模块、战略备件模块、BOM 模块、物资主数据模块等。

持续优化 BOM 系统应用，实现设备与备件的有机关联。

BOM（Bill Of Materials）是备品备件管理最为重要的基础数据之一，BOM 数据是否完善准确，直接影响备件分级、在装量统计、储备定额制定等工作的开展，是备品备件管理信息化的基石。

编制完成的 BOM 数据，通过 BOM 模块、物资主数据模块，将 BOM 数据固化至该系统中，并通过 BOM 主数据管理系统的应用，自动完成备件分级、在装量统计等，实现了设备与备件的关联，为实现备品备件信息化管理奠定了坚实基础。

开发备品备件管理系统，实现备件全流程集成管控。

在编制、完善 BOM 数据库和储备定额数据库、预防性维修必换件数据库建立的基础上，开发并应用备品备件管理系统，实现储备定额需求的线上自主触发、审核、闭环管控，减少人力消耗和失误率，确保储备定额需求按计划实施；实现预维项目必换件需求的计划触发、审核、采购、领用、评估全过程线上处理，减少人力消耗和提报的随意性，即提高预维项目必换件需求采购的效率，同时能做到物料数据实时跟踪可查。实现备件需求与数据库不一致时，触发管理行动优化数据库，形成闭环管理。

通过物资采购一体化报表，实现预算、立项、合同、结算等一体化查询，实时核实备件库存，及时调整新增采购。

通过 BOM 模块、物资主数据模块实现设备与备件有机关联，通过储备定额模块、预防性维修必换件模块实现采购需求自动触发，减少人工环节和工作量，提高备件采购准确性。通过自动核库，减少非必要备件采购，合理控制库存，大大降低了库存管理成本。建立战略备件管理平台，实现战略备件的技术信息、库存状态、修复状态等数据的可视化和强管控，形成一套完善的战略备件识别准则、管理制度和流程。

**（4）建立完善基础数据库，提高备件采购准确性**

在多机组群堆模式下，影响备件集约化的基础因素为备件基础数据的集成程度。江苏核电通过建立并不断完善储备定额数据库、预防性维修必换件数据库，提高备件基础数据的统一集成程度，保证基础数据的有效性、科学性，从而提高备件采购准确性，加快推动实施集约化管理。

建立储备定额数据库。在完成 BOM 主数据信息化的基础上，积极开展一期、二期、三期工程储备定额数据库的建立工作。通过建立储备定额数据库，为纠正性维修备件采购提供了技术性支持依据，纠正性维修备件采购准确性得到进一步提高。

在 BOM 主数据信息化的支撑下，专业工程师掌握了备件在现场的使用量、应用设备、重要程度，再结合历史缺陷情况，定期对储备定额进行优化完善，使定额数据越来越合理化，既满足现场维修需求，又避免过量储备，合理控制备件库存成本。

建立预防性维修必换件数据库。对核电站来说，除了储备定额的纠正性备件需求，还有一类需求,是周期性重复的预防性维修备件需求,这部分备件需求应由预防性维修工单触发,称之为预防性维修必换件。通过建立必换件数据库,为预防性维修备件采购提供了技术性支持依据,预防性备件采购准确性得到进一步提高。

建立定期优化机制。由于备件故障次数、备件采购周期、备件质量等因素较多,最低储备定额的建立难以一次性考虑周全,因此需根据机组运行备件使用经验进行优化,以达到修正偏差、避免库存积压或备件不足的情况。储备定额偏差一般分为储备定额不足和过量两部分。每年通过系统自动计算最大库存与3年平均消缺备件的偏差金额,设备管理处依据偏差结果,对偏差最大的2%～10%备件定额开展审查,审查过程中要分析单批次采购及领用备件的影响,确定储备定额是否需要修订。

**(5)实施备件"三化"提升,合理控制备件成本**

以加快推进备件集约化为导向,江苏核电集合各部门优势资源,积极开展备件标准化、备件归一化、备件国产化工作,简称备件"三化"。通过实施备件"三化"提升,源头上备件编码标准统一,有效避免重码采购,过程中备件"九九归一",减少通用备件的品牌、型号,实现群堆模式下备件库存的共享共用,结果导向上积极开展备件国产化,以打破国外企业对核电站的技术封锁,解决"卡脖子"的潜在风险,降低采购成本,减少备件库存,提高核电站的核心竞争力。

备件编码实施标准化管理。物资主数据管理是供应链管理提升的重要基础性工作,实施统一高效的物资主数据管理,不仅可在采购计划管控、集中采购、库存管理、联采联储等方面发挥直接效益,而且也是推进数字化仓储、物联网和大数据应用、智慧供应链建设等方面不可或缺的基础工作。

江苏核电严格依据集团有限公司物资分类和模版标准进行清理,以库存实物、国家/行业标准、制造商选型手册、专业设备图纸等作为参考依据,结合中国核电物资主数据管理系统与线下模板为清理工具,对现有数据进行标准化处理,有效解决了历史存在的错码、一物多码、关键属性字段缺失、填写不规范、标准不统一等问题。后续新增编码均通过中核集团有限公司物资编码管理系统进行申请、审核、调整与管理,实现物资编码信息的数据交互,从源头上有效避免重码,大大减少了重复性采购。

开展通用备件归一化。江苏核电1至6号机组备品备件的品牌、型号繁多,存在大量的原厂采购,给商务部门采购增加难度,同时也造成库存的增加;各期工程建设期间不同,各期备品备件中也存在大量可通用的备件。江苏核电从备品备件的通用程度、采购频次及归一化替代的可行性上进行考虑,积极开展全厂范围内通用备件的识别和归一化,一方面有效减少通用备件的品牌、型号,降低库存储备,减少单一来源采购目录,提高采购效率;另一方面备件通用归一后,实施归一化替代,一定程度上推进库存消纳,加快通用备件领用、推进备件资源周转。制定备件归一化手册,完成试点备件的归一化成果总结,建立长效归一化机制,为后续持续开展备件归一化提供技术指导和数据参考。

全面统筹实施备件国产化。田湾核电站是目前国内唯一拥有VVER型运行机组的核电站,在运机组进口设备和备件数量庞大,涉及俄罗斯、美国、德国、法国等多个国家约600家制造厂,尤其是1至4号机组主要核心备件的国外供应商大部分来自俄罗斯,部分备件来自美国及其同盟国,一旦上述备件及技术断供，机组安全生产将面临重大风险或威胁，这类问题也就是所谓的"卡脖子"问题。

通过积极策划开展国产化替代研究，对涉及机械、电气、仪控等多个专业进口备件，从系统、设备、部件三个层级全方位、无死角统筹策划，制定各类进口备件/设备/系统的国产化规划。通过持续开展全备件国产化专项提升工作，打破国外企业对电站的技术封锁，增强在运机组的国内供给保障能力，提高电站重大技术装备关键零部件的自主化水平，降低"卡脖子"的潜在风险，降低采购成本，减少备件库存，提高电站的核心竞争力。

（6）狠抓主线工作落实，提升精细化管理水平

通过对标先进，立足不同堆型、多台机组的田湾大基地背景，江苏核电积极探索应用备件管理新模式、新技术、新方法，确定四条主线工作：即从推进框架合同实施、"现买现用"零库存管理、推进备件联采联储、持续开展新建机组 SO 备件优化等四个方面，纵深推进备件管理精细化程度，使备件储备结构更加趋于科学化、合理化。

推进框架合同实施。通过对标同行电站，大力推行实施"框架合同＋订单"的采购形式，明确实施框架合同的项目及范围。结合框架合同，同步实现储备定额数据库的优化，凡纳入框架范畴的备件信息，要重新调整定值，推动实现储备定额的定期优化。框架合同采购模式的实施，是实现"现买现用"零库存管理和最低储备定额管理的有效途径。通过与厂家直接签订框架合同，实现备件需求自动下订单，节省了立项审批、招标、合同签订等大量时间。

实施"现买现用"零库存管理。根据备件分级，对预防性维修必换件和纠正性维修中采购周期较短的国产备件，实施"现买现用"零库存管理。针对可不进行储备的国产备件，按照实际维修活动，自动触发备件需求，按照"用多少，买多少"的原则，实现"现买现用"的零库存管理。

推进备件联采联储进程。通过全面开展备件联采联储工作，参与 M310 机组备件联采联储、中广核战略备件联采联储、哈电集团备件联采联储、上海电气备件联采联储、东方电气备件联采联储等，建立备件联储共享的长远管理机制，实现备件资源共享，逐步由战略重要备件的联储范围扩大至纠正性维修备件，极大程度减少备件采购投入。

持续开展新建机组 SO 备件优化。结合田湾 1 至 6 号机组设备管理经验，从设备在装量、故障模式分析及储备定额等多方面综合考虑，对新建机组招标文件中的 SO 备件和已签订合同中的 SO 备件进行审查、优化，减少 SO 备件的采购，从源头设计上控制新增备件采购，降低采购费用。积极开展库存的清理，严格审查工程建设期的备件采购，推进冗余物资清理处置、物资调拨调用等，实现备件资源的共建共享，从而有效提高资源利用效率，降低库存，提高经济效益。

（7）强化指标考核，建立长效管控机制

为切实有效地落实库存控制的要求，江苏核电制定备件考核指标办法，考核指标包括大修备件领用率、日常备件领用率、新增备件两年周转率、BOM 关联度、单机组备件采购金额等共计 5 个指标，分别纳入生产运行领域绩效考核管理和处室绩效管理。通过强化指标考核，对相关责任处室进行正向激励、负向考核。

定期评估考核办法，落实闭环管理。通过依托备件专项组平台，强化专项组运作，定期组织征集意见和建议，结合考核办法在前几季度的实际运作情况，对考核办法进行实时评估，依据专项组评估内容，对考核办法进行优化。根据指标值趋势变化，对备件管理进行定量分析，发现存

在的问题，及时制定纠正措施，调整备件储备策略，并在下个考核周期验证效果。通过实施考核机制的闭环管控，推动备件管理 PDCA 螺旋式提升，从而筑牢备品备件的长效管理机制。

## 二、案例实践效果

### （一）综合效益

#### 1. 管理精细、优化资源配置，提升企业核心竞争力

通过对备件资源进行重新整合、配置优化，推动建立健全一套基于田湾大基地群堆模式下的备件集约化管理体系，对各机组备件实施集约化管理，提升管理精细化程度，在保障机组安全稳定运行基础上，集合要素优势资源、节约生产成本，实现机组安全性与经济性的双赢，使得江苏核电核心竞争力得到大大增强。

#### 2. 控制采购、加速资本流转，增创企业经济效益

截至目前，2022 年度单机组平均备件采购立项金额较 2021 年明显下降；减少计划误差，大修备件领用率和备件两年周转率显著提升；储备定额优化后，与原最大库存相比储备金额亦有所下降；备件资源优化配置效果明显，备件的利用率和资本的周转率有效提高，合计产生经济效益约为 314.26 万元。

### （二）行业推广前景

针对多举措管理提升措施，及时总结、归纳提炼，巩固到管理程序、制度中，备品备件管理体系逐步完善，并形成管理创新成果。该创新成果分别获得 2021 年江苏核电一等奖、中国核电一等奖、2021 年全国电力行业设备管理与技术创新特等奖。江苏核电获邀参加行业设备管理与技术创新成果交流大会，备件管理工作获得同行一致认可，具有广阔的推广价值与应用前景。

（魏国军　孙慧玲　石岩）

# 基于精细化管理的核电企业生产运行指标体系与评价

## 一、案例基本情况

### （一）单位基本情况

江苏核电有限公司隶属于中国核工业集团有限公司，负责田湾核电站的建设管理和建成后的商业运行，以及核电新厂址的开发和保护。田湾核电站位于江苏省连云港市连云区，规划建设 8 台百万千瓦级压水堆核电机组，是全球在运和在建总装机容量最大的核电基地。当前田湾 1 至 6 号机组在运，7、8 号机组在建。2016 年俄罗斯总统普京表示"田湾核电站拥有非常好的口碑"。2017 年田湾核电站被习近平总书记誉为"中俄核能合作典范项目"。

田湾核电站在运机组运行状况总体良好，在建机组"四大控制"总体正常，全厂各类安全风险指标受控，核安全状态满足国家监管要求。8 台机组全部建成后，装机总量 913.8 万千瓦，每年可提供清洁电力超过 700 亿 kWh，有力推动了江苏省产业结构和能源结构调整，维护了华东电网安全和区域能源供应安全，为我国实现"碳达峰、碳中和"目标作出了重要贡献，为进一步深化中俄新时代全面战略协作伙伴关系提供强劲"核动力"。

### （二）案例情况

2021 年 5 月 19 日，国家主席习近平同俄罗斯总统普京共同见证中俄核能合作项目开工仪式，习近平总书记发表了重要讲话，要求"坚持安全第一，树立全球核能合作典范。要高质量、高标准建设和运行好 4 台机组，打造核安全领域全球标杆"。为贯彻落实习近平总书记"5·19"重要讲话精神，江苏核电以打造核安全领域全球标杆为目标，对标行业一流标准和世界一流管理，强化"寻标、建标、达标"意识，建立一套可衡量、可指导、可检验的先进指标体系，为精细化开展生产运行管理绩效最终评价、生产过程控制、过程检查和评价提供科学标准，进而通过"定目标、追过程、拿结果"狠抓落实，持续推动全员、全领域的高质量精细化管理，努力做到运行业绩和发展质量的世界最优，切实树立核安全领域全球标杆新形象。

电力行业蓬勃发展，电力成为人们生产生活中不可或缺的关键能源之一。电力市场竞争愈演愈烈，发电企业综合竞争力需不断增强，要切实提高运行管理水平与设备可靠性。江苏核电聚焦安全生产、质量提升、成本降低、效率提高、管理提升、组织发展，坚持问题导向、目标导向和结果导向，通过建立一套系统性、科学性、先进性的量化指标体系，将工作过程规范化、结果衡量标准化，将模糊、无形的管理变为具体、有形的指标，从而锚定目标，精准发力，解题破局。

江苏核电经过多年的工作实践及经验积累，生产运行管理工作已取得长足进步，但在发展过程中也存在不少痛点和问题：各生产部门指标管理架构垂直，形成多个烟囱式的指标"数据孤岛"，没有进行系统性整合，不能全面反映公司生产运行管理水平，不能有效地为定期监测指标、横向对标结果、绩效分析评价、领导决策部署提供支撑；生产运行管理精细化意识不强，重结果、轻过程的问题突出，对关键过程环节缺少控制；对生产成本的管控存在不足，财务管理与业务工作的融合深度与广度还需进一步加强。针对这些问题，需要坚持系统思维、创新驱动，探索体系创新和指标赋能，构建一个基于精细化管理方法的生产运行指标管理体系，打通各维度指标壁垒，实现各维度指标集成统一，引导生产过程管理创新优化，同时突出目标导向，利用数据驱动、科学高效的分析手段快速识别公司管理过程中的短板，实时预警，辅助管理预测，提高决策效率和精准率。

## （三）案例具体实践

### 1. 总体思路

江苏核电围绕"打造核安全领域全球标杆"的战略目标，全面实施核电企业生产运行指标体系与评价，围绕生产运行全流程画像，科学制定目标和配套管理措施，有效盘活指标数据，充分利用各维度指标全面反映运行机组的管理和运行状况，及时发现业绩差距和不良趋势，采取纠正行动，优化生产管理流程，充分释放指标附加价值，高质量推动运行机组的生产管理业绩提升，促进电站与国际先进水平的对标。通过明确目标，分层分类实施等一系列精准举措，夯实管理基石，打造可持续竞争优势，有效提高发电可靠性。借助数字化手段，数字赋能，"云"端破题，提升生产运行指标管理工作效能，依托生产运行指标智慧管理平台，提供一站式指标精准展示，打造现代化企业生产运营的全场景数据视图，辅助企业科学决策，助力企业生产管理运用数字化技术赋能迭代升级。

### 2. 主要做法

（1）**强化顶层设计，聚焦上层战略制定目标路径**。为落实习近平总书记对核工业和中俄核能合作项目的指示批示精神，立足"三新一高"的发展要求，打造核安全领域全球标杆，江苏核电制定了"两步走"战略。

第一步实现江苏核电"十四五"战略规划指标。目标是于2023年实现5台在运机组世界核电营运者协会（World Association of Nuclear Power Operators，WANO）综合指数排名并列第一；2024年实现6台机组WANO综合指数排名并列第一；2025年开始保持6台机组WANO综合指数排名并列第一。

第二步是打造全球标杆。目标是于2025年实现田湾1至4号机组WANO各单项性能指标排名均进入同类型机组前三，5、6号机组WANO各单项性能指标排名均进入同类型机组前四分之一；2029年实现田湾1~6号机组WANO各单项性能指标排名均进入同类型机组前三，成为全球核电运行机组"标杆"。

通过对标全球在运的同类型商运压水堆先进机组，借鉴WANO业绩指标和中国核电ASP安全生产综合指标，并结合江苏核电实际状况，统筹考虑机组安全、质量、成本和效益等重要方面和关键领域开展指标设计，组织各指标责任部门对指标体系共同探讨，反复沟通，统一思想，达成一致意见，最终确定了符合集团公司要求，契合公司发展战略目标及安全运行管理目标的生产运行指标体系架构。

生产运行指标体系分为一级指标和二级指标，一级指标是衡量标杆机组是否达到卓越的标准，二级指标是围绕实现一级指标而分解细化的过程控制指标，用于过程跟踪、检查和评价。生产运行指标体系按类型分为约束性指标、结果型指标和过程型指标，共101个指标，分别来源于MKJ（目标考核激励）约束性指标、WANO业绩指标、中国核电安全生产综合指标和公司自设管理指标。

（2）**建立保障机制，构建群专结合的矩阵式组织**。江苏核电成立打造"标杆"生产运行指标委员会，为实现打造核安全领域全球标杆目标提供有力的组织保障。打破原有行政领域管理壁垒，全面落实工作责任制，高效协同，确保项目推进工作落到实处。加强跨领域和部门间的横向联系，形成职能和项目复合的矩阵式组织，确保各项工作顺利实施。

搭建管理框架，编制了管理制度体系，确立了季度专项会议和半年检查以及评价等制度。通过检查和评价，及时找出差距和问题，落实改进措施和方向，指导企业充分发挥指标数据要素的驱动潜能，持续优化"数据、技术、业务流程和组织机构"四要素，为"核电企业生产运行指标体系与评价"项目建设提供方法论指导。

基于精细化管理方法，为各项具体工作确立工作路径和考核标准，并设置具体的阶段性成果目标，使之与激励机制相结合，将指标和各阶段重点任务完成的评价结果纳入江苏核电处室年度/月度绩效考核的加分项和扣分项指标，通过绩效考核促达标。同时对于创立"标杆"的机组，申请专项嘉奖进行激励，实现以点带面、标杆驱动的良好局面。

（3）**树立卓越目标，确立生产指标体系管理原则**。江苏核电通过倡导并推动电站生产运行领域、成本管理和综合管理领域的指标管理活动，追求卓越业绩目标，达到促进核电机组安全、可靠、高效、环保运行的目的。生产运行指标管理活动在确保核安全的基础上，遵循以下原则：

一是坚持安全第一、质量第一。指标体系能够反映追求卓越的安全、质量文化，突出安全、质量的基础性、关键性作用和评价的导向性作用。

二是坚持指标体系的战略性、动态性。指标管理围绕安全运行管理目标和战略发展目标，形成有利于保障核安全、发电安全、实现战略发展目标的导向。通过建设完善的指标体系及配套的管理措施实现对过程和结果发生的偏差、异常及时预警，并通过分析及时纠偏。

三是坚持指标体系的系统性、全面性。用系统工程的思维和方法统筹考虑机组安全、质量、生产能力和生产管理的重要方面和关键领域，全面、客观反映出实际生产运行绩效水平，有利于发电稳定性提升。

四是坚持指标体系的先进性、引领性。指标制定坚持追求卓越原则，该指标体系目标值设置为核电行业内的卓越标准，后续根据生产运行管理水平提升、对标和评估情况对指标体系不断进行适应性修订完善，打造生产运行卓越的指标体系。

五是坚持指标体系的科学性、适用性。指标制定科学合理，指标数据设置符合SMART（明确性、可量化、可实现、相关性、时效性）原则。

（4）**对标世界一流，锚定生产指标体系关键结果**。坚持责任考核，确保约束性指标不突破。约束性指标包括核安全、工业安全、生产运行、质量、环境、保卫、消防、辐射防护、信息安全、职业卫生、保密、交通、培训、经验反馈、节能减排、廉洁从业等16个指标。约束性指标是生产运行指标体系中的"硬指标"，是生产管理控制和考核的重点，采用一票否决制，不允许突破。约束性指标重在分解落实，其考核具有准确的数量依据，有公司专项的统计、监测和公布制度。作为对上级单位和公众的承诺，江苏核电将约束性指标纳入公司MKJ考核，与各处室签订目标责任书，明确考核标准及监督激励机制。

坚持结果导向，推动结果型指标追求卓越。结果型指标是生产运行指标体系的关键输出结果，共11个指标，取自WANO业绩指标，包括10个单项WANO业绩指标和WANO性能指标综合指数，是最终评价的关键指标。WANO业绩指标是世界核电营运者协会制定的一套用于反映核电厂运营状况、评价核电机组运行的安全性和可靠性的量化指标体系，是国际上通行的核电厂业绩管理指标体系之一，在世界核电行业得到广泛应用。WANO使用综合指数评价核电机组的整体安全运行业绩。一台核电机组的综合指数是该机组10项单项WANO业绩指标经过加权处理后整合成的一个最大值为100的数值，数值越大表明机组整体运行业绩越好。在结果型指标卓越标准目标值设定上，WANO性能指标综合指数为100分。单项WANO业绩指标参考世界压水堆机组同类型前三名（含并列）且均优于WANO综合指数满分对应的单项指标值。11个指标中有9个为世界最优值，2个为同类型机组前三名值，锚定行业一流标准和世界一流管理，充分体现了"追求卓越，勇争第一"的田湾精神，切实打造核安全领域全球标杆。

（5）精抓过程环节，强化生产指标体系一体管控。围绕生产运行全流程画像，强化过程型指标一体化管控。为确保实现打造核安全领域全球标杆目标，需强化过程管控，根据生产实际，设置安全质量、运行生产、设备管理、成本管理、综合管理五大维度，共设置74个过程型指标。过程型指标是对约束性和结果型指标的细化分解，用于过程控制、过程检查和评价，其过程评价结果也是最终评价的指标。

过程型指标在设置上围绕生产运行全流程画像，打通前端到末端的管理屏障和壁垒，实现一体化管控，将经营、采购、成本及库存管理、党建、科技创新等管理维度创新性地引入生产运行指标体系，探索业务、商务、财务相互融合，党建与企业同频共振，科技创新助推生产管理优化。

安全质量指标设置27个，分为核安全、工业安全、辐射防护、治安保卫、消防安全、交通安全、质量管理、经验反馈、通用、环境应急等10个子维度设置，基本覆盖了安全质量管理的各个方面，卓越标准都为0或最优值。

运行生产指标设置23个，分为发电生产、稳定运行、运维管理、培训管理等4个子维度设置，按照"问题导向"原则，不断进行优化，将困扰生产运行的重要问题转化成指标，配套管理措施，着力解题破题。

设备管理指标参考中国核电EQP（设备管理绩效）指标体系，设置5个指标，卓越标准都为0。对机组关键重要设备和安全重要系统的设备状态实现有效监控。

成本管理指标设置12个，分为经营、采购、成本、库存等4个子维度设置。指标设置上参考中国核电管理要求和自身历史先进值，其中成本管理指标为公司全过程生产运行成本管控指标体系的核心输出结果。通过将成本管理的核心指标有效管控，促进业务、商务、财务的深度融合。

综合管理指标设置7个，分为党建引领、廉洁从业、科技创新等3个子维度设置。通过党建目标责任书和党风廉政建设责任书指标引领，推动党建工作与实现生产管理目标同心协力、同步发力。通过对科技奖项、科技投入、技术标准、发明专利、成果转化指标进行管控，持续注入价值创造新动力。

（6）**精准施策发力，解决生产运行管理中的痛点难题**。以管理目标为导向，结合OKR（目标与关键结果法）管理模式思想制定目标与可衡量目标的关键结果，通过不同场景分析，深度挖掘数据价值，使用PDCA（策划、实施、检查、改进）管理模式完善指标，实现对于战略及目标的收集、制定、下发、执行、监控、反馈、优化的支撑作用，从而通过数据驱动，实现生产运行管理体系化。梳理和固化各维度业务流程，实现管理过程标准化、体系化、可执行化。实施数据治理，通过数据整合、分发，支持跨业务、跨部门的数据流转和协同，实现数据洞察。通过数据标准化、体系化，打破"信息孤岛"，实现数据驱动业务、数据驱动管理，真正释放数据价值。

（7）**依托数字平台，支撑指标管理评价统筹决策**。借助数字化手段，提升生产运行指标管理工作效能，依托生产运行指标智慧管理驾驶舱，嵌入安全管理、人因管理、发电管理、WANO指标管理、对标管理、偏差分析与预测等模块，集成"生产运行管理数字孪生地图"，提供一站式指标精准展示，打造"一图全面可知"的现代化企业生产运营的全场景数据视图，助力企业运用数字化技术赋能迭代升级。

生产运行指标智慧管理驾驶舱将生产管理情况采用数字化度量方式赋能企业，融合了基础主战略指标数据、各维度指标数据、协同实际运维数据以及外部指标数据，建立具备业务洞察能力的数据看板，通过数据挖掘、数据清理、数据泛化、数据决策，实现敏捷反馈，为企业打造全场景数据视图，并通过对标管理模块促进指标生态进化，帮助企业在万物互联时代迈向数字化。

生产运行指标智慧管理平台的数据分析能力让企业可以随时监控、预测生产管理的效率和效益，确保生产管理的各项数据量化、集成和共享，实现智慧协同，真正做到从生产管理走向生产运营。指标偏差分析与预测平台对接各种指标数据库、指标数据仓库，进行加工处理、分析挖掘和可视化展现，满足生产管理数据分析应用需求，如指标可视化分析、探索式趋势预测、复杂报表、应用分享等，深入生产管理全过程，打通生产管理数据，实时掌控生产管理的各维度运转情况，随时监控异常指标以及异常的整改情况，并能进行趋势劣化预测，实现态势提前感知和预警。在考虑机组的配置与基线流程的异同情况下，结合数据中台、经验反馈系统、智能知识图谱等系统应用的支撑，从而为智慧体系改进提供方向，为统筹决策提供辅助支持，为领导层决策提供依据。

运用人工智能和专家经验等数字化技术，智能分析相关指标差距的影响，提供电站运营管理优化的重点方向和改进措施，提升机组安全、环保、高效、经济运行的水平。以智能化大数据分析为基础，从海量经验反馈数据中智能匹配与特定机组有关经验，并主动推送给运营领域和设计工程领域，为同堆型和不同堆型的设计、工程和运营等业务领域提供优化方向与建议，从而最大化发挥运营经验的价值。

（8）**建立评价机制，助力生产指标体系持续优化**。为保障生产运行管理的持续改善，监视活动状况及最终绩效，根据生产运行指标整体架构，分层优化，开展生产运行指标评价，实现对关键业务的不同层级把控。

约束性指标为一票否决制，机组生产运行期间不允许突破。当年度WANO性能指标正式发布后，组织对本统计周期内的结果型指标进行评价打分，总分100分，对WANO性能指标综合指数和

10 项 WANO 单项指标分别设置不同的权重，按百分制归一方式折算为结果型指标年度分数。

过程型指标中安全质量指标、运行生产指标、设备管理指标每月评价 1 次，成本管理指标和综合管理指标每年评价 1 次，分别设置不同权重，按百分制归一方式折算，结果为过程型指标年度分数。

结果型指标评价完成后，对生产运行指标体系进行最终评价。最终评价总分 100 分，其中结果型指标年度得分权重 50%，过程型指标年度得分权重 50%。评分 98 分及以上则标志机组生产运行管理水平达到标杆水平。

依托平台，实现生产运行管理精准考核。生产运行指标智慧管理平台中集成了指标反馈和计算汇总模块，根据预置的计算逻辑和分析模型，抽取或获取指标反馈信息，汇总评价结果，实现指标运算和归集。标红、标黄的警示异常指标实时刷新，并可穿透分析定位异常原因。针对异常指标可制定改善计划，并实时跟踪计划执行情况直至完成并且关闭，真正意义上实现 PDCA 闭环管理。通过与绩效考核机制建立双向反馈，将绩效成绩与指标体系数据挂钩，实现生产运行管理精准考核，确保指标体系的有效运行与持续改善。

## 二、案例实践效果

### （一）综合效益

围绕精细化、提质效、创一流，江苏核电全面推进核电企业生产运行指标体系落实落地，树立了经得起实践检验和历史验证的一流标准，力求始终保持抢抓先手，走在前列，以生产运行指标体系与评价为抓手，持续加强精细化管理，不断完善公司生产管理体系，提升发电可靠性和发电竞争力，持续提升田湾核电基地的核心竞争力和品牌影响力。

2021 年，田湾核电获得 WANO 莫斯科中心颁发的 WANO "卓越管理奖"，1～4 号机组达到 WANO 性能指标综合指数满分成绩，其中 2 号机组连续 5 年、1 号机组连续 3 年取得满分成绩，3、4 号机组在商运后三年即实现 WANO 综合指数满分成绩。2021 年度，田湾核电 2 号机组获得中国电力设备管理协会颁发的"电力行业年度标杆核电机组"荣誉，3、4 号机组蝉联中国核电"金牌机组"殊荣，5、6 号机组首循环实现"零非停"。2021 年度四次大修均提前完成并屡创佳绩，OT501 大修历时 49.68 天，创造国内 M310 堆型机组首次换料大修最短工期记录，OT212 大修 21.09 天工期再次打破 VVER 机组年度大修最短工期纪录。

核电企业安全可靠运行是核电长远发展的重要基础，在实施核电厂生产运行指标体系与评价以来，田湾核电未发生人为原因导致的非计划停机、停堆事件，发电可靠性得到保障。每有效避免一次运行风险导致的停机、停堆事件，按照单台机组满功率运行产生的经济效益估算，即可产生经济效益约 1100 万元。2021 年 5 月至 2022 年 5 月，田湾核电 5 台机组实现零非停，按照中国核电下达的非停指标为 0.3 次/堆·年，在不突破指标的前提下，由此核算带来的收益约 1100 万元。

江苏核电通过生产运行指标体系运作，强化生产现场安全管控能力、核电设备维修精细化管控能力、大修成本管控能力，大修工期持续优化，案例实施期间 OT113、OT303、OT501 大修分别较计划工期提前 6.4、6.94、5.32 天完成，按照单机容量、上网电价核算，获得净利润 3000 余万元。

## （二）第三方评价

核电企业生产运行指标体系与评价入选《中国核电精细化管理案例集》，得到了中核集团和中国核电的充分肯定和同行电站的广泛赞誉，国家核安全局在官媒上评价"田湾核电借力新科技，推动核安全水平再上新台阶"。

## （三）行业推广前景

核电企业生产运行指标体系与评价已经推广至田湾核电基地所有在运行机组，在核电行业首次将经营、采购、成本及库存管理、党建、科技创新等管理维度引入生产运行指标体系，探索业务、商务、财务相互融合管控，党建深入融入中心工作，科技创新推动企业发展，持续注入价值创造新动力的管理模式，为行业内实现生产运行精益化管理提供了宝贵的经验。目前，该生产运行指标体系已被发布为 2022 年中核集团企业标准，具备在同行核电站进行复制推广和应用的价值。

（杜元　王慧鹏　郝龙　袁宁　巩超）

# 基于"双零"目标的华龙核电机组 DCS 可靠性优化及应用

## 一、案例基本情况

### （一）单位基本情况

中核国电漳州能源有限公司于 2011 年 11 月 28 日在福建省漳州市云霄县注册成立，由中国核能电力股份有限公司和国家能源投资集团有限公司按 51%、49% 的股比出资组建，负责核电、水电、风电等多种形式清洁能源的开发和生产。在"强核报国、创新奉献"的新时代核工业精神指引下，公司坚持安全发展、创新发展、绿色发展，努力打造"国之华龙、兼容并蓄、处处风光、无限生态"的中国特大型清洁能源基地，争做新时代最具魅力的一流公司。基地建成后总装机容量将达到 1100 万千瓦，预计年发电量超 720 亿千瓦·时。漳州核电厂位于福建省漳州市云霄县列屿镇，项目规划建设 6 台百万千瓦级华龙机型核电机组，并留有扩充两台核电机组建设的位置，总投资超 1100 亿元人民币，其中一期工程（1、2 号机组）已开工建设，1 号机组计划于 2024 年建成投产，二期工程（3、4 号机组）已于 2022 年 9 月 13 日获项目核准。云霄抽蓄项目位于福建省漳州市云霄县火田镇，项目规划装机容量 180 万千瓦，总投资约 100 亿元人民币。

### （二）案例情况

漳州核电 1、2 号机组采用了 7 大类数字化控制系统，其中非安全级 DCS、安全级 DCS、多样性保护 DAS/SA、BOP 集控系统均为国内商用核电首次应用，非安全级 DCS 与汽轮机控制保护系统（TCS）二层一体化双向通信为中核集团范围内首次应用。

### （三）案例具体实践

#### 1. 总体思路

2021—2022 年，漳州核电积极开展基于"双零"目标的华龙一号核电机组 DCS 可靠性提升实践。项目业主、DCS 设计、DCS 供应商等相关方通过"DCS 专项小组""项目 DCS 技术周例会""全周期设备可靠性交流会"等专设沟通决策机制，打破公司和部门壁垒，高效协作，在不影响核电项目工程进度的前提下，有效落实了两台机组数字化仪控系统 I/O 通道分配设计缺陷优化、跨控制器网络传输信号优化、重要瞬态信号快采增加、非安全级 DCS 控制站供电 / 通信优化、安全级 DCS 中间点位强制功能优化、首出故障功能优化等多项优化方案，产生了超过 8000 万元的直接经济效益及避免3~5次非计划停机停堆的潜在风险。在出厂前解决核电厂数字化仪控系统大量缺陷，显著提高了华龙一号核电机组数字化控制系统的可靠性和安全性，避免了商运即改造的局面，为华龙一号核电机组批量化建设首个项目的安全、稳定、经济运行和实现机组首循环"双零"目标打下了坚实基础。

### 2. 工作背景

**（1）推进设备国产化，提升关键技术**

漳州核电1、2号机组作为华龙一号批量化建设首个项目，承担着核电机组国产化应用范例的重大责任，国产化数字化仪控系统设备可靠性提升是积极推进设备国产化、预防核心设备"卡脖子"、提升关键设备可靠性的必然要求。

**（2）统筹资源配置、形成项目合力**

漳州核电1、2号机组数字化仪控系统，在项目管理上又存在项目业主、项目EPC总包方、DCS供应商三者的接口与协调，以及运行、维修、设备管理、采购、设计、安装、调试等部门各自的需求与意愿。在不影响核电项目工程进度的前提下，国产化DCS设备可靠性提升是项目相关方的共同愿望。通过"DCS专项小组""项目DCS技术周例会""全周期设备可靠性交流会"等专设沟通决策机制，打破公司、部门之间的壁垒，高效协作，是统筹资源配置、形成项目合力的重要体现。

**（3）提升工程可靠性，提升机组经济性**

漳州核电1、2号机组是华龙一号核电机组批量化建设的首个项目，数字化控制系统作为核电厂的"大脑和神经中枢"，控制着全厂超过3万台各类机械、电气设备的运行。核电项目建设周期长、初始投入成本高，数字化控制系统长期稳定运行对核电厂紧急性至关重要。在充分吸收同行电厂经验反馈的基础上，将设计缺陷和停机停堆风险识别，前置到核电厂DCS设备设计、制造、工厂测试阶段，保证"零人因失误非停、零设备缺陷非停"，避免发生"商运之日即是改造之时"的情况，是提升工程可靠性、提升机组经济性的重要举措。

### 3. 主要做法

通过"一个核心、两个抓手、三个提升"管理战略实践落地，以实现核电机组"零人因失误非停、零设备缺陷非停"为核心目标，基于漳州核电1、2号机组多个DCS平台和技术首次应用的现实，确定了以"抓同行电厂经验反馈、抓漳州项目设计缺陷"为基础，实施体系建立、标准统一、评估反馈三个维度体系化、标准化能力协同提升，建立一套业主、EPC总包方、供货商联席决策机制，在紧张的项目工期下合理规划实施窗口，以"DCS专项小组、业主—设计—厂家DCS技术周例会"机制统一优化需求，精准、科学评估设计优化可行性、紧密跟踪推动优化落实。业主、EPC总包方、供货商联席决策机制为漳州核电创造"效率价值"；"DCS专项小组、业主—设计—厂家DCS技术周例会"机制为漳州核电创造"协作价值"；设计优化可行性评估和推动优化落实为漳州核电创造"成本价值"。

**（1）同行核电厂存在问题及原因分析**

通过对同行电厂各DCS平台应用情况和调试情况，在深入分析各项事件原因后，发现目前核电厂的DCS平台项目管理机制存在以下问题：

一是没有总体计划，缺乏对DCS项目管理的整体规划，仅通过质量计划跟踪各个DCS平台，缺少重点问题跟踪计划，缺少对全厂DCS的整体、宏观思考；二是工程参与节点错位，电厂维修人员配置时间错位，在DCS关键需求审查、文件审查阶段，未配置有经验人员深入审查各项技术方案，导致部分现场工作需求未能提前提出；三是工程参与深度不足，在工程建设阶段，未全面深度学习各DCS平台关键技术，而将工作重点放在设备制造工期上。同时还存在对设计院标准规范研读不足、对厂家技术方案研究不透的问题，导致直到运行阶段某些问题才暴露出来；四是工程参与人力不足，在工程建设阶段，仪控人力未配备齐全，导致无法对所有的DCS平台进行全流程、全面跟踪，导致缺少关键工艺、关键技术的实操；五是经验不足，同行电厂在工程建设初期，有经验人员缺乏，导致各DCS平台负责人无法从运维角度思考问题，缺少对DCS技术、管理的思考；六是缺少经验反馈，未形成体系、系统地收集核电行业数字化控制系统的经验反馈，对不同平台问题未能做到举一反三落实，导致问题在不同DCS平台上交叉存在。

（2）"一个核心、两个抓手、三个提升"管理体系建立

体系建立时期，明确"一个核心"中心目标。漳州核电维修处作为核电项目DCS系统最终用户，对电厂DCS系统可靠性、经济性负有兜底责任。国产化DCS系统在华龙一号核电机组批量化建设项目上首次应用，供应商抱有做"精品工程、金牌项目"的动力；而核电机组则是为了实现调试和商业运行期间"零人因失误非停、零设备缺陷非停"的"双零"核心目标。

漳州核电维修处在"全周期设备可靠性管理"的理念指导下，利用安全级DCS 1∶1工程样机鉴定和模拟验收测试机遇，全方位介入中核集团首个国产化安全级DCS平台测试过程，从设备可靠性、防人因失误设计、运维需求等角度提出平台优化建议109项，得到安全级DCS供应商有力支持，基于"双零"核心目标，共同打造"精品工程、金牌项目"的理念在项目相关方得以明确实施。业主在工程前期深度参与DCS系统样机测试与初步设计和"全周期设备可靠性交流会"的机制初步建立。

试点建立期，以"两个抓手"为重要手段。"两个抓手"即"抓同行电厂经验反馈、抓漳州项目设计缺陷"。一是以同行电厂设计/设备缺陷所产生严重后果进行"震撼教育"。在参与参考电厂执行"停机不停堆"调试试验过程中，由于汽轮机旁路系统设计缺陷，导致非预期停堆事件，使漳州核电仪控人员和DCS项目相关方广受震撼。二是强调核电DCS项目长期存在接口复杂、设计变更比率高的特点。现实中DCS供应商工程实施人员往往不具备核电厂运维经验，对设计提资理解不到位，DCS设计方迫于多项目并行设计和不断优化迭代的压力，对DCS供应商的反向提资审查不深入。

漳州核电维修处为避免DCS供应商对设计提资理解不到位，以经验反馈为切入点，以查找DCS初步设计缺陷、避免单一故障非停为目的，开展了DCS初步设计审查工作，提出了"首出故障报警功能设计缺陷""冗余I/O通道分配不合理""重要保护控制信号网络传输不合理"等设计缺陷。在DCS初步设计阶段全面以"两个抓手"重要手段，并将DCS项目相关方"DCS技术周例会"机制固化实行。

完善推广期，构建"三个提升"管理体系：随着经验反馈落实、设计缺陷查找工作的全面铺开，以及漳州核电业主对国产化DCS平台学习的深入，漳州核电1、2号机组DCS可靠性提升工作已深入设计方和供应商正常的设计、制造过程，亟待建立设计优化决策机制。DCS项目通过"体

系建立、标准建立、评估反馈"三个维度实现体系、标准、能力协同提升，固化了设计优化决策体系。

体系建立：漳州核电针对DCS体系管理，建立了一整套完整的管理体系。一是通过公司发文成立以维修处仪控科牵头的漳州核电DCS小组，统筹协调业主运行、维修、设计管理、设备采购等部门，作为重大问题讨论、决策机构，总体引领漳州核电各个DCS平台的设计优化和经验反馈落实；二是通过发布《漳州核电DCS组态审查技术通告》，从管理制度上明确了DCS优化的方式、方法，形成了标准的审查工作流程，有效指导了仪控各平台开展DCS优化的方式、方法及工作途径；三是发布《漳州核电DCS工厂测试管理通告》，从工厂测试层面，明确了人员参与的目的、时间、工作重点，通过有经验人员的指导，形成标准化的工程参与流程，突出重点，及时发现工厂测试阶段的问题与缺陷，紧抓工程窗口实施优化提升。

"业主—设计—厂家DCS技术周例会"是DCS项目相关方工作层沟通、协商的主要渠道，由项目采购方牵头、DCS供应商组织项目相关方参与，各项目相关方均可在"DCS技术周例会"提出议题并指定议题沟通需求方，根据议题内容开展澄清、协商、接口确定等工作，对于无法达成一致的议题，则由议题提出方提交至其内部决策体系。对于"DCS技术周例会"未达成一致意见而"漳州核电DCS小组"决策仍需推动的设计优化，则由漳州核电对口管理部门发函至DCS设计方或DCS供应商，由设计方、供应商完成设计优化影响分析后，再提交到漳州核电DCS小组进行二次决策，实现需求提出、评估反馈、决策落实全流程推动。

标准统一：标准统一包含两个方面的统一：一是漳州核电业主内部各专业的标准统一，二是各项目相关方之间的标准统一。

漳州核电业主内部与DCS可靠性相关的部门包括运行、维修、设备管理、调试管理、设计管理和设备采购。每个部门基于各自的角色提出设计优化需求，部分需求产生重叠。为确保需求统一，漳州核电内部以DCS小组例会机制作为最终决策机构并发布《DCS设计变更管理》，确立"在保证核安全和项目工程进度的前提下尽可能开展经验反馈和设计优化"的原则。

在项目相关方标准的统一上，为确保各单位内部决策依据一致，业主、EPC总包方、DCS供应商联合签订《漳州核电1、2号机组DCS系统设计变更管理》，确立"在保证核安全和项目工程进度的前提下开展设计优化"和"谁主张、谁负责"的原则，在制度上将核安全责任、设备可靠性责任、工程进度责任和设计优化责任进行了明确细分。

评估反馈：项目进展到中期，采购部门和DCS供应商天然地对设计优化存在抗拒，担心设计优化会对成本和工期产生影响，设计部门也抱着不影响核安全即可的心态，以上种种想法导致设计优化和设备可靠性提升工作难以开展。

为了持续开展设计优化和设备可靠性提升工作，漳州核电牵头项目相关方建立了评估反馈机制。设计优化经过各方初步讨论，明确需求后，由受影响方（设计部门或供应商）开展评估，评估的内容包括：图纸、文件、软件、硬件升版工作量、物资采购需求、工期、成本等。受影响方为避免自身责任，不可避免地会做出保守评估。业主方再对受影响方的评估报告，结合参考电厂历史经验进行二次澄清和评估，必要时提交至项目高层协调会进行协调。

通过"体系建立、标准统一、评估反馈"三个维度实现制度、能力的协同提升，固化了设计优化决策体系，保证了议题提出、评估、决策的合理性、完备性和高效性，确保项目目标和设备可靠性同步得到保证。

（3）建立风险管控机制，化解项目风险

漳州核电1、2号机组DCS项目由于供货商的经验和产品成熟度问题而存在非常大的挑战、困难和风险。因此，必须建立以风险管理为中心的项目管理策略，从项目执行之初，上级领导就非常重视项目的风险控制。项目团队坚持系统思维的观点，采用沙盘推演工具方法识别项目的各类风险并研讨措施，先后于2019年5月和2020年2月组织了两次DCS项目沙盘推演活动，分别针对DCS全项目和非安全级DCS分项进行全面和细致的风险梳理和分析。

在沙盘推演过程中应用了思维导图等工具方法，形象直观地反映了风险的总体情况。结合漳州核电1、2号机组DCS项目的客观情况，从项目管理的各个阶段出发，梳理分析了主要的风险和问题，经过归纳和整理，最终形成六大类风险，有针对性地制定了48项应对措施，应用TOP10的工具方法对风险项进行量化评估，形成了漳州核电1、2号机组DCS项目TOP10风险清单，并对风险清单中的项目进行重点管控。

（4）建立三维质量管理，实现资源配置最优化

全厂DCS系统设备供货周期（以工程项目开工建设FCD为起点开始计算）长达33～36个月，包含系统设计提资，软硬件设计/研发，物项材料采购，硬件模块制造，机柜集成装配、验证和测试，验收发货等诸多环节，与此相关的人力资源投入达到400～500人，从全局角度考虑，利用"霍尔"三维模型，对质量进行全面管控。

控制质量源头，消除设备出厂前的质量隐患。从设计阶段开始策划提升设备可靠性将大大降低后期变更改造成本，漳州能源秉持"全周期设备可靠性管理"原则，从初步设计阶段就介入重要设备设计与制造过程，将设备可靠性提升从源头抓起。面对有史以来平台类型数量最多、国产化最全面的一套数字化控制系统，漳州能源从合同技术谈判开始，提出设备可靠性提升需求。历经样机测试、项目初步设计、详细设计、工厂测试阶段，将设备可靠性提升全方位、多角度地嵌入设备设计、制造过程，有效消除设备到场前的质量隐患。

控制质量过程，筑牢全周期设备质量防线。核安全是核电厂第一要务，必须牢牢嵌入核电厂设计、采购、生产的各个环节。同行电厂经验反馈是核电建设的宝贵财富，漳州能源公司以同行电厂经验反馈为基础，一方面推动设计优化，避免历史事件重发；另一方面磨炼自身能力，提升运维人员专业技术水平。

控制质量结果，严守DCS设备质量标准。项目建设安全、质量、进度、成本缺一不可，设备可靠性提升不能以牺牲项目进度为代价。全周期设备可靠性提升工作需建立在科学、合规、高效的决策体系下。漳州核电1、2号机组DCS项目相关方通过工作层的"DCS技术周例会"实现高效信息传递和技术沟通，漳州能源公司内部通过"DCS专项小组"统一需求和规范决策。业主方、设计方、DCS供货商通过评估反馈机制，对设计优化影响因素进行全面和深入研究分析，确保决策科学合理。

（5）建立标准化制度模型，规范高效开展工作

在漳州核电1、2号机组DCS项目执行过程中，充分利用系统工程理论对整个工作流程进行系统化、精细化、组织化梳理，建立健全各阶段制度管理措施，不断总结项目实施过程中的良好实践

及经验反馈，优化迭代各项工作流程，实现项目管理制度、水平不断优化提升，为华龙一号批量化建设注入"标准化"制度模型。

一是建立 DCS 审查标准流程。通过发布《漳州核电 DCS 组态文件审查实施细则》，在设计阶段就规范化公司内部的系统审查、专项攻关审查流程，以制度保障助推问题的提出与落实，确保源头文件的有效可靠。

二是建立 DCS 与监管单位的接口专班。通过发布《与监督单位接口专班工作方案》，加强与监管单位的有效沟通，快速响应监管单位对核安全级控制系统的各项要求，从接口、技术、质保、管理、信息联络等五个方面明确人员职责，并规范人员配置，实施例会报告、工作督办等专项工作机制，有效提升监管单位对核安全级控制系统的信任度，确保各项工作顺利开展。

三是建立 DCS 项目联合办公机制。通过发布《漳州核电 DCS 联合办公方案》，建立采购方、设计方、业主方、供货方统一联合办公机制，通过联合办公日例会形式，对每日测试发现的技术问题、管理问题进行现场讨论、快速解决，有效提升问题解决处理的流程、效率，为工程有序推进奠定了坚实的基础。

## 二、案例实践效果

### （一）综合效益

本项目在出厂前修补核电厂数字化仪控系统大量缺陷，有效避免了同行电站类似的 DCS 网络故障或者单一卡件故障导致机组非停及大瞬态事件，显著提高了华龙一号核电机组数字化控制系统的可靠性和安全性，避免商运即改造的情况，为华龙一号核电机组批量化建设首个项目的安全、稳定、经济运行，实现机组首循环"双零"目标打下了坚实的基础。

通过本项目的应用，漳州核电 1 号机组 12 项关键设备全部实现按期到货，多个设备实现提前到货。1 号机组安全级 DCS 平台提前至 2022 年 12 月 18 日发货到厂，顺利实现集团公司提出的"12.30 到厂"目标，1 号机组非安全级 DCS 设备从合同要求的"9.30 到厂"提前了三个月到厂，为实现"华龙"机组卓越目标奠定了坚实的基础。

漳州核电 1 号机组"主控室可用"节点目标进度从最初土建施工滞后 3 个多月，到最终圆满实现了 1 号机组"主控室可用"的"12.15"摸高目标，提前 15 天达到集团公司 MKJ 任务的节点。主控室作为核电厂运行的"指挥部"，提前达到该重大节点目标，既为"华龙"机组批量建设首堆调试工作提供了有力保障，也为实现"华龙一号"机组批量化建设卓越目标创造了有利条件。

### （二）行业推广前景

本项目为国内核电行业新建项目中首个在项目初期全面和深入开展关键设备可靠性提升研究和

实践的项目，通过整个项目各方技术团队的通力协作，一方面确立了项目初期设计优化决策和推动流程，建立各相关方职责和接口，明确"在保证核安全和项目工程进度的前提下开展设计优化"决策原则；另一方面，通过设计优化，使 DCS 不仅产生了 8000 多万元的直接经济效益，更因有效避免了机组商运后 3~5 次非停事件而获得了一定的间接经济效益。因此本成果分别荣获中核国电漳州能源有限公司 2022 年度管理创新成果一等奖、中国核电 2023 年度管理创新三等奖、中国设备管理协会"第五届全国设备管理与技术创新成果"二等奖和 2023 年（第八届）中国设备管理大会设备技术创新标杆项目等多个奖项，并在中国核电多个"华龙一号"新建核电项目上进行了推广，具有较高的市场推广应用价值。

（陆炜伟　连鑫炜　彭沛星　何程　许坚）

# 核电机组减非停管理创新实践

## 一、案例基本情况

### （一）单位基本情况

秦山核电有限公司（简称秦山核电），是中国核工业集团有限公司的核心子公司，主要负责秦山地区 9 台核电机组的运行管理，年发电量约 520 亿 kWh，是目前国内核电运行时间最久、机组数量最多、堆型品种最丰富的核电基地。截止 2023 年年底，秦山核电累计发电超 8000 亿 kWh，换算节约标准煤 2 亿吨，减少二氧化碳排放 7.4 亿吨，相当于植树造林 500 个西湖景区的面积，被誉为"国之光荣"，有"中国核电从这里起步"的评价。秦山核电在管理上积极与国际接轨，引进并推行国际先进管理方法，不断进行设备技术改造，运行水平达到世界先进。经过十多年管理运行实践，实现了周恩来总理提出的"掌握技术、积累经验、培养人才"的目标。

### （二）案例情况

秦山核电在过去三十多年的工程建设和安全生产中积累了丰富的运营管理经验，建立了一套适合当时发展需要的运营管理体系。但近年随着运行年限的增加，设备老化、备件质量等问题时有发生，机组非计划停机停堆事件也时有发生，为此秦山核电高瞻远瞩提出了新时代建设一流核电企业的目标，紧密围绕安全运行主线要求，做好生产活动非计划停机停堆风险管控、优化设备管理方法、夯实技术基础、聚焦关键问题，不断提升核电站本质安全；强化人因管理、推进经验反馈，推行核电机组减非计划停机停堆管理创新体系实践工作，面向市场，打造核心竞争力。

#### 1. 机组安全稳定运行的必然选择

秦山核电在运机组堆型复杂、堆龄新旧差异较大。秦山核电厂首台机组 1994 年 12 月开启商业运行，1996 年至 2009 年又相继投运了秦二厂、秦三厂、方家山等共 8 台机组。随着机组运行年限的增加，设备老化、可靠性下降等问题逐渐呈现，伴随国际环境变化，部分国家对我国开展贸易战，备件和服务"卡脖子"问题也逐渐暴露，备品备件的供应和质量也存在一定的风险，给秦山核电各机组安全稳定运行带来了较大挑战。据统计，因设备问题造成的非计划停机停堆占比近 80%。

核电机组系统众多、设备数量大，运行控制比较复杂，因此在核电厂设计时基本上都是带基荷运行，让核电机组、系统和设备一直处于稳定的运行状态，这对核电机组、对核安全是有利的。频繁的启停，一方面对系统设备不利；另一方面也容易出现各种非预期问题，如人员操作失误。因此，减少核电机组非计划停机停堆，对保障核安全是非常重要的。

### 2. 新能源、环保政策对核电发展产生重大影响

中共中央、国务院发布了《关于进一步深化电力体制改革的若干意见》，明确了国家电力市场的改革新方向。根据电力体制市场化改革的要求，明确了"核电在确保安全下兼顾调峰需要安排发电"。随着国家电力体制改革的逐步深入，核电面临的调峰压力逐年增大，发电量受电网因素影响增大，国内核电开始面临市场化、国际化的挑战。同时，日本福岛核事故加强了公众对于核电环保的意识，公众对于核电建设、运行透明度的期望增加，环保要求进一步提升。故核电机组保持长期安全稳定运行，对我国核电行业健康发展意义重大。

### 3. 核电发电成本压力显现

近年来，核电发电成本压力逐渐显现，光伏发电效率的提升、建设成本的下降，对整个能源行业产生的"木桶效应"影响是非常显著的。核电机组非计划停机停堆事件发生带来的非计划发电损失直接影响核电厂效益，减少非计划停机停堆是控制核电厂成本的重要内容。

## （三）案例具体实践

### 1. 总体思路

经过两年多的探索和实践，秦山核电在学习吸收国内外先进理念的同时，结合自身实际，对核电机组减少非计划停机停堆管理方法进行了完善与创新，主要包括做好生产活动非计划停机停堆风险识别和管控，抓好关键重要设备管理、提升设备可靠性，狠抓机组十大缺陷处理、解决一批关键技术问题，提升机组本质安全，加强外部非计划停机停堆经验反馈等。

### 2. 主要做法

（1）做好生产活动非停风险识别和管控。电厂的非停风险隐患隐藏在生产活动过程中的各个环节。

在工作准备阶段，在风险分析单中内置了100多条标准风险类，以便工作准备人员识别工作中的风险、分析风险点和应对措施；持续优化预防性维修的模板工单，不断完善模板工单的风险分析和质量；持续优化运行、维修和定期试验规程进行升版完善，将防人因失误工具落实到防人因失误关键步骤中，在规程中标注历史上的非停事件等，持续提升规程质量。通过工单和工作文件的优化完善，将历史经验固化到文件中，再通过强化规程执行，可以在很大程度上减少人因失误。

在生产过程中，风险识别包括日常运行期间风险识别和机组大小修期间风险识别两个部分。在日常运行期间的风险识别方面，生产计划部门通过召开生产组织计划会的方式，组织运行、维修及相关部门共同做好工作风险识别工作。通过探索并推广运行风险挑战会，针对高风险类工作，会前充分收集相关信息，会上充分讨论，以期达到有效控制风险的目的。在机组大小修期间的风险识别方面，大修计划部门采用SPV设备识别等方式，对大修期间关键工作路径中的高风险类工作做好风险识别工作。

持续做好生产过程中风险控制，主要包括运行操作风险控制和维修操作风险控制两个环节。

在运行操作风险控制方面，主要包括：①加强防人因工具使用，将防人因失误工具落实在防人

因失误操作关键步骤中；②严格运行人员操作规范，通过《主控室工作管控》《高风险工作控制管理》等管理指令规范高风险活动场所、工作环节行为规范；③通过运行工程师、运行技术工程师参与日常工作风险分析会，强化风险控制；④针对高风险运行操作清单进行梳理、编制工前会风险控制材料；⑤加强机组大小修启停期间运行操作的高风险管控。

在维修操作风险控制方面，对于重要操作和高风险作业，维修部门通过观察指导、提前识别高风险作业管控清单并设定风险监督人、执行责任人、管理责任人等，通过监督旁站来确保现场风险可控，持续做好维修操作风险控制。

（2）**抓好关键设备管理**。将关键设备管理精细化。秦山核电有关键设备6530台，占总设备数量的1.12%。关键设备是设备管理工作的核心。为夯实和完善设备管理基础，秦山核电对所有关键设备识别出其关键的部件和失效模式，针对这些关键部件和失效模式，审查已有的工作文件、工作流程是否存在薄弱环节，并加以改正，从而提高关键设备精细化管理水平，确保这些关键设备得到足够的重视和认识，在技术管理、维修、运行操作等方面都能做到万无一失，减少机组因为这些设备的缺陷而导致非计划停机停堆事件。

开展关键重要设备性能监督和评价。随着时代的发展，信息化、智能化管理越来越普遍，秦山核电审时度势，创新性地开发了设备智能化管理平台，树立了大数据、数字化、智能化的管理理念，在核电管理数字化的道路上超前探索。秦山核电将设备性能参数监督、预防性维修项目信息、备件信息、设备修前/修后数据记录、故障模式与实效影响分析、维修监督、环节策略分析等各环节全部实现数字化管理，通过对设备的智能故障预警和趋势判断，促进了设备状态劣化时实现故障提前干预的有效性。目前秦山核电9台机组已实现对全部可监督关键设备的监督，并定期开展健康评价。

关键设备维修和缺陷管理。严格控制大修关键设备维修质量，确保关键设备维修质量控制。关注关键设备的缺陷，分析原因，制定改进措施，做好经验反馈；针对非预期缺陷，签发状态报告进行原因分析，根据分析结果落实改进行动，避免重复发生；持续对以往缺陷数量最多的系统设备进行分析，制定改进措施，降低缺陷数量。

关键设备管理自我评估。为提升设备管理效率，有效建立设备管理闭环控制，针对关键设备管理过程中的各个实际执行环节，包括预防性维修大纲、风险控制、维修规程、备件管理、性能监测等方面，秦山核电组织开展了秦山各生产单元管理自我评估活动。经过自我评估活动，总结出强项、待改进项，开展纠正行动，并根据评估结果有针对性地制定提升措施。

提升电厂本质安全。电厂在长期运行过程中会遇到各种缺陷和技术问题，这些缺陷和技术问题如果不解决将会对电厂安全稳定运行带来不利影响。电厂建立TOP10制度，对排序在前的10个重要缺陷和技术问题，即十大缺陷/十大技术问题，电厂投入人力和资源，作为高优先级事项进行管理。通过集中资源处理十大缺陷/十大技术问题，在很大程度上消除了机组安全运行的隐患，降低了机组非计划停机停堆的概率。

此外，秦山核电通过实施一些重大变更和技术改造工作，更新陈旧设备、淘汰落后技术，消除影响机组安全稳定运行的隐患、技术难点，提高核电厂的本质安全，降低了非计划停机停堆的风险。

**（3）加强利用外部非计划停机停堆经验反馈。** 加强利用外部非计划停机停堆经验反馈，防止同类非计划停机停堆在本厂重复发生。通过开展外部非计划停机停堆事件经验反馈活动，以及经验反馈活动的有效性审查，确保经验反馈工作有效、高效落实，避免同类事件的发生。

经验反馈部门收集外部非停事件，定期召开分析会，将相关信息通过状态报告系统分配至相关领域或处室，组织人员分析经验反馈价值。

每年开展国内同行电厂停堆停机事件经验反馈的有效性审查活动，确保以前已经分析过事件的行动都能落实有效，对于未落实或无效的行动重新进行审查和分析，确保外部事件的经验得到有效利用。

国内常规火电厂有很多经验可以借鉴，秦山核电采取"走出去、请进来"的方式，加强和周边常规火电厂的经验交流，借鉴常规火电厂好的做法。

## 二、案例实践效果

秦山核电在"一体两翼"发展战略目标的引领下，大力推进机组减非计划停机停堆管理工作，将机组减非计划停机停堆工作作为保障安全生产的重要抓手，并取得了显著效果。

### 1. 减少机组非计划停机停堆，确保发电任务完成

通过实施减非计划停机停堆专项工作，秦山核电近年机组非计划停机停堆事件显著减少。2022年，秦山核电9台商运机组全年未发生非计划停机停堆事件，为秦山核电机组商运历年以来首次。

表1　2018—2022年秦山核电非计划停机停堆次数

| 年份 | 商运机组数（台） | 非计划停机停堆次数（次） | 非计划停机停堆率（次/机组） |
|---|---|---|---|
| 2018 | 9 | 7 | 0.78 |
| 2019 | 9 | 3 | 0.33 |
| 2020 | 9 | 1 | 0.11 |
| 2021 | 9 | 1 | 0.11 |
| 2022 | 9 | 0 | 0 |

保障各机组大修工作顺利开展。减非计划停机停堆专项要求持续做好日常生产过程风险控制工作，特别是机组大小修启停期间运行操作的高风险管控和维修工作过程中高风险检修过程的风险管控，建立和完善大修决策机制。秦二厂2号机组214大修、秦二厂3号机组308大修、秦三厂2号

机组 210 大修、方家山 1 号机组 105 大修已优于计划工期顺利结束。

### 2. 高效利用资源，提高经济效益

据测算，2014—2019 年，秦山核电 9 台机组因发生非计划停机停堆导致的平均年度非计划损失电量数为 342378（MW·h），按 0.43 元/kWh 电价测算，年均损失超 14722 万元。2020 年、2021 年度秦山核电 9 台机组非计划停机停堆数量均为 1 次，损失电量数量均值为 16000（MW·h），较历年平均损失大幅缩小，提升经济效益约 7800 多万元。

### 3. 关键重要设备管理水平提升

秦山核电继续加强设备管理工作，提升设备管理工作水平，关键重要设备的缺陷数量逐年降低。2018 年 9 台机组关键重要设备缺陷 309 项，2019 年下降至 264 项，2020 年降低至 183 项；设备管理绩效指标（EQP）稳步提升，多台机组单机组得分位列中国核电前 10。

（金艳骏　樊鹏飞　吴剑　姜向平　岳春生）

# 维修辅助风险评估系统

## 一、案例基本情况

### （一）单位基本情况

秦山核电有限公司（简称秦山核电），是中国核工业集团有限公司的核心子公司，主要负责秦山地区9台核电机组的运行管理，年发电量约520亿kWh，是目前国内核电运行时间最久，机组数量最多、堆型品种最丰富的核电基地。截止2023年年底，秦山核电累计发电超8000亿kWh，换算节约标准煤2亿吨，减少二氧化碳排放7.4亿吨，相当于植树造林500个西湖景区的面积，被誉为"国之光荣"，有"中国核电从这里起步"的评价。秦山核电在管理上积极与国际接轨，引进并推行国际先进管理方法，不断进行设备技术改造，运行水平达到世界先进。经过十多年的管理运行实践，实现了周恩来总理提出的"掌握技术、积累经验、培养人才"的目标。

### （二）案例情况

维修辅助风险评估系统项目开始于2018年，项目组在浙江海盐成立，成员全部由秦山核电维修部门员工组成。项目组利用业余时间进行功能设计、系统开发、数据整理以及测试验证，全部过程均自主完成，无外部投资。

维修是保障核电厂安全稳定运行的重要手段，维修能够消除设备缺陷，恢复和提升设备性能。维修风险分析则是维修准备工作的重中之重，不因维修影响系统运行、不因维修导致机组瞬态是维修工作者的警戒线和安全线。维修风险分析需要分析人员拥有丰富的维修经验并需要查阅大量的图纸文件。长期以来，维修风险依靠人工分析，存在诸多弊端：一是每次分析需要查阅大量图纸并逐个读图，费时费力；二是每个人的责任心和能力存在差异，分析结果可能不同；三是检修路径、相邻设备的风险很难分析齐全，最大检修风险有一定屏蔽性；四是不可达（难）区域或重点关注区域不够直观，较难在现场实施前描述到位；五是单次风险分析结果没有保留，做一次准备工作包就丢一次分析结果，缺乏维修积累。

鉴于以上原因，秦山核电成立了"维修辅助风险评估系统"项目组，开发了维修辅助风险评估系统（Maintenance Auxiliary Risk-assessment System，MARS）。维修辅助风险评估系统是一个具备"一键输入检修设备，一键获得关联检修风险"功能的网页化平台，将例行的"准备工作包→分析出检修风险"工作思路改为"先获得维修风险结果→有所参考地准备工作包→分析出可靠的检修风

图 1 核电厂维修辅助风险评估系统登录页

图 2 核电厂维修辅助风险评估系统机组首页

险",为维修人员和相关人员提供了一个便利的辅助工具,为日常维修工作的风险控制和管理提供了一个专业的辅助平台。

## (三)案例具体实践

### 1. 总体思路

一个电厂投入运行以后,大部分在线设备的功能是固定的,即对于大部分设备来说,其接线路径、设备功能、控制对象、关联对象、相邻设备等信息基本是固定的,故设想能否将这些信息提前集中起来,通过"一键输入(设备名称)、风险(检修风险)全出"的形式,得到检修设备自身所存在的风险,并自动识别和分析相邻设备的风险,实现从技术防范(工具)的角度去全面提升维修工作的风险分析水平和管理水平。

### 2. 主要做法

项目组以结果为导向,让专业的人做专业的事,先组织大量专业人员集中分析得到结果,再把结果分享给个人使用。利用公司内部的局域网资源,让公司的每一位员工都可以轻易地在办公电脑上获取信息。

MARS 系统的主要功能:

(1)数据库:具备秦二厂 4 台机组常规岛区域 10000 多个就地仪控设备、端接箱、控制柜的设备信息储存功能。

（2）信息检索：具备就地仪表、端接箱、控制柜、端子号、卡件通道号等信息，实现维修设备全通道化的查询和检索功能。

（3）图纸关联：能自动列表得出与维修设备关联的所有图纸位号，方便维修人员准备及查阅，不易遗漏。

（4）照片关联：具备设备的照片关联功能，点击设备位号能直接展示设备的实物照片，帮助维修人员提前对维修设备及维修环境有直观的了解。

（5）经验反馈关联：能根据设备位号，将可借鉴事件给予自动展示，方便维修人员借鉴、防患、避免类似事件再次发生。

（6）风险分级：能自动将设备检修工作归为7类（直接停堆、直接停机、误碰停堆、误碰停机、直接控制连锁、误碰控制连锁、报警显示）中的一类，提前告知维修的风险级别，做到有针对性的防患。

（7）风险分析：能自动获得维修设备的直接风险（如是否会停机停堆）、具体的控制连锁对象和具体的报警信息，对于维修工作带来的影响可做到心中有数。

（8）最大风险识别：具备自动识别维修设备通道中存在的最大风险设备的功能，并能自动定位到最大风险设备的端接位置及设备位号，避免误碰，有效避免了整个维修过程中的最大设备风险。

（9）一键打印：具备"一键输入，风险全出"的一键打印功能，能提供一张纸质的风险关联单（包括设备位号、通道端接、控制影响、维修风险、经验反馈等全面的风险分析结果）作为维修工作的辅助参考文件，为现场维修工作提供有力的支持。

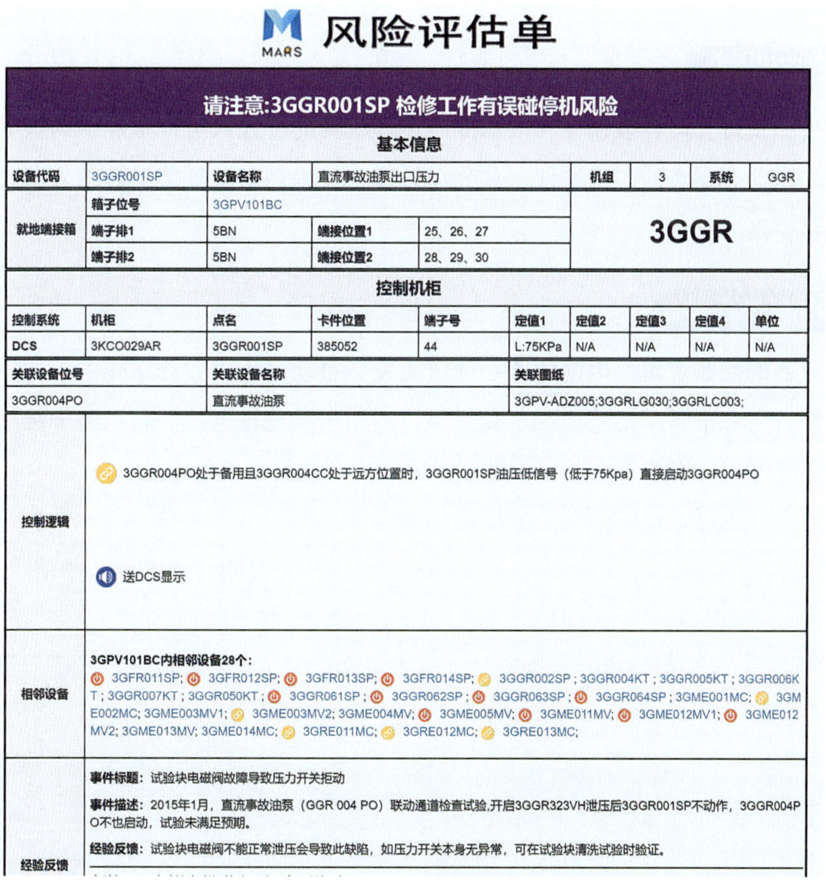
MARS 风险评估单

请注意:3GGR001SP 检修工作有误碰停机风险

基本信息

| 设备代码 | 3GGR001SP | 设备名称 | 直流事故油泵出口压力 | 机组 | 3 | 系统 | GGR |
|---|---|---|---|---|---|---|---|
| 就地端接箱 | 箱子位号 | 3GPV101BC | | 3GGR | | | |
| | 端子排1 | 5BN | 端接位置1 | 25、26、27 | | | |
| | 端子排2 | 5BN | 端接位置2 | 28、29、30 | | | |

控制机柜

| 控制系统 | 机柜 | 点名 | 卡件位置 | 端子号 | 定值1 | 定值2 | 定值3 | 定值4 | 单位 |
|---|---|---|---|---|---|---|---|---|---|
| DCS | 3KCO029AR | 3GGR001SP | 385052 | 44 | L:75KPa | N/A | N/A | N/A | N/A |

| 关联设备位号 | 关联设备名称 | 关联图纸 |
|---|---|---|
| 3GGR004PO | 直流事故油泵 | 3GPV-ADZ005;3GGRLG030;3GGRLC003; |

控制逻辑

3GGR004PO处于备用且3GGR004CC处于远方位置时，3GGR001SP油压低信号（低于75Kpa）直接启动3GGR004PO

送DCS显示

相邻设备

3GPV101BC内相邻设备28个：
3GFR011SP; 3GFR012SP; 3GFR013SP; 3GFR014SP; 3GGR002SP ; 3GGR004KT ; 3GGR005KT ; 3GGR006KT ; 3GGR007KT ; 3GGR050KT ; 3GGR061SP ; 3GGR062SP ; 3GGR063SP ; 3GGR064SP ; 3GME001MC; 3GME002MC; 3GME003MV1; 3GME003MV2; 3GME004MV; 3GME005MV; 3GME011MV; 3GME012MV1; 3GME012MV2; 3GME013MV; 3GME014MC; 3GRE011MC; 3GRE012MC; 3GRE013MC;

经验反馈

事件标题：试验块电磁阀故障导致压力开关拒动

事件描述：2015年1月，直流事故油泵（GGR 004 PO）联动通道检查试验,开启3GGR323VH泄压后3GGR001SP不动作，3GGR004PO不也启动，试验未满足预期。

经验反馈：试验块电磁阀不能正常泄压会导致此缺陷，如压力开关本身无异常，可在试验块清洗试验时验证。

图3 风险评估单

## 二、案例实践效果

### （一）综合收益

维修辅助风险评估系统对于在役核电厂尚属首次运用，自实施以来，秦二厂未曾发生由于检修工作导致的意外风险事件的发生，效果明显，具体亮点如下：

管理创新效果明显，紧密切入维修工作中的风险管理，改变了以往维修风险分析的工作习惯，切实提升了维修部门对于检修准备工作包的准备效率和准备质量，有效提高了维修活动的风险控制和管理水平。

技术防患效果明显，有效抓住以往维修风险分析中的薄弱点，彰显了设备维修的关联风险，最大限度地保证了现场维修风险的安全性。

完全独立自主开发完成，未借助任何外部力量，未接受任何外部资金。

具备可实践性，目前已应用到秦二厂4台机组的日常维修准备工作中。

维修信息易获得，局域网用户均可自由访问，无须安装其他软件，能够在办公室直观获得维修风险、设备通道信息、设备照片等信息。

具备可成长性和拓展性，能够实现维修经验的不断累积和平台范围、功能的直接拓展，后续可以扩大到全厂设备维修中，使用对象可以扩展到维修、技术、计划、运行等部门和领域。

### （二）第三方评价

系统上线后，获得公司各级领导和维修部门工作人员的一致认可；参加中国核电维修部门同行经验交流会并受到参会嘉宾的广泛好评；获公司管理与技术创新三等奖；被纳入国家级技能大师工作室项目并顺利验收。

### （三）行业推广前景

本项目从设备的控制逻辑、电缆的路径通道出发，自动分析因检修工作引入的控制风险，从根本上消除因风险分析和准备不足造成的不良后果，适用于其他核电厂。将风险等级的定义进行适用性修改后，本系统可以应用于火电厂、化工厂等采用自动控制系统的工厂。

（吴刚　徐辛酉　李倩　宋凯　钟利波）

# 基于跨职能合作的关键敏感设备可靠性提升管理

## 一、案例基本情况

### （一）单位基本情况

秦山核电有限公司（简称秦山核电），是中国核工业集团有限公司的核心子公司，主要负责秦山地区 9 台核电机组的运行管理，年发电量约 520 亿 kWh，是目前国内核电运行时间最久，机组数量最多、堆型品种最丰富的核电基地。截止 2023 年年底，秦山核电累计发电超 8000 亿 kWh，换算节约标准煤 2 亿吨，减少二氧化碳排放 7.4 亿吨，相当于植树造林 500 个西湖景区的面积，被誉为"国之光荣"，有"中国核电从这里起步"的评价。秦山核电在管理上积极与国际接轨，引进并推行国际先进管理方法，不断进行设备技术改造，运行水平达到世界先进。经过十多年管理运行实践，实现了周恩来总理提出的"掌握技术、积累经验、培养人才"的目标。

### （二）申报案例情况

核电厂关键敏感设备的可靠性提升涉及方方面面，秦山核电通过创新设备管理模式、跨职能部门高效合作、细化工作目标，建立了标准的工作流程，设计了精细化的工作表格，加强过程管控、创新绩效考核，多渠道、多方法促进关键敏感设备可靠性提升，使机组非停率从 0.84 下降到 0，2022 年秦山 9 台机组实现全年 0 次非停，超过了国际先进水平。

### （三）案例具体实践

#### 1. 总体思路

在核电厂的日常管理模式中，设备的管理责任人是设备工程师，设备工程师是设备的主人，但单个工程师的能力和知识储备都是有限的。因此，当工程师单独面对庞大的系统和复杂的关键敏感设备（如一回路主冷却剂泵，包含了电机、控制回路、机械部件）并进行缓解工作时，通常难以从整体上分析考虑，导致做出的缓解策略不准确、不充分，阻碍了关键敏感设备可靠性的有效提升。

为保证关键敏感设备敏感部件安全高效工作，秦山核电首创性地提出了基于跨职能合作的关键功能小组管理模式：将机械设备工程师、电气设备工程师、仪控设备工程师、系统工程师、维修工程师、运行工程师等六类工程师组成一个小组，发挥各自专业特长，互相配合，打破专业横向壁垒，针对同一类或者大型关键敏感设备同时开展可靠性策略分析工作。关键功能小组在实际运作中根据所分析对象的复杂程度不同,通常由 3~9 人组成。关键功能小组人员构成如图 1 所示。

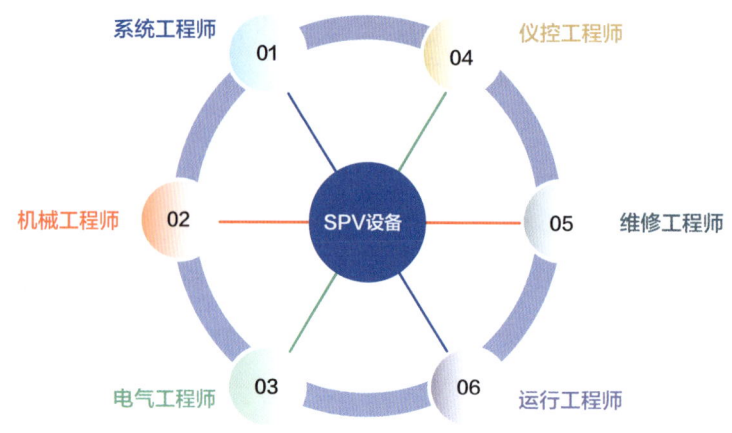

图 1  关键功能小组人员构成

为避免机组因为设备原因非停,电厂必须在短时间内提高关键敏感设备的可靠性。在此过程中,设备工程师、维修工程师和运行工程师之间需要进行大量的信息沟通与协调合作。但在电厂矩阵式的组织管理模式下,不同部门人员的沟通与协调一般要先逐级向上反映,再由另一部门领导逐级向下传递,效率低下,难以满足企业快速、高质量提升电厂关键敏感设备可靠性的要求。采用关键功能小组管理模式后,来自不同部门的小组成员在组内即可自由沟通,避免了传统复杂、低效的矩阵式沟通方式的缺陷,从而能够有效提升不同职能工程师之间的信息传递和工作协调效率。传统矩阵式管理信息沟通与关键功能小组模式信息传递的差异如图 2 所示。基于跨职能合作的关键功能小组管理,是快速提升关键敏感设备可靠性的最优模式,也是推进企业可持续发展的必然需求。

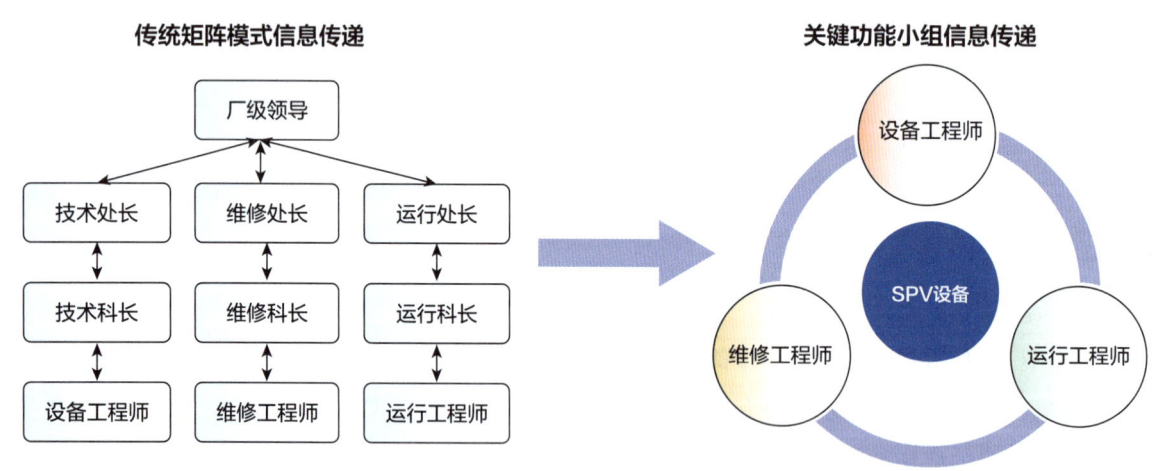

图 2  传统矩阵式信息传递向关键功能小组信息传递模式转变

### 2. 主要做法

以关键敏感设备为中心,跨职能强化关键功能小组组织保障。为实现精细化管理目标,首先必须确保组织保障。秦山核电设备管理委员会正式发文明确电厂关键功能小组运作的原则:以 SPV 设备的业务需求为核心，突破原行政处室横向技术协作的壁垒；系统型的关键功能小组，由系统工程师牵头；设备型的关键功能小组由设备工程师牵头，运行、维修、技术、材料、核安全等多角度、多方位具体管理；根据业务需求，不定期召开专题讨论会；以具体任务为单位，进行线上、线下等多渠道的业务沟通及技术交流；关键功能小组应建立月度或者季度例会制度，定期进行工作总结；提供组织保障，构建关键功能小组组织架构。

领导小组批准关键功能小组的成立与撤销；为关键功能小组开展活动提供资源保障、指导与监督提供激励机制。

设备管理处室是关键功能小组的归口管理部门，具体负责关键功能小组的组建；负责小组活动的具体问题协调；负责小组活动的定期反馈与总结评价。

秦山核电设备管理委员会对关键功能小组就组织机构、工作目标、工作模式、工作计划予以指导。

以先进设备管理理念为指引，系统进行设备管理顶层设计。关键功能小组的工作围绕国际先进设备可靠性管理方法（AP-913）展开。关键功能小组紧密围绕先进设备管理方法流程进行工作思路设计，如图3所示。

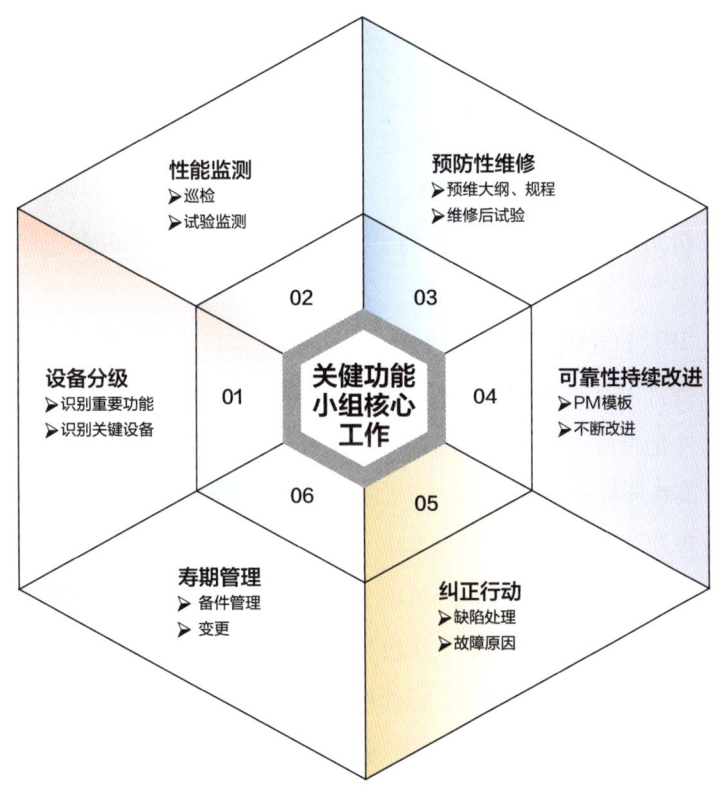

图3 关键功能小组顶层设计图

（1）设备分级是设备可靠性管理流程的基础环节。借助关键功能小组的工作模式，重新识别系统和设备的重要功能。采用FMEA（失效模式及影响分析）、FTA（故障树分析）方法开展的设备分级工作更加全面准确，分级结果更精准。此外，关键功能小组识别出SPV设备后，还将继续对其进行敏感子设备和子部件识别，使分级更加精细化，有助于预维、备件管理工作进一步精细化开展。

（2）逐步开展对系统和设备的性能监测工作。关键功能小组参考 FMEA 分析结果，针对设备部件的失效模式进行重点监测，做到有的放矢，使性能监测更具实效。此外，关键功能小组还会对技术、维修、运行巡检环节进行梳理，对定期试验规程进行审查，确定设备敏感子设备和子部件的失效薄弱环节。

（3）预防性维修是设备管理的重点环节，也是关键功能小组对 SPV 设备缓解分析时的重点工作。依据 FMEA 分析结果及设备维修前数据的反馈信息，有针对性地设置预防性维修大纲项目，根据失效机理和失效时间，调整设置合适的预防性维修周期，避免过度维修，减少早期维修引入设备的故障，降低成本。根据预防性维修大纲，优化维修规程、升级维修模板，优化维修后试验的相关标准及准则，确保设备预防性维修的有效性。

（4）可靠性持续改进。关键功能小组分析电厂历史设备失效数据，参考 EPRI（美国电科院）的设备故障数据，结合每个 SPV 设备的故障机理分析，确定 SPV 设备的每个故障模式与时间的相关性以及维修活动对故障预防的有效性，开发和优化适合自己电厂的 PM 模板，制定每个 SPV 设备的维修策略。根据电站和行业设备的运行经验不断调整 PM 任务和频率，根据内外部经验反馈、人员建议等不断改进设备的可靠性。

（5）设备可靠性流程的纠正行动主要针对设备缺陷处理。如果电厂内非关键但重要的系统或设备的缺陷较多，可以成立专门的关键功能小组，有针对性地开展工作，采用 FMEA 方法，小组成员充分讨论交流，发挥各自专业特长，对设备的历史缺陷进行统计和分析，得到同类设备在不同运行工况下的可靠性数据，如可靠度、平均无故障时间等，为维修策略的优化提供技术及数据支持。特别是在针对大型设备的纠正行动中，由于有机、电、仪工程师和系统工程师、运行工程师、维修工程师的共同参与，分析结果会更加准确。识别出设备失效原因后，小组有针对性地开展缺陷处理，避免缺陷的再次发生。

（6）寿期管理。开发和升级系统设备的长期策略主要基于经济因素的考虑建立长期计划门槛。关键功能小组工作主要涉及备件管理、变更，对分析出的战略备件、已停产的备件制定应对措施，分析识别出的敏感部件是否可以通过一定的措施进行脱敏，对可以进行脱敏的设备制定脱敏行动并将脱敏行动列入缓解策略分析之中。

结合设备管理流程和关键敏感设备管理要求，电厂根据设备基础信息、系统设备边界划分、设备分级、关键敏感设备敏感部件识别和缓解策略分析结果，提出设备管理应用表格，制作标准详尽的工作模板，提升了工作效率。根据标准工作模板，跨职能团队内部形成标准流程，系统工程师和运行人员划分系统边界及系统功能，设备工程师根据系统功能进行设备功能分析，并一同分析设备功能及故障模式，完成设备分级；敏感部件识别分由机械、电气、仪控三个专业的工程师进行分析，再由系统工程师和运行工程师从系统宏观上进行验证，形成最终敏感部件清单并针对敏感部件清单再进行缓解策略分析，形成纠正行动及剩余风险清单。标准化的工作流程确保了设备管理基础信息的完整性。以 SPV 设备为中心的跨职能合作关键功能小组管理标准化流程如图 4 所示。

针对设备的结构特征，结合设备在电厂的实际运行工况，对设备开展精细化故障及预防分析。通过对设备的拆解，按照子设备、部件开展故障模式分析，充分考虑设备的材料、结构、功能及运行工况；利用设备的历史维修及缺陷数据，分析设备在不同工况下的故障发生、发展的速度，确定

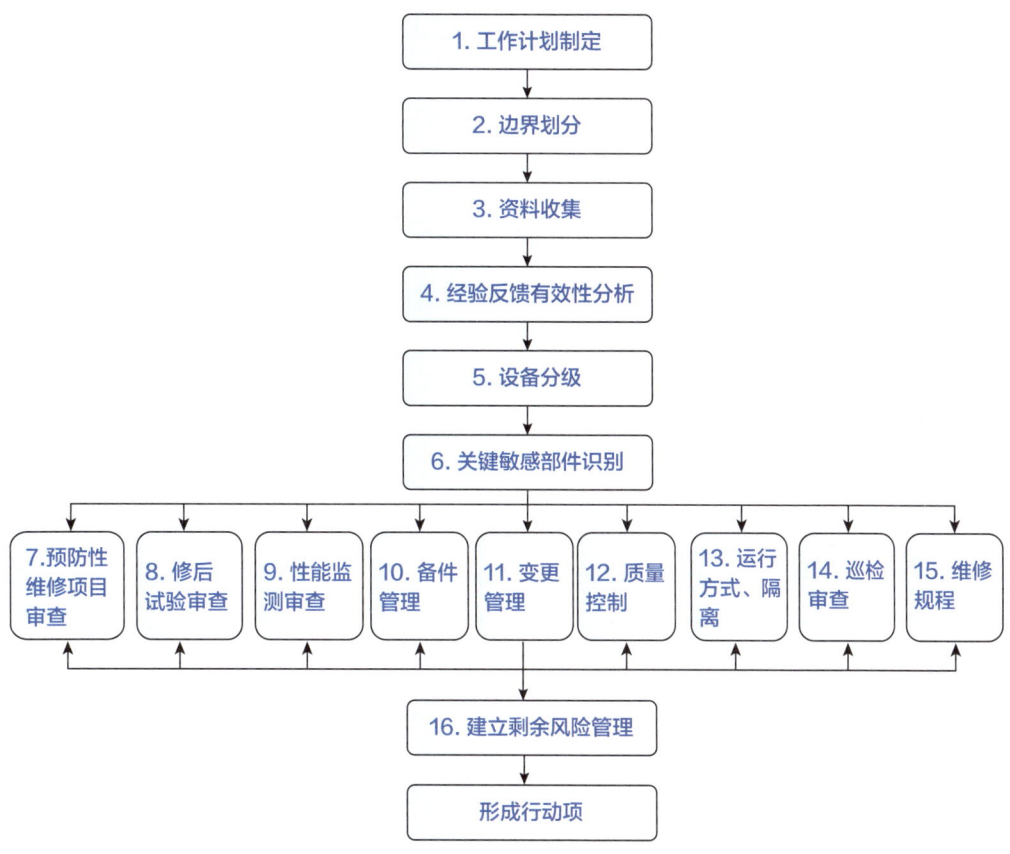

图 4　关键功能小组标准化工作流程

设备不同部位的故障模式、故障原因及故障与时间的相关性；通过详细分析历史缺陷数据，确定维修活动对本设备故障模式预防的有效性，从而有针对性地制定每个 SPV 设备的维修项目，实现 SPV 设备维修策略的精细化管理。

将"精细化"融入关键功能小组技术工作中。在工作过程中，不仅要识别出电厂的关键敏感设备，而且要识别出关键敏感设备子设备和子部件。针对敏感设备子设备和子部件的各种失效模式，从预防性维修、性能监测、维修规程、修后试验、实体隔离、巡检、运行方式、备件管理等方面有针对性地制定有效的缓解方案。

## 二、案例实践效果

### （一）综合收益

精细化的管理流程夯实了设备基础，强化了风险管控，创建了一套标准化、规范化并可在行业内部推广应用的 SPV 设备可靠性提升方法与流程。此外，秦山核电立足标准化 SPV 设备精细化管理方法与工作流程，强化过程控制，多种方式确保关键功能小组工作有效运作。牵头部门在关键功能小组工作过程中加强引导、服务，通过项目培训、定期会议、定期检查、小组对标等方式对各关键功能小组实施过程控制，确保关键功能小组的工作可有效落实。秦山核电创新绩效考核，以发展性反馈有效激活小组成员内生动能，促进关键功能小组进一步精细化开展工作为目标。

以关键敏感设备为中心的跨职能高效合作的实施取得如下效果：高效利用已有技术人员资源，实现安全发展、创新发展；创新设备管理方法，顺利完成"十三五"设备管理目标并提升企业美誉度；全面提升员工技能，奠定专业设备管理人才队伍培养输出的制度基础；持续提升设备可靠性，秦山核电迈入世界一流核电运营管理企业行列。

## （二）第三方评价

秦山核电开展以关键敏感设备为中心的跨职能高效合作专项工作，展示了秦山核电在设备管理中善于创新、勇于创新的精神，其创新的敏感设备管理方法，丰富了中国核电设备精细化管理体系，为全国核电、常规电厂对于关键敏感设备的识别与缓解工作贡献了宝贵经验，起到了很好的示范作用，并取得下列成绩：

2021 年中国核电管理创新一等奖。

2021 年浙江省电力行业协会管理创新二等奖。

2021 年亚洲质量大奖三等奖。

第五届全国设备管理与技术创新成果二等奖。

2021 年全国电力行业设备管理创新成果一等奖。

中国核电精细化案例三等奖。

## （三）行业推广前景

本项目成果已在中国核电内部电厂进行了推广应用，建议可向中核集团外其他核电厂、常规电厂进行推广应用。

（雷青松　姜向平　李建春　关震　闵凡）

# 基于大数据的核电站典型关键设备（SPV）健康管理

## 一、案例基本情况

### （一）单位基本情况

中核集团三门核电有限公司成立于2005年4月，由中国核能电力股份有限公司控股并全面负责三门核电站的建设、调试、运营和管理工作。三门核电站位于浙江省台州市三门县猫头山半岛，规划建设6台百万千瓦级核电机组，分三期建设。一期工程是我国首个三代核电自主化依托项目，两台机组分别于2018年9月和11月建成投产，截至2022年4月13日，累计安全发电600亿千瓦·时；二期工程于2022年4月获得国务院核准，其中3号机组已于2022年6月28日正式开工建设，两台机组建成后平均年发电近200亿千瓦·时，是助力浙江省建设国家清洁能源示范省、保障国家能源安全和促进"碳达峰、碳中和"的重要力量。近年来，三门核电先后获"全国五一劳动奖状"、"国家优质工程金奖"、"浙江省模范集体"、"国防企协/中核集团/中电联管理创新一等奖"、中核集团"奋进中核人"、中国核电"业绩卓越单位"等多个荣誉奖项，涌现出一批获得"全国技术能手"、"中央企业技术能手"、"中央企业劳动模范"、"浙江省五一劳动奖章"、"新时代浙江工匠"等荣誉称号的工匠人才。

### （二）案例具体实践

#### 1. 总体思路

安全高效发展核电是我国能源战略的重要组成部分，对发展清洁能源产业，推进能源生产和消费革命，构建清洁低碳、安全高效能源体系具有重要意义。在大力发展核电的同时，核安全问题及核电的经济性成为关注的焦点。2018年，国家四部委联合发布了《关于进一步加强核电运行安全管理的指导意见》，明确要求"推进信息化、智能化、大数据等新技术在核电运行安全管理中的应用"，要加强核电厂设备可靠性管理，提高核电厂运行安全性和可靠性。国务院在《2030年前碳达峰行动方案》中指出，要积极安全有序发展核电，持续提升核安全监管能力。国家发改委在《关于进一步加强核电运行安全管理的指导意见》中要求，提高关键设备运行状态监测的全面性、及时性和准确性，实现设备故障的早期预警，优化设备维修策略，推动状态维修技术的发展并与定期维修有机结合，提升电厂设备可靠性。

目前核电机组设备的健康管理面临着以下难题和挑战：

（1）缺少智能化的监测手段和便捷的数据采集方式

目前核电设备健康管理和智能化运维在核电厂的应用普遍面临"两难、两多、两少"的困境：

"两难"即传感器加装变更实施困难、数据传输困难;"两多"即非标设备多、安全法规多;"两少"即故障样本少、测点相对较少。核电机组的监测点主要用于系统运行工况的监测和设备的保护,能用于构建设备大数据模型的测点较少,无法实现有效的智能化健康监测。再加上传感器加装变更实施困难、数据传输不便捷等原因,工程师对设备运行状态的感知缺乏全面性与及时性。

(2)缺少及时有效的设备健康评估方法

单一测点的固定阈值监测方法和人工巡检方式无法提前发现设备异常,操作人员没有足够时间采取措施避免严重故障发生,且系统易受工况与外界环境影响而产生过多误报警,直接导致设备状态难以实现全面感知,状态监测和故障预警模型训练样本不足,历史可复用的模型较少,模型对新设备不完全匹配等建模分析痛点,最终影响分析结果的准确性和可用性。因此,当前核电机组仍以固定周期的预防性维护为主,存在设备过度维修的情况。

(3)缺少设备故障的智能诊断方法和运维知识的有效积累

当前核电站设备的故障判断主要依靠人工经验,设备运维经验和知识无法得到系统化的积累、沉淀和传承。同时,还存在着故障预警模型训练样本不足、历史可复用模型较少、模型对新设备不完全匹配等问题,最终影响了故障分析诊断的准确性、一致性、高效性。

(4)缺少自主可控的国产核电领域专用大数据设备健康管理软件平台

核电机组现场存在多来源、多类型的海量数据,形成大量"数据孤岛",且核电机组数据样本相对单一,设备异常准确识别、故障诊断及性能预测难度大,传统工业分析手段很难充分挖掘数据价值。因此必须研究适用于工业大数据接入、分析和应用的大数据平台技术和架构体系。随着工业物联网技术、信息技术的发展及工业大数据分析技术的渐趋成熟,应充分借鉴、利用这些新技术推动核电机组关键设备早期故障识别和基于状态维护技术的发展,以有效提高核电厂的运行安全性和维护的经济性。

对此,三门核电依托国家发改委攻关项目中"AP1000关键运维技术攻关"的子课题《基于大数据对典型SPV设备健康管理》,开发了一套完全自主可控的、基于大数据的核电站典型关键设备(SPV)健康管理平台,精细化提升核电设备可靠性管理水平,主要实现以下目标:

延长关键设备解体检修周期,优化大修周期,降低监测设备备品备件量为30%。

实现核电关键设备智能监测和诊断,预警误报率小于3%,漏报率为0。

减少巡检、试验、技术人员工作量,目标每年节约1600个人工日。

### 2. 主要做法

三门核电面向核电AP1000机组SPV(Single Point Vulnerability)设备,以设备故障机理和失效模式研究为基础,在传统设备监督和运维技术的基础上,结合国际先进的工业机理建模分析技术、工业大数据分析技术、先进设备故障预测与健康管理技术等各种人工智能技术,融合DCS系统监督数据、非介入式智能传感在线监测数据,开发各类关键设备在线监督技术方案以及状态监测、性能预测、故障诊断等算法模型,实现核电站关键设备在线实时监测与状态评估,研发出一套对标国际领先水平、自主可控的核电站专用典型关键设备(SPV)健康管理平台。该平台能够兼容核电厂运维管理相关多数据源接入,支持工业机理建模、数据驱动建模及混合建模等先进分析手段,系统架构先进,可扩展、模块化、可重构,可有效帮助核电站设备运维方式由预防性维护向基于设备实际运行状态的预测性维护转变，提高核电站运行的安全性和经济性。主要做法如下：

（1）开发非介入式智能传感单元，加强设备全面感知手段

从设备实际运维需求出发，一是通过全方位地分析设备故障机理和失效模式，制定了高效的核电设备在线监测技术和方案；二是结合设备故障失效机理分析，综合传感器价值贡献度、安装实施便捷性等因素，自主研发并大规模部署了核电专用的"即插即用"型非介入式无线振动温度一体化智能监测传感器和边缘网关平台，并集成开发了超声局放、直流偏磁、红外热成像等在线监测装置，大规模应用的传感器种类与数量在国际核电领域位居第一（案例新增的智能传感器见表1）。相应地搭建了安全灵活的设备运维监测网络，实现设备运行状态及时且全面的感知。

表1 新增智能传感器涵盖的类别和数量

| 传感器名称 | 数量（个） | 采集数据类型 | 适用对象 |
| --- | --- | --- | --- |
| 无线振动温度一体化智能监测传感器 | 228 | 振动、温度 | 泵、电机 |
| 有线振动传感器 | 72 | 振动 | FWS齿轮箱 |
| 耐辐照振动传感器 | 8 | 振动 | SFS泵 |
| VCS温度传感器 | 64 | 温度 | VCS风机 |
| 直流偏磁传感器 | 4 | 电流 | 变压器 |
| 超声局放传感器 | 48 | 超声 | 变压器 |
| 油液在线监测装置传感器 | 1 | 水分、黏度、磨损 | 润滑油 |

（2）采用传统工业机理建模与先进大数据建模技术相结合的混合分析方法，实现设备精准早期预警

基于传统工业机理模型，并与先进的大数据建模分析、机器学习等方法相结合，有效弥补各种建模方法在深度和广度上的不足，取长补短，创新性地开发多模型融合的增强人工智能技术和以在线自适应机理模型、基于核函数自回归估计、多元状态估计、关键参数特征提取及趋势自动识别等技术为核心的设备健康状态评估方法。通过对每台设备构建精确的混合数字孪生模型，实现对设备早期异常征兆的及时识别和健康状态的监测评估，并对设备未来运行状况、环境因素等影响进行预测，推荐最优的运维时机，落实预测性维护的思想，可实现具有衰退机理设备提前至少一个月的早期异常识别。

本案例建立了多维时空关联的早期异常征兆识别方法和多类异常模式同步识别的"总—分—总"状态监测算法架构，对时间维度和空间维度（上下游设备、相互关联的测点）信息进行关联分析，排除工况干扰及环境影响，实现设备的故障早期预警，降低设备的误报率和漏报率，为合理安排检维修窗口提供数据支撑。通过设计"总—分—总"的算法体系架构，实现了对多种异常模式的有效识别和对各类报警的有效整合，提升了报警处理的效率，有助于故障的分析诊断。

（3）构建基于知识工程理论的智能故障自诊断系统

通过对设备故障诊断规则和案例的结构化分解和梳理，构建基于知识工程理论的设备故障分析

和智能推理诊断专家系统，开发出适用核电应用场景的基于条件概率和模糊检索技术的故障推理方法，有效地关联故障征兆和故障模式，实现设备故障的自诊断，提升了故障推理诊断的实用性。同时，帮助核电站实现了相关经验和知识的数字化、结构化管理并进行有效传承，解决了过往故障推理过度依赖人工经验的难题。

采用大数据建模分析技术，以基于核函数的自回归估计与多元状态估计、采用神经网络的自回归估计算法为核心，开发多维度时空关联的设备早期异常征兆识别及健康状态监测评估方法。采用非参数的机器学习大数据建模方式，引入设备所有测量参数间的内在关联，为每台设备搭建数字孪生模型，并结合多种参数自回归估计算法，通过将正常工况估计值与实时测量值加以比较，分析估计残差，对设备异常的早期征兆进行捕捉，进而判断出设备的健康状态。

（4）开发出自主可控的核电设备健康管理大数据分析平台，实现数据、知识、工具的共享、共建、共治

基于最先进的工业互联网架构，搭建了一套完整独立的核电设备健康管理专用的大数据管理及分析平台，实现了核电专用工业软件的国产可控，避免了"卡脖子"问题。该平台有效承载了设备健康管理的先进算法和模型，兼容多源和异构的数据，实现了大数据的有效整合和管理，具有安全、高效、自主可控、高灵活性、可扩展的特点。通过建立"云—边—端"协调配合的功能分级软件体系架构，实现了任务协同和分布式部署，达到了性能、功能、可靠性的最佳平衡。

## 二、案例实践效果

### （一）综合效益

三门核电站1、2号机组的14大类66台（套）关键设备应用1年多，精细化地形成了一套对于核电SPV设备从状态感知、故障预警到故障诊断的完整解决方案。三门核电在大数据设备健康管理领域研究深度及行业应用范围方面都处于行业领先水平。

#### 1. 显著提升电厂设备健康管理绩效

非介入式智能传感技术的开发与大规模部署应用，提高了设备状态监测的及时性，减少了巡检、试验、技术人员工作量，每年节约1600个人工日工作量。

为设备基于实际运行状态的维修提供决策依据，延长关键设备解体检修周期，优化大修周期，减少设备过度维修，降低监测设备备品备件量30%。

多维时空关联设备健康状态监测算法的引入，将传统的单维度固定阈值监测提升至多维度动态阈值监测，已在主泵、循环水泵油泵、厂用水泵、安全壳冷却风机等设备上提前发现多起早期故障，预警漏报率为0，误报率小于3%，降低非计划设备停机概率30%。

智能故障自诊断系统和诊断知识管理系统的建立，实现了故障的智能诊断，缩短了工程师故障排

查时间 50%，并整理 167 项故障案例、建立 750 项故障规则，为积累和传承运维的知识与经验打下良好基础。

### 2. 产生明显的经济效益和社会效益

成功追溯三门 2 号机组主泵非停前的异常信号，结论得到国家核安全局认可，帮助机组快速恢复运行，减少单机组重大经济损失超 2 亿元，同时对其他在运的 AP1000 机组正常运行发挥了保障作用。

案例实施过程中探索积累了大量可供借鉴的宝贵经验，培养锻炼了一批既懂核电专业业务，又对新兴数字化技术有深入理解和应用经验的人才队伍，为数字核电进一步深入实施奠定了坚实的基础。

### 3. 成果应用示例

（1）通过案例的应用，对设备的预维周期进行了优化。如将 CWS 循环水泵解体检修周期由 3 年延长至 4.5 年，FWS 主给水泵解体检修周期由 4.5 年延长至 9 年，后续逐渐实现基于实际状态的预测性维修。

（2）对设备早期异常进行识别。2021 年 7 月 8 日，1 号机组 CWS04B 油泵的泵驱动端测点触发 PHM 系统 2 级报警，设备健康监测系统中对应转频 1X 动态阈值算法二级报警。查看测点的历史趋势，自大修结束后，转频 1X 幅值呈增大趋势，且具有持续恶化趋势。从频谱图分析，振动信号主要频率为转频，初步诊断结论为不对中、联轴器磨损或基础松动。2021 年 11 月 8 日，油泵出现异音，拆开后确认泵入口滤网较脏且联轴器有轻微磨损，重新填充润滑脂，并将联轴器链条反装，磨损较轻的一侧与工作面接触，启动后异音完全消除，振动及压力均正常。系统提前 4 个月报警，避免设备健康进一步恶化。

（3）及时发现设备异常，避免设备损坏。1 号机组 01A 厂用水泵自 2021 年 5 月投入运行以来，电机非驱动端垂直方向振动持续超过预警值（维持在 3mm/s 以上）。2021 年 6 月 4 日，通过 PHM 部署的振动传感器监测到电机非驱动端垂直方向振动突然上升至 8mm/s 以上。根据系统故障推理结论，原因可能为转速的 1 倍频，初步判定为电机基础刚性不足或基础松动、不平衡、对中不良引起。6 月 21 日此泵停止运行，避免了设备的进一步恶化，后经解体分析，确认此泵故障是由轴动不平衡引起的。

## （二）第三方评价

该案例成果通过了中国核能行业成果鉴定，达到"国际领先"水平。

## （三）行业推广前景

该项目促进了大数据及人工智能技术在核电设备性能监测、故障诊断、预测性维修领域的应用与发展，可在国内核电业界进行推广，开创"共享、共建、共治"的核电运维良好生态；同时促进了核电设备状态监测和故障诊断关键技术的国产化，实现了超越国外同类技术的跨越式发展。该项目已完成科技成果转化，并已在山东海阳核电站推广应用。

（翟小飞　俞建明　马仕洪）

# 基于 20/40 清单的设计变更管理及应用

## 一、案例基本情况

### （一）单位基本情况

中核集团三门核电有限公司成立于 2005 年 4 月，由中国核能电力股份有限公司控股并全面负责三门核电站的建设、调试、运营和管理工作。三门核电站位于浙江省台州市三门县猫头山半岛，规划建设 6 台百万千瓦级核电机组，分三期建设。一期工程是我国首个三代核电自主化依托项目，两台机组分别于 2018 年 9 月和 11 月建成投产，截至 2022 年 4 月 13 日，累计安全发电 600 亿千瓦·时；二期工程于 2022 年 4 月获得国务院核准，其中 3 号机组已于 2022 年 6 月 28 日正式开工建设，两台机组建成后平均年发电近 200 亿千瓦·时，是助力浙江省建设国家清洁能源示范省、保障国家能源安全和促进"碳达峰、碳中和"的重要力量。近年来，三门核电先后获"全国五一劳动奖状"、"国家优质工程金奖"、"浙江省模范集体"、"国防企协 / 中核集团 / 中电联管理创新一等奖"、中核集团"奋进中核人"、中国核电"业绩卓越单位"等多个荣誉奖项，涌现出一批获得"全国技术能手"、"中央企业技术能手"、"中央企业劳动模范"、"浙江省五一劳动奖章"、"新时代浙江工匠"等荣誉称号的工匠人才。

### （二）案例情况

设计变更作为纠正设计缺陷或进行设计改进优化的重要技术活动，是提高核电厂系统、设备可靠性的重要手段。但在设计变更方案制定、影响评估及现场实施过程中，如果管控不当，也可能引入新的未知风险，给机组安全稳定运行带来潜在挑战。因此需加强设计变更管理，保证电厂设计、采购和实施资源有效调配，提高设计变更和实施质量，从而达到通过设计变更提高核电厂系统设备可靠性的目的，以保障电厂安全稳定运行。

三门核电在生产准备阶段确立了对标国际运行业绩优异核电厂先进管理方式的方向，在满足国内相关法规、标准要求的前提下，借鉴和学习国际核电行业成熟、领先的变更管理良好实践，提升变更管理业绩水平，通过建立三门核电生产设计变更 20/40 清单管理制度，将与国际先进管理方式对标落到实处。

另外，三门核电提出"四最一优"远景管理目标（即最少组织机构人数、最少生产外委项目、最低库存、最低运行成本、最优大修工期）。设计变更是产生外委项目、大修变更项目以及运行成本的重要原因，因此建立三门核电生产设计变更 20/40 工作清单管理制度，也是助力三门核电"四最一优"管理目标实现的重要手段。

## （三）案例具体实践

### 1. 总体思路

三门核电作为新投产电厂，1、2号机组自投入运营以来，实施了大量设计变更，仅2018年一年就产生设计变更299项，实施设计变更305项，且部分变更一经批准便提出迫切的实施需求。变更数量较多且大量变更集中在同一时间段内开展，不仅给电厂设计、采购和实施资源带来极大的挑战，而且无法有效保障变更设计和实施质量，若管控不当，将与通过变更活动提高系统或设备可靠性的目的背道而驰。

经分析，造成上述问题的主要原因如下：

未明确变更实施数量管控目标，变更申请一经批准，即进入设计开发及后续流程，造成变更实施数量与电厂资源不匹配，供需矛盾突出。

变更入口控制不严格，优化类变更项目占比近30%，设计变更是对原设计的修改，属于高风险技术活动，应作为解决问题的最后手段。

变更优先级制度不够细化，尤其在变更数量众多、电厂资源有限的情况下，未对变更实施的先后顺序以及中长期规划起到指导作用。

变更预算控制不严格，新提出的变更在技术上获得批准后，未从预算及经营的角度制定有效的管控措施。

为有效控制变更数量，确保设计、采购和实施优先用于高优先级变更，提高变更设计和实施质量，确保设计变更的实施工作有序开展，三门核电借鉴学习国际核电行业成熟、领先的变更管理良好实践，在国内同行核电厂中首创性地提出了生产设计变更20/40清单管控制度，对每台机组每个燃料循环大修和日常期间实施的变更数量设定管控目标。其中，大修实施的变更目标数量不超过20项，日常实施的变更目标数量不超过40项。设计变更项目加入或移出20/40清单，均需通过电站健康委员会（PHC）的审查批准，且设计变更只有进入20/40清单，方可占用电厂资源，开展设计、采购和实施工作。

在建立生产设计变更20/40清单管理制度的基础上，设置设计变更20/40指标（见表1所示）。当20/40清单中的设计变更数量在20和40项以内时，指标为绿区，符合管理期望。当20/40清单中的设计变更数量大于等于27和47项时，指标进入红区，需制定纠正方案。电厂定期对20/40指标状态进行审查，在讨论确定变更实施窗口或阶段时，需充分评估对20/40指标的影响，有效避免设计变更大量集中于同一燃料循环内实施，从而实现对每个燃料循环变更数量的宏观调控，确保电厂资源优先用于高优先级变更的实施。

表1　20/40设计工作清单指标

| 20清单阈值 | 40清单阈值 | 状态 | 说明 |
| --- | --- | --- | --- |
| ≤ 20 | ≤ 40 | 绿区 | 可接受，符合管理期望 |

续表

| 20 清单阈值 | 40 清单阈值 | 状态 | 说明 |
|---|---|---|---|
| 21~23 | 41~43 | 白区 | 趋势变坏，需要关注 |
| 24~26 | 44~46 | 黄区 | 需要对不利趋势进行分析评估 |
| ≥ 27 | ≥ 47 | 红区 | 不可接受，需要制定纠正行动 |

同时，三门核电结合管理流程信息化、变更入口审查、变更优先级分类及预算总盘子管控等手段，在降低设计变更数量的基础上，有效调配并充分利用电厂资源，保障设计变更和实施质量，有效提高电厂系统、设备可靠性，提升三门核电设计变更管理水平。

### 2. 主要做法

为保证 20/40 清单及 20/40 指标管控的有效性，三门核电制定了一系列管理举措，包括信息化管理、变更优先级管理、变更入口管控、预算总盘子管控等。

#### （1）信息化管理

20/40 清单通过信息系统归口管理（见图 1 所示）。通过信息系统，可控制变更加入 20/40 清单审批流程，并可以直接查询每台机组每个燃料循环下计划实施的大修及日常设计变更清单，获取该燃料循环下设计变更的实施进展和总体信息，展示该循环下 20/40 清单的指标状态。

变更申请批准后，必须编制项目计划，得到电站 PHC 的审批，方可批准一级计划加入 20/40 清单，进而推动设计开发及后续环节。如未被批准加入 20/40 清单，则无法进入设计开发及后续环节，无法开展变更相关工作，以确保 20/40 清单管控的有效性。

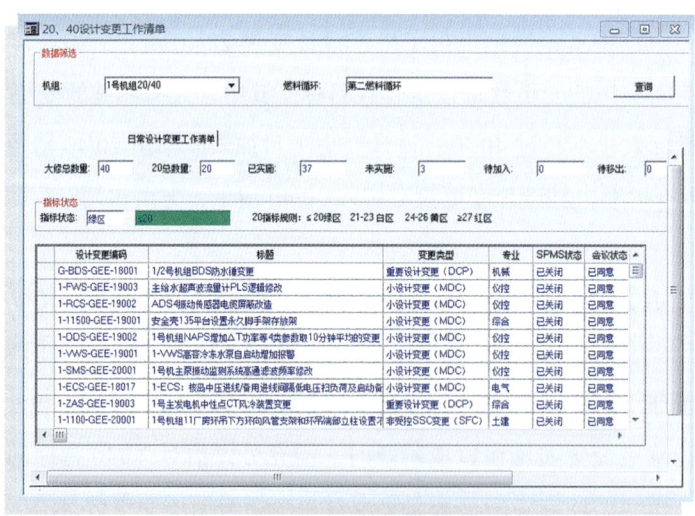

图 1　20/40 设计工作清单信息化管理界面展示

#### （2）变更优先级管理

变更优先级用于指导设计变更实施计划安排的先后顺序，是制定设计变更计划的重要依据，尤其是在变更数量众多、电厂资源有限的情况下，为保证优先实施紧急度和重要度高的设计变更，必须建立有效的变更优先级划分制度。

三门核电建立了基于电厂健康流程的变更优先级划分制度,将问题评分作为变更优先级分级依据。在电厂健康流程中,变更实施的先后顺序取决于问题的紧急、重要程度,而问题的紧急、重要程度通过问题评分衡量,每个变更对应的问题均在健康流程中进行问题评分,分值从 1 至 100 不等,问题评分越高,对应设计变更的优先级越高,应优先安排加入 20/40 清单推动实施。

在电厂健康流程中,将设备可靠性、发电风险、工业安全、法规要求、外部评估、安保要求、寿期管理和追求卓越八个方面作为基准评分领域,每个领域分别从结果因子和概率因子两个维度进行分级,级别从 1 到 10,建立问题评分矩阵。对核电厂问题进行评分时,首先从八个领域中选取该问题所适用的领域,再针对每个适用的领域,分别从结果因子矩阵和概率因子矩阵中选择对应的级别,结果因子级别和概率因子级别相乘,即获得问题在每个领域的分值,各个领域的最高分值作为问题评分结果。

三门核电采用问题评分的方式作为变更优先级分级的依据,经实践证明,该做法对变更优先级的划分更为细致,在实际工作中能够更好地区分不同设计变更的紧急程度和重要程度,对变更计划的指导性也更强。在三门核电利用 20/40 清单制度对每个燃料循环实施设计变更设定目标值的管控思路下,问题评分作为变更优先级的依据,能够更加有效地筛选高优先级变更,指导变更燃料循环规划及中长期规划的制定。

(3) 变更入口管控

三门核电在电厂健康管理工作过程中成立了健康委员会(PHC)和健康工作组(PHWG),对所有发电相关问题(简称健康问题)进行审查、监督和关闭管理。所有的健康问题,包括变更需求类问题,提出后均需先提交 PHWG 讨论解决方式。PHWG 审查同意采用变更方式解决的问题,则进入变更流程。PHWG 组长由总工程师担任,能有效指导健康问题的审议工作。同时,通过以下三个方面不断提升设计变更管理业绩。

首先,PHWG 审查决策电厂健康问题的解决方案时,本着"设计变更应作为电厂问题的最后解决手段"的原则,对于不影响电厂配置的问题,优先考虑通过工单消缺、运行决策或其他行政管理流程处理。这样可严格控制设计变更的入口,有效降低设计变更数量,节约设计变更流程中的资源投入,从源头控制变更数量。

其次,从变更资源投入考虑,优先为评分较高、对电厂健康稳定运行影响较大的健康问题投入设计资源。而针对评分较低的、不影响电厂安全稳定运行的问题,如各生产部门出于便利性考虑而提出的优化类变更需求,优先考虑其他优化措施。PHWG 通常将此类问题列为低优先级问题,若电厂 20/40 清单中设计变更数量已达到或接近规定的单燃料循环设计变更规定数量,则暂不考虑为这些问题开发设计变更,只将其列入待观察清单。通过该决策机制维护 20/40 清单的严肃性,以确保 20/40 清单中的设计变更分配的资源不会被占用,实现效益最大化。

最后,PHWG 归口管理部门会定期召开 PHWG 关于 20/40 清单的指标状态汇报会,并在会议材料收集及预审阶段分析每个新增问题对 20/40 指标的挑战,供决策变更流程参考。

(4) 变更预算总盘子管控

从核电厂经营角度,公司推行变更预算总盘子管控,遵循"没有预算不做变更"的总体原则,进入 20/40 清单中的变更需遵循此原则,以此控制每个年度变更范围固定后新增的变更数量。

变更预算按年度上报,每年度 8 月组织下一年度的变更预算上报工作,在 11 月固化各类变更费用，并按季度进行考核。预算控制需满足变更费用不超出年度预算总额，且季度执行率大于90%的考核要求。

通过变更费用控制变更数量的方式为：变更需求产生后，需求人对变更所需费用进行初步估算，包括设计外委费用、材料和设备采购费用、实施工作外委费用等。PHWG及相关会议审查评估预算费用的合理性，评估费用是否会突破年度变更预算管控指标，如不影响，予以通过。变更产生后，变更费用发至预算管理人员审查，预算管理人员进一步分解费用组成，给出变更是否进入20/40清单的参考意见，最终提交PHC会议审查其是否加入20/40清单管理。变更费用总盘子管控方式，是控制变更数量的重要参考工具。

对于没有预算且涉及法规要求或机组运行安全的额外变更，则由PHC审查批准后，按照公司预算管理流程调整预算，以支持变更计划的实施。

## 二、案例实践效果

### （一）综合效益

三门核电生产设计变更20/40清单管理制度自2018年建立以来不断完善，至今已应用了近6年时间，有效保证了核电厂必须实施的变更项目，为生产变更设计和实施质量提供强有力的支撑，提高了电厂系统、设备的可靠性。迄今为止，20/40清单已应用于近700份设计变更项目的管控，未因确定变更设计或实施变更施工带来的风险而导致系统、设备降级事件的发生。具体表现如下。

（1）年度设计变更产生数量持续降低

基于健康流程的变更入口审查制度，有效推动20/40清单的有效管控。三门核电1、2号机组2013年至2022年9月产生的设计变更数量统计如图2所示。

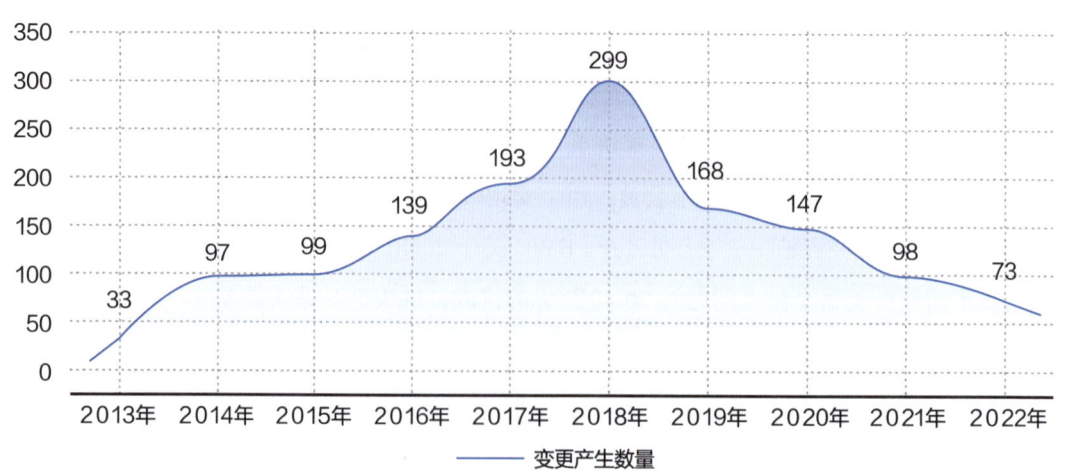

图2　2013—2022年变更年度产生数量趋势图

对比发现，2020 年和 2021 年产生的变更数量较 2018 年分别下降 51% 和 67%。2022 年 1 至 9 月产生的变更数量相比 2018 年同期下降 70%。两台机组每个年度产生的变更数量自 2019 年以来持续下降，实现了严格控制变更数量的管理期望。

（2）近两个燃料循环 20/40 指标处于绿区范围

截至 2022 年 9 月底，1 号机组各燃料循环 20/40 清单的数量及指标状态如图 3 所示。

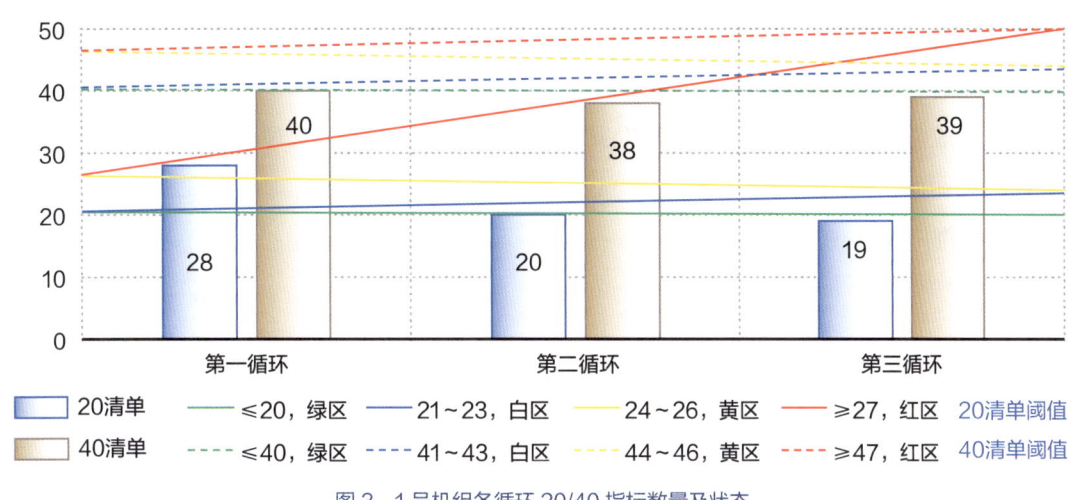

图 3　1 号机组各循环 20/40 指标数量及状态

截至 2022 年 9 月底，2 号机组各燃料循环 20/40 清单的数量及指标状态如图 4 所示：

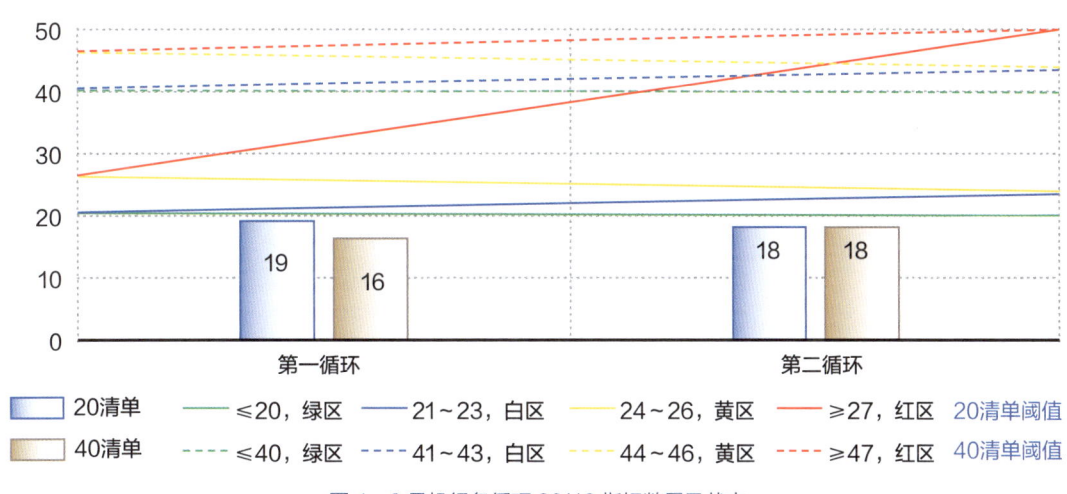

图 4　2 号机组各循环 20/40 指标数量及状态

从 20/40 指标状态可以看出，基于设计变更 20/40 清单管控制度的良好运作，1、2 号机组日常和大修实施的变更数量得到有效控制，近两个燃料循环指标处于绿区。变更数量得到管控，可以有效保证电厂设计、采购和实施资源投入在电厂迫切需要实施的变更项目上，为生产变更设计和实施质量提供强有力的支撑，有效提高了核电厂系统、设备的可靠性。

## （二）第三方评价

三门核电生产设计变更 20/40 清单属于国内同行核电厂的首创性应用，作为生产设计变更管理体系中的核心流程，应用效果良好。基于 20/40 清单及计划管控为主要创新点的《核电厂以提升业绩水平为目标的设计变更管理体系建立与实施》项目，获得 2021 年度全国电力行业设备管理创新成果项目一等奖。

### （三）行业推广前景

生产设计变更 20/40 清单管理制度，能有效解决变更数量多、人力物力资源负荷高的问题，保障变更设计和实施质量。三门核电在 2022 年度全国第三届核电厂运营高峰论坛中针对 20/40 清单进行了专题介绍和交流，得到国内同行核电厂的高度认可。三门核电已陆续收到多家核电厂的交流意向，目前已完成与中核核电运行管理有限公司、广东大亚湾核电运营管理有限公司以及中国中原对外工程有限公司的交流工作。三门核电生产设计变更 20/40 工作清单管理制度及相关举措具有较强的借鉴意义和推广价值。

（李孟　张娜娜　陈会海　刘超　马波）

# 核电厂技术监督管理体系建立及实施

## 一、案例基本情况

### （一）单位基本情况

苏州热工研究院有限公司（以下简称苏州院）隶属中国广核集团，作为中国广核电力股份有限公司（以下简称中广核股份公司）核电运营技术平台，该公司以保障集团核电机组安全高效运营、以解决我国核电应用技术问题为己任，以提高核电机组的安全性、可靠性、经济性为目标，以共用技术能力建设为基础，推进核电运营技术的自主创新为宗旨，以"赋能泰盈康瑞，共护青山绿水"为使命愿景，持续打造领先的清洁能源设施全寿命周期解决方案提供商。

### （二）案例情况

2019年年初，为响应国家能源局监管要求，进一步提升核电机组发电设备可靠性管理水平，中广核成立了核电厂技术监督推进组，逐步建立起了中广核核电厂技术监督管理体系，并在各核电厂实施监督检查。

中广核核电厂技术监督管理系统借鉴常规火力发电厂技术监督，从组织机构、监督内容、监督管理制度多维度出发，结合核电厂的特点，建立了一套完整的以安全和质量为核心，以日常监督、自我评价和独立监督检查为抓手，秉持以标准化、集约化、专业化为总体思路的核电厂技术监督管理体系及实施方式，建立起集团内部技术监督的长效机制。

通过建立核电厂技术监督管理体系，确保了国家及行业有关技术法规的贯彻实施，确保了股份公司有关技术监督管理的指令畅通；及时发现问题，尽快采取相应措施解决问题，持续提高了机组的安全可靠性，确保了在运核电机组及相关电网安全、可靠、经济、环保运行；完善了核电厂自我监督、核电集团监督指导的监督体系，进一步提升了中广核内部监督的有效性，形成了自我检查、整改、提升的良性循环和长效机制。

### （三）案例具体实践

#### 1. 总体思路

2018年5月30日，国家发展改革委、国家能源局、生态环境部发布《关于进一步加强核电运行安全管理的指导意见》（发改能源[2018]765号，以下简称765号文）。765号文要求进一步落实安全生产主体责任，加强核应急与核安保管理，加强核电行业安全管理和监督检查；要求建立完善核电厂自我监督、核电集团监督指导的监督体系，提升企业内部监督的有效性，形成自我检查、整改、提升的良性循环和长效机制。

2018年年底到2019年年初，为贯彻落实765号文要求，国家能源局组织专家对国内所有核电厂进行电源可靠性及应急电源的检查，检查主要参照"《电力技术监督导则》（DL/T 1051—2007）"标准开展。2019年7月，南方电网对阳江和防城港核电厂进行继电保护精细化管理检查，检查建议中均提到核电厂应开展技术监督工作及建立技术监督网络。

2019年8月，中广核"核电股份公司总裁专题办公会之2019年7月群厂生产管理月会"正式委托苏州院建立中广核核电厂技术监督管理体系。

建立在运核电机组核电厂技术监督管理体系是国家电力监管部门的管理规定，也是中广核的要求。通过建立高效、通畅、快速反应的技术监督管理体系，确保国家及行业有关技术法规的贯彻实施，确保中广核有关技术监督管理指令畅通；及时发现问题，尽快采取相应措施解决问题，持续提高机组的安全可靠性，确保在运核电机组及相关电网安全、可靠、经济、环保运行。中广核电厂技术监督体系建设路径如图1所示。

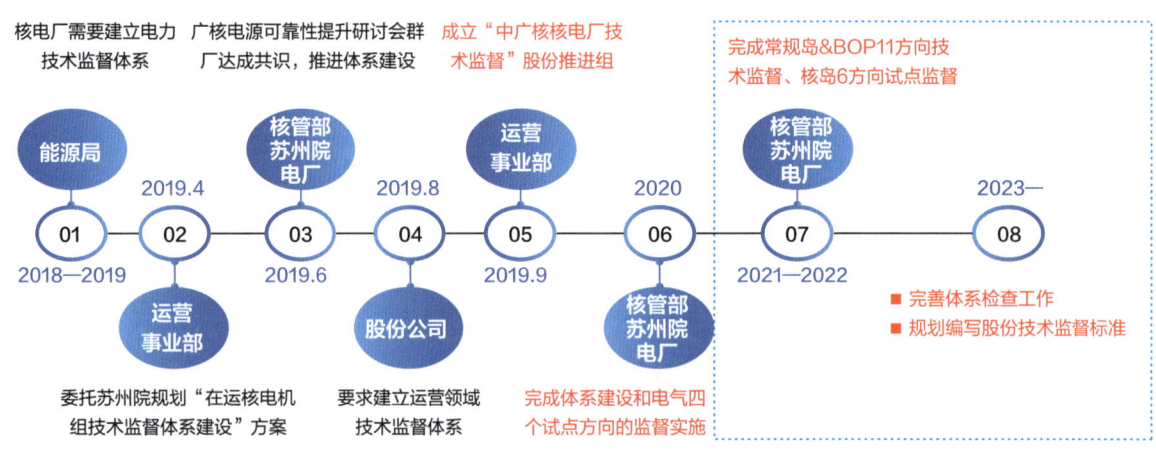

图1 "中广核核电厂技术监督管理体系"建设路径

■ 2. 主要做法

中广核核电厂技术监督管理体系，在借鉴常规火电厂技术监督的良好实践基础上，结合中广核核电厂的管理特点，贯彻"安全第一、预防为主"的方针，按照"超前预控、闭环管理"的原则，通过持续的创新和实践，建立以安全和质量为核心，以日常监督、自我评价、独立监督检查为抓手，秉持以标准化、集约化、专业化为总体思路的"中广核核电厂技术监督管理体系"，即借鉴良好实践建立标准体系、利用运营平台进行资源集约、运用专业团队开展关键敏感设备管理。

（1）成立中广核核电厂技术监督推进组

成立中广核核电厂技术监督推进组，打造专业化中广核核电厂技术监督团队，有力推进核电厂技术监督管理体系建设及实施工作。中广核核电厂技术监督推进组的职责是建立、完善和推广技术监督管理体系及实施；维护技术监督相关国家法规、行业标准、股份公司标准、反事故措施等至最新，并定期向电厂发布、宣传贯彻更新的标准；以相关的法律法规、标准、规程为依据，开展技术监督检查工作；根据问题严重性，定义问题风险等级，建立问题管理机制；根据整改问题提出方的要求制订整改计划，并将其纳入电厂及中广核现有技术管理流程；确保核电厂机组、系统、设备的安全可靠运行。

### （2）组织运作和文件体系建设

在组织运作建设方面，苏州院、中广核厂分别建立起技术监督三级网络。苏州院的组织结构：第一级为管理层，设组长、副组长和秘书组；第二级为技术决策层，设置电气、仪控、机械、金属、化学环保、节能6个领域负责人；第三级为工作层，由各专业方向负责人及其组员组成。中广核的组织机构：第一级为电厂级，技术监督负责人为生产副总或其授权人；第二级为部门级，各方面专责由电厂各部门主任工、专家担任；第三级为班组级。

在文件体系建设方面，编制中广核《股份公司核电厂技术监督管理办法》，在此基础上编制核电厂技术监督管理程序；编制中广核11个专业技术监督导则，在此基础上编制核电厂11个专业技术监督导则；编制核电厂反事故措施等技术监督相关文件。这些文件覆盖技术监督组织机构和运作模式、技术监督定义和执行技术监督的范围与内容、职责与分工，组织运作方式，管理规定与要求，各专业方向的实施细则等模块。文件体系详见图2。

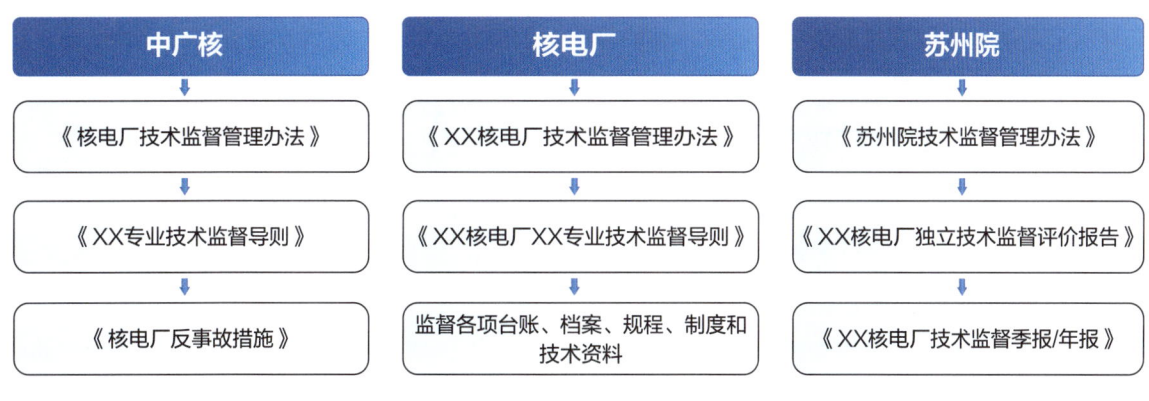

图2　技术监督文件体系

### （3）实施中广核核电厂技术监督检查

基于中广核核电厂技术监督管理体系，对集团内在运核电机组实施技术监督检查工作。监督检查工作主要由以下三个部分组成。

一是日常监督。制订监督工作计划；保持监督标准符合性；在日常生产活动中，确保相关技术活动满足标准要求；针对技术监督发现的问题，跟踪落实整改等。

二是自我评价。核电厂针对文档及现场各机组核岛（试点）、常规岛、开关站等区域重要系统设备，开展进行自我评价，排查问题、缺陷。

三是独立监督检查。苏州院组织内外部专家，到各核电厂开展独立技术监督检查，进行专家访谈，文档及现场各机组核岛（试点）、常规岛、开关站等区域重要系统设备的检查，排查问题、缺陷，编写独立技术监督评价报告。

### （4）建立中广核核电厂技术监督问题风险分级机制

建立中广核核电厂技术监督问题风险分级机制，各专业根据问题发展后果的严重性，结合本专业特点，定义各自专业的问题风险等级。

#### （5）建立中广核核电厂技术监督闭环管理机制

建立中广核核电厂技术监督闭环管理机制，对技术监督检查问题进行流程闭环管理。对重大共性问题进行重点跟踪。具体流程如图3所示。

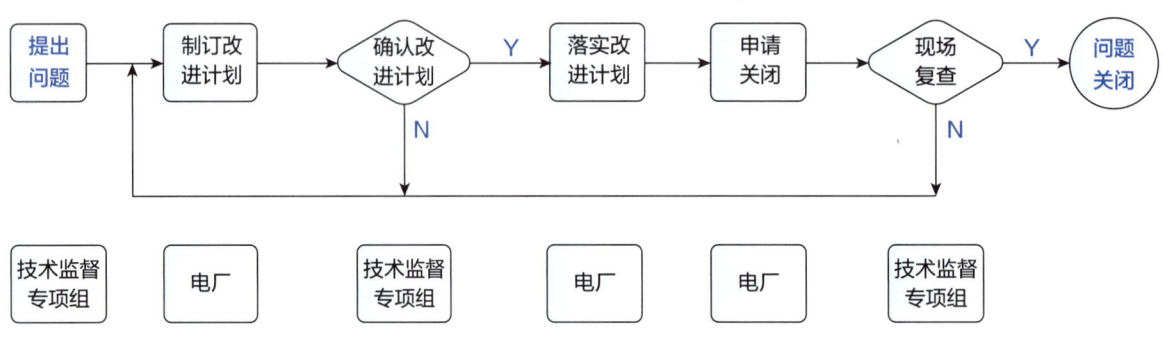

图3 中广核闭环管理流程

#### （6）建立中广核核电厂技术监督良好实践群厂反馈机制

建立中广核核电厂技术监督良好实践群厂反馈机制，对于在技术监督检查过程中发现的可推广至群厂学习的设备或系统的设计、运行、维护等相关的经验反馈，制定群厂良好实践反馈清单，每季度以季报的形式向群厂推送。

#### （7）开发中广核核电厂技术监督平台

开发中广核核电厂技术监督平台，包括基础文件、监督文件、检查依据、监督检查、问题跟踪和统计分析等模块，实现技术监督全流程覆盖。

### 3. 成果主要创新亮点

中广核核电厂技术监督管理体系是在以前实践的基础上，结合核电技术管理特点，研发出的全新的核电厂技术监督管理体系。该套体系覆盖核电厂生产管理和运作的各个方面。实践证明，这套体系能及时发现问题，尽快采取相应的措施解决问题，持续提高机组的安全可靠性，确保在运核电机组及相关电网安全、可靠、经济、环保运行。

主要创新点如下。

#### （1）国内首个在集团层面建立技术监督管理体系的核电集团

核电厂技术监督工作的成功开展，使中广核成为国内第一家在集团层面建立技术监督管理体系的核电集团；有效支撑了集团安全生产专项整治三年行动计划中的安全体系优化；大范围排查了群厂安全隐患，提升了群厂设备可靠性管理水平。

#### （2）首次系统性贯彻执行相关法律法规、标准、规程

对标行业，满足国家及行业主管部门监管要求，将千条线拧成一股绳，确保相关法规、标准在中广核文件及标准体系中得到有效贯彻。

#### （3）首次开发中广核群厂在运核电机组电力技术监督管理系统

中广核核电厂技术监督平台，包括基础文件、监督文件、检查依据、监督检查、问题跟踪和统计分析等模块。技术监督管理系统的开发使用，是中广核核电厂技术监督管理专业化、精细化的体现，同时也大幅提升了技术监督管理的效率和精确性。

#### （4）首次开发核电厂管理和技术接口文件

管理接口文件：为满足国家能源局等监管部门的监管要求，提升中广核群厂电力设备可靠性管理水平，实现中广核核电厂技术监督管理与现有管理模式并轨，研究开发中广核核电厂技术监督与常规电力行业技术监督管理接口文件，能够将国家能源局、电网等外部检查要求与中广核核电厂的管理流程和文件体系快速对应。

技术接口文件：为了提升核电厂技术监督核心能力，让技术监督人员快速熟悉、掌握技术监督工作，研究开发中广核核电厂技术监督技术接口文件，能够将监督依据（法规、反措、行业标准/经验反馈）与电厂的文件体系对应。

#### （5）其他体系运作的创新点

中广核核电厂技术监督体系运作与其他行业对比具有较多创新，如专业多了"调度自动化"；内容引入分级理念；根据核电特点，设置股份关注项；设置各专业领域负责人，更有针对性地指导技术监督工作；邀请外部专家参与，检查时间更长；中广核各专业有首席专家，重点技术问题由首席牵头处理，并根据需要开展培训；各电厂各专业设置健康评估系统；专设经验反馈组织等。

## 二、案例实践效果

### （一）综合效益

2020—2023年技术监督检查，全面排查了群厂在运核电机组常规岛，部分排查了核岛的安全隐患，显著提升了机组的安全及可靠性。

#### 1. 经济效益

中广核建立核电厂技术监督管理体系后，通过面向群厂在运核电机组的长期技术监督检查和问题跟踪管理，能够较为全面、持续地消除在运核电机组各方面的安全生产隐患，从而降低机组停机造成经济损失的风险。

#### 2. 社会效益

中广核核电厂技术监督管理体系建立后，有效地监测和控制了核电厂设备的健康水平及与安全、质量、经济运行有关的重要参数、性能、指标。这些指标与核安全水平和发电量密切相关，对提升公众对核电厂的信任度，具有重要意义。

### （二）第三方评价

#### 1. 核电厂评价

集团内参与技术监督体系建设及监督检查实施的各核电公司，均对该项工作表示高度认可，部分电厂评价如下。

防城港核电厂曾表示，核电厂技术监督检查是历年来最具技术含量的检查。

红沿河核电厂多次肯定监督检查的成果既有深度又有广度，电力技术监督体系的建设和监督检查可以助力公司技术管理工作、公司安全质量管理再提升。

阳江核电厂表示电力技术监督确保国家及行业有关技术法规得到有效的贯彻实施，通过体系对标和监督检查等方式，发现了电厂存在的不足并加以整改，达到提升机组安全性和可靠性的目的。

### 2. 股份公司评价

核电厂技术监督体系的建设与监督检查的顺利实施是建立高效、通畅、快速反应的股份技术监督管理体系的重要里程碑节点。未来，不仅要在群厂开展 11 个成熟方面的技术监督检查，更要自主研发、针对核岛设备开展电力技术监督检查，对核电厂设备进行全面管理。确保安全的方针落实到核电运行管理各个环节、各项工作中，以提高机组的安全可靠性，确保在运核电机组及相关电网安全、可靠、经济、环保运行。

## （三）行业推广前景

中广核集团是国内首家在集团层面完成核电厂技术监督管理体系建设并全面开展技术监督检查工作的单位，中广核核电厂技术监督管理体系的建立和应用有效地监测和控制了核电厂电力设备的健康水平及与安全、质量、经济运行有关的重要参数、性能、指标，均取得了很好的效果，且产生了较大的经济效益与社会效益。中广核核电厂技术监督管理体系目前已应用于中广核集团各电厂在运核电机组，可推广至集团内外的在建、在运核电机组。

（邹科　张聪然　钟浩文　王志武　杜预）

# 首堆设备设施隐患排查全链路分析实践

## 一、案例基本情况

### （一）单位基本情况

台山核电合营有限公司（以下简称台山核电）由中国广核电力股份有限公司、法国电力公司和广东省能源集团共同投资，注册资金 286 亿元人民币，合营期限 50 年，是中法两国能源领域最大的合作项目。

台山核电位于广东省台山市赤溪镇，规划建设 6 台压水堆核电机组。一期工程引进第三代核电 EPR（欧洲先进压水堆）技术，建设 2 台单机容量为 175 万千瓦的核电机组，是世界上单机容量最大的核电机组。

### （二）案例情况

台山核电首堆设备设施隐患排查全链路分析实践是使用以设备保护信号生成和传输路径构建设备保护信号全链路图、逐级分析所有工艺设备触发设备保护信号的因素构建逻辑因果关系的工艺故障树，根据预设的设备功能故障模式库进行系统设备故障分析，生成单项弱点识别的分析结果并进行治理。

首堆设备设施隐患排查全链路分析实践以发电机定子冷却水流量低跳机信号链路和发电机逆功率保护信号链路作为样本，从设备、人因、环境三个维度，综合分析设备功能、设计、安装、误碰、误操作、温度、湿度、粉尘、振动、电磁干扰等因素对信号链路上设备故障模式的贡献，创建了一套设备设施隐患排查和治理系统性的实践方法，区分了 CCM（Critical Components Management）和 SPV（Signal Point Vulnerability）的差异，总结了管控和治理 SPV 的方法和措施，建立了提升设备可靠性的管理流程。经过分析实践，利用信号全链路图和工艺故障树对跨专业的所有相关设备进行系统性隐患排查和治理，有效地提高了系统、设备可靠性，保证了机组的安全稳定运行。

### （三）案例具体实践

#### 1. 总体思路

生产组建了包括系统运行、机械、电气、仪控专业人员的设备可靠性提升专项组。专项组选取了两个样本信号链路，研究机组系统设备 SPV 识别与治理的技术方法，经过实践与内外部专家评审后，确立了方法论，全面开展跳机/跳堆/甩负荷信号全链路 SPV 的分析和排查工作，对 CCM 设备查漏补缺，制定相应的管控措施，闭环跟踪落实治理结果。

## 2. 主要做法

### （1）创建系统设备 SPV 识别与治理方法

根据设备保护信号生成和传输路径构建设备保护信号全链路图；以真实保护动作信号为输入，逐级分析所有工艺设备触发设备保护信号的因素，构建逻辑因果关系的工艺故障树，根据已确定的设备功能故障模式库从设备、人因、环境三个维度和系统运行、机械、电气、仪控四个专业方向对跳机/跳堆/甩负荷信号全链路图和工艺故障树展开分析，针对识别出的 SPV 提出管控措施或消除方案并跟踪责任部门落实。

总体工作流程如图 1 所示：

图 1　SPV 识别与治理总体工作流程

电气、仪控专业分析设备故障能够导致信号误触发的情况，包括跳机/跳堆/甩负荷主信号链路和能够导致跳机/跳堆/甩负荷的工艺设备的控制信号链路，分析范围覆盖信号链路上的所有设备及其关联设备和影响因素（传感器、变送器、仪表管线、仪表供电电源、电缆、端子排、端子箱、机柜、配电柜、继电器、电磁阀，等等），冗余设备需考虑与其相关的公共设备或因素。

系统运行专业工艺流程中主设备故障导致跳机/跳堆/甩负荷信号真实触发的因素，冗余设备需考虑单一共模故障的影响。

SPV 识别具体过程如图 2 所示：

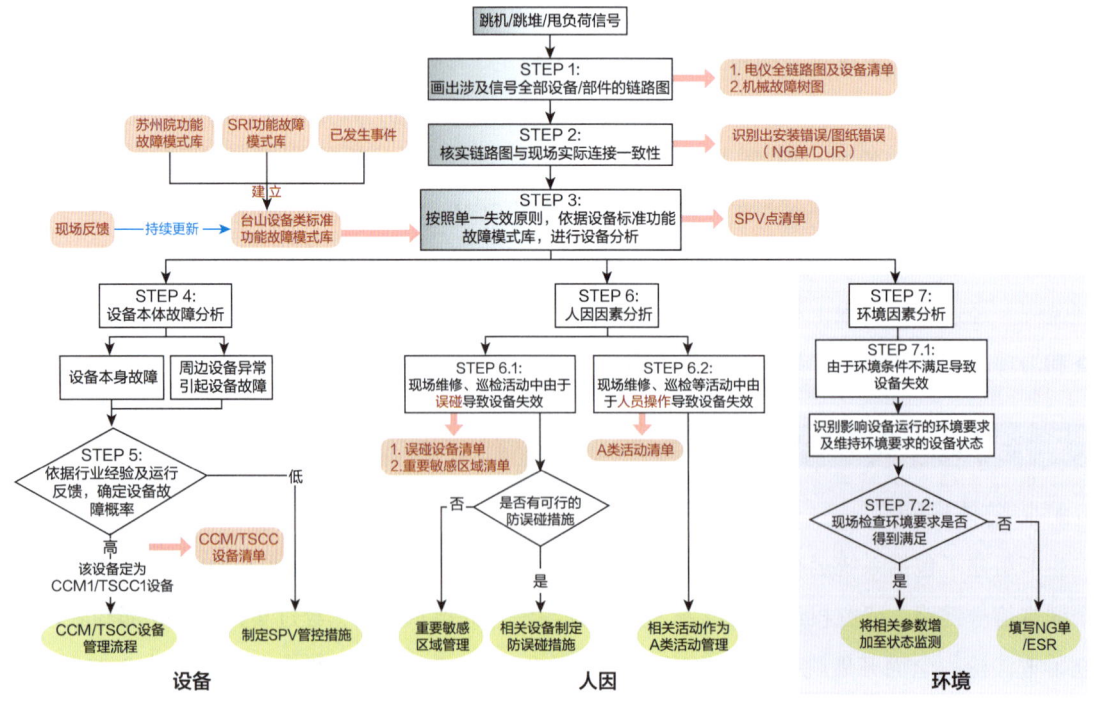

图 2　SPV 识别及管控导图

（2）建立 SPV 排查到治理的闭环管理流程

设备可靠性提升专项组输出 SPV 清单及建议管控措施和新增 CCM 清单两部分工作成果，CCM 按照标准的 CCM 管理流程进行管理，SPV 清单通过 TEF（日常生产管理项目组）统筹安排各相关部门进行适应性分析后落实相关的管控措施，开展 SPV 的治理。治理工作完成后，通过 TEF 评审方可关闭，专项组参加评审。

（3）SPV 管控和治理的方法和措施

表 1　SPV 管控和治理的方法和措施

| 序号 | 建议管控措施类别 | 反馈要点 |
| --- | --- | --- |
| 1 | 纳入 CCM 设备管理 | 纳入 CCM 设备清单 |
| 2 | 增加维修大纲项目 | 发起维修大纲升版通知单，注明通知单号（尽量在已存在的总项目下增加子项）|
| 3 | 修改维修程序 | 发起 S 维修程序反馈流程，注明反馈单号（尽量在已存在的总项目下增加子项）|
| 4 | 添加进现场重要敏感区域清单 | 升版《现场重要敏感区域管理》，在升版程序加入"附录一：现场重要敏感区域表"；在未最终升版程序前，该区域作为临时重要敏感区域管理 |
| 5 | 改造评估 | 发起改造申请，注明通知单号，优先处理 |
| 6 | 加入定期巡检或状态监测清单 | 加入各责任部巡检清单 |
| 7 | 加入风险分类清单 | 升版程序，增加到风险分类活动清单进行管控 |
| 8 | 增加防误碰措施 | 升版设备防误碰清单，制定有效、可执行的防误碰措施，并及时落实 |

## 二、案例实践效果

### （一）综合效益

通过首堆设备设施隐患排查全链路分析工作，形成了一套系统化的隐患排查与治理的方法，实现了核电厂的设备设施隐患"可知"，问题"可控"，设备管理成本"最佳"，最终有效地提高了设备的可靠性，减少或防止跳机、跳堆、甩负荷等电力安全事件的发生，从而减少了因设备缺陷引起的经济损失，保障了核电机组长期安全稳定运行，促进了"双碳"战略的实施。

### （二）第三方评价

本案例经过中广核设备管理高级专家、继电保护设备首席专家和国际著名设备管理及人因改进专家评审，专家们肯定了本案例的实践价值，建议在核电站和其他行业隐患排查与治理中推广此方法。主要成果亮点如下。

在新安全生产法实施后,在安全风险分级管控和隐患排查治理双重预防机制建立的大背景下,结合首堆运营实际创建了一套系统性隐患查找与治理的方法;

区分 SPV 和 CCM 的差异,区别 SPV 和 CCM 的管理,实现了机组安全风险的分级管控,提高了设备可靠性,同时降低了设备管理的成本;

首堆设备设施隐患排查全链路分析实践工作涉及机械、电气、仪控、运行等领域,专业知识面广、接口多,通过项目制运行,成立了机械、电气、仪控、运行、设备管理、培训相关专业人员组成的专项组,为工作开展创造了组织条件;

制定 SPV 管控和治理的闭环管理流程,推动了 SPV 管控和治理措施的落实,持续提升了设备的可靠性;

根据国内外对故障模式研究的最新成果引入了如 TVOC(小分子测量仪)、电磁波等移动监视设备,对设备设施的状态进行检测,提供了一类设备设施状态检测新方法。

### (三)行业推广前景

中广核集团核管部已将此方法在各基地进行了推广,核管部为各基地制订了 2023 年度 SPV 排查工作任务和计划。此方法也可用于其他大型工业生产设备的可靠性提升。

(崔浩　刘清亮　李军)

# RCM 技术方法在 CPR1000 核电厂的创新与应用

## 一、案例基本情况

### (一)单位基本情况

苏州热工研究院有限公司(以下简称苏州院)于 2003 年 7 月由原国家电力公司热工研究所转制而成,成立于 1978 年,其主要任务是跟踪、消化、吸收核电技术,为核电生产运营和工程建设提供服务,现为中国广核集团全资二级子公司。苏州院作为中国广核集团核能运营技术平台,以保障集团核电机组安全高效运营、以解决我国核电应用技术问题为己任,以提高核电机组的安全性、可靠性、经济性为目标,以共用技术能力建设为基础,以推进核电运营技术的自主创新为宗旨,以"赋能泰盈康瑞,共护青山绿水"为使命愿景,持续打造领先的清洁能源设施全寿期解决方案提供商。

### (二)案例情况

中国广核集团自 1998 年至今,RCM 团队长期开展 RCM 系统分析和维修策略优化及培训工作,在长期的应用实践基础上探索创新,研究和开发出了 RtCM 技术,和软件分析平台在 CPR1000 核电机组的系统设备维修策略优化中得到广泛应用,形成了完善、标准的导则,在核电厂的运营可靠性保障中成效显著。

### (三)案例具体实践

#### 1. 总体思路

传统 RCM 分析方法在核电站维修策略优化过程中消耗的人力和时间资源较多,中等大小的系统保守估计需分析 2~3 个月,为提升 RCM 分析成效,降低维修策略优化的资源投入,持续发挥 RCM 在维修优化领域的优势作用,需要对 RCM 方法改进和创新。

项目团队结合十多年的 RCM 实践经验,经过不断探索和研究,提出了一种更具先进性、实用性的改进型 RCM 方法,即"以可靠性与技术特性为中心的维修方法(Reliability and Technique Centered Maintenance,RtCM)",在继承 RCM 方法主要流程的基础上,对 RCM 方法进行了技术改进和创新,引入了设备分级和维修模板,强化了技术特性分析和定量化评估(如可靠性和经济性评估),是一种经济高效的用于确定设备在现有使用背景下维修需求的系统工程方法,其总体优化思路如下。

(1)引入分级理念。分级管理是 INPO AP 913 先进管理流程的首要环节,RtCM 方法将该理念嵌入分析流程中,通过功能级故障影响分析和 RTM(Run To Maintenance)准则评判,筛选出需要重点管理的系统设备以及允许运行至失效的设备,为后续分析资源的有效投入提供了目标对象,从源头优化了资源配置。

(2)**引入维修模板**。维修模板集多专业运维技术人员技能于一体,按照设备类别全面性地给出了该类设备所有可能的失效模式,并结合其运行环境、使用频度、重要性给出了有针对性的维修策略,为维修策略分析提供了有效的参考数据,弱化了对分析小组成员的技能依赖,提升了分析速度和分析质量,同时还为程序化开展 RtCM 分析和提高小组成员技能提供了支持。

(3)**强调技术特性**。在明确设备故障影响后,技术特性分析对维修策略的制定至关重要,其构成元素包括运行环境、使用频度、故障频度等。例如,恶劣运行环境会加速设备老化,频繁的启停设备会造成损耗加剧,因此需要详细分析和区别对待。

(4)**引入定量化计算**。维修策略的实施频度是维修策略的重要组成部分,RtCM 方法基于设备故障历史数据、现场维修及生产过程,按需构建了定量化的维修决策模型,尤其是针对重大关键设备,综合决策其维修周期,如定量分析预防性维修及纠正性维修的经济投入与产出,以及不同维修周期产生的设备失效率等,提高了维修策略优化分析的科学性、准确性。

(5)**开发了分析平台**。将 RtCM 分析流程、多系统 RCM/RtCM 分析数据、维修模板数据库、PM 定量化分析计算模型等有效融合于软件平台,开发出了 RCM 分析应用软件平台,实现了 RtCM 分析的规范化、智能化、定量化分析,显著提升了分析效率。

### 2. 主要做法

RtCM 分析包括 7 个步骤,分别是:

用户需要设备提供的功能及性能标准是什么?

什么情况下其功能无法实现?

哪些功能故障相关设备是值得管理的?

引起设备失效的故障模式有哪些?

故障模式发生后的影响及后果是什么?

做什么可以预测或预防该故障?

如果无法预测或预防该故障,如何管理其后果?

对以上每个步骤的实施过程说明如下。

(1)**确定功能和性能标准**。RtCM 分析的第一步是列写系统功能,系统功能分为主要功能、次要功能、保护功能和多余功能等,并带有定量或者定性的性能指标,以表单的形式列写,作为下一步骤的输入。

(2)**确定功能故障**。功能故障,就是功能的故障表现形式,即指设备不能满足期望的功能或性能标准,包括完全不能实现用户需求和部分不能实现用户需求,以表单的形式列写,同时识别出各功能故障相关的具体设备清单,作为下一步骤的输入。

(3)**识别值得管理的设备**。值得管理的设备包括三部分,第一部分为能够引起严重功能级故障后果的设备,并对严重度事先已建立了判断准则;第二部分为不符合功能级故障后果严重度判断准则,且也不符合 RTM 判断准则的设备;第三部分为系统剩余设备,该设备符合 RTM 判断准则。其中,第一、二部分的设备是需要重点分析的设备,是下一步骤的输入,第三部分则执行纠正性维修,无须再次分析。

(4)**分析故障模式**。在确定需要分析的设备清单后,对设备进行故障模式分析,作为下一步骤的输入。在此步骤中，RtCM 引入了维修模板，大大提高了分析效率；对于未涵盖的故障模式，则根据经验反馈增补。

（5）**分析故障影响及评估故障后果**。故障影响列出了故障模式发生时的迹象和关联影响，为故障后果的评判提供信息参考，作为下一步骤的输入；故障后果分为显性和隐性后果，显性和隐性后果可再划分为安全与环境、生产和非生产性后果。

（6）**选择预测或预防性维修任务**。通过决断逻辑，合理地选择故障模式所对应的维修任务。在任务选择上，如果故障模式可以预防且值得预防，按照状态监测、定期翻修、定期更换的顺序来选择维修任务。选择任务类型时，需要从技术可行性、经济适用性方面考虑。

（7）**选择故障后果管理任务**。如果无法有效预测成预防上一步骤中的故障模式，则需要选择合适的维修任务来管理其故障后果。故障预防的整体目的不仅限于预防故障本身，更重要的在于避免或降低故障的后果。

RtCM 技术自 2014 年在 CPR1000 核电机组获得应用以来，2014—2019 年完成 83 个系统的分析工作，2020—2022 年完成 18 个系统导则优化工作，如 GHE、RIS、GSY、ASG、GST、RCP、GSS、GEX、RCV 等系统，维修策略优化成效显著，减少了过度维修，增加了重要设备的针对性维修工作，总体维修策略优化率为 20%。除了优化大纲外，通过 RtCM 分析还发现了诸如系统设定值偏差、逻辑设计不合理、程序文件与现场不符、SAP 数据错误等与生产密切相关的问题，为设备安全稳定运行扫除了隐患，得到了各单位的一致好评。

## 二、案例实践效果

### （一）综合效益

对电力可靠性管理、提高生产效率、保障安全生产贡献如下。

（1）**保证核电厂的安全性、经济性**。通过 RtCM 分析，系统与设备的可靠性提高，减少了维修不足和维修过度，减少了由于维修引入设备和系统不安全因素的概率，发现了可能导致停机停堆、降功率的故障模式，并进行了维护管理，消除了潜在生产隐患，降低了停机停堆风险，降低了运维成本。

（2）**提升了电厂维修管理经济性**。提高了维修针对性，提升了设备使用性能，延长了关键重要部件的寿命，提升了经济效益，如仅 GSS 系统寿命周期内就节省维修费用 225 万元，同时加强了系统设备的安全性和环境保护，降低了故障发生的风险，且通过对设备关键级别的合理分级，使得维修资源配置更加合理。

（3）**提高了设备管理水平和设备可靠性**。通过 RtCM 分析，可以对设备的状态实时掌握，按照优先级的不同，区别对待不同的设备，以期最大化地发挥设备自身的能力，减少人为干预造成的风险；同时提出了系统设备技术改造需求，系统的设计、运行、维修程序得到系统梳理、纠错和改进。

（4）**提升了设备备件的库存**。考虑到调试及投运初期设备，产生的缺陷较多，故备品备件采购应较多。经投运磨合后，故障产生水平稳定后，备品备件库存量保持在能够维持机组的正常运行水平以上。应用 RtCM 分析，可以预估故障的产生，优化备品备件的库存量，尽量减少紧急采购的需求。

RCM/RtCM 技术的应用，提高了核电厂系统运行的可靠性，提高了机组设备的可用率，增强了设备的可维修性，降低了维修成本，在核电厂发挥了较大价值。

## （二）第三方评价

2014—2022 年 RtCM 技术持续在核电行业的维修优化领域发挥着重要作用，RtCM 技术以单个系统设备可靠性分析和维修策略优化为基础，具有标准的商业应用和推广模式，得到了核电企业、核能行业协会、中国电力企业联合会的表彰。

中国核能行业协会对"RCM 改进型技术（RtCM）在 CPR1000 核电机组的应用实践"成果鉴定评价意见如下。

该项目提供的资料齐全、内容翔实，符合鉴定要求。

该成果对传统的 RCM 方法流程进行了改进和创新，形成了高效、适用的预防性维修大纲优化的分析流程和技术方法——RtCM 方法，并开发了软件平台。该成果已在 CPR1000 核电站成功应用，为我国核能行业预防性维修大纲编制优化提供了示范。

该成果的主要特点和创新点如下：

首次引入设备分级理念和技术特性分析，优化了传统 RCM 分析流程和资源配置。

实现 RtCM 分析与维修模板数据库的有效结合，提高了分析效率和分析质量。

开发定量化维修决策方法，使维修决策更加科学。

开发了 RtCM 分析流程及维修模板数据库等软件分析平台，使分析过程更加高效。

该成果达到国际同类技术的领先水平，具有良好的经济效益、社会效益和应用推广前景。

## （三）行业推广前景

RtCM 技术具有标准化的技术方法、软件平台、实施导则，具备标准化的应用和推广模式，且该技术方法可转化应用于不同行业的设备管理维修相关工作，目前已在中广核、中核集团、国家电投、华能集团得到应用，并推广至风电、太阳能、常规火电等能源项目，地铁、港口、IT 制造等行业，得到了核电企业、核能行业协会、中国电力企业联合会的肯定和表彰。

RtCM 技术能够识别和优化原预防性维修大纲遗漏的重要故障模式并加强了维修策略管理，还可通过系统的梳理分析发现系统设定值偏差、设计不合理、缺陷隐患等与生产密切相关的其他问题，分析成果的后续应用和隐患问题的发现及排除，为核电站安全运行提供了保障。随着 RtCM 技术的推广应用逐步形成标准化和产品化的输出模式，通过分析可以在短时间内以较少的投入，高效、经济地完成维修大纲优化工作，发现电站预防性维修大纲中的薄弱环节，消除电站预防性维修大纲中对设备过度维修或维修不足带来的干扰，提高电站设备可靠性，帮助电站实现设备可靠性管理和安全生产管理水平的综合提升，可为行业维修大纲管理提供支持，实现整个行业维修大纲管理水平的共同提升，推进整个核能行业核电机组运行安全性、经济性的提升。

（陈宇　马沂苪　杨立飞）

# 《全国电力可靠性管理典型实践案例集·发电可靠性分册》编辑部

**主　　任：** 张学锋

**执行主任：** 陈　宇　　卜庆华

**项目统筹：** 王　新

**责任编辑：** 张　娴

**编　　辑：** 王　新　　张　娴　　苏文师　　陈书香　　周秀芳　　彭　川　　朱　丹

**复　　审：** 陈　宇　　陈书香　　周秀芳

**终　　审：** 卜庆华

**装帧设计：** 周怡君

**排　　版：** 风尚境界